사이버전의
은밀한 역사

KODEF 안보총서 106

사이버전의 은밀한 역사

― 총성 없는 전쟁 사이버전의 과거, 현재, 미래 ―

★ 프레드 캐플런 지음 | 김상문 옮김 ★

플래닛미디어
Planet Media

| 추천사 |

뉴욕타임즈 선데이
북리뷰
'편집자 추천 도서'

베너티 페어
'추천도서'

커커스 리뷰
'주목받는 책'

"시종일관 경이로운 사이버전의 역사. … 이 책이 가진 강력한 힘은 집필의 깊이와 열정의 폭에 있다. … 책장을 계속 넘기게 만드는 강한 흡인력 … 끊임없이 놀라움을 선사하는 책. … 저자는 관련 인물들과 사건들에 대한 설득력 있는 설명과 함께 이것들이 지니는 중요한 역사적 의미까지 놓치지 않고 이 책에 담았다."

★ 뉴욕타임즈The New York Times ★

"사이버전의 역사를 집대성한 책 … 이 책이 던지는 핵심적인 질문은 컴퓨터 기술에 대한 의존도가 높아지면서 사이버 공격에 대한 취약성이 커진 지금 우리는 사이버전과 사이버 보복 및 방어에 대해 어떤 생각을 해야만 하는가다."

★ 뉴요커The New Yorker ★

"헤드라인 뒤에 숨겨진 다채로운 사이버전의 역사"

★ 워싱턴 인디펜던트 북리뷰Washington Independent Review of Books ★

"팽팽한 긴장감이 넘치는 흥미진진한 사이버전의 역사"

★ 네이처Nature ★

"사이버전의 서막을 보여주는 경이로운 책. … 2015년 현재, 치밀한 사이버 공격을 막을 수 있는 방법이 없다는 것을 설득력 있게 보여주는 중요하면서도 충격적인 사이버전의 역사"

★ 커커스 리뷰, 주목받는 책Kirkus Review, starred review ★

"이 책은 미국을 사이버 분쟁 시대로 이끈 많은 사람들과 이들이 내린 어려운 결정들을 이해하고자 하는 학자들과 학생들을 위한 대표적인 사이버전 관련 참고서가 될 것이다."
★ 미 해군연구소 해군전쟁대학 사이버분쟁센터장 그레이스 호퍼Grace Hopper 해군소장 ★

"사이버 스파이 활동과 컴퓨터 기술을 더욱 공격적인 사이버 무기로 사용하고자 했던 미국 정부의 비밀스런 노력을 가장 잘 보여주는 유용한 역사. … NSA(국가안보국), 미군의 비밀조직, 그리고 정보계에 대한 거의 알려지지 않은 흥미진진한 이야기. … 특히 논란이 되는 사이버전 관련 주제를 더욱 가치 있게 승화시킨 책"
★ 로페어Lawfare(미국의 국가안보를 법적 차원에서 해석하는 커뮤니티) ★

"사이버전의 미래로 인도하는 사람들과 조직에 대한 흥미진진한 이야기"
★ 도로시 데닝Dorothy Denning(『정보전과 안보Information Warfare and Security』의 저자이자 미국 사이버안보 명예의 전당National Cyber Security Hall of Fame 최초 헌액자) ★

"이 책은 주목할 만한 작품이다. 저자는 단순히 사이버전에 대한 미국의 심각한 취약성만을 조명한 것이 아니라 정치인들의 무관심이 관심으로, 그리고 그 관심이 행동으로 나타나는 데 왜 그토록 오랜 시간이 걸렸는지를 보여주고 있다. 저자의 치밀함과 세심함이 돋보이는 아주 중요한 책이다."
★ 테드 코펠Ted Koppel(『라이트 아웃: 사이버 공격, 무방비한 국가, 그리고 그 여파에서 살아남는 방법Lights Out: A Cyberattack, A Nation Unprepared, Surviving the Aftermath』의 저자) ★

"'사이버전'이라는 용어를 들어보지 못한 사람은 없다. 그러나 그것이 무슨 뜻인지, 그리고 왜 중요한지 정확하게 설명할 수 있는 사람은 거의 없다. 이 책은 이 문제를 다룬 가장 권위 있는 책이다. 저자는 관련 인물과 기술, 드라마틱한 전환점, 그리고 전략적이면서 경제적인 이해관계를 종합적으로 설명함으로써 이전 작가들이 하지 못한 일을 해냈다."
★ 제임스 팰로우스James Fallows(애틀랜틱The Atlantic 정치부 기자) ★

"우리가 사이버전에 관해서 법률적으로나 정치적으로 미지의 바다에 얼마나 깊이 빠져 있었는지를 알고 싶다면, 이 책을 읽어보라! 디테일이 살아 있다."
★ 조지 F. 윌George F. Will(워싱턴포스트The Washington Post 기자) ★

"이 책은 고도의 정치와 비범한 컴퓨터 해커들, 그리고 정보전에 대한 호기심을 불러일으키는 놀라운 통찰력을 보여준다. 비밀 사이버 작전명과 공식·비공식 해킹 훈련의 이름을 따서 일부 장제목을 지은 15개 장에서 저자는 사이버전의 과거와 현재, 그리고 미래를 압축해 보여준다.
★ 파이낸셜 익스프레스The Financial Express ★

CONTENTS

•

CHAPTER 1

"이런 일이 정말 일어날 수 있을까?"

일부분이라고 하더라도 미래의 전쟁은 사이버 전쟁과 떼려야 뗄 수 없는 관계가 될 것이라는 전망이 나오고 있다. 사이버 공간은 공중, 지상, 해상, 우주 공간과 같은 하나의 전장 '영역'으로 공식 인정되었다. 그리고 촘촘히 연결된 범세계적인 네트워크와 통신, 사물인터넷으로 인해 사이버전은 단순히 육상, 해상, 공중에서 싸우는 군인들뿐만 아니라 분명 우리 모두와도 관련 있는 일이 되었다. 사이버 공간이 모든 곳에 퍼져 있는 한, 사이버전은 디지털 영역 모든 곳에 스며들 수밖에 없는 것이다.

CYBER WAR

● 1983년 6월 4일 토요일, 로널드 레이건Ronald Reagan 대통령은 휴식을 취하거나 신문을 읽으면서 캠프 데이비드Camp David(메릴랜드주에 위치한 미국 대통령 전용 별장-옮긴이주)에서의 하루를 보내고 있었다. 저녁을 먹고 나서는 종종 그랬던 것처럼 영화를 보기 위해 자리를 잡고 앉았다. 그날 저녁에 선정된 것은 매튜 브로데릭Mattew Broderick이 10대 천재 소년으로 출연하는 〈워게임스WarGames〉라는 영화였다. 주인공은 어느 날 우연히 북미항공우주방위사령부NORAD, North American Aerospace Defence Command의 메인 컴퓨터를 해킹하게 된다. 단순히 새로 나온 컴퓨터 게임을 하는 줄로만 알았는데, 이것이 제3차 세계대전을 일으킬 뻔한다는 줄거리였다.

다음주 수요일 오전, 백악관으로 돌아온 레이건 대통령은 신형 핵미사일 그리고 소련과 진행 중인 군축협상의 전망에 대해 논의하기 위해 국무장관, 국방장관, 재무장관, 국가안보보좌관, 합참의장, 그리고 16명의 주요 상원의원들을 만났다. 하지만 레이건 대통령은 지난 토요일에 본 영화를 머릿속에서 떨쳐낼 수가 없었다. 잠시 후 레이건 대통령은 필기하던 수첩을 내려놓고서는 그 영화를 본 사람이 있는지 물어보았다. 영화는 지난주 금요일에 개봉했기 때문에 아직 본 사람은 없었다. 레이건 대통령은 영화 줄거리를 자세히 풀어놓기 시작했다. 일부 상원의원들은 시큰둥한 미소를 지어 보이거나 눈썹을 찡그리며 허공을 두리번거렸다. 불과 3개월 전에도 레이건 대통령은 "스타워즈Star Wars"라고 불리는 연설에서 전시에 미국을 향해 날아오는 소련의 핵미사일을 파괴하기 위해서는 과학자들이 레이저 무기를 개발해야 한다며 목청을 높였었다. 그 아이디어는 반쯤 정신 나간 소리라는 평을 듣고 이내 흐지부지되었다. 그런데도 대통령은 지금 왜 이런 말을 하고 있을까?

영화 줄거리 소개를 마친 레이건 대통령은 미군 서열 1위인 합참의장 존 베시John Vessey 장군을 바라보며 물었다.

"이런 일이 정말 가능하겠소?"

이 말은 곧 누군가 미국의 가장 민감한 컴퓨터 시스템을 뚫고 들어올 수 있을까라는 질문이었다.

이런 종류의 질문에 익숙해져 있던 베시 장군은 확인 후 보고하겠다고 대답했다.

일주일 후 베시 장군은 답을 들고 백악관으로 찾아왔다. 영화 〈워게임스〉가 전혀 얼토당토않은 이야기는 아닌 것으로 드러났다. 베시 장군이 보고했다.

"대통령님, 생각하시는 것보다 문제가 훨씬 더 심각합니다."

레이건 대통령의 질문은 곧바로 관계부서 토의, 실무단 조직, 연구, 회의 등으로 이어졌다. 그리고 15개월 후인 1984년 9월 17일 대통령이 "원거리 통신과 자동화된 정보체계 보안을 위한 국가 정책National Policy on Telecommunications and Automated Information System Security"이라는 제목의 비밀국가안보 정책결정지시 NSDD-145에 서명을 하기에 이르렀다.

이는 선견지명이 있는 지시였다. 최초의 노트북 컴퓨터가 이제 겨우 시장에 출시되었고, 최초의 공공 인터넷 사업자는 이후 몇 년 동안에도 나타나지 않았다. 그러나 NSDD-145를 작성한 사람들은 정부기관과 첨단 산업계가 빠른 속도로 구매하기 시작한 신형 장비들이 "도청, 무단 접속, 그리고 기술적인 문제에 매우 취약하다"는 사실에 주목했다. 적성국의 정보기관들은 이들에 대한 '광범위한' 해킹을 이미 수행하고 있었고, '테러단체와 범죄조직'도 해킹할 수 있는 능력을 보유하고 있었다.

이러한 일련의 과정—레이건 대통령이 베시 장군에게 던진 괴짜 같은 질문과 그로부터 이어진 혁신적인 정책—은 미국 대통령 또는 백악관이 훗날 "사이버전cyber warfare"이라고 부르게 될 주제를 다룬 최초의 사례로 기록되었다. 이러한 들썩이는 분위기는 오래가지 못했다. NSDD-145는 국가안보국^{NSA, National Security Agency}이 미국 내 컴퓨터 서버와 네트워크의 보안을 담당하도록 했고, 여러 면에서 너무 앞서나간 결정이었다. NSA는 내부 근무자들이 NSA의 머리글자를 따서 "그런 조직은 없어^{No Such Agency}"라고 농담 삼아 말할 정도로 가장 비밀에 싸인 미국 최대의 정보 조직이다. NSA는 외국 통신망을 도청할 목적으로 1952년 창설되었지만 미국인들에 대한 감시행위는 금지되어 있었다. 시민의 자유를 옹호하는 의원들은 NSDD-145가 이러한 구분을 모호하게 만드는 것을 두고 보지 않으려 했다.

이 문제는 일단 고위 정치 무대에서는 조용히 사라졌다. 하지만 12년 후 빌 클린턴^{Bill Clinton} 대통령의 임기 동안 미국을 대상으로 한 사이버 침해 시도가 실제로 빈번하게 이루어지자 이 문제가 다시 수면 위로 부상했다. 상당한 시간이 흐른 뒤라 NSDD-145에 대해 들어본 적이 있는지조차 기억하지 못하는 고위 관료들은 완전히 새로워 보이는 이러한 위협에 미국이 취약하다는 사실에 충격을 받았다.

조지 W. 부시^{George W. Bush} 대통령의 당선으로 백악관의 주인과 집권 정당이 바뀌고 나서 이 이슈는 대중들의 눈앞에서 다시 한 번 사라졌다. 2001년 9·11 테러 때문이었다. 9·11 테러는 3,000명이 넘는 미국 국민의 목숨을 앗아갔다. 나라가 총알과 폭탄을 들고 실제 전장으로 뛰어들고 있는데, 가상에서 벌어지고 있는 사이버전에 관심을 갖는 사람은 거의 없었다.

그러나 내부에서 부시 행정부는 사이버전의 기술을 현재의 전쟁계획에 접목하는 작업을 진행하고 있었다. 이것은 동맹국이든 아니든 관계없이 여러 국가에 위치해 있는 미군 기지도 마찬가지였다. 인터넷이 이미 지구촌 구석구석에 퍼져 있었기 때문이다. 사이버전은 위협이자 기회로 부상했다. 이것은 적국이 미국을 상대로 공격을 가할 수도 있고, 반대로 미국이 적국을 공격할 때 사용할 수도 있는 스파이 도구이자 전쟁 무기였다.

버락 오바마Barack Obama 대통령 집권기 동안 사이버전은 급부상했다. 다른 국방 예산이 동결되거나 축소되는 와중에도 사이버전은 예산이 대폭 증가한 몇 안 되는 부문 중 하나였다. 2009년, 부시 행정부에서 연임한 후 오바마 행정부의 첫 국방장관이 된 로버트 게이츠Robert Gates는 특수한 목적의 사이버사령부를 창설했다. 최초 3년간 사이버사령부의 연간 예산은 27억 달러에서 70억 달러로 3배 가까이 증가했다. (각 군별 사이버 활동을 위한 70억 달러는 별도로 책정되었다.) 그동안에 사이버사령부의 공격팀은 900명에서 4,000명으로 늘었으며, 10년 동안 약 1만 4,000여 명까지 증가할 것이라고 전망되었다.

사이버 영역은 전 세계로 확장되었다. 오바마 대통령 집권기 중반부에 이미 20개가 넘는 나라가 자군에 사이버 부대를 창설했다. 펜타곤과 방산업체의 네트워크뿐만 아니라 은행, 유통망, 공장, 전력망, 급수 시설 등 네트워크에 연결된 모든 것들이 중국, 러시아, 이란, 시리아, 북한, 기타 국가들로부터 사이버 공격을 받고 있다는 사실이 매일같이 보고되었다. 21세기 초반에 이미 거의 모든 것들은 컴퓨터 네트워크에 연결되어 있었다. 그리고 대중에게는 훨씬 덜 알려졌지만, 미국을 비롯한 서방 국가들도 다른 나라의 컴퓨터 네트워크에 대한 사이버 공격을 감행하고 있었다.

어떠한 의미에서 보면 이러한 행동들이 전혀 새로운 것은 아니었다. 저 먼 옛날 로마의 군대도 적의 전문을 탈취했다. 미국 남북전쟁 중에도 남부연맹과 북부연방의 장군들이 가짜 전문을 적진으로 흘려보내기 위해 신형 전보기를 사용했다. 제2차 세계대전 중에는 영국과 미국의 암호학자들이 독일과 일본의 암호문을 해독했고, 이는 이후 (오랫동안 비밀에 부쳐지기는 했지만) 연합군의 승리에 결정적인 역할을 했다. 냉전 초기 수십 년 동안 미국과 소련의 스파이들은 서로의 라디오 신호와 마이크로웨이브 통신, 전화 통화를 끊임없이 도청했다. 이는 단순히 상대국의 의도나 능력에 대한 정보를 얻고자 하는 것뿐만 아니라 앞으로 다가올 거대한 전쟁에 대비해 우위를 점하기 위함이었다.

하지만 사이버 시대에 정보전은 다른 측면에서 완전히 새로운 국면을 맞이했다. 이 새로운 시대가 도래하기 전까지 신호정보를 수집하는 정보원들은 전화를 도청하거나 허공을 가로지르는 전자기파를 수집했다. 그러나 대화 내용을 '엿듣거나' 신호의 발원지를 '추적하는' 정도가 그들이 할 수 있는 전부였다. 사이버 시대에는 해커hacker가 컴퓨터를 해킹하면, 그 컴퓨터와 연결된 네트워크를 구석구석 돌아다닐 수 있었다. 그리고 일단 네트워크에 침투하면 어마어마한 양의 정보를 읽고 다운로드하는 것에만 그치는 것이 아니라, 못 읽게 하거나 조작하거나 지우는 등 정보의 내용을 바꿀 수도 있었다. 이는 정보에 의존해온 사람들을 오도하거나 혼란에 빠뜨릴 수도 있는 것이었다.

일상생활의 거의 모든 활동이 컴퓨터에 의해 또는 컴퓨터를 통해 통제되기 시작했다. 스마트폭탄 유도 시스템부터 우라늄 농축 시설의 원심분리기, 수문을 조절하는 댐의 통제 밸브, 은행의 금융 거래, 심지어 자동차 내부의 제어장치나 항온항습기, 도난경보기, 토스터기도 예외는 아니었다. 따라서 네트워크를 해킹한다는 것은 곧 스파이나 사이버 전투원에게 원심분리기, 댐, 은행 기록 등을 제멋대로 통제할 수 있는 힘을 준다는 것을 의미하게 되었다. 환경설정을 바꾸거나, 느리게 움직이게 할수 있고, 반대로 빠르게 움직이게 할 수도 있으며, 멈추게 하거나 심지어 파괴할 수도 있는 것이다.

공격을 하기 위해 굳이 가까이 갈 필요가 없었다. 지구 반대편에서도 목표물에 대한 공격이 가능하기 때문이었다. 거리에 대한 제약을 이미 오래전에 없애버렸던 핵미사일이나 대륙간탄도미사일과는 다르게, 사이버 무기는 대규모 산업시설이나 똑똑한 과학자들이 모여 있는 연구단지가 필요 없었다. 그저 컴퓨터가 가득한 방과 그것을 운용할 수 있도록 훈련받은 소수의 정예요원 정도면 충분했다.

또 하나의 변화가 있었다. 월드와이드웹World Wide Web이 바로 그것이다. 이는 문자 그대로 전 세계에 걸쳐 연결된 하나의 네트워크이다. 비밀로 관리되는 다수의 프로그램도 이 네트워크상에서 운용된다. 차이점이라고 한다면 이들의 내용이 암호화되어 있다는 정도인데, 이는 곧 충분한 시간과 노력만 들인다면 얼마든지 해독하거나 뚫을 수도 있다는 것을 의미했다. 과거의 스파이들은 통화 내용을 도청하기 위해 전화기에 작은 도청장치를 부착했다. 그러나 사이버 시대의 인터넷 트래픽은 디지털 패킷에 포장되어 빛의 속도로 이동한다. 그리고 이들 패킷은 다른 사람들의 트래픽을 실어 나르는 다른 패킷들과 뒤섞여 돌아다닌다. 따라서 테러리스트의 이메일과 핸드폰 통화 내용을 정교하게 가려낼 수 없게 되었다. 결국 모든 사람들의 대화 내용과 트래픽이 낱낱이 수집되어 전례 없이 매서운 감시자의 눈 아래 놓이게 될 수도 있게 된 것이다.

일부분이라고 하더라도 미래의 전쟁은 사이버 전쟁과 떼려야 뗄 수 없는 관계가 될 것이라는 전망이 나오고 있다. 사이버 공간은 공중, 지상, 해상, 우주 공간과 같은 하나의 전장 '영역'으로 공식 인정되었다. 그리고 촘촘히 연결된 범세계적인 네트워크와 통신, 사물인터넷Internet of Things으로 인해 사이버전은 단순히 육상, 해상, 공중에서 싸우는 군인들뿐만 아니라 분명 우리 모두와도 관련 있는 일이 되었다. 사이버 공간이 모든 곳에 퍼져 있는 한, 사이버전은 디지털 영역 모든 곳에 스며들 수밖에 없는 것이다.

정권이 변하는 동안에 사이버전에 대한 기본 개념은 주목받지 못하거나, 무시되거나, 잊히기도 했다. 그러나 결코 사라진 것은 아니었다. 로널드 레이건 대통령이 〈워게임스〉를 보기 이전에도 언제 어디에서나 국가안보를 위해 일하는 소수의 사람들은 컴퓨터 소프트웨어에 숨어 있는 취약점을 보완하기 위해, 더 나아가 그것을 무기로 이용하기 위해 피땀 흘려 일해왔다.

존 베시 장군은 1983년 6월 8일 회의에서 대통령으로부터 "영화 속의 어린 주인공처럼 누군가가 미군 네트워크를 정말 해킹할 수 있을까?"라는 질문을 받고 일주일도 지나지 않아 답변할 수 있었다. 바로 도널드 레이섬Donald Latham이라는 사람이 있었기 때문이다. 레이섬은 지휘command, 통제control, 통신communications 및 정보intelligence 분야―줄여서 C3I―를 담당하던 미 국방차관보로서 NSA에 파견되어 근무하고 있었다. NSA는 미 국방성 중에서도 가장 비밀스런 조직이었다. 메릴랜드주 포트 미드Fort Meade의 철통같이 통제된 대규모 단지에 위치해 있으며 무장경비와 삼엄한 출입문으로 둘러싸인 NSA는, 상대적으로 더 잘 알려져 있는 버지니아주 랭글리Langley의 CIA(중앙정보국)보다 더 큰 규모와 재정적 지원을 자랑했고 근무하는 사람도 더 많았다. 과거 그의 자리에 앉아 있었던, 그리고 그의 후임으로 근무하게 된 많은 사람들이 그랬듯이 레이섬도 이미 NSA에서 근무한 경험이 있었고, 내부에 지인들이 있었으며, 신호정보에 대한 시시콜콜한 내용과 국내외 통신 시스템을 어떻게 뚫고 들어가는지도 모두 알고 있었다.

각 군별로 극비리에 운영하는 통신정보부서도 물론 있었다. 텍사스주 샌안토니오San Antonio의 켈리Kelly 공군기지에 위치한 공군정보국Air Intelligence Agency(훗날 공군정보전센터Air Force Information Warfare Center로 개칭), 사우스캐롤라이나주 섬터Sumter의 쇼Shaw 공군기지에 위치한 609정보전부대the 609th

Information Warfare Squadron, 전국에 흩어져 있는 해군의 암호연구소, CIA의 핵심국방기술부Critical Defense Technologies Division, 미 합참에서도 소수만이 알고 있는 J-39의 특수기술운영부Special Technological Operations Division(출입 시 이중 철문의 번호키를 누르고 들어가야 한다)가 바로 그들이다. 그들은 자신들이 생산하거나 ESLElectromagnetic Systems Laboratory(일렉트로매그네틱 시스템즈 연구소)에서 생산되었거나, 또는 민간업체에서 특별히 제공받은 정보를 서로 공유했다. 그리고 모든 기관들은 어떤 방식으로든 NSA와 협력관계에 있었다.

레이건 대통령이 베시 장군에게 물은 "정말로 누군가 미군의 네트워크를 해킹할 수 있을까?"라는 질문이 처음 제기되었던 것은 아니었다. NSDD-145를 작성한 사람들에게 그 질문은 인터넷이 탄생한 시간만큼이나 이미 아주 오래된 질문이었다.

● ● ●

로널드 레이건 대통령이 〈워게임스〉를 시청하기 훨씬 전인 1960년대 후반부터 미 국방부는 알파넷ARPANET(미 고등연구계획국ARPA이 구축한 최초의 데이터 네트워크-옮긴이) 개발 프로그램에 착수했다. 이 연구를 직접 담당한 ARPAAdvanced Research Projects Agency(미 고등연구계획국)는 미군의 미래 무기 체계 개발을 담당하는 기관이었다. 알파넷의 개발 배경에는 방위산업에 참여하는 사람들—전국에 퍼져 있는 연구소와 대학교의 과학자들—이 데이터와 연구 논문, 새로운 발견들을 동일한 네트워크에서 상호 공유하도록 하는 목적이 있었다. 컴퓨터를 이용하는 연구자들이 점점 늘어나면서 이 아이디어는 힘을 얻기 시작했다. 그때까지 ARPA는 외부 현장에 있는 사용자 수만큼의 컴퓨터 접속장치를 내부에 설치하여 운용해야만 했다. 그리고 각 접속장치는 서로 다른 회선의 모뎀에 연결되어 있었다. 어떤 모뎀은 UCLA로, 어떤 모뎀은 스탠퍼드 연구소로, 어떤 회선은 유타 대학교 등으로 연결되는 방식이었다. 따라서 이 모든 연결을 하나로 통합한 단일 네트워크는 훨씬 더 경제적일 뿐만 아니라 전국 방방곡곡에 퍼져 있는 과학자들이 실험 결과를 자유롭게 터놓고 공유할 수 있게 해줄 수 있었다. 과학 연구에 있어서 매우 유익한 도구였던 것이다.

알파넷이 세상에 모습을 드러내기 바로 직전인 1967년 4월, 윌리스 웨어Willis Ware라는 이름의 한 공학자가 6개월에 한 번씩 뉴욕에서 열리는 연합컴퓨터학회Joint Computer Conference에서 "컴퓨터 시스템의 보안과 프라이버시Security and Privacy in Computer Systems"라는 제목의 논문 한 편을 발표했다. 웨어는 컴퓨터라는 분야가 거의 형성되지 않았던 1940년대 후반 이 분야를 개척한 선구자였다. 프린스턴 고등연구소에서 근무할 당시 그는 존 폰 노이만John von Neumann의 지도를 받으며 최초의 전기식 컴퓨터 설계를 도왔다. 이후 수년 동안은 캘리포니아 샌타모니카Santa Monica에서 미 공군의 지원을 받는 싱크탱크인 랜드 연구소RAND Corporation의 컴퓨터과학부를 이끌었다. 웨어는 알파넷이 추구하는 바를 잘 이해했고 목표를 높이 평가했으며 야심 찬 계획에 찬사를 아끼지 않았지만, 관리자들이 간과하고 있는 부정적 영향에 대해서는 우려를 감출 수 없었다.

그의 논문에서 웨어는 컴퓨터 네트워크의 '자원 공유resource-sharing'와 '온라인'이 갖는 위험성에 대해 설명했다. 컴퓨터가 격리된 장소에서 사용된다면 보안은 크게 문제가 되지 않을 것이다. 그러나 보호받지 못하는 장소에서 다수의 사용자가 일단 데이터에 접근할 수 있게 되면, 특정한 지식을 가진 사람은 누구나 네트워크를 해킹할 수 있게 되고, 네트워크의 일부를 해킹한 후에는 전체 네트워크를 마음대로 누비고 다닐 수 있게 된다.

웨어는 특히 이 문제를 우려했다. 그 당시 미국의 방산업체들은 국방성에 비문과 평문 자료를 하나의 컴퓨터 안에 저장할 수 있도록 승인해 줄 것을 요구하고 있었다. 이것은 일면 타당한 의견이었다. 그 당시에는 컴퓨터가 매우 값비싼 물건이었기 때문이다. 따라서 모든 데이터를 한 번에 저장할 수 있으면 큰돈을 아낄 수 있었다. 그러나 다가오는 알파넷 시대에는 이러한 시도가 재앙을 불러올 수도 있었다. 어떤 스파이가 평문용 네트워크를 해킹하고 그 네트워크가 전혀 보호받고 있지 못한 상태라면, 비밀 네트워크로 연결되는 백도어back door(시스템의 보안을 우회하여 데이터에 접근할 수 있는 통로-옮긴이)를 찾을 수도 있기 때문이다. 즉, 네트워크의 존재 자체가 치명적인 취약점을 만들 수 있고, 이는 더 이상 비밀을 유지할 수 없다는 것을 의미했다.

ARPA의 부국장이자 알파넷 개발 프로젝트의 총책임자였던 스티븐 루카식Stephen Lukasik은 이 논문을 당시 프로젝트 책임 과학자였던 로런스 로버츠Lawrence Roberts에게 전달했다. 2년 전 로버츠는 그 당시 근무하던 MIT 링컨 연구소Lincoln Lab의 컴퓨터와 샌타모니카에서 일하고 있던 동료의 컴퓨터를 1,200보baud(초당 신호 변조 속도를 나타내는 단위-옮긴이) 속도의 전화선으로 연결하는 통신회선을 설계한 바 있었다. 이것은 여태껏 아무도 성공한 적이 없는 첫 번째 사례였다. 그는 실로 컴퓨터 시대의 알렉산더 그레이엄 벨Alexander Graham Bell(최초의 실용 전화기 발명가-옮긴이)과 같은 존재였다. 그러나 로버츠는 알파넷에 있어 보안적인 요소는 전혀 고려하지 않았다. 사실 웨어의 논문은 그에게 성가실 뿐이었다. 로버츠는 루카식에게 연구팀이 네트워크 보안 문제로 휘둘리지 않게 해달라고 신신당부해두었다. 하지만 이것은 라이트 형제에게 키티호크Kitty Hawk(라이트 형제가 처음으로 유인 비행에 성공한 마을-옮긴이)에서 띄운 첫 비행기가 20명의 승객을 태우고 80킬로미터를 날아가야만 한다고 말하는 것과 똑같은 것이었다. 로버츠는 이 문제를 천천히 논의하자고 말했다.

"지금은 이 네트워크를 작동하게 만드는 것만으로도 충분히 어려워요. 그리고 소련은 수십 년이 지나도 이런 네트워크를 만들지 못할 겁니다."

로버츠가 옳았다. 소련은(그리고 중국과 기타 국가들은) 자신만의 알파넷을 구축하고 미국의 네트워크를 해킹하는 기술을 개발하는 데 거의 30여 년이 걸렸다. 그동안 미국과 전 세계 대부분에 걸쳐 거대한 컴퓨터 시스템과 네트워크가 아무런 보안 대책도 없이 무서운 속도로 성장했다.

이후 40년 동안 웨어는 컴퓨터 보안과 프라이버시를 담당하는 정부 위원회의 자문위원으로 활동하게 된다. 1980년, 20대 후반을 예일 대학교에서 같이 보낸 로런스 래스커Lawrence Lasker와 월터 파크스Walter Parkes는 훗날 〈워게임스〉라고 불리게 될 영화의 대본을 쓰고 있었다. 당시 그들은 영화의 줄거리가 현실에서 있을 법한 일인지 확신하지 못했다. 그러던 어느 날, 해커 친구 한 명이 그들에게 데몬다이얼링demon-dialing(일명 워다이얼링war-dialing)이라는 것을 알려주었다. 그 원리는 이렇다. 자신이 갖고 있는 모뎀을 이용하여 동일한 지역번호를 사용하는 임의의 전화번호에 자동으로 전화를 걸어 주변에 있는 모뎀을 찾는다. 전화가 두 번 울리면 끊고 다음 번호에 전화를 건다. 이 과정에서 원하는 특정 모뎀이 응답하면 요란한 소리가 울리게 되는데, 그러면 데몬다이얼링 프로그램은 해당 전화번호를 저장한다. 그리고 나중에 해커는 저장된 전화번호로 연결을 시도하는 것이다(이는 초창기에 컴퓨터 덕후들이 상대방을 찾아내는 방법이자, 인터넷 시대 이전의 웹 트롤링web trolling 방법이기도 하다). 영화 대본에서도 주인공은 이 방법을 이용하여 미 북미항공우주방위사령부의 컴퓨터를 해킹한다. 하지만 그 당시 래스커와 파크스는 이것이 정말 가능한 일인지 의심스러웠다. 군에서 사용하는 컴퓨터는 일반 전화선과 연결이 차단되어 있지 않을까?

래스커는 샌타모니카에 있는 랜드 연구소로부터 몇 블록 떨어지지 않은 곳에서 살고 있었다. 자신에게 도움을 줄 수 있는 사람이 랜드 연구소에 있을 것이라고 생각한 래스커는 공보 담당에게 전화를 걸었고, 그를 통해 웨어와 연락할 수 있었다. 웨어는 그 두 사람을 자신의 사무실로 초대했다.

두 사람은 번지수를 정확히 찾았다. 웨어는 컴퓨터 네트워크에 있는 무수히 많은 취약점을 오랫동안 알고 있었을 뿐만 아니라 북미항공우주방위사령부의 소프트웨어를 설계하는 데도 큰 기여를 한 사람이었다. 또한 거대한 비밀이 가득한 세상에 첫발을 내딛는 사람들도 열린 마음으로 친근하게 맞아줄 줄 아는 사람이었다. 그는 디즈니 만화영화 〈피노키오Pinocchio〉에 나오는 지미니 크리켓Jiminy Cricket을 닮았고, 행동도 그와 비슷해서 곧잘 흥분하고 눈치가 빨랐으며 잘 웃었다.

두 사람의 질문을 들은 웨어는 그들의 걱정을 날려 보냈다.

"가능합니다."

웨어가 대답했다. 북미항공우주방위사령부의 컴퓨터는 원래 폐쇄망으로 설계되었지만, 일부 근무자들이 주말에도 집에서 업무를 보기 위해 포트 하나 정도는 열어놓곤 했다. 따라서 정확한 전화번호를 알고 있다면 누구든지 접속할 수 있었다. 웨어는 동료들도 거의 모르고 있는 이 비밀을 두 초짜 영화작가에게 알려주었다. 그리고 장난기 가득한 미소를 지으며 말했다.

"세상에서 가장 안전한 컴퓨터는 아무도 사용할 수 없는 컴퓨터밖에 없지요."

웨어는 래스커와 파크스가 추진하고 있는 영화제작 프로젝트에 자신감을 불어넣어주었다. 두 사람은 순전히 허구인 판타지를 만들고 싶지 않았다. 그들은 정말로 일어날 것 같지 않은 이야기더라도 약간의 현실성이 담겨 있는 반전 가득한 시나리오를 쓰고 싶었고, 웨어가 그 길을 열어주었다. 이것은 로널드 레이건 대통령의 호기심을 자극하여 컴퓨터 네트워크의 취약성을 줄이는 미국의 첫 번째 국가정책을 이끌어낸 영화 〈워게임스〉에 딱 들어맞는 소재였다. 그리고 이것은 미군의 네트워크가 취약하다는 것을 처음으로 경고한 사람을 등장시키는 데 일조했다.

웨어는 랜드 연구소에서 근무하는 것 외에도 NSA의 과학자문위원회 Scientific Advisory Board에서 일하고 있었기 때문에, 이러한 사실을 함부로 말하고 다닐 수는 없었다. 그는 NSA의 신호정보팀이 무선과 유선 통신망에 침투하여 소련과 중국 군사시설의 방어막을 뚫고 들어가는 다양한 방법을 알고 있었다. 소련과 중국은 그 당시에 제대로 된 컴퓨터도 없었던 반면, 미국의 알파넷은 전화선을 통해 모뎀으로 연결되어 있었다. 그러나 웨어는 소련이나 중국도 미국이 두 나라의 전화망을 해킹할 때 사용하는 것과 똑같은 수법으로 미국의 전화망을 해킹하고 결국 알파넷까지 해킹할 수 있으리라는 것을 알고 있었다. 이 말은 곧 미국이 적국에게 하고 있는 일들을 적국도 미국에게 똑같이 할 수 있다는 것을 의미했다. 비록 당장은 아니지만 언젠가는 말이다.

● ● ●

NSA의 탄생은 제1차 세계대전까지 거슬러 올라간다. 1917년 8월, 미국이 참전한 지 얼마 지나지 않아 미 정부는 제8군사정보국MI-8, Military Intelligence Branch 8을 창설하고 독일의 전문 신호를 해독하는 임무를 부여했다. 전후에도 이 조직은 뉴욕 시내에 있는, 사람들의 눈에 잘 띄지 않는 건물에서 전쟁부와 국무부의 지원하에 계속 유지되고 있었다. 사람들은 이 건물을 블랙체임버Black Chamber라고 불렀다. 코드 컴필레이션 사Code Compilation Company라는 위장 명칭을 사용하던 이 조직은 불순분자로 의심되는 사람들의 통신을 감청해왔다. 이 조직의 가장 큰 성과는 웨스턴 유니언Western Union 사를 설득하여 유선으로 유통되는 모든 전문에 접근할 수 있는 권한을 갖게 된 것이었다. 이런 블랙체임버는 1929년 당시 미 국무장관이었던 헨리 스팀슨Henry Stimson이 "신사는 다른 사람의 편지를 훔쳐보지 않는다"라고 발표한 직후 문을 닫는다. 하지만 제2차 세계대전 발발과 함께 신호보안국Signal Security Agency으로 부활해 영국과 함께 독일과 일본의 암호를 해독하는 임무를 수행했다. 이는 연합군이 전쟁에서 승리하는 데 크게 기여했다. 전쟁이 끝난 후, 이 조직은 육군보안국Army Security Agency으로 개편되었다가 이후 각 군을 지원하는 미국 군사보안국Armed Forces Security Agency으로 개편되었다. 그러다 1952년, 해리 트루먼Harry Truman 대통령은 각 군의 협조체계가 원활하지 않다는 것을 알게 되었고, 이어 단일의 암호 해독 조직인 NSA가 창설되었다.

냉전 시기에 NSA는 영국, 캐나다, 일본, 독일, 호주, 뉴질랜드에 커다란 안테나와 감청소를 만드는 등 세계 전역에 기지를 구축하여 소련에서 이루어지는 모든 형태의 통신을 도청하고 번역했으며 분석했다. CIA와 공군도 전자정보기를 소련의 국경지대에 띄워 신호를 수집했다. 해군은 안테나와 유선 케이블을 탑재한 잠수함을 소련의 항구까지 침투시키는 위험한 임무를 수행하기도 했다.

냉전 초창기에 이 기관들은 주로 지구의 전리층에서 반사되어 나오는 무선 신호를 감청했다. 고성능 안테나나 큰 접시형 반사판만 있으면 전 세계 어디에서든 신호를 잡을 수 있었다. 그러다가 1970년대에 들어서 소련이 마이크로웨이브를 이용한 통신 방식으로 전환하기 시작했다. 이것은 훨씬 더 가까운 거리에서 일직선으로 뻗어나가는 빔을 이용한 통신 기법이었다. 따라서 수신자는 빔이 지나가는 길목의 중간에서 신호를 수신해야만 했다. 그래서 NSA는 합동작전계획을 수립하여 CIA나 다른 정부기관들의 첩보원을 바르샤바 조약 기구Warsaw Treaty Organization에 가입한

동유럽 국가를 중심으로 한 적진에 침투시켜서 도로 표지판이나 전봇대, 아니면 그냥 별 볼 일 없는 물건으로 위장한 감청소를 세웠다.

NSA는 모스크바에 위치한 미 대사관 10층에 다양한 전자정보 장비들을 가득 설치했다. 고층 건물을 거의 찾아볼 수 없는 이 도시에서 10층이 제공하는 탁 트인 전망은 매우 유용했다. NSA의 마이크로웨이브 수신기는 레오니트 브레즈네프Leonid Brezhnev 당시 소련 공산당 서기장을 비롯한 소련 내 고위 관료들이 리무진을 타고 도시 곳곳을 돌아다닐 때마다 통화하는 내용을 속속들이 수집하고 있었다.

KGB는 무언가 심상치 않은 일이 미 대사관에서 일어나고 있다는 것을 눈치챘다. 그러던 1978년 1월 20일, 바비 레이 인먼Bobby Ray Inman 당시 NSA 국장은 전화 소리에 잠에서 깨어났다. 당시 미 국무부 차관 워런 크리스토퍼Warren Christopher의 전화였다. 주 소련 미 대사관에 화재가 발생했고, 지역 소방대장이 건물 10층에 대한 출입허가 없이는 화재 진압을 할 수 없다고 말하고 있는 상황을 전했다. 크리스토퍼는 인먼에게 어떻게 해야 할지 묻고 있었다.

인먼은 다 타버리게 내버려두라고 했다. (어찌되었든 간에 결국 소방관들이 화재를 진압하기는 했다. 이 일은 그 당시 미 대사관에서 발생한 원인 모를 수차례의 화재사건 중 하나였다.)

지미 카터Jimmy Carter 대통령의 임기 마지막 해인 1980년, 미국 정보당국은 소련군의 장비를 다양한 각도에서 아주 깊게 파고들고 있었다. 그래서 그 장비들이 어떻게 작동하고, 어떠한 패턴을 갖고 있고, 장점은 무엇이고 약점은 무엇인지를 분석관들이 거의 완벽하게 파악할 수 있을 정도였다. 그 결과 부대와 전차, 미사일을 대규모로 증강하고 있음에도 불구하고 소련군이 매우 취약하다는 사실을 알 수 있었다.

가장 치명적인 허점은 지휘통제체계 통신 링크에 있었다. 지휘통제체계 통신 링크를 통해 레이더 운용요원은 접근하는 항공기와 미사일을 추적하고, 지휘관들은 명령을 하달하며, 크렘린궁에 있는 전쟁지도부는 전쟁을 개시할지 말지를 결정했다. 일단 미국의 신호정보팀이 소련의 지휘통제체계 통신 링크로 침투하면, 단순히 소련이 지금까지 무엇을 꾸미고 있었는지만을 알게 되는 것이 아니었다. 물론 이것만으로도 충분한 가치가 있지만, 가짜 정보를 삽입하거나 제어신호들을 교란하거나, 심지어는 시스템을 마비시킬 수도 있었다. 이러한 교란행위 자체만으로는 전쟁에서 이길 수 없을 것이다. 그러나 소련군 장교들 간에 혼란을 초래하고 그들이 본 정보와 하달받은 명령을 불신하게 만듦으로써 상황을 미국에 유리하게 바꿀 수 있을 것이다. 최선의 경우 이것은 애초에 소련이 전쟁을 일으키는 것을 막을 수 있을지도 모른다.

소련도 그즈음에는 자신들의 가장 중요한 지휘통제 채널들을 암호화하는 방법을 알아냈다. 그러나 NSA는 그러한 소련의 암호를 최소한 일부라도 해독하는 방법을 찾아냈다. 국적에 관계없이 암호학자들은 신호를 암호화할 때 여기저기에서 실수를 하기도 하고, 일부 문장을 평문으로 남겨두기도 한다. 암호를 해독하는 방법 중 하나는 이러한 실수를 찾아내어 자주 사용하는 인사말이나 주기적으로 나타나는 군사용어들이 과거 전문에서는 어떻게 암호화되었는지 역으로 추적하여 그곳에서부터 해독을 시작하는 것이다.

바비 레이 인먼은 지미 카터 대통령 임기 첫해인 1977년 NSA 국장으로 취임하기 전까지 미 해군정보국장이었다. 그 당시에도 인먼과 그의 보좌진들은 이 암호 문제를 손보는 데 시간을 쏟았다. 이제 인먼은 자신에게 주어진 NSA의 막대한 비밀사업 예산을 바탕으로 전력을 다해 그 과제를 밀어붙이고 있었다. 암호화된 문장들과 노출된 실수를 비교하기 위해서는 방대한 양의 데이터를 저장하고 고속으로 처리할 수 있는 장비가 필요했다. NSA도 수년간 넓은 복도를 빼곡히 채울 정도의 컴퓨터를 개발하고 있었지만, 새로운 임무를 수행하기에는 이들 컴퓨터의 성능이 역부족이었다. 그래서 인먼은 국장 임기 초기에 '변조신호 업그레이드Bauded Signals Upgrade'라는 프로젝트를 추진했고, 여기에는 최초의 '슈퍼컴퓨터supercomputer'가 동원되었다. 이 슈퍼컴퓨터는 10억 달러가 넘는 장비였지만, 효용성은 그리 오래가지 않았다. 소련은 일단 자신들의 암호가 해독되었다는 것을 알아차리면 더 강력한 암호로 보완했고, NSA의 암호분석관들은 처음부터 다시 시작해야만 했다. 그러나 소련이 알아차리지 못하는 짧은 기간 동안에는 '변조신호 업그레이드' 프로그램이 다른 암호 해독 활동에서 얻은 경험과 결합하여 충분히 높은 수준의 암호를 무력화시키는 데 큰 도움이 되었다. 이로써 미국은 냉전시대 경쟁의 가장 치명적인 부분에서 우위(잠재적으로는 결정적인 우위)를 차지하게 되었다.

인먼은 펜타곤 내 최고 과학자인 윌리엄 페리William Perry를 강력한 조력자로 두었다. 페리는 이 방면으로 25년을 연구한 사람이었다. 제2차 세계대전 종전 이후 육군에서 복무를 마친 페리는 수학 석사학위 및 박사학위를 취득하고 실베이니아 연구소Sylvania Labs에 취직했다. 실베이니아 연구소는 현재 실리콘밸리Silicon Valley라고 불리는, 캘리포니아 북부지역에서 우후죽순처럼 생겨나고 있던 여러 첨단 방산업체 중 하나였다. 다수의 회사들이 레이더나 무기체계를 개발하고 있었던 반면, 실베이니아는 전자전 대응에 특화된 회사였다. 이들이 만드는 장비는 레이더나 무기체계에 전파 방해를 하거나 신호를 왜곡하거나 이런 시스템을 마비시키기 위한 것들이었다. 초창기 페리가 추진하던 프로젝트 중 하나는 소련의 핵탄두가 목표를 향해 날아오는 동안 이를 유도하는 무선신호를 가로채서 탄도가 궤적을 이탈하도록 궤도의 정보를 수정하는 것이었다. 페리는 이를 가능하게 만드는 방법을 발견했지만, 상사에게는 별로 쓸모가 없을 것이라고 보고했다. 고열의 에너지나 방사능 낙진은 둘째치더라도 수 메가톤megaton에 이르는 소련의 핵탄두가 워낙 강력해서 수백만 명의 미국인들은 어쨌거나 죽게 될 노릇이기 때문이었다. (이 당시의 경험으로 인해 페리는 훗날 핵무기 감축 협정을 지지하는 의견을 적극적으로 개진하게 된다.)

그래도 페리는 당시 다른 무기공학자들이 이해하고 있지 못한 핵심적인 개념을 갖고 있었다. 적의 통신망 내부로 침투해 들어가는 이 개념은 무기의 효과를 현저하게 바꿀 수 있었고, 전투나 전쟁의 결과도 달라지게 할 수 있었다.

실베이니아 연구소에서 승진을 거듭한 페리는 1954년 연구소장의 위치까지 오르게 된다. 그리고 10년 후, 자신의 회사를 설립하기 위해 실베이니아를 퇴사하고 일렉트로매그네틱 시스템즈 연구소ESL를 만든다. 일렉트로매그네틱 시스템즈 연구소는 NSA와 CIA의 일을 거의 독점적으로 맡아 수행했다. 1977년 펜타곤에 입성할 때까지 페리는 정보당국의 첨단 기술에 그 누구보다도 친숙한 사람이 되어 있었다. 결국 그의 회사는 그런 첨단 기술을 구현할 수 있는 하드웨어를 생산하게 되었다.

여기저기 흩어진 최첨단 기술을 대지휘통제전Counter-C2 Warfare이라는 개념 아래 통합한 사람이 바로 페리였다. 이 용어는 적 제트기의 레이더 수신기에 재밍jamming 공격을 가하는 것과 같은 전자적인 대응책에 대한 그의 오랜 연구로부터 나온 것이었다. 그러나 재밍 공격이 제트기에 대한 전술적 우위를 가져오는 수준에 그친 것이라면, 대지휘통제전은 전략적인 수준의 것을 의미한다. 즉, 전쟁을 수행하는 적 지휘관의 능력을 저하시키는 것을 목표로 하는 것이다. 이 개념은 통신 링크 도청, 교란, 두절 등의 기술을 단순히 전쟁을 보조하는 컨베이어 벨트 수준으로 여기는 것이 아니라, 그것 자체를 하나의 결정적인 무기로 보는 것이었다.

지미 카터 대통령은 이런 전략적인 개념을 보고받았을 때 기술적인 측면에 더 많은 관심을 보이는 것처럼 보였다. 반면, 냉전시대 강경 매파인 로널드 레이건 대통령은 1년 후 동일한 보고를 받았을 때 세부적인 기술에 대해서는 거의 관심을 보이지 않았다. 그 대신에 그는 그것보다 더 큰 그림에 완전히 사로잡혀 있었다. 이러한 전략적인 개념에 대한 보고는 지구상의 슈퍼파워 간에 전쟁이 벌어졌을 때, 많은 사람들이 믿고 있는 것처럼 미국이 속전속결로 결정적인 승리를 가져올 수 있다는 것을 말하고 있었기 때문이다.

레이건 대통령은 두 번째 임기 중에, 특히 소련의 개혁가인 미하일 고르바초프Mikhail Gorbachev가 크렘린궁에 입성한 후, 미국의 패권이 미치는 영향에 대해 다시 생각해보게 되었다. 그의 군사적 강경책과 위압적인 수사가 소련을 불안정하게 만들고 세계를 더 위험에 빠뜨린다고 생각한 것이다. 결국 레이건은 정치적 수사를 줄이고 고르바초프와 연락하기 시작하여 역사적인 군축합의에 서명함으로써 한때 그가 악의 제국이라고 부르던 소련이 국제사회의 질서 안으로 편입할 수 있는 기틀을 마련했다. 하지만 첫 번째 임기 동안 레이건은 자신이 가진 이점을 이용하여 '대지휘통제전' 개념을 거칠게 밀어붙였고, NSA를 비롯한 다른 정보기관에도 '대지휘통제전' 개념에 입각하여 작전활동을 지속하라고 강조했다.

이러한 압박 속에서 소련도 가만히 있지만은 않았다. 미 대사관 10층에서 쏘아대는 마이크로웨이브의 존재를 눈치챘고, 역으로 미국 첩보원들의 대화를 엿듣기 위해 미 대사관의 유리창으로 마이크로웨이브 신호를 발사하기 시작했다.

소련은 이런 간첩-대간첩작전에서 꾀를 하나 내었다. 어느 날 미국은 KGB가 모스크바에 있는 미 대사관에서 비밀 일부를 탈취하고 있다는 것을 알게 되었다. NSA는 이 문제를 해결하기 위해 찰스 갠디Charles Gandy라는 분석관 한 명을 파견했다. 갠디는 어떤 하드웨어 안에서도 백도어나 취약점을 발견하는 데 재주가 있는 사람이었다. 그는 곧 IBM 실렉트릭Selectric 타자기 16대에서 건맨Gunman이라는 장치를 발견했다. 이 타자기는 대사관에서 근무하는 고위 인사들의 비서들이 사용하는 것들이었는데, 건맨은 모든 타이핑을 저장하여 길 건너편 교회에 있는 수신기로 그 데이터를 전송하고 있었다. (조사 결과 미모의 소련 스파이가 대사관 경비를 유혹하여 내부로 침투했던 것으로 드러났다.)

소련이 워싱턴 D.C.와 뉴욕시 전역에 마이크로웨이브 장비와 감청소를 설치하고 있다는 사실도 드러났다. 펜타곤의 고위 관료들, 특히 포토맥강 건너편의 높은 건물들과 마주보고 있는 사무실에서 근무하는 사람들은 일하는 시간 동안 음악을 틀기 시작했다. 소련 스파이가 유리창에 대고 마이크로웨이브 빔을 쏘아대더라도 사무실의 대화는 파묻힌 채 사방에 퍼지는 배경음악만 듣게 할 셈이었다.

바비 레이 인먼은 보좌관들에게 소련의 새로운 첩보활동이 주는 피해 정도를 평가할 것을 지시했다. 기술적으로 수준 높은 공학도였던 카터 대통령—그 당시 최신 군사용 첩보 위성의 설계도를 보는 것을 좋아했다—은 국무장관, 국방장관과의 통화는 물론이거니와 자신의 모든 통화가 보안회선을 통해 이루어졌을 것이라고 확신했다. 그러나 NSA 기술자들은 이 전화선들을 추적하면서 전화 신호가 메릴랜드의 모처로 이동하고, 이 과정에서 마이크로웨이브 전송기로 전환된다는 사실을 발견했다. 이는 도청에 취약하다는 의미였다. 소련이 도청하고 있었다는 증거는 발견할 수 없었다. 그러나 그들이 하지 않았다고 여길 만한 근거도 없었다. 소련은 분명히 어렵지 않게 할 수 있었기 때문이다.

시간이 좀 걸렸지만, 이러한 취약점들이 더 많이 발견될수록, 소련의 스파이들이 이것들을 이용했다는 증거들이 더 많이 드러날수록, 충격적인 우려가 일부 NSA 분석관들의 머리를 강타했다. '우리가 소련에게 하

고 있는 것들을, 소련도 우리에게 똑같이 할 수 있다.'

더욱 많은 개인 사업자와 공공 사업기관, 정부계약 사업자들이 자동화된 컴퓨터를 이용하여 데이터를 저장하고 사업을 운영하기 시작하면서 불안감은 더욱 깊어졌다. 특히 이들 중 일부가 평문과 비문 자료를 구별하지 않고 동일한 장비에서 심지어 동일한 소프트웨어로 처리하고 있었기 때문이다. 12년 전 윌리스 웨어Willis Ware의 경고가 놀랍도록 정확한 예언이었음이 증명된 것이다.

NSA에서 근무하는 모든 사람들이 이런 문제를 걱정하고 있는 것은 아니었다. 소련에 대한 안일한 생각은 조직 내에 널리 퍼져 있었다. 미국의 신호정보팀만이 할 수 있는 수준 높은 일들을 기술적으로 뒤처진 국가가 할 수 있다는 생각 자체가 일종의 의심이자 조롱거리였다. 이보다 더 심각한 것은 NSA 관리자들이 컴퓨터의 하드웨어와 소프트웨어가 갖고 있는 보안상 허점을 보완하는 데 주저했다는 점이다. 이들 하드웨어와 소프트웨어 대부분은 전 세계 국가에서 사용 또는 복제되고 있었고, 여기에는 NSA가 감시하고 있는 국가도 포함되어 있다. 따라서 이것들을 쉽게 해킹할 수 있다면, 감시에도 훨씬 도움이 되는 일이었다.

NSA는 크게 신호정보와 정보보호—훗날 정보보증으로 불린다—를 담당하는 2개의 부서로 나누어진다. 신호정보부SIGINT는 NSA에서도 활동적이면서 손에 땀을 쥐게 하는 일들을 담당했다. 공학자와 암호학자, 전통적인 개념의 첩보원들이 라디오 신호 수집, 회로와 회선 도청 등 국가안보에 영향을 줄 수 있는 모든 통신을 도청하고 분석하는 데 초점을 맞추었다. 정보보호부INFOSEC는 신호정보부에서 사용하는 하드웨어나 소프트웨어의 신뢰성과 보안성 점검을 담당했다. 하지만 NSA의 역사를 통틀어서 두 부서가 직접적으로 접촉한 적은 거의 없었다. 심지어 같은 건물을 사용하는 것도 아니었다. 신호정보부를 포함하여 NSA의 대부분

직원들은 메릴랜드주 포트 미드 내에 있는 대규모 단지에서 근무했다. 정보보호부는 그곳에서 차로 20여 분 떨어진 거리에 있는 패넥스^{FANEX}라고 불리는 칙칙하고 어두운 갈색 건물에 있었다. 이곳은 훗날 BWI 마셜 공항^{BWI Marshall Airport}으로 개칭하게 되는 프렌드십 공항^{Friendship Airport}의 별관 건물이었다. (1968년까지 정보보호부는 더욱 멀리 떨어져 있는 워싱턴 D.C. 북서쪽 네브래스카^{Nebraska} 도로의 구석진 건물에 위치해 있었다. 몇 년 후에 그곳에는 국토안보국의 지휘본부가 들어섰다.) 정보보호부의 기술자들은 유지보수 기능만을 담당했다. 작전활동에는 전혀 참가하지 않았다. 반면 신호정보부는 작전 외에는 아무것도 하지 않았다. 그들은 감시활동에 사용하는 장비의 문제점을 개선하는 데 도움이 될 수 있는 자신들의 재능이나 노하우를 공유하지도 않았다.

카터 대통령의 임기 말에 이르러서야 비록 일부분이기는 하지만 두 부서가 조금씩 힘을 합치기 시작했다. 소련이 미국의 통신망에 침투하고 있다는 사실을 더욱 심각하게 인식하게 된 펜타곤의 관료들은 정보보호부가 NSA뿐만 아니라 국방부가 사용하는 하드웨어와 소프트웨어도 테스트해주기를 희망했다. 인먼은 컴퓨터 보안센터^{Computer Security Center}라는 이름의 새로운 조직을 창설했고, 과학기술 최고담당자 조지 코터^{George Cotter}가 조직을 맡도록 했다. 코터는 미국 최고의 암호학자 중 한 명이었다. 그는 제2차 세계대전 종전 이후 신호정보 활동을 해왔고, NSA에서는 창설 때부터 근무해왔다. 인먼은 이 새로운 조직이 신호정보 전문가들과 정보보호 기술자들이 상호 협력하는 합동 프로젝트를 추진하기를 바랐다. 처음 몇 년 동안에는 서로 다른 조직의 문화가 뚜렷이 남아 있었지만, 벽은 서서히 무너지기 시작했다.

컴퓨터 보안센터 창설은 NSA로 파견된 C3I 담당 국방차관보의 명령에서 시작되었다. 레이건이 대통령으로 당선되고 나서 당시 국방장관이던 캐스퍼 와인버거Casper Weinberger는 도널드 레이섬을 C3I 담당 국방차관보로 임명했다. 레이섬은 1970년대 중반 조지 코터와 함께 냉전의 최전선에서 신호정보 프로젝트를 수행했다. 당시에 레이섬은 미국 유럽사령부의 총책임과학자로, 코터는 NSA 유럽지부 부부장으로 활동하고 있었다. 두 사람은 소련과 미국이(그리고 유럽에 있는 미국 동맹국가들이) 서로의 통신망에 얼마나 깊이 침투해 있는지 누구보다도 자세히 알고 있었다. NSA를 떠난 후 레이섬은 펜타곤의 마이크로웨이브 및 우주·이동통신 시스템부Microwave, Space and Mobile Systems의 차장으로 임명되었다. 그리고 마틴 매리에타Martin Marietta 사와 RCA 사로 옮겨 수석 엔지니어로 계속 근무했으며, 그곳에서 지금까지 수행해왔던 과제들에 전념했다.

로널드 레이건 대통령은 영화 〈워게임스〉를 시청하고 나서 그의 보좌관들에게 미군의 가장 민감한 컴퓨터 시스템이 해킹당할 수도 있는지를 물어보았고, 베시 장군이 그날 회의에서 복귀하고 나서 그의 참모들이 도널드 레이섬에게 이 질문을 전달한 것은 지극히 당연한 일이었다. 레이섬이 답변을 회신하는 데는 그리 오랜 시간이 걸리지 않았다. 그리고 베시 장군은 그 답변을 그대로 대통령에게 보고했다.

"그렇습니다. 이 문제는 대통령님께서 생각하시는 것보다 심각합니다."

레이섬은 결국 대통령 지시 NSDD-145를 추진할 책임자가 되어 초안을 작성했다. 그는 다른 모든 연방 부서들 중에서도 오직 NSA만이 다양한 방법들을 통해 컴퓨터와 통신망에 대한 해킹뿐만 아니라 보호까지도 할 수 있는 능력이 있다는 것을 알고 있었다. 그래서 그는 작성한 초안을 통해 NSA에 보안과 관련된 일체의 임무를 부여했다.

NSDD-145는 "기술적 문제를 검토"하고 새로운 정책 구현에 필요한 "세부사항을 발전"시킬 수 있는 '국가 통신 및 정보보호 위원회의 설립'을 필요로 했다. 위원회의 의장은 C3I 담당 국방차관보, 즉 로널드 레이섬 자신이었다.

위원회 내부에는 "NSA 인사들로 구성된 상설 기구"를 둘 것을 명시했다. 이곳은 "필요한 시설과 지원을 제공하는 임무를 담당하게 될" 것이었다. 더불어 "통신 및 자동화 정보시스템 보안을 위한 국가 관리자"를 두어, 그가 "모든 표준, 기술, 시스템, 장비에 대한 검토와 승인"을 하도록 했다. 그리고 이 관리자를 NSA 국장이 맡도록 NSDD-145에 명시했다.

이는 야심 찬 계획이었다. 그러나 누군가에게는 지나친 계획으로 비쳐졌다. 텍사스주 민주당원이자 의회 내에서 시민의 자유를 앞장서서 지지하는 잭 브룩스Jack Brooks 상원의원은, 법령에 의해 외국에 대한 감시활동으로만 그 역할이 국한된 NSA가 미국인들의 일상을 감시하지 못하도록 만들고자 했다. 그는 법안을 작성하여 NSDD-145를 수정했고 NSA가 이와 같은 막강한 권한을 갖지 못하도록 했다. 그의 동료 의원들은 이 법안을 통과시켰다. 만일 도널드 레이섬의 초안이 그대로 시행되었다면, 미국 내의 정부기관, 사업자 및 개인의 모든 컴퓨터가 따라야 할 보안기준과 준수사항은 NSA의 쉴 새 없는 감시 아래 놓이게 되었을 것이다.

NSA는 이러한 권한을 가지려 주장하고, 일각에서는 이 주장을 반대하는 모습은 비단 이번이 마지막은 아니었다.

●

CHAPTER 2

"이 모든 것이 정보다"

"세상은 더 이상 무기나 에너지, 돈으로 움직이지 않아. 세상을 움직이는 것은 0과 1이야. 데이터에 있는 작은 비트들이지. 모든 것들이 전자들의 세상이야. 친구여, 그곳에는 전쟁이 한창이네. 세계대전이지. 누가 더 많은 총탄을 가지고 있는지는 중요하지 않아. 누가 정보를 통제하느냐가 중요하지. 우리가 보고 듣는 것, 우리가 움직이는 방법, 우리가 생각하는 것, 이 모든 것이 정보야."

CYBER WAR

● 1990년 8월 2일, 사담 후세인Saddam Hussein 이라크 대통령은 국경 남쪽에 있는 작은 나라 쿠웨이트에 대한 침공을 감행한다. 그리고 3일 후, 조지 H. W. 부시George H. W. Bush 미 대통령은 이 침략은 "실패할 것"이라는 성명을 발표한다. 이윽고 1991년 1월 17일, 대규모 기동을 마친 미군의 헬기와 전투기는 한 달여에 걸친 공습의 서막을 알리는 첫 공격을 개시했다. 이어서 2월 24일, 50만 명이 넘는 미 육군은 100시간의 지상 공격을 통해 이라크군을 포위·섬멸했으며, 여기저기 흩어진 이라크 패잔병들을 쿠웨이트 국경 북쪽으로 몰아냈다.

이름하여 '사막의 폭풍 작전Operation Desert Storm'으로 알려진 이 전쟁은 제2차 세계대전 이후 최대 규모의 기갑 및 기계화부대 공격작전이었다. 그리고 거의 알려지지는 않았지만 대지휘통제전, 곧 앞으로 다가올 사이버전의 전조를 보여준 첫 번째 전역戰域이었다.

당시 NSA 국장은 윌리엄 스튜드먼William Studeman 해군 소장이었다. 그는 자신의 멘토인 바비 레이 인먼처럼 NSA 국장이 되기 전에 해군정보국장을 역임했다. 스튜드먼은 NSA 국장으로 임명되고 나서 해군의 베테랑 암호전문가인 리처드 윌헬름Richard Wilhelm을 자신의 보좌관으로 데리고 왔다. 리처드 윌헬름은 몇 년 전 스코틀랜드 에드살Edsall에 위치한 대규모 NSA 신호정보 기지에서 2인자로 활동했으며, 소련의 통신을 해독하기 위한 인먼의 '변조신호 업그레이드' 프로그램을 시험하는 테스트 베드를 운영한 인물이었다.

사막의 폭풍 작전 계획이 수립되는 동안, 스튜드먼은 이제 막 창설된 합동정보센터Joint Intelligence Center의 NSA 대표 자격으로 윌헬름을 펜타곤에 파견했다. 합동정보센터는 미 합참의장의 정보참모인 존 마이크 매코널John "Mike" McConnell 해군 소장이 지휘하고 있었다. 가장 잘나가는 해군 정보 장교들이 그러하듯이, 윌헬름과 매코널도 수년간 서로 알고 지낸 사이였다. 그들은 새로 꾸려진 합동정보센터에서 신호정보, 위성 영상, 지상에서 수집한 인간정보를 정보수집분석실 한 곳에서 융합하는 합동조직을 구성했다.

이라크의 쿠웨이트 침공 전, 미 정보당국은 이라크군이나 사담 후세인의 친위대가 사용하는 장비에 대해 아는 바가 거의 없었다. 하지만 폭격이 시작될 즈음에는 알아야 할 거의 모든 정보를 확보한 상태였다. 첫 공습이 시작되기 몇 달 전부터 합동정보센터의 분석관들은 사담 후세인의 지휘통제망 깊숙한 곳까지 침투해 있었다. 여기에서 발견한 가장 중요한 사실은 사담 후세인이 바그다드^{Baghdad}부터 바스라^{Basrah}까지 이어지는 모든 구간에 광케이블을 포설布設하고, 쿠웨이트 침공 이후에는 쿠웨이트시티^{Kuwait City}까지 연결했다는 것이었다. 미 정보당국은 이라크에 광케이블을 가설한 서방업체에 연락하여 교환시설의 위치를 파악했다. 이 시설들은 1월 17일 첫새벽에 개시된 폭격에서 첫 번째 목표물들 중 하나가 되었다. 이 때문에 사담 후세인은 마이크로웨이브 신호를 이용하는 예비 통신망을 운용할 수밖에 없었다. 이러한 움직임을 미리 예상하고 있던 NSA는 최신 극비 위성 한 대를 이라크 상공 바로 위에 띄워놓았다. 윌헬름이 걸프전 이전에 관리하던 첩보위성^{spy-in-the-sky} 3대 중 1대였다. 이 위성은 마이크로웨이브 신호를 잡아내는 수신장비를 갖추고 있었다.

모든 과정에서 NSA와 매코널이 이끄는 합동정보센터, 그리고 이들로부터 정보를 제공받는 미군 전투부대 지휘관들은 사담 후세인과 그의 지휘관들이 무슨 대화를 나누고 있는지, 이라크군이 어디에 위치해 있는지 정확히 알 수 있었다. 그 결과, 미국은 전투에서 상당한 우위를 점할 수 있었다. 미군 지휘관들이 이라크군의 기동에 즉각적으로 대응할 수 있었을 뿐만 아니라, 이라크군의 눈에 띌 우려 없이 기동하는 것이 가능했기 때문이다. 이라크군은 여러 해에 걸쳐 소련에서 수입한 상당수의 대공미사일을 보유하고 있었고, 이를 운용하는 데 제법 잘 훈련되어 있었다. 따라서 이라크군은 더 많은 미군의 전투기를 격추시킬 수도 있었다. 하지만 합동정보센터는 이라크군의 지휘통제체계와 방공 레이더를 교란하는 방법을 이미 알고 있었다.

이라크군의 정보장교들은 곧 미국의 침투를 감지했고, 사담 후세인은 오토바이에 전령을 태워 전선으로 명령을 전파하기 시작했다. 하지만 이는 너무 느렸다. 전장의 상황은 갈수록 급박하게 돌아갔고, 궤멸을 피하기 위해 후세인이 할 수 있는 것은 거의 없었다.

대지휘통제전의 첫 실험은 성공적이었다. 하지만 더 이상의 진전은 없었다. 이 작전에 열정을 가지고 뛰어든 사람들이 달성할 수 있었을 수준에는 미치지 못했다. 미 육군 수뇌부의 관심사항이 아니었기 때문이다. 사막의 폭풍 작전을 지휘하고 한껏 우쭐해진 노먼 슈워츠코프^{Norman Schwarzkopf} 장군은 합동정보센터의 일을 특히나 더 평가절하했다. '폭풍의 노먼' 장군은 보수적인 사람이었다. 그에게 전쟁의 승리는 적을 죽이고 목표물을 파괴함으로써 달성하는 것이었다. 이러한 관점에서 본다면 규모가 크거나 작거나, 정규전이나 게릴라전이나, 유럽의 산맥에서나 베트남의 정글에서나, 메소포타미아의 사막을 가로지르거나, 모든 전쟁은 같은 것이었다.

처음부터 슈워츠코프 장군은 매코널의 합동정보센터로부터 받은 정보를 이용하여 무엇도 하려고 하지 않았다. 몇 안 되는 정보장교들만 데리고 와서는 충분하겠다고 판단했던 것이다. CIA, NSA, 국방정보국^{Defense Intelligence Agency} 및 기타 정보기관의 수장 등을 포함하여 전 정보계가 일제히 들고 일어났다. 결국 당시 미 합참의장이던 콜린 파월^{Colin Powell} 장군이 이를 중재하고 나섰다. 그는 육군 4성 장군으로서 워싱턴 정치계와의 조율에 능하고 전략적인 안목을 가진 사람이었다. 파월 장군은 합동정보센터의 정보분석관들을 불러들여 이번 전쟁을 기획한 사람들과 대화를 나눌 수 있는 자리를 만들었다.

하지만 슈워츠코프 장군은 여전히 바뀌지 않았다. 광케이블 통신망이 파괴되고 나서 사담 후세인이 마이크로웨이브 통신망을 통해 명령을 전파한다는 것을 알게 되자, 슈워츠코프 장군은 본능적으로 마이크로웨이브망을 날려버려야겠다는 생각을 했다. 사령부 내 일부 정보분석관들은 그 의견에 반대하며 지금까지 마이크로웨이브망 도청을 통해 수많은 유용한 정보들을 획득했다는 점을 강조했다. 슈워츠코프 장군은 이런 의견을 귀담아듣지 않고 사담 후세인의 통신망을 모두 파괴해야 한다는 생각을 고수했다. 정보 획득을 위해 적의 통신망을 이용하는 것보다는 통신망을 파괴하는 것이 전쟁에서 더 빨리 승리하는 길이라고 생각했기 때문이다.

합동정보센터 구성을 마뜩잖게 생각한 것은 비단 슈워츠코프 장군만이 아니었다. 펜타곤의 고위 공무원들도 마찬가지였다. 합동정보센터라는 것은 그들에게 지금까지 없던 전혀 새로운 것이었다. 기술이나 장비에 정통한 정치인이나 고위 관료들은 거의 없었다. 심지어 부시 대통령이나 딕 체니Dick Cheney 국방장관은 컴퓨터를 사용해본 적도 없었다. 걸프전에서 결정적인 순간에 미 지상군이 이라크군의 후방과 측면에서 공격하기 위한 마지막 기동을 마치자, NSA와 합동정보센터는 이라크의 한 통신 타워를 해킹하여 무력화해야 한다는 방안을 건의했다. 이 통신 타워의 경우 24시간 정도만 작동하지 않으면 충분했다. 폭파시킬 필요는 없었다(게다가 폭파시킬 경우 무고한 민간인의 희생도 발생할 수 있었다). 하지만 딕 체니 국방장관은 회의적이었다. 그는 분석관들에게 그 계획이 성공할 수 있다고 얼마만큼 확신하는지 물어보았다. 그러나 그들은 계량화된 수치로 답변할 수 없었다. 반면, 폭격기에서 떨어지는 폭탄은 임무를 확실하게 수행할 수 있었다. 체니 국방장관은 폭격을 선택했다.

●　●　●

걸프전에서 은밀한 대지휘통제전을 수행한 사람들은 이루 말할 수 없는 성취감을 느꼈지만, 일부는 당혹감과 불안감을 느꼈다. 리처드 H. L. 마셜 Richard H. L. Marshall은 NSA의 법무 담당이었다. 전쟁이 시작되기 전, 그는 작전계획에서 일부 우려스러운 점을 제기했다. 작전계획에 따르면, 어느 한 시점에 이라크 군사시설로 전력을 공급하는 발전시설에 전자 공격을 가하여 이를 무력화하기로 되어 있었다. 그런데 마셜은 그 발전시설이 인근에 있는 한 종합병원에도 전력을 공급하고 있다는 사실을 알게 되었다. 이 작전계획이 비록 총알이나 미사일, 폭탄 등을 동원하는 것은 아니었지만, 이 전자 공격으로 인해 속수무책인 민간인 상당수가 희생될 가능성이 있었다.

　NSA와 펜타곤에서 근무하는 마셜과 다른 법률담당관들은 그 영향에 대해 열띤 토론을 했다. 하지만 이들의 고민은 부질없었다. 슈워츠코프 장군과 다른 지휘관들이 해당 발전시설과 도심 내 거의 모든 목표물에 대한 폭격과 미사일 공격을 결심했기 때문이다. 여기에는 발전소, 수도정화시설, 통신 타워, 그리고 민간인과 군이 같이 사용하는 다양한 기반시설이 포함되어 있었다. 이로 인한 '부수적인 피해'로 인해 수천 명에 달하는 이라크 민간인들이 희생되었다.

　그럼에도 불구하고 마셜은 NSA에 있는 자신의 관점에서 볼 때 이 새로운 유형의 전쟁이 급성장하리라는 것을, 아마도 그리 멀지 않은 미래에 전쟁의 지배적인 형태로 발전하리라는 것을 예상할 수 있었다. 만일 어떤 국가가 미사일을 쏘거나 폭탄을 투하하지 않고서도 핵심기반시설을 파괴하거나 무력화한다면, 그것이 전쟁행위로 간주될 수 있을까? 여기에 참여하는 지휘관과 전투원들에게 무력충돌법LOAC, Law of Armed Conflict(불필요한 분쟁을 막기 위해 합법적 무력 공격이 가능한 상황을 제한하는 법-옮긴이)을 적용할 수 있을까? 아무도 알 수 없었다. 이러한 문제를 심사숙고해야 하는 위치에 있는 사람들 중 어느 누구도 이 문제에 대해 고민하지 않았다.

작전 지향적인 NSA 고위급 장교들은 이와는 달리 더 전략적인 것에 관심을 가졌다. 그들은 사담 후세인의 통신 링크를 이토록 쉽게 제거했다는 것에 놀라지 않을 수 없었다. 그러나 일부 NSA 고위급 장교들은 알고 있었다. 미래 전쟁에서 특히나 이라크보다 우수한 적을 상대하는 것은 쉬운 일이 아니라는 것을 말이다. 기술은 계속 변화하고 있었다. 아날로그에서 디지털로, 무선통신과 마이크로웨이브 통신에서 광케이블로, 분리되어 있는 전화선에서 사이버 공간cyberspace이라고 불리게 될 데이터 패킷data packet으로 말이다. 사담 후세인마저도 광케이블을 매설했었다. 유럽에 있는 동맹국가의 기업들이 이를 설치했기 때문에, 미국은 교환시설이 어디에 위치하고 있는지, 그래서 어디에 폭탄을 투하해야 하는지 알수 있었던 것이다. 그러나 다른 적국이 자신의 힘만으로 광케이블을 매설할 수 있다는 것도 염두에 두어야 한다. 만일 전쟁이 일어나지 않는다면, 혹은 만일 NSA가 오랫동안 유무선 송신을 도청했던 것처럼 케이블 속을 쏜살같이 지나가는 신호를 감청하기만 한다면, 그것을 알 수 있는 방법은 없을 것이다. 케이블을 이용하는 것은 기술적으로 가능할지 모른다. 그러나 NSA가 그런 일을 위해 설립된 것은 아니었다.

이러한 흐름을 너무나도 깊이 걱정하던 사람이 NSA의 국장, 윌리엄 스튜드먼(빌 스튜드먼Bill Studeman)이었다.

1988년 8월, 스튜드먼이 포트 미드에서 NSA의 국장으로 취임하기 며칠 전, 인먼은 스튜드먼과 그의 옛 동료 리처드 하버Richard Haver를 저녁식

사에 초대했다. 인먼이 NSA를 떠나고 7년이 지났지만, 자신을 이은 두 명의 후임자, 링컨 포러Lincoln Faurer와 윌리엄 오덤William Odom이 그 자리에서 해온 일들은 썩 마음에 들지 않았다. 두 사람 모두 3성 장군으로서 포러는 공군, 오덤은 육군 출신이었다(일반적으로 NSA 국장은 각 군이 돌아가면서 맡는다). 그리고 해군 출신인 인먼은 이것도 문제의 일부라고 생각했다.

육·해·공군 중에서 해군이 감시 기술의 변화에 가장 잘 적응했다. 해군의 최우선 임무는 소련의 해군, 그중에서도 잠수함을 추적하는 것이었다. 그리고 미 해군 중에서도 가장 비밀스러운 조직이 이 사냥 임무를 수행했으며, 대부분 NSA가 사용하는 것과 동일한 장비와 기술을 상당히 많이 이용했다. 이러한 극비 임무를 수행할 수 있는 위치까지 진출한 해군 장교 집단 사이에는 특별한 유대감이 있었다. 이는 부분적으로 그들의 존재가 극비로 분류되어 있기 때문이기도 했다. 그들에 대한 최소한의 사항을 알려면 별도의 비밀취급인가가 있어야 한다는 사실은 그들을 군에서 가장 비밀스러운 조직의 일원으로 만들었다. 또 한편으로는 그들의 강도 높은 임무가 그렇게 만들기도 했다. 평시에 1년 356일 하루 24시간 동안 그들이 수행하는 임무는 소련의 암호를 해독하고 잠수함을 추적하는 일로서, 이는 전시에 수행하는 임무와 거의 대부분 동일했다. 그래서 긴장을 늦출 수 없었다.

결과적으로 이런 유대감은 바비 레이 인먼의 작품이었다. 1970년대 중반 인먼이 해군정보국장으로 재임하는 동안, 그의 최측근 보좌관들은 극비 임무를 수행하는 잠수함 승조원과 암호전문가뿐만 아니라, 무관과 항공모함에서 근무하는 장교 등 해군의 다양한 분야에서 가장 우수한 인재들을 발굴하여 팀으로 구성했다. 가장 중요한 정보를 작전장교들의 손에 쥐어주고, 작전장교들이 정보장교들의 요구에 따라 작전 임무를 조정하도록 만들기 위함이었다.

인먼은 가차 없는 관료정치가였다. 빌 스튜드먼과 리처드 하버는 마키아벨리Machiavelli도 인먼에 비하면 천사라고 말할 정도였다. 1970년대 후반부터 1980년대 초반까지 인먼은 NSA와 CIA 사이의 오래된 힘겨루기에 매달렸다. 여기에서 승리한 기관이 새로운 기술에 대한 통제권을 쟁취할 수 있었다. 로널드 레이건은 대통령으로 당선되고 나서 NSA 국장 임기가 거의 끝나가던 인먼에게 랭글리에 위치한 CIA의 부국장을 맡아줄 것을 부탁했다. 상원에서는 1981년 2월 12일 대통령의 지명을 승인했다. 하지만 인먼은 3월 30일까지 NSA 국장으로서 업무를 계속 수행했다. 양쪽에서 힘을 발휘하던 6주 동안 NSA 국장 인먼이 CIA 부국장 인먼에게, 그리고 CIA 부국장 인먼이 NSA 국장 인먼에게 수차례 각서를 보냈고, 이를 통해 양 기관 사이의 많은 문제들을 해결했다(당시 CIA 국장 윌리엄 케이시William Casey는 중앙아메리카와 아프가니스탄 내 공산주의자들에 맞선 은밀한 전쟁에 훨씬 더 집중하고 있던 터라 내부 문제에는 신경쓰지 않았다). 그리고 마침내 NSA가 컴퓨터 기반의 정보 통제 권한 일체를 확보하게 되었다(이것은 3년 후 레이건 대통령의 지시 NSDD-145를 추진하기 위한 배경을 마련해주었다. 의회의 수정이 있기 전까지 NSDD-145는 NSA가 모든 통신과 컴퓨터 시스템에 대한 보안 기준을 정립할 수 있는 권한을 부여했다. 당시 양 기관에서 인먼이 스스로 처리했던 각서가 이 권한에 대한 근거를 마련했다). 일부 다른 쟁점 사항들에 대해서도 인먼은 책임을 나누었고, CIA-NSA 합동조직을 창설하기도 했다. 역할과 임무가 어느 정도 정해지자, 인먼은 자신이 NSA에서 필요로 했던 값비싼 하드웨어를 구매하고자 했고, 이를 위해 양 기관의 예산을 증액했다. 여기에는 위성, 정찰기, 잠수함에 설치된 센서의 수집능력을 강화시키는 슈퍼컴퓨터와 소형 칩도 포함되었다.

인먼은 CIA에서 2년이 조금 안 되는 기간 동안 근무했다. 이후 은퇴하여 자신의 고향인 텍사스로 돌아갔다. 그리고 그곳에서 소프트웨어와 상용 암호를 다루는 회사를 창업하여 큰돈을 벌었다. 이 경험을 통해 인먼은 디지털 혁명이 전 세계로 얼마나 빨리 퍼져나가는지, 그리고 이 변화에 발맞추기 위해 NSA가 근본적으로 변화해야만 한다는 사실을 깨달았다. 인먼은 정부의 자문위원으로 적극적으로 활동했으며, 이전 부하직원들과 이따금씩 연락을 주고받았다. 그리고 자신의 뒤를 이은 두 국장 링컨 포러와 빌 오덤이 앞으로 다가올 급격한 변화에 관심을 보이지 않자 불만이 커져만 갔다.

레이건 대통령 임기 마지막 해에 비밀 프로젝트에 경험이 풍부한 해군 장교이면서 텍사스 출신 동료이자 인먼이 아끼는 후배인 빌 스튜드먼은 곧 NSA 국장에 임명될 예정이었다. 그 여름날의 저녁식사에 이 두 사람과 동석한 리처드 하버는 당시 해군정보국 부국장이었다.

인먼이 해군정보국장으로 재임하던 시절, 스튜드먼과 하버는 그의 참모로 활동했다. 스튜드먼은 레이건 대통령 임기 초기에 미국이 소련을 상대로 우위를 점할 수 있도록 만든 '변조신호 업그레이드 프로젝트'를 포함하여 감시활동과 전산처리 분야 발전에 큰 힘을 기울였다. 하버는 설득력 있는 프리젠테이션으로 대통령과 보좌진들에게 이러한 발전이 얼마나 큰 의미가 있는지 브리핑했다. 인먼과 스튜드먼, 하버, 이 세 명모두 물리학이나 공학이 아닌 역사학을 전공한 사람들이었음에도 말이다. 세상은 변하는 중이었다. 냉전은 새로운 국면으로 진입하고 있었고, 그들은 자신 스스로를 존재도 거의 알려지지 않은 거친 변혁의 영역에 있는 최전선의 용사라고 생각했다.

인먼은 그날 저녁 두 사람을 불러 장장 3시간에 걸쳐 그 두 사람이 정보계, 특히 NSA가 기술 변화의 최전선으로 나갈 수 있도록 원동력을 제공해야 한다고 힘주어 말했다. 두 사람은 조직이 해오던 업무, 인사 운영, 그리고 역량을 집중하는 방법을 바꿔야만 했다.

NSA의 국장으로 취임하고 며칠 지나지 않아 스튜드먼이 가장 먼저 추진한 일 중 하나는 두 가지 연구과제를 부여하는 것이었다. 하나는 '글로벌 접근 연구Global Access Study'라는 연구과제로, 세계가 얼마나 빠르게 아날로그에서 디지털로 전환되는지 전망하는 것이었다. 이 연구는 이러한 변화가 단번에 또는 동일한 모습으로 일어나지는 않을 것이라고 결론지었다. 이는 NSA가 현재 수행하고 있는 전화, 무선, 마이크로웨이브 감시·감청을 지속적으로 수행해야 함과 동시에 새로운 세상의 수요에 적합한 능력을 갖추기 위해, 그리고 새로운 세상의 통신을 엿듣기 위해 스스로 혁신해야 한다는 것을 의미했다.

두 번째 연구과제는 NSA의 인사 운영과 직원들의 기술 역량을 분석하는 것이었다. 이 연구를 통해 조직이 전반적으로 불균형하다는 사실이 드러났다. NSA에는 크렘린궁(소련) 전문 분석가들만 잔뜩 있었고, 컴퓨터 전문가는 충분하지 않았다. 인먼이 NSA 국장으로 재임하던 시절, 기술전문가들을 신호정보부의 작전가와 분석가들과 같은 사무실에서 근무하게 하는 방안을 추진했지만, 그 이후로는 지지부진했다. NSA의 컴퓨터 전문가 대부분은 IT나 유지보수팀에서 일하고 있었다. 신호정보부의 어느 누구도 자신의 전문지식을 이용해 신형 하드웨어와 소프트웨어의 취약점을 조언해주지 않았다. 간단히 말해, 다가오고 있는 새로운 시대를 위해 준비하고 있는 사람이 아무도 없었던 것이다.

스튜드먼의 연구들은 그가 그것들을 추진했다는 사실만으로도 조직내 각계각층의 저항과 분노, 공포감을 불러일으켰다. 오랫동안 NSA의 관리자들은 아날로그 기술에 막대한 금액을 투자해왔고 여전히 투자하고 있었다. 그리고 자신들이 지금까지 잘못된 선택을 해왔다는 경고를 무시하거나 묵살하는 편을 택했다. NSA 창설 멤버들은 NSA의 기술 역량과 임무 사이에 심상치 않은 불균형이 있다는 것을 보여준 스튜드먼의 두 번째 연구를 특히나 불길한 위협으로 받아들였다. 만일 스튜드먼이 연구 결과대로 움직였다면 수천 명에 달하는 베테랑 분석관들과 정보원들이 하루아침에 실업자로 나앉았을 것이다.

스튜드먼이 자신의 임기 3년 동안 할 수 있는 일은 이 정도밖에 없었다. 우선, 세상이 사람들이 생각하는 것보다 훨씬 더 빨리 변화하고 있었다. 스튜드먼이 NSA를 떠난 후 1992년 4월, 창설 이후 지금까지 NSA를 움직이는 원동력이 되었던 냉전이 결국 미국의 승리로 막을 내렸다. 설사 NSA 개혁에 대한 필요성을 널리 인정했다 하더라도(실제로 그러하지는 않았지만), NSA 개혁은 갑자기 지금 당장 하지 않아도 되는 일처럼 보이게 되었다.

● ● ●

스튜드먼의 뜻을 이은 사람은 마이크 매코널Mike McConnell 미 해군 소장이었다. 그는 사막의 폭풍 작전에서 합동정보센터를 이끌었고, 걸프전이 끝난 이후에도 콜린 파월 미 합참의장 아래에서 정보참모로 약 1년 반을 더 근무했다. 1980년대 중반 그는 소련 해군을 추적하는 부대에 배치되면서 NSA 본부에 1년간 근무한 적이 있었다. 하지만 그처럼 냉엄한 전환의 순간에 NSA의 국장으로 다시 돌아온 매코널은 자신과 이 거대한 조직이 무엇을 해야 하는지 잘 알고 있지 못했다.

NSA 신호정보부는 서로 다른 2개 부서가 있었다. 'A그룹'은 소련과 소련의 위성을 감시했고, 'B그룹'은 소련을 제외한 나머지 다른 국가를 감시했다. 각 그룹의 명칭이 말해주듯이, A그룹은 자타가 공인하는 엘리트 집단이었다. A그룹의 직원들은 남다른 분위기를 풍겼다. 그들은 경쟁관계에 있는 초강대국으로부터 미국을 보호하는 사람들이었다. 그들은 이해하기 힘든 전문적인 기술을 연구했고, 스스로가 소련식 사고방식에 깊이 몰두했으며, 무작위적인 것으로 보이는 일련의 데이터 속에서 패턴과 패턴의 변화를 찾아냈다. 그리고 이것들을 종합적으로 분석하여 적어도 이론상으로라도 소련 지도부의 의도에 대한 큰 그림뿐만 아니라 전쟁과 평화에 대한 전망을 제시했다. 냉전이 끝난 지금 그들의 역량은 어디에 쓸모가 있을까? 소련만을 주시하고 있던 그들을 여전히 A그룹이라고 불러야 할까?

전반적으로 NSA가 감시·감청을 어떻게 계속 수행할 것인가는 여전히 그리고 더욱더 앞이 보이지 않는 과제였다. NSA 국장으로 임명되고 몇 주 동안, 매코널은 NSA가 전 세계에 설치한 무선수신기와 안테나 중 일부가 더 이상 신호를 잡아내지 못하고 있다는 것을 알게 되었다. 세상이 디지털로 전환되는 정도를 예상한 스튜드먼의 '글로벌 접근 연구'는 점차 현실이 되어가고 있었다.

이 시기에 참모 중 한 명이 지도 두 장을 들고 그의 사무실로 찾아왔다. 첫 번째 지도는 평범한 세계 지도였다. 여기에는 주요 해양대국들이 바다를 가로질러가는 항로가 화살표로 표시되어 있었다. 매코널과 같은 해군 출신들은 이것을 해상교통로SLOC, Sea Lines Of Communication라고 불렀다. 두 번째 지도에는 전 세계의 주요 광케이블의 경로와 분포가 표시되어 있었다.

그 참모는 두 번째 지도를 가리키며 "이것이 국장님이 연구해야 하는 지도입니다"라고 말했다. 광케이블이야말로 새로운 해상교통로, 은하계의 웜홀Wormhole(블랙홀black hole과 화이트홀white hole로 연결된 우주 속 가상의 통로-옮긴이)과 같은 해상교통로였다. 그것이 우리를 한 지점에서 다른 한 지점으로 순식간에 옮겨주기 때문이었다.

매코널은 둘 사이의 유사함을 느끼고 변화를 위한 힌트는 얻었지만,

그 변화가 NSA의 미래에 미칠 영향은 제대로 파악하지 못했다.

그 후 얼마 지나지 않아 매코널은 새로 개봉한 영화 〈스니커즈Sneakers〉를 보았다. 인기 스타가 총출연한 멋진 코미디 스릴러물이었다. 매코널이 이 영화를 보려고 했던 단 하나의 이유는 NSA와 관련 있는 영화라고 누군가 귀뜸해줬기 때문이다. 줄거리는 허술했다. 컴퓨터 보안과 최첨단 탐정 활동을 하는 작은 회사가 어느 외국인 과학자의 책상 위에 있는 블랙박스를 훔쳐달라는 의뢰를 받았다. 의뢰인은 자신들이 NSA와 일하고 있고 그 과학자는 스파이라고 했지만, 나중에 알고 보니 그 의뢰인이 스파이였고, 과학자는 정부기관의 조력자였다. 그 블랙박스는 암호화된 모든 데이터를 풀 수 있는 극비 장비였고, NSA는 이를 회수하기 위해 수사를 진행하고 있었던 것이다.

영화가 끝나갈 무렵, 과거 컴퓨터 해커였으며 그 블랙박스를 훔쳐오라고 사주한 천재 악당(벤 킹슬리Ben Kingsley 분)이 장난기 넘치던 대학 시절부터 오랜 친구이자 한때 동료였던 탐정 대장(로버트 레드퍼드Robert Redford 분)을 맞닥뜨리자 어두운 독백조로 왜 블랙박스를 훔치려고 했는지 설명한다.

"세상은 더 이상 무기나 에너지, 돈으로 움직이지 않아."

광기 가득한 그 장면에서 악당은 말한다.

"세상을 움직이는 것은 0과 1이야. 데이터에 있는 작은 비트들이지. 모든 것들이 전자들의 세상이야. 친구여, 그곳에는 전쟁이 한창이네. 세계대전이지. 누가 더 많은 총탄을 가지고 있는지는 중요하지 않아. 누가 정보를 통제하느냐가 중요하지. 우리가 보고 듣는 것, 우리가 움직이는 방법, 우리가 생각하는 것, 이 모든 것이 정보야."

매코널은 그 장면을 보면서 자세를 고쳐 앉았다. 그저 그런 할리우드 영화의 예상치도 못한 장면에서 그가 찾고 있던 NSA의 임무와 사명이 있었다.

"세상은 0과 1로 움직인다. …… 그곳에서는 전쟁이 한창이다. …… 중요한 것은 누가 정보를 통제하느냐다."

NSA로 돌아온 매코널은 영화 〈스니커즈〉에 대한 이야기를 퍼뜨리며 그가 만나는 모든 직원들에게 그 영화를 볼 것을 권했다. 심지어 그 마지막 장면이 담긴 복사본을 구해와 NSA의 고위 간부들과 함께 보았다. 그리고 이것이 여기 모인 사람들이 그 무엇보다도 중요하게 마음속에 간직해야 할 미래의 비전이라고 말했다.

그 당시 매코널은 알지 못했다. 영화 〈스니커즈〉의 대본을 10년 전 〈워게임스〉를 쓴 래리 래스커와 월터 파크스가 썼다는 것을 말이다. 그리고 〈워게임스〉와 같은 수준은 아니지만 영화 〈스니커즈〉 역시 국가 정책에 영향을 주었다.

영화에서 영감을 받은 지 얼마 지나지 않아 매코널은 리처드 윌헬름을 불러들였다. 그는 사막의 폭풍 작전 당시 NSA에서 합동정보센터로 파견 나와 매코널의 오른팔 역할을 톡톡히 수행한 인물이었다. 걸프전 이후 윌헬름은 리처드 하버와 함께 합동정보센터의 활동을 종합하고 미래 신호정보작전을 위해 전쟁 중에 얻은 교훈을 정리한 보고서를 작성했다. 이에 대한 공로로 윌헬름은 NSA가 해외에서 운영하는 가장 큰 기지 중 하나인 일본 미사와三沢 공군기지에 위치한 NSA 감청소의 지휘관으로 승진했다.

그런데 지금은 매코널이 그런 윌헬름을 NSA 본부로 불러들여 그를 위해 만들어놓은 새로운 직책을 맡아줄 것을 요청하고 있었다. 그 직책의 이름은 정보전 국장이었다. ("그곳에는 전쟁이 한창이다. …… 중요한 것은 누가 정보를 통제하느냐이다.")

이 개념과 명칭은 빠르게 확산되었다. 이듬해 3월에는 당시 미 합참 의장이었던 콜린 파월 장군이 정보전에 대한 정책 보고서를 발표했고,

정보전을 적 전투력의 중심으로부터 적의 지휘체계를 제거하는 작전이라고 정의했다. 각 군은 거의 동시에 반응하여 공군정보전센터Air Force Information Warfare Center, 해군정보전부Naval Information Warfare Activity, 육군지상정보전부Army Land Information Warfare Activity가 창설되었다(이들 조직은 이전에도 서로 다른 이름으로 존재했었다).

영화 〈스니커즈〉를 시청한 시기에 매코널은 해군과 NSA의 대지휘통제전 프로그램을 완벽하게 보고받았고, 이 개념을 새로운 시대에 적용할 수 있는 가능성에 대해 크게 고무되어 있었다. 그것을 현대에 맞게 구체화하면서(정보전은 기본적으로 대對지휘통제전에 디지털 기술을 더한 것이었다) 매코널은 단순히 신호를 도청하는 것뿐만 아니라 신호의 원점까지 침투함으로써 신호정보에 획기적인 변화를 가져올 수 있다. 그리고 적의 모선인 지휘통제체계 내부로 침투한 후 가짜 정보를 흘리거나 조작하거나 교란하거나 장비를 파괴하여 적 지휘관들을 혼란에 빠뜨릴 수 있었다. 정보를 '장악하는 것'이 곧 평화를 유지하고 전쟁에서 승리하는 것이었다.

윌헬름에게는 이런 것들이 전혀 새로운 것이 아니었다. 그는 정보전의 최전선에서 수년간 매진해왔던 사람이었다. 그러나 새로운 직책을 맡은 지 6주가 될 무렵, 그는 매코널의 사무실로 찾아와 이렇게 말했다.

"국장님, 우리는 지금 심각한 상황에 처해 있습니다."

윌헬름은 정보전이 어떤 양상을 띠게 될지 자세히 연구해왔다. 정보전은 양측이 동일한 무기를 사용하는 동시전이다. 그런데 상황이 그렇게 썩 좋아 보이지는 않았다. 디지털 신호와 초소형 전자공학microelectronics(전자공학의 한 분야로, 초고밀도 집적 회로와 같은, 1,000분의 1mm 정도의 가공 정도를 필요로 하는 전자부품에 대하여 연구하는 학문-옮긴이) 혁명은 미군과 미국 사회 전반에 스며들었다. 효율성이라는 기치 아래, 장군들을 비롯한 기업 최고경영자들은 하나같이 '모든 것'을 컴퓨터 네트워크와 연결하려고 했다. 미국의 컴퓨터 네트워크 의존도는 지구상 어느 나라보다도 급격히 높아졌다. 정보기관을 포함하여 정부 부처가 생산한 파일의 약 90퍼센트가량이 상용 트래픽을 통해 유통되었다. 은행, 전력망, 상하수도, 911 긴급통화 시스템까지 이 모든 대규모 시스템들이 네트워크를 통해 통제되고 있었기 때문에, 이들 모두가 공격받기 쉬웠으며, 대부분은 아주 간단한 해킹에도 노출될 수 있었다.

윌헬름은 매코널에게 말했다. "누군가의 네트워크를 공격하려고 생각한다면 그들도 우리에게 똑같이 공격할 수 있다는 것을 명심하십시오." 정보전은 단지 전투에서 우위를 차지하게 하는 것뿐만 아니라, 똑같은 우위를 점하고자 하는 다른 나라들의 시도로부터 자국을 보호해야만 하는 것이었다.

이는 25년 전 윌리스 웨어가 경고한 바를 재발견한 것이었다.

매코널은 윌헬름이 전하는 메시지의 중요성을 곧바로 이해했다. 10년 전 바비 레이 인먼이 창설한 컴퓨터보안센터Computer Security Center는 그 이후로 재정 지원이나 주목을 거의 받지 못하고 있었다. 정보보호부Information Security Directorate(지금은 정보보증부Information Assurance Directorate로 불림)는 문자 그대로 여전히 보안을 유지한 채 본부로부터 차로 20분 거리에 떨어져 있었다.

그러는 동안 컴퓨터 보안에 대한 과거 유산인 레이건 대통령의 지시 NSDD-145는 넝마가 되어 있었다. 1987년 제정된 컴퓨터보안법Computer Security Act에 따라 잭 브룩스Jack Brooks 상원의원이 검토한 지시사항에 의하면, NSA에 '군사용' 컴퓨터 시스템과 '비밀' 네트워크 보안의 통제 권한만 부여했을 뿐 나머지는 미 상무부 예하 국립표준국National Bureau of Standards(지금은 미국 국립표준기술연구소National Institute of Standards and Technology _

옮긴이)이 담당하도록 했다. 이러한 방식은 처음부터 문제가 있었다. 국립표준국은 기술력이 부족했던 반면, NSA는 제도적 근거가 부족했다. NSA의 정보보증부나 컴퓨터보안센터가 다른 나라에서도 사용하고 있을 법한 어떤 소프트웨어 프로그램의 결함을 발견하면, NSA의 실력가인 신호정보부 분석관들은 그것을 이용하려고만 하고 고치려고는 하지 않았다. 그들은 그 결함을 다른 나라의 네트워크에 침투하여 그들의 통신망을 도청할 수 있는 새로운 방법으로 여겼다.

즉, 이는 문제를 무시했다는 것이 아니라 더 정확히 말하면, 권한을 가진 사람 중 어느 누구도 그것을 문제라고 보지 않았다는 것이다.

매코널은 이를 바꾸기로 마음먹었다. 그는 정보보증부의 지위를 격상했고, NSA뿐만 아니라 국방부 전반에 걸쳐 예산이 감축될 때에도 정보보증부에 더 많은 예산을 지원했다. 단기 과제 추진을 위해 신호정보부와 정보보증부 사이의 인사 교류도 시작했다. 그러나 이 아이디어는 서로 다른 두 조직의 문화를 상대방에게 보여주는 수준에 그쳤다.

이것은 출발 그 이상의 의미를 갖지 못했다. 매코널에게는 해야 할 일이 산적해 있었기 때문이다. 예산 삭감, 아날로그 회로에서 디지털 패킷으로의 급격한 전환, 라디오 신호의 급격한 감소, 그 결과 필요하게 된 새로운 통신 도청 방법 등이 바로 그것이었다(매코널은 취임하고 나서 얼마 지나지 않아 아시아에 있는 NSA 안테나 하나를 폐쇄해야 한다는 사실을 알게 되었다. 무선 신호를 단 하나도 잡아내지 못했기 때문이다. 한때 최고 절정기에 그것이 감시했던 어머어마한 양의 모든 트래픽이 지하에 묻힌 케이블, 즉 사이버 공간으로 옮겨갔던 것이다).

1994년 가을, 매코널은 사무실에서 넷스케이프 매트릭스Netscape Matrix의 시연을 보고 있었다. 넷스케이프는 최초의 상용 인터넷 웹브라우저 중 하나였다. 그는 이것이 세상을 바꾸게 될 것이라고 생각했다. 모든 사람들이 네트워크에 접속할 수 있었다. 동맹국 정부뿐만 아니라 경쟁국 정부도 할 수 있고, 테러리스트들을 포함한 개인도 할 수 있었다(첫 번째 세계무역센터 폭탄 테러가 1년 전에 있었다. 핵무기 경쟁과 냉전 시대에는 대수롭지 않게 여겨졌던 테러가 이제는 주요 위협으로 급부상하고 있었다). 인터넷의 발달과 함께 최소한의 네트워크 통신을 보호하기 위한 상용 암호가 등장했다. 암호를 만드는 것은 더 이상 NSA와 협력기관들만의 독보적인 영역이 아니었다. 실리콘밸리나 보스턴 일대 128번 도로를 따라 들어선 개인 회사를 포함하여 누구든지 할 수 있었다. 이들의 기술은 NSA의 기술력에 근접하고 있었다. 매코널은 국가안보에 영향을 미치는 통신에 접근할 수 있는 NSA만의 고유한 위상을 내주게 될까 봐 염려했다.

그는 또한 NSA가 다가오는 변화를 주도할 준비가 되어 있지 않다는 사실도 알게 되었다. 상원 정보위원회의 보좌관인 크리스토퍼 멜론 Christopher Mellon이라는 젊은 남자가 계속 질의를 하며 접근해왔다. 멜론은 새로운 디지털 세상에 대한 NSA의 대응과 관련된 브리핑을 들은 적이 있었다. 그러나 그가 여러 기관을 방문하고 관련 서적을 확인한 결과 NSA의 예산 40억 달러 중에서 200만 달러만이 인터넷 통신을 감청하는 프로그램에 할당되어 있다는 사실을 발견하게 되었다. 그는 이 프로그램에 참여하고 있는 사람들과의 접견을 요청했다. 그는 건물 중앙홀에서 멀리 떨어진 구석으로 안내받았다. 그곳에서는 수만 명에 달하는 인력 중 고작 수십 명의 기술자만이 컴퓨터를 만지고 있었다.

매코널은 이러한 노력이 얼마나 변변치 않은 것이었는지 알지 못했다. 그리고 상원 정보위원회에 이 프로그램을 최우선순위로 반영하겠다고 장담했다. 하지만 곧 그보다 더 시급해 보이는 문제로 인해 방향을 급선회하게 되었다. 상업용 음성 암호화 기술이 등장한 것이었다. 이것은 NSA(그리고 FBI)가 전화통화를 도청하는 것을 매우 어렵게 만들 터였다.

매코널의 참모들은 문제의 해결책을 고안했다. 바로 클리퍼칩Clipper Chip 이었다. 이것은 완벽하게 안전하다고 선전한 암호화 키였다. 아이디어의 핵심은 모든 통신장비에 이 칩을 설치하는 것이었다. 정부기관은 2개의 암호키를 조립하는 복잡한 절차를 거치고 나서야 전화를 도청할 수 있었다. 작동방식은 다음과 같다. 정보원 한 명이 국립표준기술연구소(과거 국립표준국)로 가서 암호키 하나를 수령하여 플로피 디스크에 저장하고, 다른 정보원이 재무부로 가서 매칭되는 다른 키를 수령한다. 이후 두 정보원이 버지니아주 콴티코Quantico에 위치한 해병대 기지에서 만나 두 플로피 디스크를 컴퓨터에 넣으면 암호를 해제할 수 있는 것이다.

매코널은 클리퍼칩을 최우선순위로 밀어붙였다. 하지만 처음부터 쉽지 않았다. 첫째, 비용이 너무 많이 들었다. 클리퍼칩을 부착한 전화 한 대 가격은 1,000달러가 넘었다. 둘째, 2개의 암호키 조립 방식은 너무 구시대적이었다(미국 최고의 암호전문가 중 한 명인 도러시 데닝Dorothy Denning 이 이 방식을 구현하기 위한 모의실험에 참가했다. 그녀가 재무부에서 키를 받아 콴티코 해병대 기지로 이동하던 도중, 국립표준기술연구소에서 키를 받은 다른 사람이 엉뚱한 키를 가지고 왔다는 것을 알게 되었다. 결국 그들은 암호를 풀지 못했다). 마지막으로, 가장 큰 장애물은 클리퍼칩을 신뢰하는 국민이 거의 없다는 것이었다. 정보기관 자체를 신뢰하는 사람이 거의 없었기 때문이다. 1970년대 중반 프랭크 처치Frank Church 상원의원이 이끄는 위원회에서 CIA와 NSA의 국내 감시활동을 폭로한 것이 사람들의 머릿속에 여전히 생생하게 남아 있었다. 거의 모든 사람들, 심지어 정보기관의 활동을 불신하는 경향이 없던 사람들까지 NSA가 클리퍼칩에 자신들만 열 수 있는 '비밀의' 백도어를 만들어놓고는 재무부나 국립표준기술연구소, 또는 다른 합법적인 절차를 거치지 않고 전화 내용을 도청할 것이라고 의심했다.

그렇게 클리퍼칩 프로젝트는 논란만 남기고 사라졌다. 비록 잘못된 판단이었지만, 그것은 세간의 주목 속에 공개적으로 개인 사생활과 국가안보 간의 타협을 이루어내고자 했던 매코널의 선의에서 비롯된 것이었다. 이후 NSA는 데이터에 접근할 수 있는 백도어를 만들거나 발견하게 될 때면, 항상 그래왔던 것처럼 비밀리에 그것을 처리했다.

•

CHAPTER 3

사이버 진주만 공격

"우리는 아직 기반시설에 대한 테러리스트의 사이버 공격을 받은 적은 없습니다. 그러나 저는 이것이 시간문제라고 생각합니다. 우리는 진주만 공격 때처럼 아무런 대비 없이 사이버 공격을 그냥 기다리기만 해서는 안 됩니다."

"현대의 범죄자들은 총보다 컴퓨터를 통해 더 많은 것을 훔칠 수 있다. 미래의 테러리스트는 폭탄보다 키보드를 이용하여 더 큰 피해를 입힐 수 있을 것이다."

CYBER WAR

● 1995년 4월 19일, 티모시 맥베이Timothy McVeigh가 이끄는 공격적 성향의 소규모 무정부주의자 폭력단체가 오클라호마 시티Oklahoma City의 한 연방정부 건물을 폭파시켜 168명의 사망자와 600명이 넘는 부상자가 발생했다. 반경 16블록 이내에 있는 325개의 건물이 파괴되거나 손상을 입었으며, 총 6억 달러가 넘는 재산상의 피해가 발생했다. 이어진 사고 조사를 통해 밝혀진 충격적인 사실은 맥베이와 그의 추종자들이 어떻게 이토록 쉽게 폭발물을 작동시킬 수 있었느냐였다. 테러에 동원된 것은 고작 트럭 한 대와 질산암모늄으로 채워진 수십여 개의 가방 정도였다. 질산암모늄은 비료에 포함되는 일반적인 화학물질로 아무 가게에서나 쉽게 구할 수 있었다. 빌딩 주변을 지키는 경비는 사실상 없는 것이나 마찬가지였다.

정부 안팎에서 제기되는 당연한 질문은 다음에는 어떤 종류의 목표물이 폭파될 것인가였다. 댐일까, 주요 항만일까, 연방은행일까, 아니면 핵 발전소일까? 이 중 어떤 시설이라도 피해를 입는다면 단순한 재앙 그 이상이 될 것이 뻔했다. 경제 전반에 큰 영향을 미칠 수도 있었다. 그렇다면 이들 시설은 얼마나 취약하고, 어떻게 해야 그것들을 보호할 수 있을까?

6월 21일, 빌 클린턴Bill Clinton 대통령은 "국가 대테러 정책U.S. Policy on Counterterrorism"이라는 제목의 대통령 훈령 PDD-39에 서명했다. 무엇보다도 이 훈령은 재닛 리노Janet Reno 법무장관에게 내각위원회를 담당하도록 하고, 이 위원회가 '정부시설'과 '국가 핵심기반시설'의 취약점을 검토하여 위험을 줄이기 위한 방안을 제시하도록 했다.

리노 법무장관은 이 임무를 제이미 거렐릭Jamie Gorelick 법무부 차관에게 맡겼다. 거렐릭은 국방부와 CIA, FBI, 백악관의 차관급 인사를 포함하는 '핵심기반시설 실무단Critical Infrastructure Working Group'을 꾸렸다. 실무단은 몇 주에 걸친 토의 끝에 대통령에게 위원회를 설립할 것을 건의했다. 그 위원회는 차례로 청문회를 열어 보고서를 작성했으며, 이 보고서는 또 다른 대통령 훈령의 초안이 되었다.

일부 백악관 참모들은 위원회가 중요한 물리적 시설물을 보호할 수 있는 새로운 방안을 제시할 것이라고 생각했으나 이 보고서의 내용과 건의사항의 절반 이상이 컴퓨터 네트워크의 취약점과 이른바 '사이버 보안'의 긴급한 필요성을 다루자 깜짝 놀랐다.

이 놀라운 반전은 '핵심기반시설 실무단'과 후속 조치로 탄생한 대통령 직속 위원회의 주요 인사들이 NSA나 해군의 극비 프로젝트 출신이어서 세계 속의 이 새로운 양상을 잘 이해하고 있었기 때문에 이루어진 것이다.

NSA의 정보전 국장인 리처드 윌헬름은 이 실무단에서 가장 영향력이 큰 사람들 중 한 명이었다. 오클라호마 시티 테러가 발생하기 몇 달 전, 클린턴 대통령은 앨 고어Al Gore 부통령에게 클리퍼칩 사태를 감독하게 했었다. 마이크 매코널은 이 일을 위해 윌헬름을 NSA 측 연락담당관으로 백악관에 파견했다. 클리퍼칩 문제는 곧 마무리되었지만, 고어는 윌헬름을 돌려 보내지 않고 자신의 국가안전보장회의 정보보좌관으로 임명했다. 백악관 근무 초기에 윌헬름은 일부 동료 참모진들에게 자신이 NSA 본부에서 근무했을 당시에 발견한 것들을 이야기하면서 특히 급격하게 네트워크화된 미국 사회의 취약점을 강조했다. 윌헬름은 클린턴 대통령의 국가안보보좌관인 앤서니 레이크Anthony Lake에게 이 주제와 관련된 메모를 보냈고, 레이크는 이에 서명한 후 클린턴 대통령에게 전달했다.

제이미 거렐릭이 실무단을 구성하면서 윌헬름을 포함시킨 것은 지극히 당연했다. 실무단의 첫 번째 과제 중 하나는 실무단의 임무를 규정하고, 어떤 기반시설들이 '핵심적'인지 알아내는 것이었다. 즉, 어떤 분야가 현대 사회의 기능에서 필수적인지를 검토하는 것이었다. 실무단은 8개

항목을 추린 리스트를 제시했다. 여기에는 정보통신, 발전시설, 가스 및 원유, 은행 및 금융, 수송, 급수, 응급의료체계, 그리고 전시나 재난 상황 발생 시 지속성 있는 정부시설이 포함되었다.

월헬름은 이 모든 분야가 정도의 차이는 있겠지만 컴퓨터 네트워크에 강하게 의존하고 있다는 사실을 지적했다. 테러리스트들은 굳이 은행이나 철로, 전력소를 폭파할 필요가 없었다. 그저 이들을 통제하는 컴퓨터 네트워크만 교란해도 동일한 결과를 얻을 수 있기 때문이다. 따라서 월헬름은 '핵심기반시설'이란 단순하게 물리적인 시설만 포함하는 것이 아니라, 이제 곧 사이버 공간이라고 불리게 될 요소들도 포함해야 한다고 주장했다.

이러한 점에 대해 군이 거렐릭을 설득할 필요는 없었다. 거렐릭은 법무차관으로서 여러 관계부처 간 회의에 참석했다. 국가안보 문제를 다룬 한 회의에서 거렐릭은 전 NSA 국장이자 당시 CIA 부국장이면서 바비 레이 인먼의 후배인 빌 스튜드먼과 함께 공동 진행자로 활동했다. 스튜드먼은 NSA 국장으로 활동하는 동안 대지휘통제전을 매우 논리정연하게 지지했으며, CIA에서는 현재 정보전으로 알려진 개념의 공세적 측면과 방어적 측면 모두를 설파했다. 즉, 미국이 적국의 네트워크를 침투할 수 있는 능력, 그리고 적국이 미국의 네트워크를 침투할 수 있는 능력 모두를 고려해야 한다는 것이었다.

스튜드먼과 거렐릭은 격주마다 만나 이 의제들을 논의했고, 스튜드먼의 주장은 반박할 여지가 없을 정도로 논리적이었다. 거렐릭은 법무차관으로 임명되기 전에 국방부 법무관리관으로 재직했으며, 그곳에서 국방부뿐만 아니라 방산업체를 공격하는 해킹에 대한 브리핑을 자주 들을 수 있었다. 그리고 지금은 법무부에서 금융과 제조업계의 컴퓨터에 침투하는 해커들의 범죄사건을 처리하고 있었다. 오클라호마 시티 테러 사건이 발생하기 1년 전 거렐릭은 법무부의 하이테크 분야에 대한 전문성을 강화하기 위한 '컴퓨터 범죄 대응 계획'의 초안 작성을 도왔고, 정보 기반시설 TF 협의체를 구성하는 데 기여했다.

　이러한 활동은 단순한 취미 수준의 일들이 아니었다. 모두 법무부의 수행 과제로 지정된 공식적인 임무들이었다. 그 무렵 러시아의 한 범죄 조직이 시티은행Citibank의 전산망에 침투하여 1,000만 달러를 탈취한 뒤 이를 캘리포니아, 독일, 핀란드, 이스라엘 소재의 은행계좌에 나누어 송금한 사건이 발생했다. 한번은 22개 주에 걸친 경보 네트워크를 담당했던 한 퇴직자가 앙심을 품고 10시간 동안 경보시스템을 마비시킨 적도 있었다. 캘리포니아에 있는 어떤 사람은 지역 전화교환기를 제어하는 컴퓨터의 통제권을 획득하여 미 정부가 테러 용의자들에 대해 도감청한 정보를 다운로드한 뒤 온라인에 올렸다. 영화 〈워게임스〉에서 주인공을 괴롭힌 악당과도 같은 10대 소년 두 명은 뉴욕주 롬Rome에 위치한 공군 기지의 컴퓨터 네트워크를 해킹했고, 이 중 한 명은 군용 네트워크가 가장 해킹하기 쉬웠다면서 비웃기까지 했다.

　정부 법률관으로서의 경험과 스튜드먼과 함께한 관계부처 간 회의, 그리고 지금 리처드 윌헬름과 함께하는 실무단 토의, 이 모든 것들로부터 거렐릭은 두 가지 좋지 않은 결론에 이르렀다. 첫째, 적어도 이 영역에서는 범죄자들, 테러리스트들, 그리고 적국이 가해오는 위협은 모두 같았다. 이들은 동일한 공격 기법을 사용했고, 분간하기 어려운 경우가 많았다. 이것은 법무부나 국방부만의 문제가 아닌, 모든 정부기관이 대응해야만 하는 문제였다. 게다가 대부분의 컴퓨터 트래픽이 기업 소유의 네트워크를 통해 이동하기 때문에 민간 부문도 해결책을 찾아 시행할 수 있도록 도와야만 했다.

　둘째, 이런 위협들은 거렐릭이 생각한 것보다 더 폭넓고 깊게 자리 잡고 있었다. 실무단의 '핵심기반시설' 리스트를 훑어보면서 이것들에 대한 컴퓨터 통제가 갈수록 급격히 증가하고 있다는 사실을 알게 된 거렐릭은 뛰어난 기술적 능력을 가진 소수의 사람들이 옆 동네나 지구 반대편에서 수행하는 공격만으로도 국가에 치명적인 타격을 입힐 수 있다는 놀라운 사실을 깨달았다.

국방부 대표로 참석한 사람이 실무단에게 한 브리핑은 이런 새로운 사실에 쐐기를 박았다. 그는 전역한 해군 장교인 브렌턴 그린Brenton Greene 으로, 그 무렵 국방부 차관실의 기반시설 정책국장으로 임명되었다.

그린은 미군의 극비 프로젝트에 참여한 경험이 있었다. 그는 1980년 대 후반부터 1990년대 초반까지 극비 첩보임무를 수행했던 잠수함의 함장이었다. 이후 그린은 J부서라고 불리는 조직에서 국방부의 비밀 프로젝트를 관리했다. 이 부서의 임무는 미국이 미래 전쟁에서 우위를 점할 수 있는 신기술을 개발하는 것이었다. J부서의 어떤 과는 '핵심 노드 표적화critical-node targeting'(노드란 어떤 네트워크에서 특정한 역할을 하는 하나 이상의 기능 단위, 또는 그것이 모여 있는 단위 지점을 말한다. 연결되어 있는 인접 노드와 상호작용하며 영향을 미친다—옮긴이)라는 임무를 담당했다. 이 개념은 모든 적대국의 기반시설을 분석하고 이들 중에서 핵심 표적을 식별해내는 것이었다. 여기에서 핵심 표적이란 전쟁 수행 중에 효과를 극대화하기 위해 미군이 반드시 파괴해야 할 최소한의 표적을 의미했다. 이와 더불어 그린은 J부서 내 다른 과가 '전략적 우위 선점 프로젝트'를 개발하도록 지원했다. 이 프로젝트는 적국의 지휘통제 네트워크에 침투해 이를 파괴하기 위한 새로운 방법을 찾는 데 초점을 맞춘 것이었다. 이 것이야말로 정보전의 필수적인 요소였다.

이 프로젝트를 진행하면서 적어도 이론적으로 치밀하게 준비된 몇 개의 폭탄이나 전자침투electronic intrusion(운용자를 속이거나 교란을 목적으로 통신

경로상에 고의적으로 전자파 에너지를 개입시키는 것—옮긴이)로 한 국가를 얼마나 쉽게 파괴할 수 있는지 알게 된 그린은 이전에 이 길을 걸었던 여러 사람들이 그랬던 것처럼 이 문제의 이면에 있는 무언가를 깨닫게 되었다. 바로 우리가 그들에게 할 수 있는 것을 그들도 우리에게 할 수 있다는 사실이었다. 더불어 그린은 지구상의 그 어떤 나라보다도 미국이 이러한 종류의 공격, 특히 정보 공격에 훨씬 더 취약하다는 사실도 알 수 있었다.

연구를 하던 도중 그린은 상원 자문기구인 미국기술평가국U.S. Office of Technology Assessment이 1990년에 작성한 "자연재해와 고의적 방해행위에 대한 전기 시스템의 물리적 취약점Physical Vulnerability of Electric Systems to Natural Disasters and Sabotage"이라는 제목의 보고서를 우연히 발견했다. 보고서의 앞부분에서 저자들은 어떤 전력소와 송전소가 기능을 멈추게 되면 국가 전력망의 막대한 부분에 차질이 생길 것임을 밝히고 있었다. 이것은 공공문서여서 이 문서를 아는 사람이라면 누구나 볼 수 있었다.

J부서에서 같이 근무하던 그린의 동료 중 한 명이 1989년 1월 조지 H. W. 부시가 백악관에 입성하고 나서 얼마 지나지 않아 존 글렌John Glenn 상원의원이 이 연구 보고서를 부시 대통령의 국가안보보좌관인 브렌트 스코크로프트Brent Scowcroft 장군에게 보여주었다고 말했다. 스코크로프트 장군은 우려를 감추지 못하고 비밀경호국 소속 찰스 래인Charles Lane을 불러 별도의 연구를 수행할 작은 팀을 꾸리도록 지시했다. 이 팀에는 기술분석관이 6명에 불과했지만, 이 팀에서 발견한 것들이 너무 충격적인 나머지 스코크로프트 장군은 그들이 수행한 모든 연구자료를 없애버렸다. 래인의 보고서는 단 2부만이 인쇄되었으며, 그린은 그중의 하나를 확보하여 읽을 수 있었다.

그 순간 그린은 자신이 잘못된 방향으로 일을 진행하고 있었다는 결론에 이르렀다. 보고서에서 보았듯이 미국의 사회기반시설을 보호하는 것이 외국의 기반시설에 있는 허점을 찾는 것보다 훨씬 더 중요하고, 훨씬 더 시급한 일이었다.

그린은 극비 프로그램과 관련하여 많은 배후 지식을 가진 동료 해군 장교 린턴 웰스Linton Wells를 알고 있었다. 그는 당시 국방부 정책담당 차관 월터 슬로컴Walter Slocombe의 군사보좌관이었다. 그린은 웰스에게 슬로컴이 기반시설 정책국장을 두어야 한다고 말했고, 슬로컴이 이 제안을 받아들이면서 그린이 기반시설 정책국장으로 임명된 것이다.

새로운 직책을 맡은 처음 몇 달 동안 그린은 국가 기반시설 간의 '상호의존'과 그것의 집중, 그리고 한 부문과 다른 부문의 연관 정도에 대한 브리핑을 준비했다. 이것은 일부 '핵심 노드'(J부서에서 사용하는 용어)를 무력화하는 것이 어떻게 한 국가에 치명적인 피해를 입힐 수 있는지를 보여주는 브리핑이었다.

일례로 벨 사Bell Corporation(미국 통신회사-옮긴이)는 전 세계에 있는 자신들의 전화교환기 현황을 리스트로 만들어 CD-ROM으로 배포하고 있었다. 이는 아르헨티나에 있는 어떤 전화회사가 오하이오주로 전화 신호를 넘겨주기 위해서 어떤 회선을 연결해야 하는지를 알 수 있다는 의미였다. 그린은 머릿속에 다른 질문을 가지고 이 문제를 바라보았다. 미국 주요 도시에 있는 전화교환기는 모두 어디에 설치되어 있을까? 각각의 경우를 검토한 결과, 이들 전화교환기는 경제적 효율성을 이유로 두세 군데에 집중되어 있었다. 뉴욕의 경우, 대부분의 교환기가 맨해튼 남쪽 140 웨스트스트리트West Street와 104 브로드스트리트Broad Street, 이 두 군데에 집중적으로 설치되어 있었다. 폭탄 투하든 정보전 공격이든, 이 두 곳만 제거하면 뉴욕은 적어도 얼마 동안 모든 전화 서비스 능력을 상실할 것이었다. 전화 서비스가 마비된다면 다른 기반시설에도 영향을 주게 될 것이고, 그 여파는 눈덩이처럼 불어날 것이었다.

당시 빌 스튜드먼이 잠시 국장 직무 대행으로 있었던 CIA는 그린의 브리핑에 더하여 SCADA 시스템의 취약점에 대한 비밀문서를 회람했다. SCADA는 Supervisory Control and Data Acquisition(감시 제어 및 데이터 수집)의 머리글자를 딴 것이다. 미국 전역에 걸쳐 핵심기반시설의 대부분을 차지하는 전력 공급, 상하수도, 철도 등의 산업은 경제적인 이유로 각각의 영역을 컴퓨터 네트워크를 통해 다른 영역에도 연결했고, 원격으로 모든 것을 통제하고 있었다. 간혹 사람이 모니터링하는 경우도 있었지만, 대부분 자동화된 센서로 통제되었다. CIA가 보고서를 배포하기 전까지만 해도 실무단에 소속된 사람들조차 SCADA라는 단어를 들어본 사람이 거의 없었다. 그제야 실무단의 모든 사람들은 자신들이 아마도 신기술과 함께 찾아온 새로운 위협을 보고서도 수박의 겉만 핥고 있었던 것 같다는 생각을 하게 되었다.

거렐릭은 "핵심기반시설의 규모와 공격의 원점 및 형태의 다양성을 고려해볼 때", 실무단이 연구주제의 범위를 확장시킬 필요가 있다는 보고서를 작성하여 윗선의 주의를 환기시켰다. 이제는 테러리스트들이 주요 빌딩을 폭파시킬 가능성이나 그로 인한 여파를 고려하는 것만으로는 충분하지 않았다. 실무단과 궁극적으로는 대통령도 '다른 출처의 위협들'에 대해서도 고려할 수밖에 없었다.

이 '다른' 위협들을 무엇이라고 불러야 할까? 이런저런 부류의 해킹에 대한 이야기들 속에서 떠오르는 단어 하나가 있었다. 바로 '사이버cyber'였다. 사이버라는 단어는 19세기 중반 정보체계의 폐쇄회로closed loop(전류가 끊어진 곳 없이 순환하며 흐르는 회로-옮긴이)를 설명한 '사이버네틱스cybernetics'(생물 및 기계를 포함하는 계系에서의 제어와 통신 문제를 종합적으로 연구하는 학문. 미국의 수학자 노버트 위너Nobert Wiener가 창시했으며, 인공지

능·제어공학·통신공학 따위에 응용한다-옮긴이)라는 용어에 뿌리를 두고 있었다. 그러나 오늘날 컴퓨터 네트워크의 맥락에서 볼 때 그것은 1984년 윌리엄 깁슨William Gibson의 SF소설 『뉴로맨서Neuromancer』에서 출발했다. 이 소설은 '사이버 공간'이라는 가상의 세계에서 벌어지는 살인과 대혼란을 그린, 생생하면서도 소름 돋는 예지력이 돋보이는 작품이다.

실무단에 있는 법무부 소속의 마이클 배티스Michael Vatis는 때마침 깁슨의 소설 『뉴로맨서』를 읽어보았기 때문에 사이버라는 단어를 사용하는 데 찬성했다. 하지만 나머지 사람들은 반대했다. 용어가 너무 SF소설 같고, 경박하기 짝이 없다는 것이었다. 하지만 한두 번 읊어보니 제법 잘 맞는 용어였다. 이때부터 실무단과 이 문제를 연구하는 사람들은 '사이버 범죄', '사이버 보안', '사이버전'이라는 단어를 사용하기 시작했다.

그렇다면 이러한 사이버 위협에 대해 무엇을 할 것인가? 이것이야말로 실로 유의미한 질문이자, 실무단의 존재 이유였다. 하지만 여기에서부터 막히기 시작했다. 실무단이 해결하기에는 다루어야 할 문제가 너무나 많았고, 관료계, 정치계, 경제계, 산업계의 너무나 많은 이해관계가 얽혀 있었다.

1996년 2월 6일, 거렐릭은 실무단이 작성한 보고서를 클린턴 대통령의 정보자문위원이자, 실무단의 연구에 활력을 불어넣어준 '대테러 정책에 관한 대통령 훈령' PDD-39와 관련된 모든 이슈의 접촉점인 랜드 비어스Rand Beers에게 보냈다. 핵심기반시설에 대한 위협은 물리적 위협과 사이버 위협, 두 종류로 이루어진다는 것을 분명히 한 이 보고서의 핵심은 참신할 뿐만 아니라 역사적으로도 가치 있는 것이었다. 실행 계획에 관해서 실무단은 자신들이 무엇을 더 해야 할지 모르게 되자, 과거 자신들과 비슷한 조직들이 주로 사용하던 비슷한 방법을 이용하며 한 발 물러섰다. 바로 대통령 직속 위원회의 편성을 건의하는 것이었다.

한동안 아무 일도 일어나지 않았다. 랜드 비어스는 거렐릭에게 실무단의 보고서가 검토 중에 있다고 했지만, 추가적인 조치는 없었다. 어떠한 계기가 필요했다. 거렐릭은 상원 군사위원회의 민주당 원로 의원인 샘 넌 Sam Nunn이라는 저명인사를 통해 그 계기를 마련하게 되었다.

거렐릭은 펜타곤 법률자문위원으로 활동하던 시절부터 넌과 알고 지냈다. 두 사람은 민주당 내에서 드물지도 그렇다고 그렇게 많지도 않는 매파hawks(급진적이고 강력한 강경파를 부르는 말-옮긴이)였다. 그들은 어떤 사안에 대해 서로 의견을 나누는 시간을 많이 가져왔다. 거렐릭은 실무단이 발견한 것들을 넌에게 알려주었다. 이에 넌은 그해 국방수권법안 defense authorization bill(정부 부처의 예산들을 규정한 법안-옮긴이)에 조항을 하나 추가하여 정부가 컴퓨터를 이용한 공격으로부터 국가 핵심기반시설을 보호하기 위한 정책과 계획을 의회에 보고할 것을 요구했다.

넌은 이에 더하여 입법부의 감시기관인 회계감사원General Accounting Office 에 이것과 유사한 연구를 수행해줄 것을 요청했다. 회계감사원은 "정보보호: 국방부에 대한 컴퓨터 공격으로 인해 위험이 증가하다Information Security: Computer Attacks at Department of Defense Pose Increasing Risks"라는 보고서에서 "국방부는 작년 한 해 동안 무려 25만 건의 사이버 공격을 받은 것으로 보이며, 이 중 3분의 2는 성공했다" 그리고 "해커들과 공격 도구의 수준이 정교해지고 인터넷 사용이 증가함에 따라 공격 건수는 해마다 두 배씩 증가하고 있다"라는 추정을 인용했다.

이러한 수치는 현실성이 떨어질 뿐만 아니라(1년에 25만 건의 사이버 공격이면 하루에 약 685건의 사이버 공격이 수행되었고, 이 중 457건의 실제 침투가 있었다는 의미이다), 서둘러서 발표한 것처럼 보였다. 이 보고서를 작성한 회계감사원 스스로도 인정한 바와 같이, 공격들 중 소수만이 실제로 탐지되어 보고되었다.

그럼에도 불구하고 이 연구결과는 일부 정부 부처에 큰 파장을 몰고 왔다. 거렐릭은 비어스도 이 여파에 의한 반향을 알고 있음을 확인했고, 그에게 넌이 이 문제에 대한 청문회를 곧 열 것이라고 경고했다. 그녀는 대통령이 폭풍 앞에서 벗어나는 것이 좋을 것이라고 넌지시 알려주었다.

넌은 청문회를 7월 16일로 잡았다. 7월 15일에는 클린턴 대통령이 행정명령 13010을 발표했고, 거렐릭의 실무단이 제안한 블루리본 위원회 Blue-Ribbon Commission(정부의 중요 현안을 연구하는 전문가 조직-옮긴이)를 창설했다. 석 달 전 실무단이 작성한 초안을 거의 그대로 옮긴 듯한 이 행정명령은 다음과 같이 시작한다. "국가의 특정 핵심기반시설은 매우 중요하므로, 정상적으로 작동하지 않거나 파괴될 경우 미국의 국방 또는 경제 안보를 약화시키는 결과를 초래할 것이다." 그리고 실무단에서 선정한 여덟 가지의 핵심 분야를 똑같이 열거하며 "핵심기반시설에 대한 위협은 두 가지로 분류할 수 있다. 유형 자산에 대한 물리적 위협('물리적 위협')과 핵심기반시설을 제어하는 정보통신 구성요소에 대한 전자, 주파수, 또는 컴퓨터 기반 공격의 위협('사이버 위협')이다"라고 명시했다.

다음날 넌이 민주당 대표로 참석한 상원의 정무위원회에서 이 문제를 다루기 위해 오랫동안 기다려온 청문회를 열었다. 제이미 거렐릭은 증인 중 한 명으로 참석하여 이렇게 경고했다.

"우리는 아직 기반시설에 대한 테러리스트의 사이버 공격을 받은 적은 없습니다. 그러나 저는 이것이 시간문제라고 생각합니다. 우리는 진주만 공격 때처럼 아무런 대비 없이 사이버 공격을 그냥 기다리기만 해서는 안 됩니다."

사이버 시대가 이제 공식적으로 막을 연 것이었다.

● ● ●

실제로 무대 뒤에는 사이버전의 시대가 와 있었다. 핵심기반시설 실무단의 회의에서 리처드 윌헬름은 제이미 거렐릭을 한쪽으로 데리고 가 그녀가 조사하고 있던 위협의 반대편에서 철저히 가려진 극비 사항을 개략적으로 알려주었다. "다른 나라, 아니면 그 나라에 있는 누군가가 우리에게 하기 시작한 일들을, 우리는 이미 오래전부터 다른 나라에 하고 있었습니다. 우리가 그 나라의 은행을 털거나 산업기밀을 훔치지는 않았습니다. 그럴 필요가 없었죠. 하지만 우리는 사이버 무기를 사용하고 있었습니다. 전자와 주파수, 또는 컴퓨터를 이용한 공격이죠. 바로 클린턴 대통령의 행정명령에서 언급된 것들입니다. 그들을 염탐하고, 네트워크를 감시하며, 언젠가 일어날 전쟁에서 우리가 주도하는 전장을 만들기 위해서죠."

윌헬름은 강조했다. 중요한 것은 다른 나라의 사이버 공격 능력에 대한 미국의 취약점을 논할 때 미국의 사이버 공격 능력은 테이블 위로 절대 올라서는 안 되며, 심지어 일말의 힌트도 흘려서는 안 된다는 것이었다. 이러한 면에서 미국이 보유한 프로그램은 국가의 모든 안보 관련 조직에서 가장 철저히 관리되는 비밀 중 하나였다.

랜드 비어스가 클린턴 대통령의 행정명령과 관련된 토의를 위해 정부 부처 내 다른 차관들을 만날 때에도 존 화이트John White 국방차관은 주변 동료 차관들에게 매우 진지한 어조로 똑같은 점을 당부했다. 그 어느 누구도 미국의 사이버 공격 능력에 대해서는 언급조차 해서는 안 된다고 말이다.

비밀의 필요성만이 그 문제에 대해 지속적으로 함구하는 유일한 이유는 아니었다. 그 자리에 참석한 어느 누구도 그렇게 말하지는 않았지만, 다른 나라의 사이버 역량은 비난하면서 미국의 사이버 역량은 인정하는 것 자체가 적어도 난처한 일이었을 것이다.

대통령 직속 위원회가 첫발을 내딛기까지 약 7개월이 걸렸다. 다시 한 번 백악관의 자문위원으로 활동하게 된 비어스는 가장 먼저 위원들을 맞이할 수 있는 공간을 확보하는 데 주력했다. 백악관 옆에 있는 옛 행정 사무실 건물은 컴퓨터 연결에 필요한 회선이 충분하지 않았다(이 자체만으로도 사이버 위기를 준비하는 현재의 암울한 상황이 전해졌다). 존 도이치John Deutch 신임 CIA 국장은 위원회가 랭글리에 위치한 CIA 본부에서 일하도록 하는 방안을 추진했다. 그곳에서라면 위원들은 필요한 어떠한 내용이라도 안전하게 접속할 수 있었다. 그러나 다른 정부 부처에 근무하는 사람들은 이것이 고립과 정보계에 대한 지나친 의존을 유발하게 될까 심히 걱정스러웠다. 결국 비어스는 알링턴Arlington에 있는 펜타곤 소유의 건물에서 빈 사무실을 찾을 수 있었다. 더 나은 여건을 위해 국방부는 비용 일체를 지불하고 기술적 지원을 제공했다.

다음은 위원회의 위원들을 구성하는 일이 문제였다. 이는 아주 까다로운 문제였다. 나라의 거의 모든 컴퓨터 트래픽이 민간 기업이 소유한 네트워크를 통해 유통되고 있었다. 따라서 이 기업들은 당연히 자신들의 운명에 대해 말할 수 있는 권리를 갖고 있었다. 비어스와 참모들은 이 기업들의 건의에 영향을 받을 수 있는 10개 연방정부 부처와 기관을 리스트로 만들었다. 여기에는 국방부, 법무부, 교통부, 재무부, 상무부, 연방비상관리국, 연방준비은행, FBI, CIA, 그리고 NSA가 포함되었다. 그리고 각 기관의 장이 위원회에 파견할 정부 요원 한 명과 민간 계약자 한 명을 대표로 선택하도록 했다. 또 각 부처별 차관보를 포함하여 AT&T, IBM, 퍼시픽 개스 앤드 일렉트릭Pacific Gas and Electric, 그리고 국가공익규제위원협회National Association of Regulatory Utility Commissioners와 같은 기업과 기관의 임원이나 기술부사장도 여기에 포함되었다.

까다로운 문제는 하나 더 있었다. 위원회의 최종 보고서는 공공문서로 작성되겠지만, 실무 간에 이루어진 문서와 회의는 비밀로 분류될 것이었다. 따라서 위원들은 극비를 다룰 수 있는 비밀취급인가를 허가받기 위한 별도의 심사를 받을 필요가 있었다. 이것 역시 시간이 필요한 일이었다.

마지막으로 비어스와 차관보들은 위원장을 선출해야만 했다. 여기에는 과거부터 전해져 내려오던 기준이 하나 있었다. 뛰어나지만 유명하지는 않고, 주제를 잘 알고 있지만 전문가는 아니며, 존경받고 원만하지만 자신의 주장은 굽히지 않으며, 시간이 촉박해도 거절하거나 어설프지 않은 사람. 그들은 퇴역한 공군 4성 장군 로버트 T. 마시Robert T. Marsh(톰 마시 Tom Marsh)를 찾아갔다.

톰 마시는 공군에서 기술 분야, 특히 전자전electronic warfare 분야에서 실력을 인정받아 진급한 인물이었다. 그는 매사추세츠주 핸스컴Hanscom 공군기지의 전자체계사업부ESD, Electronic Systems Division를 이끌었고, 워싱턴주 앤드루스Andrews 공군기지의 공군시스템사령부Air Force Systems Command 사령관을 역임했다. 그의 나이는 71세였다. 현역에서 물러난 이후, 마시는 국방과학위원회Defense Science Board와 민간 기업의 위원회에서 활동을 이어나갔다. 그 당시에는 공군의 주요 자선 단체인 공군원조협회Air Force Aid Society의 협회장으로 일하는 중이었다.

여러모로 보나 마시가 최적의 인물이었던 것이다.

존 화이트 국방차관은 마시를 불러 핵심기반시설 보호를 위한 위원회의 위원장으로 대통령을 도울 의향이 있는지를 물어보았다. 마시는 핵심기반시설이 무엇인지는 잘 모르지만 기꺼이 돕겠다고 대답했다.

이 임무를 수행하기 위해 마시는 거렐릭의 핵심기반시설 실무단이 작성한 보고서를 읽어보았다. 모두 사실 같았다. 마시는 1970년대 말부터

1980년대 초까지 핸스컴 공군기지에서 근무했던 시절을 떠올렸다. 그 당시 공군은 새로운 기술들을 전투기에 잔뜩 적용했고 그로 인해 초래 될지도 모르는 취약성 따위에는 전혀 관심이 없었다. 업그레이드된 전투 기들은 전적으로 지휘통제망에 의해 통제되었고, 자체적으로 수행할 수 있는 기능은 내장되어 있지 않았다. 마시의 참모 중 기술적으로 영민한 젊은 장교들은 지휘통제망이 교란될 경우 전투기는 날 수도 없고 전투 도 할 수 없을 정도로 불능에 빠질 수 있다고 경고했었다.

지난 12년간 일상 업무에서 벗어나 있던 마시에게 사이버에 초점을 맞춘 이 과제는 완전히 새로운 영역이었다. 조언을 구하고 현실을 확인 하기 위해 마시는 이러한 문제들에 대해 누구보다 잘 알고 있는 옛 동료 윌리스 웨어Willis Ware에게 연락했다.

웨어는 거의 30년 전 컴퓨터 네트워크의 취약성에 관한 독창적인 논 문을 쓴 이후 인터넷 혁명의 모든 과정을 잘 알고 있었다. 그는 여전 히 랜드 연구소에서 근무하고 있었고, 공군과학자문위원회Air Force Scientific Advisory Board 위원으로 활동했다. 공군과학자문위원회에서 마시는 웨어를 알게 되면서 신뢰하게 되었다. 웨어는 거렐릭의 보고서가 문제를 제대로 짚었다고 확실하게 말하면서 군과 사회가 이러한 네트워크에 점점 더 의존하기 때문에 이 문제는 심각한 것이며 시간이 갈수록 더할 것이고 이 문제에 관심을 갖는 사람이 너무나도 없다고 덧붙여 말했다.

웨어와 대화를 나눈 뒤 마시는 확신을 갖게 되었다. 대통령의 행정명 령은 위원회가 물리적 위협과 사이버 위협에 대한 취약점을 조사할 수 있도록 권한을 부여했다. 마시는 물리적 위협에 대한 해결 방안은 그래 도 이해할 만하다고 생각했다. 하지만 사이버 위협은 전혀 새로운 것이 었다. 따라서 그의 질문은 사이버 위협에 집중될 수밖에 없었다.

마시와 위원들은 1997년 2월 처음 대면했다. 보고서를 작성하는 데에는 6개월의 시간이 주어졌다. 일부 위원들은 핵심기반시설 실무단에서 온 사람들이었는데, 이 중 가장 주목할 만한 사람은 국방부 대표로 온 브렌트 그린이었다. 전화교환기와 전력망의 취약성에 대한 그의 브리핑은 거렐릭과 다른 사람들에게 충격을 안겨주었다(거렐릭은 5월 민간 법률회사로 옮기기 위해 법무부를 떠났지만, 이후 샘 넌과 함께 위원회의 자문위원장직을 맡게 되었다).

위원회의 대부분은 이 문제를 처음 겪는 사람들이었다. 기껏해야 자신이 활동하는 좁은 분야의 취약성에 대해 다소 지식이 있었을 뿐, 이 문제가 경제 전반에 걸쳐 얼마나 광범위하게 영향을 미치는지는 전혀 알지 못했다. 브리핑과 청문회에서 모든 자료를 접한 그들은 두려움과 절박함에 휩싸였다.

위원회의 부서장은 필립 라컴Phillip Lacombe 예비역 공군 장교였다. 그는 최근에 군의 역할과 임무를 연구하는 한 패널의 위원장으로서 높은 평가를 받았다. 사이버에 대한 라컴의 깨달음은 어느 날 아침에 불현듯 찾아왔다. 그 시각 라컴과 마시는 오전 8시 보스턴행 비행기를 타려고 하던 참이었다. 그 당시 둘은 10시 30분 청문회에 참석하도록 되어 있었다. 그러나 이들의 비행기는 항공사의 컴퓨터 시스템이 다운되어 3시간가량 지연되었다. 항공사에서는 무게와 균형을 맞추지 못했고(예전에는 계산자를 이용하여 수행했던 업무였으나 이제는 방법을 아는 사람이 아무도 없었다), 결국 비행기는 이륙하지 못했다. 아이러니한 상황이었다. 국가가 컴퓨터 네트워크에 점점 의존하는 상황에 대한 증언을 듣기 위해 가려고 했던 이들이 바로 그러한 의존성 때문에 제시간에 갈 수 없었다니.

바로 이때 라컴은 현대 사회의 모든 부분에 이 문제가 퍼져 있다는 것을 처음으로 깨닫게 되었다. 군 장교들과 국방 관련 지식인들은 대량살상무기를 걱정했는데, 라컴은 이제 '대량교란무기'도 있다는 것을 알게 되었다.

위원회가 개최한 거의 모든 청문회는 물론이고 청문회 전후로 오가는 일상적인 대화에서도 같은 점이 강조되었다. 월마트Walmart 경영진은 지난 일요일 회사 컴퓨터 시스템의 고장으로 결국 미국 동남부에 있는 매장을 열 수 없었다고 위원회에 보고했다. 미국 최대 유틸리티 회사인 퍼시픽 개스 앤드 일렉트릭Pacific Gas & Electric 사의 사장이 예산 절감과 에너지 전송 속도를 높이기 위해 자신들의 모든 통제 시스템을 인터넷에 연결하고 있다고 증언하자, 라컴은 보안을 위해 회사에서 수행하고 있는 방안을 알려달라고 요청했다. 그러나 퍼시픽 개스 앤드 일렉트릭 사장은 라컴이 무엇을 말하고 있는지 이해하지 못했다. 많은 위원들이 철도와 항공사 사장단에 컴퓨터 제어 스위치와 트랙, 일정, 그리고 항공관제 레이더를 어떻게 보호하고 있는지 물었지만, 언제나 같은 이야기만 반복되었다. 기업 총수들은 어리둥절한 표정을 지었다. 그들은 보안이 문제라는 것을 전혀 인식하지 못했다.

1997년 10월 13일, 공식 기구인 '핵심기반시설 보호를 위한 대통령 위원회'는 조사 결과물, 분석 자료들, 그리고 자세한 기술적 부록들을 담은 154페이지의 보고서를 발표했다. 이 보고서는 다음과 같이 시작했다. "핵시대의 끔찍한 장거리 무기가 20세기 후반 안보에 대해 다르게 생각하게 만든 것처럼, 정보시대의 전자 기술은 현재 우리 스스로를 보호할 수 있는 새로운 방법을 만들도록 요구하고 있다. 우리는 새로운 지형을 극복하는 방법을 반드시 배워야 한다. 이 새로운 지형에서는 국경과 거리가 무의미하며, 적은 아무런 군사적 충돌 없이 우리가 의지하고 있는 핵심적인 시스템에 피해를 입힐 수 있을 것이다."

내용은 계속 이어진다. "오늘날, 컴퓨터는 스위치나 밸브를 열거나 닫을 수 있고, 돈을 이 계좌에서 저 계좌로 옮길 수 있으며, 또는 작전명령을 옆집에 전달하는 것처럼 빠르게 수천 마일 떨어진 곳에 전달할 수 있다." 이러한 "'사이버 공격'은 사회의 많은 분야를 마비시키거나 공포에 떨게 만들고, (예를 들어 911 시스템이나 비상 통신을 무력화시킴으로써) 사건에 대응할 수 있는 우리의 능력을 손상시키고, 재래식 군사력을 배치할 수 있는 능력을 방해하고, 그렇지 않으면 국가 지도부의 행동의 자유를 제한하기 위해 '물리적 공격과 결합'될 수 있다."

이 보고서는 불필요한 용어는 삼갔다. "사이버 진주만cyber Pearl Harbor"이라는 표현은 빠져 있었다. 보고서의 저자들은 "미국의 핵심기반시설을 무력화시키는 결과를 가져올 수 있는 '임박한' 사이버 공격의 증거는 발견하지 못했다"고 솔직하게 인정했다. 하지만 "이것이 지금 문제가 없다는 의미는 아니다"라는 말을 덧붙였다. 이와 더불어 "특히 정보 네트워크를 통해서 피해를 끼칠 수 있는 능력은 실재한다. 우려의 정도는 증가하고 있으나, 이를 방어할 수 있는 방법은 거의 없다"라고 기술했다.

이러한 경고를 한 것은 이 보고서가 처음은 아니었다. 수십 년 전 윌리스 웨어가 도출하고 레이건 행정부의 NSDD-145에 의해 정책(실행되지 못한 정책)으로 채택된 결론들이 겉으로 드러나 보이지는 않지만 기술적으로 개념을 갖춘 소수 관료들을 통해 이미 퍼져 있었다. 마시 위원회의 보고서가 발표되기 8년 전인 1989년 국립연구위원회National Research Council는 "증가하고 있는 공공 네트워크의 취약점Growing Vulnerability of the Public Switched Networks"이라는 연구결과를 발표했다. 이 보고서는 "통신 기반시설에 대한 심각한 위협"이 "자연발생적으로, 우연한 사고로, 어떠한 변화에 의해, 적대적인 누군가에 의해" 발생할 수 있다고 경고했다.

그로부터 2년 후, 국립연구위원회에서 발표한 다른 보고서 "위험에 빠진 컴퓨터Computers at Risk"에서는 "현대의 범죄자들은 총보다 컴퓨터를 통해 더 많은 것을 훔칠 수 있다. 미래의 테러리스트는 폭탄보다 키보드를 이용하여 더 큰 피해를 입힐 수 있을 것이다"라고 표현했다.

마시 보고서가 나오기 11개월 전인 1996년 11월, 정보전과 국방 문제를 다루는 국방과학위원회Defense Science Board의 한 TF는 '국가안보에 재앙을 초래할 수 있는 요소'로서 취약한 네트워크에 대한 '의존도 증가'를 꼽았다. 이 보고서는 향후 5년간 30억 달러의 비용을 투입하는 50가지의 대응책을 제시했다.

이 TF의 위원장은 그 무렵 C3I 담당 국방차관보로 임명되어 NSA에 파견근무 중이던 두에인 앤드루스Duane Andrews였다. 부위원장은 12년 전 C3I 담당 국방차관보였던 도널드 레이섬으로, 컴퓨터 보안에 대한 최초의 대통령 훈령인 레이건의 NSDD-145를 뒷받침한 인물이었다. 보고서가 무시될 것이라고 냉소에 가까운 회의를 보였던 앤드루스는 서문에 "나는 국방과학위원회의 하계 연구나 TF에서 비슷한 권고안을 3년 연속 만들었다는 사실을 짚고 넘어가야만 한다"라고 기술했다.

하지만 이와 같은 연구 보고서들과는 달리, 마시 보고서는 '대통령 직속 위원회'의 연구 결과물이었다. 대통령이 그 보고서를 작성하도록 지시한 것이었다. 참모들 중 누군가는 이 보고서를 읽었을 것이다. 아마 대통령 자신도 요약문을 훑어보았을 것이다. 간단히 말해, 정책이 그것의 뿌리로부터 발현될 기회가 있었다는 것이다.

하지만 한동안 아무 일도 일어나지 않았다. 대통령의 반응도 없었고, 위원장과 함께하는 회의나 사진촬영 기회조차 없었다. 몇 달이 지나서야, 클린턴 대통령은 해군사관학교 졸업식에서 그 보고서의 내용을 간략히 언급했다. "테러와 사이버 공격, 그리고 생물학 무기와 싸우기 위해 우리 모두는 아주 적극적으로 노력해야 한다." 공식적인 언급은 이것이 전부였다.

그러나 막후에서는 마시와 위원들이 마지막 청문회를 준비하는 것과 동시에 펜타곤과 NSA가 극비 훈련을 계획하고 있었다. 사이버 공격을 시뮬레이션하는 이 훈련은 마시의 경고에 생명력을 불어넣음과 동시에 최고위급 관료들이 마침내, 정말로, 행동에 나서게 만드는 것이었다.

CHAPTER 4

●

엘리저블 리시버 훈련

엘리저블 리시버 훈련으로 국방부가 사이버 공격에 대해 전혀 준비되어 있지 않고 방어할 수 있는 능력이 없다는 것이 여실히 드러났다. NSA 레드팀은 국방부의 모든 네트워크에 침투했다. 소수의 장교들은 어떤 공격이 진행 중이라는 사실을 알아차리기는 했지만, 어떻게 대응해야 하는지 몰랐다. 어떠한 가이드라인도 하달된 적이 없었고, 명령체계도 갖추어져 있지 않았기 때문이다.

CYBER WAR

● 1997년 6월 9일, 25명으로 구성된 NSA의 '레드팀Red Team'이 엘리저블 리시버Eligible Receiver라는 훈련을 개시했다. 여기에서 레드팀은 시중에서 판매하는 장비와 소프트웨어만을 이용하여 국방부의 컴퓨터 네트워크를 해킹했다. 이는 미군의 군사 지휘부와 시설, 전 세계에 흩어져 있는 전투 사령부가 사이버 공격에 대비되어 있는지를 확인하는 첫 고난도 훈련이었다. 그 결과는 우려스러웠다.

엘리저블 리시버 훈련은 케네스 미너핸Kenneth Minihan의 아이디어였다. 그는 마이크 매코널의 뒤를 이어 NSA 국장이 된 지 1년 반도 안 된 공군 3성 장군이었다. 그보다 6개월 전인 1995년 8월부터 케네스 미너핸은 군사정보 분야 경력의 정점인 국방정보국장으로 재임하고 있었다. 사실 미너핸은 취임한 지 얼마 되지도 않은 국방정보국장 자리를 떠나 NSA로 가고 싶지는 않았다. 하지만 국방장관은 완강했다. 장관은 NSA 국장의 임무가 더욱 막중하며, 국가는 미너핸이 NSA를 맡아주기를 바란다고 말했다.

당시 미 국방장관은 빌 페리Bill Perry였다. 그는 과거 카터 행정부에서 정보전 이전의 개념인 대지휘통제전이라는 개념을 처음 만들고 정립한 무기공학자였다. 그전에는 ESL 사를 설립한 창립주로서 NSA가 대지휘통제전을 실전에서 수행할 때 사용한 다양한 장비를 생산하기도 했다.

처음에는 국방차관으로, 그 다음은 국방장관으로 클린턴 행정부에 합류하면서 페리는 NSA의 활동을 지켜보고 있었지만, 그다지 마음에 드는 구석이 없었다. 세상은 디지털과 인터넷의 시대로 급격하게 변해가고 있었지만 NSA는 여전히 전화회선과 마이크로웨이브에만 집착하고 있었다. 매코널은 변화를 꾀하려 했지만, 클리퍼칩에 너무 몰두한 나머지 중심을 잃어버렸다.

"NSA가 제 기능을 못 하고 있네."

페리는 미너핸에게 말했다.

"자네가 가서 바로잡을 필요가 있네."

미너핸은 틀을 깨는 괴짜 사상가라는 평을 듣고 있었다. 대개의 경우 이 같은 성향은 군 생활에서는 그다지 좋은 요소가 아니었지만, 페리는 그의 스타일이 NSA를 개혁하기에 적합하다고 판단했다.

미너핸이 켈리Kelly 공군기지에서 지휘관 생활을 했던 1993년 6월부터 1994년 10월까지는 그에게 매우 중요한 16개월이었다. 켈리 공군기지는 공군정보전센터Air Force Information Warfare Center가 있는 텍사스주 샌안토니오 외곽의 시큐리티 언덕Security Hill이라 불리는 외딴 지역에 자리 잡고 있었다. NSA가 창설되기 4년 전인 1948년부터 켈리 공군기지는 여러 가지 다양한 이유로 공군이 자체적으로 암호를 제작하고 해독하는 일을 해온 곳이었다.

1994년 여름, 클린턴 대통령은 군 지휘관들에게 아이티 침공 계획을 수립할 것을 지시했다. 유엔 안전보장이사회 결의안에 따라 쿠데타로 권력을 장악한 독재자를 축출하고, 선거로 선출된 대통령 장 베르트랑 아리스티드Jean-Bertrand Aristide가 이끄는 민주적인 통치를 복원하는 것이 목적이었다. 이 침공은 아이티 국내에 사전 전개한 특수부대와 다양한 접근로를 통해 섬으로 진입하는 보병부대, 카리브해에서 연안작전을 지원하는 항공모함 등을 이용하여 수행하는 다차원 입체 작전이 될 예정이었다. 미너핸에게 주어진 임무는 부대를 수송하고 필요 시 적에게 공습을 가하는 미군 항공기들이 아이티 상공에서 탐지되지 않고 비행할 수 있는 방법을 찾아내는 것이었다.

공군정보전센터에서 근무 중이던 미너핸의 부하 장교 중 한 명은 어린 시절 '데몬 다이얼러demon-dialer'로 활동했었다. 영화 〈워게임스〉에서 나오는 매튜 브로데릭처럼 기술이 뛰어난 학생으로, 전화 회사를 골탕 먹이고 특정 다이얼 톤을 똑같이 만들어서 장거리 통화를 공짜로 하기도 했다. 아이티 침공을 앞두고 그 장교는 한 가지 아이디어를 갖고 미너핸을 찾아갔다. 그가 조사한 결과 아이티의 방공 시스템이 지역 전화회선과 연결되어 있는 것으로 드러났다. 그는 아이티에 있는 모든 전화를 일시에 먹통으로 만들 수 있는 방법을 알고 있었다. 폭탄이나 미사일을 이용하여 방공부대를 공격할 필요가 없었다. 그러한 공격은 의도하지 않은 방향으로 일이 진행될 수도 있었고 민간인을 희생시킬 수도 있었다. 미너핸과 그의 임무수행팀이 할 일이란 그저 전화회선을 교란하는 것뿐이었다.

결국 침공은 이루어지지 않았다. 클린턴은 지미 카터, 콜린 파월, 그리고 샘 넌으로 구성된 고위급 대표단을 아이티로 파견하여 섬을 장악한 독재자에게 침공이 임박했다는 경고 메시지를 전달했다. 독재자는 달아났고, 아리스티드는 무력충돌 없이 권력을 회복했다. 그러나 미너핸은 이 젊은 장교의 아이디어를 발전시켜 공식적인 전쟁계획을 만들었다. 그것은 만일 침공이 개시된다면 미군의 항공기는 어떻게 아이티의 대공망을 교묘히 피해 다닐 것인가에 대한 내용을 담고 있었다.

빌 페리는 전쟁계획을 착수 단계에서부터 검토하고 있었다. 미너핸의 아이디어에 대해 알게 되자 그의 눈빛은 반짝였다. 이 아이디어는 전자방해책ECM, Electronic CounterMeasures(적의 레이더, 통신시설 등의 전자장치를 효과적으로 사용하지 못하도록 전자파를 이용하여 방해하거나 기만하는 행위-옮긴이)의 선구자인 페리의 사고방식에 큰 반향을 불러일으켰다. 아이티 전화망 마비 작전은 미너핸을 주목할 만한 장교로서 페리의 눈에 들게 만들었고, 적절한 시기가 되자 페리는 미너핸을 불러들였다.

켈리 공군기지에는 페리의 주목을 끄는 또 다른 것이 있었다. 켈리 공군기지는 적을 공격하기 위한 매우 효과적인 체계를 만들었을 뿐만 아니라, 적이 미국을 상대로 정보전 공격을 감행했을 경우 이를 탐지·관제·무력화할 수 있는 뛰어난 체계로 무장한 독립부대(편제부대가 수행하는 임무 외에 별도의 임무를 독립적으로 수행하는 부대-옮긴이)를 보유하고 있었다. 해군을 포함하여 어느 군도 이처럼 효과적인 체계를 갖추고 있지 않았다.

네트워크 보안 관제Network Security Monitoring라고 불리는 이 기술은 UC 데이비스Davis의 컴퓨터 과학자 토드 헤벌레인Todd Heberlein이 발명한 것이었다.

1980년대 후반 해킹은 심각한 골칫거리로, 때로는 위협적인 행위로 급부상했다. 그중 가장 끔찍했던 첫 사례는 1988년 11월 2일에 발생했다. 라이트-패터슨Wright-Patterson 공군기지, 육군탄도연구소Army Ballistic Research Lab, 그리고 나사NASA의 일부 시설을 포함하여 이 네트워크에 연결된 컴퓨터의 약 10분의 1에 해당하는 6,000여 대의 유닉스UNIX 컴퓨터가 약 15시간 동안 다운된 것이다. 외부의 어딘가로부터 복구할 수 없는 수준으로 악성 코드에 감염된 것이 원인이었다. 이 악성 코드는 제작자였던 코넬대학교 대학원생 로버트 T. 모리스 주니어Robert T. Morris Jr.의 이름을 따 '모리스 웜Morris Worm'으로 불리게 되었다. (당시 NSA가 당황했던 것은 그가 NSA 컴퓨터보안센터의 수석과학자 로버트 모리스 시니어Robert Morris Sr.의 아들이라는 사실 때문이었다. 웜을 제작한 범인을 추적하던 컴퓨터보안센터가 결국 이 일을 일으킨 장본인이었던 것이다.)

모리스 주니어가 나쁜 의도를 갖고 한 일은 아니었다. 그저 해당 네트워크가 얼마나 큰지 알아보기 위해서(이때까지만 해도 네트워크의 규모를 아무도 모르고 있었다) 여러 대학교 사이트를 자신의 정체를 숨기기 위한 포털로 사용하며 네트워크 해킹을 시작했던 것이다. 하지만 이 과정에서 심각한 실수가 있었다. 이 웜은 여러 대의 장비에 반복하여 질의를 던졌는데, 응답을 받은 후에 그 질의를 종료하도록 프로그램을 설계하지 않왔던 것이다. 이것이 결국 시스템에 과부하를 일으켜 네트워크를 망가뜨렸다. 이 악성 코드를 계기로 많은 컴퓨터 과학자들과 일부 관료들은 놀랄 만한 교훈 하나를 도출할 수 있었다. 모리스가 컴퓨터 시스템을 얼마나 쉽게 마비시킬 수 있는지를 보여주었던 것이다. 만일 그것이 모리스가 의도한 것이었다면, 계속해서 훨씬 더 큰 피해를 입힐 수도 있었을 것이다.

모리스 웜 이후 일부 수학자들은 침입을 탐지할 수 있는 프로그램들을 만들었지만, 그 프로그램들은 개인용 컴퓨터를 보호하기 위한 용도로 설계되었다. 토드 헤벌레인은 무수히 많은 컴퓨터가 연결될 수 있는 공개된 '네트워크'에 침입탐지 소프트웨어를 설치한다는 혁신적인 아이디어를 구상했다. 그가 고안한 침입탐지 소프트웨어는 여러 단계를 확인하도록 설계되었다. 그것은 우선 네트워크에 비정상적인 활동, 예를 들어 누군가 어떤 계정에 반복적으로 로그인을 시도하거나 무작위로 비밀번호를 계속 생성하여 로그인을 시도하고 있다는 것을 나타내는 키워드를 확인했다. 만약 누군가 MIT.edu라는 주소로 네트워크에 접속해 이러한 시도를 하면 특별한 경고문을 띄웠다. MIT, 매사추세츠 공대는 네트워크상의 어느 곳에서든 누구나 단말기에 접속할 수 있도록 허용하고 있다는 사실이 잘 알려져 있어서, 해커들이 애용하는 진입점point of entry이었기 때문이다. 비정상적인 활동이 식별되면 경보가 울렸다. 그러면 헤벌레인이 개발한 소프트웨어는 해커의 세션에서 추출한 데이터를 추적하여 해커의 IP 주소, 네트워크에 머문 시간, 얼마나 많은 데이터를 다운로드하고 다른 사이트로 옮겼는지를 알려주었다('세션 데이터session data'는 나중에 '메타데이터metadata'로 불리게 된다). 이후, 해커의 세션에서 추가적인 조사를 해야 할 만큼 수상한 흔적이 발견되면, 이 프로그램은 해커가 무엇을 하고, 읽고, 전송하는지 해커의 모든 활동과 정보를 추적할 수 있었다. 그것도 소프트웨어가 모니터링하고 있는 모든 네트워크에 걸쳐 실시간으로 말이다.

많은 해커와 그들을 방어하는 사람들이 그랬듯이, 헤벌레인도 1989년 클리프 스톨Cliff Stoll의 소설 『뻐꾸기 알The Cuckoo's Egg』로부터 많은 영감을 받았다(공군정보전센터에 헤벌레인의 침입탐지 소프트웨어를 설치하는 것을 도왔던 한 젊은 장교는 "『뻐꾸기 알』 첫 50페이지에서 얻을 수 있는 50가지 교훈"이라는 제목의 논문을 쓰기도 했다.) 스톨은 다정다감한 성격의 히피이자 로런스 버클리 국립연구소Lawrence Berkeley National Laboratory에서 컴퓨터 시스템 최고관리자로 근무했던 매우 훌륭한 천문학자였다. 하루는 연구소의 전화비 청구서에서 75센트의 오차가 있는 것을 발견하고는 순수한 호기심의 발로로 그 원인을 추적해보았다. 그리고 한 동독 스파이가 미군의 기밀을 탈취하기 위해 로런스 버클리 국립연구소의 공개된 사이트를 포털로 이용하여 전화 걸기를 시도하고 있다는 사실을 밝혀내고야 말았다. 이후 수개월에 걸쳐 스톨은 순전히 자신의 기지만으로 향후 30년 동안 광범위하게 이용될 침입탐지 기술을 개발해냈다. 스톨은 연구소의 컴퓨터 시스템으로 입력되는 회선에 프린터를 설치하여 공격자의 행동을 기록하도록 했다. 그는 연구소 동료인 로이드 벨크냅Lloyd Bellknap과 함께 '로직 애널라이저logic analyzer(논리분석기)'라는 장비를 만들어 특정한 사용자를 추적하도록 프로그램을 짰다. 이 장비는 그 사용자가 로그인을 하면 스톨에게 자동으로 연락했고, 스톨은 곧바로 연구소로 달려올 수 있었다. 로직 애널라이저는 해커가 침투했던 다른 사이트의 로그들을 상호 비교할 수 있는 능력도 있었다. 따라서 스톨은 해커가 무엇을 하고자 하는지 전체적인 상황을 유추할 수 있었다.

헤벌레인은 스톨의 기술을 발전시켜 컴퓨터 한 대뿐만 아니라 네트워크를 해킹하려고 하는 공격자를 추적하여 쫓아낼 수 있었다.

스톨은 또 다른 의미에서 헤벌레인의 업적에 영감을 불어넣어준 인물이라고 할 수 있다. 스톨이 동독 해커를 잡아내어 명성을 얻고 그의 소설이 베스트셀러로 등극한 이후, 버클리에서 약 40마일가량 떨어진 곳에 있는 군사 분야 특화 연구소인 로런스 리버모어 국립연구소Lawrence Livermore National Laboratory는 '네트워크 보안 관제' 시스템을 개발하기 위해 스톨의 주요 개념을 차용하고 에너지부에 예산을 요구했다. 로런스 리버모어 국립연구소는 계약을 따냈지만, 이러한 시스템을 만들 수 있는 방법을 아는 사람은 아무도 없었다. 연구소 관리자들은 UC 데이비스에서 전산학 교수로 근무하고 있는 칼 레빗Karl Levitt에게 도움을 청했고, 레빗 교수는 가장 발군이었던 학생 토드 헤벌레인을 추천했다.

1990년까지, 공군암호지원센터Air Force Cryptology Support Center(몇 년 후에 공군정보전센터 내 부서로 통합된다)는 침입탐지시스템을 업그레이드하고 있었다. 모리스 웜 사태 이후 센터 내 기술전문가들은 '호스트 기반 공격 탐지체계host-based attack-detection'를 설치하기 시작했는데, 이는 그 당시 선호하는 방법으로서 개개의 컴퓨터를 보호하는 방법이었다. 하지만 이는 곧 부적절한 방법이라고 여겨지게 되었다. 일부 기술자들은 헤벌레인의 네트워크 보안 관제 소프트웨어에 대한 얘기를 듣게 되었고, 공군암호지원센터의 필요에 맞도록 그의 소프트웨어를 도입하고자 헤벌레인에게 이 일을 의뢰했다.

공군암호지원센터는 2년에 걸쳐 공군의 네트워크에 헤벌레인의 소프트웨어를 설치했다. 그리고 그 이름을 'ASIM 체계Automated Security Incident Measurement system(자동화보안사고관제체계)'라고 개칭했다. 공군암호지원센터 예하에는 'CERTComputer Emergency Response Team(컴퓨터긴급대응팀)'이라고 불리는 조직을 창설하여 ASIM 체계를 운용하고 해커를 추적하며 심각한 침입이 발생했을 경우 이를 상부에 보고하는 임무를 수행하도록 했다.

CERT는 샌안토니오에 위치한 작은 사무실에서 전국에 있는 공군 네트워크를 감시할 수 있었다. 아무튼 기본 개념은 그러했다.

ASIM 체계 운용은 시작 단계부터 관료주의의 장애물에 부딪혔다. 1992년 10월 7일, 법무부의 범죄과를 담당하던 로버트 뮬러^{Robert Mueller} 법무부 차관보는 네트워크 관제행위가 도청과 관련한 연방법에 저촉될 소지가 있다고 경고하는 내용을 담은 편지를 보내왔다. 그러나 네트워크를 관제하는 체계가 관련 없는 일부 민간인들의 인터넷 트래픽까지 보게 되는 것은 어쩔 수 없는 일이었다. 뮬러 차관보는 그러한 감시가 위법은 아닐 수 있다고도 했다. 도청과 관련된 법안은 컴퓨터 해킹과 바이러스가 만연하기 이전에 만들어졌기 때문이다. 그리고 어떠한 법원도 이것을 현재의 사례에 적용해서 판결을 내린 적은 없었다. 그러나 뮬러 차관보는 판례가 나올 때까지 현재 이러한 기술을 사용하고 있는 모든 연방정부 기관이 '허가받지 못한 침입자'에게 그들이 감시당하고 있다는 사실을 고지하는 '배너 경고문'을 게시해야 한다고 편지에 썼다.

샌안토니오^{San Antonio}에 있는 공군 장교들은 뮬러의 편지를 무시해버렸다. 정지나 가처분 명령은 아니었기 때문이다. 더구나 해커를 감시하고 있다는 메시지를 보내는 경고 자체가 관제행위 전체를 망칠 수도 있는 노릇이었다.

일 년 후, 헤벌레인은 법무부로부터 전화 한 통을 받았다. 처음에는 숨을 죽이며 마침내 연방정부가 자신을 잡으러 오는 것이 아닌가 생각했다. 하지만 정반대로 법무부가 최근 헤벌레인이 개발한 소프트웨어를 설치했고, 그 소프트웨어의 기능 중 하나를 물어보기 위해 연락을 취해왔던 것이었다. 법무부는 이전의 기조를 바꾸어 새로운 시대에 매우 빠르게 적응했다. 정말 아이러니하게도, 로버트 뮬러 법무부 차관보는 이후 FBI 국장이 되어 범죄자와 테러리스트를 추적하기 위한 네트워크 관제 소프트웨어를 끊임없이 도입했다.

그럼에도 불구하고 새로운 시대의 여명 뒤에서 뉼러는 법적인 차원의 질문을 제기했다. 정부가 외국의 적대세력뿐만 아니라 평범한 미국인들의 통신을 실어 나르는 네트워크를 관제하는 것이 과연 합법적인 것인가? 이 질문은 20년 뒤 에드워드 스노든^Edward Snowden 이라는 NSA 내부자가 NSA의 광범위한 메타데이터 수집활동의 세부사항을 담은 극비 문서를 통째로 폭로하면서 더 뜨거운 대중적 논쟁거리가 되어 다시 한 번 고개를 들게 된다.

초창기 네트워크 관제 소프트웨어에 대한 더욱 만만찮은 반대는 공군 내부에서부터 제기되었다. 1994년 10월, 미너핸은 켈리 공군기지에서 펜타곤으로 자리를 옮겼고, 그곳에서 공군정보부장직을 맡게 되었다. 그리고 네트워크 관제 프로그램의 확대 도입을 강력하게 추진했다. 하지만 추진 과정은 더뎠다. 공군의 컴퓨터 서버에는 100개가 조금 넘는 네트워크 접속 지점이 있었지만, 2년 후 미너핸이 펜타곤을 떠날 때까지 샌안토니오의 공군 CERT는 이 중에서 단지 26개만 관제하도록 승인을 받았다.

미너핸이 최고위층의 승인을 받는 데 장기간 애를 먹은 일은 비단 관제활동뿐만이 아니었다. 컴퓨터 보안이라는 주제 그 자체를 이해시키는 일도 무척 어려운 일이었다. 미너핸은 아이티 내 전화망을 마비시킬 계획을 3성·4성 장군들에게 보고하면서 샌안토니오에 있는 공군정보전센터가 적 '컴퓨터'에 대해서도 유사한 작전을 수립하고 있다는 사실을 덧붙였다. 하지만 누구도 관심을 보이지 않았다. 대부분의 장군들은 전투기나 폭격기 조종사 경력을 바탕으로 진급한 사람들이었다. 따라서 그들의 생각에는 목표물을 무력화하는 가장 좋은 방법은 그 위로 폭탄을 투하하는 것이었다. 컴퓨터 네트워크를 해킹하는 것은 신뢰할 만한 방법이 아니었고, 효과를 정확하게 측정할 수도 없었다. 말 그대로 '소프트 파워soft power'의 느낌만 물씬 풍기는 것이었다. 콜린 파월 장군이 정보전에 대한 내부 문서를 배포한 듯하지만 이들은 이것을 받아들이지 않았다.

미너핸이 사랑해 마지않던 공군은 너무 느리게 움직이고 있었지만, 육군과 해군에 비하면 상당히 앞서 있는 편이었다. 그의 불만은 크게 두 가지였다. 그는 펜타곤에 있는 고위 공무원을 포함하여 육·해·공군 모두가 공군정보전센터가 적의 네트워크를 해킹하는 데 얼마나 탁월한지 알아주기를 바랐고, 미군의 네트워크 역시 적의 해킹에 얼마나 활짝 열려 있는지 깨닫기를 바랐다.

이제 NSA의 신임 국장으로서 미너핸은 이러한 것들이 얼마나 좋고, 또 얼마나 나쁜지를 보여주기 위해 이 직책을 수행하겠노라 다짐했다.

● ● ●

합참은 매년 '엘리저블 리시버'라는 훈련을 수행했다. 이는 곧 발생할지 모를 어떤 위협이나 기회를 집중적으로 살펴보기 위해 기획된 시뮬레이션, 즉 워게임이었다. 생물학 무기의 위협에 초점을 맞춘 훈련을 실시하고 난 뒤, 미너핸은 다음번에는 사이버 공격에 대한 미군 네트워크의 취약점을 점검하는 훈련을 해보고 싶었다. 미너핸이 계획한 가장 극적인 방법은 NSA의 신호정보팀이 미군의 네트워크를 '실제로' 공격해보는 것이었다.

미너핸은 이 아이디어를 실제 진행 중인 군사훈련에서 얻었다. 극비 정보를 공유하기 위해 공식적 협약을 맺은 영미권 5개국(미국, 영국, 캐나다, 호주, 뉴질랜드), 일명 '파이브 아이즈five eyes'가 참여한 이 군사훈련의 핵심은 새로운 지휘통제장비를 시험하는 것인데, 그중 일부는 여전히 연구 개발 중에 있었다. 이 시험의 일환으로 버지니아주 알링턴에 위치한 미 국방정보체계국DISA, Defense Information Systems Agency에서 근무하는 여덟 명이 연합취약점평가팀Coalition Vulnerability Assessment Team을 구성하여 새로운 지휘통제장비에 대한 해킹을 시도했다. 미너핸은 이 팀이 해킹에 '항상' 성공했다는 보고를 받았다.

연합취약점평가팀의 리더는 23세의 맷 디보스트Matt Devost였다. 그는 미국 버몬트주 벌링턴Burlington에 있는 세인트 마이클 대학St. Michael's College을 이제 막 졸업한 청년이었다. 그곳에서 디보스트는 국제관계학과 전산학을 전공했다. 10대 초반 디보스트는 재미로 활동하는 해커였고, 솜씨 있는 친구들과 함께 누가 NASA나 다른 군사 관련 기관의 서버를 해킹할 수 있는지를 겨루었다. 이들 모두는 영화 〈워게임스〉를 수차례 반복해 보았다. 지금 디보스트는 뜻을 같이하는 다른 나라 사람들과 함께 어느 사무실에 앉아 전 세계의 극비로 분류된 시스템 중 일부를 해킹하고 지휘부에 이들의 취약점을 보고했다. 이 모든 것이 미국과 동맹의 방어 체계를 강화한다는 명목하에 가능했다.

가장 최근의 연합 워게임에서 디보스트의 팀은 캐나다, 호주, 뉴질랜드 3국의 지휘통제 시스템을 다운시켰다. 그리고 미군 지휘관의 개인 컴퓨터 권한을 탈취하여 이 지휘관에게 가짜 이메일과 거짓 정보를 발송했다. 이 때문에 이 지휘관은 전장 상황을 제대로 파악하지 못했고, 잘못된 판단을 내리게 되었다. 이것이 실제 상황이었다면 전쟁에서 패배할 수도 있다는 뜻이었다.

NSA에는 이와 유사한 '레드팀'이라는 조직이 있었다. 레드팀은 NSA에서 방어를 담당하는 정보보증부(과거 정보보호부) 소속으로, 프렌드십 공항 옆에 있는 패넥스FANEX 건물에서 근무하고 있었다. 매우 은밀한 훈련을 진행하는 동안에는 '더 핏The Pit'이라고 불리는 공간에서 임무를 수행했다. 그곳은 NSA에 근무하는 사람들 중에서도 극소수에게만 그 존재가 알려진 장소였고, 그 사람들조차도 2개의 잠금장치로 보호된 문을 통과하지 않고서는 들어갈 수 없었다. 레드팀은 일상적인 업무로 국방부나 간혹 NSA만을 위해 설계된 하드웨어와 소프트웨어의 취약점을 조사했다. 이러한 시스템들은 정부가 구매하고 설치하기에 충분히 안전하다고 여길 수 있을 정도의 매우 높은 기준을 통과해야만 했다. 레드팀의 임무는 바로 이 기준을 시험하는 것이었다.

미너핸의 아이디어는 파이브 아이즈의 훈련에서 디보스트의 연합취약점평가팀을 운영하는 것과 똑같은 방법으로 이 레드팀을 운용하는 것이었다. 하지만 미너핸은 레드팀을 단순히 워게임에 초점을 맞춘 지엽적인 임무에 투입하는 것이 아니라 그들이 미 국방부 전반의 보안 공백을 노출시켜주기를 바랐다. 미너핸은 수년에 걸쳐 지휘부에 이 개념을 설명하기 위해 노력해왔다. 이제는 펜타곤의 최고지도부에 그의 개념을 강력히 피력할 생각이었다.

빌 페리는 이 아이디어가 마음에 들었다. 그러나 펜타곤 관료주의의 높은 벽을 뛰어넘는 데에는 1년이라는 시간이 걸렸다. 특히, 군 컴퓨터 시스템의 보안을 시험하는 훈련의 일환으로 해킹을 하는 것은 합법적이라는 것에 대해 국방부 법무실을 설득해야 했다. NSA의 법무실은 조지 H. W. 부시 대통령이 서명한 국가보안훈령 42호(레이건 대통령의 NSDD-145을 수정·보완한 훈령)를 핵심 근거로 내세웠다. 이 지시는 국방부 장관의 서면 동의하에 이러한 목적의 시험을 허용한다는 내용을 명시하고 있었다. 빌 페리는 동의서에 곧바로 서명했다.

NSA 법무실은 이 훈련에 한 가지 제한사항을 두었다. NSA 레드팀은 네트워크를 공격함에 있어 극비의 신호정보 장비를 일체 사용할 수 없었다. 오로지 상용화된 장비와 소프트웨어만 이용할 수 있었다.

1997년 2월 16일, 합참의장 존 샐리캐슈빌리John Shalikashvili 장군은 지시 3510.01 "상호 운용성 훈련 프로그램 사전 미공지No-Notice Interoperability Exercise Program"를 발령하여 엘리저블 리시버 훈련의 시나리오를 승인하고 구체화했다.

엘리저블 리시버 훈련 시나리오는 3단계로 설계되었다. 1단계는 북한과 이란의 해커(NSA 레드팀이 모의)들이 핵심기반시설에 대한 협조된 공격을 수행하는 것이었다. 특히 LA, 시카고Chicago, 디트로이트Detroit, 노픽Norfolk, 세인트루이스St. Louis, 콜로라도스프링스Colorado Springs, 탬파Tampa, 페이엣빌Fayetteville 등 미국 주요 8개 도시와 하와이 오아후Oahu 섬에 있는 전력망, 911 긴급전화망이 주요 대상이었다(1단계는 전력망 교란과 911 회선 과부하를 얼마나 쉽게 할 수 있는지에 대한 분석에 기초하여 도상훈련으로 진행했다). 게임 시나리오에 따르면, 이 공격의 목적은 미국의 정치 지도자들에게 최근 두 나라에 시행한 제재를 해제하도록 압력을 가하는 것이었다.

훈련의 2단계는 해커들이 미군이 사용하는 전화회선, 팩스, 컴퓨터 네트워크에 대규모 공격을 수행하는 것이었다. 처음에는 태평양사령부에서부터 시작하여 이후에는 펜타곤을 비롯한 국방성의 다른 시설로 확대할 계획이었다. 훈련의 목적은 미군의 지휘통제체계를 교란하여 지휘관들의 상황 인식을 어렵게 만들고 위협에 대한 군 통수권자의 대응 또한 더욱 어렵게 만드는 것이었다. 2단계는 시뮬레이션이 아니라 NSA 레드팀이 실제로 네트워크에 침투하도록 되어 있었다.

합참의장 승인 후 실제 훈련이 시작되기 전까지 석 달 반가량 NSA의 레드팀은 공격을 준비하면서 미군의 네트워크와 통신 방식을 면밀히 관찰했고, 효과를 극대화하기 위해서 어떤 컴퓨터를 어떻게 해킹해야 할지 파악해두었다.

이 훈련은 준비부터 시행까지 완벽한 보안을 유지하면서 진행되었다.

샐리캐슈빌리 장군이 미공지 훈련을 지시했다는 것은 공격을 수행하고 모니터링을 하는 사람을 제외한 어느 누구도 훈련이 진행 중이라는 것을 알 수 없다는 의미였다. 심지어 NSA 내부에서도 최고지휘부와 레드팀, 법무실만이 이 비밀 훈련을 알고 있었다. 법무실은 레드팀이 진행하는 모든 절차를 승인하고 펜타곤 법무실과 법무부에 보고하는 역할을 수행하기 위해 이 비밀 훈련에 관여해야 했다.

훈련 중 어느 날, NSA 법무실에 있는 리처드 마셜Richard Marshall에게 정보보증부 부부장인 토머스 맥더모트Thomas McDermott가 찾아왔다. 정보보증부는 당시 레드팀을 감독하고 있었다. 맥더모트는 마셜을 정보유출 혐의로 조사 중이라는 사실을 알려주었다. 마셜이 평소와는 다른 시간에 출근하고 보안 휴대폰을 더 많이 사용하는 것을 본 보안팀의 누군가가 이 사실을 알렸던 것이다.

"내가 여기 왜 있는지 당신은 알고 있군요, 그렇죠?"

마셜이 약간 놀라며 물었다.

"네, 물론입니다."

맥더모트는 대답과 함께 무슨 일이 일어나고 있는지 보안 담당자에게 설명했다고 마셜에게 말했다. 보안 담당자는 이 일을 주변 사람들에게 알리지 않고 훈련이 종료될 때까지 조사를 계속하는 시늉을 했다.

● ● ●

엘리저블 리시버 97 훈련은 공식적으로 6월 9일 월요일에 시작되었다. 훈련 기간은 2주로 계획되었고, 만일의 경우를 대비하여 2주의 예비시간이 추가로 할당되었다. 하지만 훈련은 4일 만에 끝났다. 국방 시설의 모든 네트워크가 뚫렸기 때문이다. 전시에 대통령의 명령을 하달하는 국가군사지휘센터National Military Command Center는 훈련 첫날 해킹당했다. 그리고 국가군사지휘센터에서 서버를 운영하던 사람들 대부분은 자신들이 해킹 당했다는 사실조차 인지하지 못했다.

NSA의 레드팀은 샌안토니오에서 CERT가 관제하고 있는 공군의 24 개 서버를 해킹할 수도 있었지만 이것만은 피했다. 공군의 네트워크를 뚫고 들어가면 자신들이 발견될 수도 있다고 생각했기 때문에 레드팀의 해커들은 다른 곳의 목표물들을 겨냥했고, 그 목표물들은 터무니없이 쉽 게 뚫렸다.

국방기관의 많은 컴퓨터들은 패스워드를 잘 사용하지 않는 것으로 밝 혀졌다. 그나마 사용하는 컴퓨터도 'password', 'ABCDE', '12345'처럼 형편없는 패스워드를 사용하고 있었다. 이런 경우도 있었다. 레드팀이 팩스 회선을 제외한 사무실의 모든 전화회선을 감시하고 있다가 전화 를 걸고 또 걸고, 또 걸면서 회선의 과부하를 유발하여 결국 전화망을 다 운시키기도 했다. 심지어 국방부나 하와이 태평양사령부의 기지에 있는 NSA 파견관들이 쓰레기통을 뒤지며 패스워드를 찾는 일도 있었다. 이 방법도 제법 성과가 있었다.

레드팀은 합동정보부 J-2에 있는 서버를 해킹하는 데 가장 큰 애를 먹 었다. 마지막에는 레드팀의 한 명이 J-2에 있는 담당자에게 전화를 걸어 자신이 펜타곤의 IT 부서에서 나왔는데 서버에 기술적인 문제가 있어 모든 패스워드를 초기화해야 할 것 같다고 말했다. 전화를 받은 담당자 는 아무 거리낌 없이 패스워드를 불러주었고, 그날 레드팀은 J-2의 서버 도 정복했다.

레드팀은 자신들이 해킹한 대부분의 시스템 안에 "아무개 다녀감"이 라는 흔적을 남겼다. 그러나 가끔은 이보다 더 나아가 통화 내용을 가로 채거나, 가짜 이메일을 보내거나, 파일을 삭제하거나, 심지어는 하드 디 스크를 포맷하기도 했다. 훈련에 대해서 전혀 모르고 있던 고위급 장교들은 전화가 먹통이 되고, 이메일은 보냈는데 상대방이 받지 못하고(또는 이메일을 보냈는데 받는 사람은 완전히 엉뚱한 내용을 받거나), 모든 시스템이 셧다운되거나 알 수 없는 요상한 데이터만 쏟아내고 있는 것을 보았다. 이러한 공격세례를 집중적으로 받은 한 장교는 자신의 지휘관에게 이러한 메일을 보냈다.

"저는 저의 지휘통제체계를 더 이상 믿을 수 없습니다."

물론 이 이메일도 레드팀이 가로챘다.

정보전의 궁극적인 목표가 바로 이것이었다. 엘리저블 리시버 훈련은 이러한 일이 재래식 전쟁의 세계에 얽매여 있는 사람들이 상상하는 것보다 더 실현 가능하는 것을 보여주었다.

훈련이 끝나고 몇 주 후, 존 "수프" 캠벨John "Soup" Campbell 공군 준장은 훈련에 대한 사후 강평 회의를 소집했다. 과거 F-15 전투기 조종사였던 캠벨은 엘리저블 리시버 훈련이 막 진행되고 있는 시점에 국방부로 전입해왔다. 그의 새로운 직책은 합참 작전본부에 있는 J-39의 부장으로서, 극비 무기 프로그램 관리자와 군의 전투지휘관을 연결해주는 일종의 연락관이었다. 합참은 엘리저블 리시버 훈련에서 연락을 담당할 사람이 필요했고, 캠벨 장군이 이 자리에 보직되었다.

캠벨은 고위 공무원과 공군, 해군, 해병대 참모차장에게 브리핑을 했다(육군은 이 훈련에 참가하지 않기로 결정했었다. 일부 육군 장교들은 자신들의 취약점을 인지하고 있었지만, 스스로 창피한 모습을 보이고 싶어하지 않았다. 대부분의 육군 장교들은 이러한 주제들에 대해 토의하는 것이 시간낭비라고 생각했다).

캠벨이 전한 메시지는 냉혹했다. 엘리저블 리시버 훈련으로 국방부가 사이버 공격에 대해 전혀 준비되어 있지 않고 방어할 수 있는 능력이 없다는 것이 여실히 드러났다는 것이었다. NSA 레드팀은 국방부의 모든 네트워크에 침투했다. 소수의 장교들은 어떤 공격이 진행 중이라는 사실을 알아차리기는 했지만, 어떻게 대응해야 하는지 몰랐다. 어떠한 가이드라인도 하달된 적이 없었고, 명령체계도 갖추어져 있지 않았기 때문이다. 전군全軍을 통틀어 태평양사령부 예하 해병대 부대에서 근무하는 기술장교 한 명만이 레드팀의 공격에 효과적으로 대응했다. 그는 컴퓨터 서버에 무언가 이상한 조짐이 보이자 자신의 판단하에 서버의 랜선을 뽑아버렸다.

캠벨의 브리핑이 끝나자 NSA 레드팀의 팀장인 마이클 세어Michael Sare 해군 대위가 이어서 프리젠테이션을 진행했다. 그리고 혹시라도 캠벨의 브리핑에 이의를 제기하거나 믿지 않는 사람들이 있을 것 같아 레드팀이 진행한 일련의 침투활동 기록을 보여주었다. 거기에는 쓰레기통에서 찾은 패스워드 목록을 찍은 사진, 낯선 사람에게 아주 즐거운 목소리로 패스워드를 알려주는 통화를 녹음한 테이프, 그리고 이보다 더한 것들도 많이 포함되어 있었다(세어 대위가 준비한 브리핑 초안에는 합참의장의 패스워드를 해킹한 내용도 포함되어 있었다. 그러나 미너핸이 사전에 브리핑 자료를 검토하면서 그 부분을 삭제하도록 했다. "4성 장군에게까지 망신을 주지는 말라"라는 당부를 덧붙이면서 말이다).

특히 그해 7월 말에 국방차관으로 임명된 존 햄리John Hamre를 비롯하여 그 방에 있던 모든 사람들이 아연실색했다. 차관으로 임명되기 전 햄리는 펜타곤의 감사관으로서 국방예산을 삭감하는 데 적극적이었던 사람이었다. NSA에 비밀로 배정된 예산에는 특히 더했다. 햄리는 1980년대에 국회예산국과 상원 군사위원회에서 근무하면서 NSA에 대한 불신이 계속해서 커져만 갔다. '군사'와 '정보' 사이의 회색지대를 떠돌면서 양쪽으로 향하는 비난을 모두 피하는 의심스러운 조직인 데다가 일하는 방식이 너무 은밀했기 때문이다. 햄리는 정보전이 무엇인지도 몰랐고 관심도 없었다.

엘리저블 리시버 훈련을 앞둔 몇 주 전, 국방차관으로 일할 준비를 하고 있던 햄리에게 미너핸은 정보전 시대에 도래할 위협과 기회, 그리고 이를 이용하기 위한 대규모 예산이 필요하다는 내용을 보고했다. 기술적인 부분에서 문외한이었던 햄리는 피식 웃으며, "켄(케네스 미너핸 국장을 말함-옮긴이), 당신 때문에 머리가 아프군요"라고 말했다.

그러나 캠벨 장군과 세어 대위의 엘리저블 리시버 훈련 결과 보고가 막바지에 이르자, 햄리는 사태의 심각성을 파악하고는 마음을 돌렸다. 그는 장군들과 대령들로 가득한 방 안을 둘러보며 이 문제를 해결할 책임이 누구에게 있는지 물었다.

방 안에 있는 모든 사람들이 그를 뒤돌아보았다. 정답을 아는 사람은 아무도 없었다. 그 누구에게도 책임이 없었다.

● ● ●

비슷한 시기에 미너핸은 마시 위원회에 엘리저블 리시버 훈련에 대한 브리핑을 했다. 이 무렵에는 이미 위원회 참석자들이 미국 내 핵심기반시설의 취약한 상태를 깊이 조사한 뒤였다. 그러나 위원들이 연구해왔던 시나리오들은 가상적이고, '민간' 영역에서의 취약점을 다룬 것들이었다. 실제로 사이버 공격을 수행한 사람은 아직 없었고, 위원들 대부분은 군 네트워크는 안전하다고 믿고 있었다. 미너핸의 브리핑은 NSA의 레드팀이 실제 공격을 실시했고, 군을 상대로 한 그 결과가 참담했다는 두 가지 점에서 그들의 환상을 깨뜨렸다.

미너핸은 훈련 중에 있었던 사실 한 가지는 공개하지 않았다. 그것은 소수의 인원만이 알고 있는 일이었다. 레드팀 멤버들이 훈련 중 네트워크를 해킹하면서 프랑스 소재의 IP를 사용하여 실제로 해킹을 하고 있는

자들과 마주친 것이다. 이는 곧 외국 스파이가 미국의 취약한 핵심적 네트워크에 이미 침투하고 있었다는 것을 의미했다. 사이버 위협은 더 이상 가상이 아니었던 것이다.

이러한 일을 알지 못했는데도 위원들은 망연자실해했다. 마시 위원장은 이 문제를 해결하기 위해 무엇을 할 수 있는지 물었다. 미너핸은 대답했다.

"법을 바꾸고 NSA에게 권한을 주십시오. 우리가 미국을 지키겠습니다."

그가 한 말이 무엇을 의미하는지 제대로 이해한 사람은 없었다. 혹여 그가 한 말을 위원들이 이해했다고 한다면, 이는 그들이 그의 말을 그다지 심각하게 생각하지 않았다는 뜻이었다. 레이건 대통령의 NSDD-145나 이와 유사한 다른 것을 되풀이하고 싶은 사람은 아무도 없었기 때문이다.

10월 13일, 마시 위원회가 보고서를 발표했다. "핵심기반시설^{Critical Foundation}"이라는 제목의 이 보고서에서 엘리저블 리시버 훈련에 대한 내용은 아주 간략하게 언급되었다. 보고서가 제시한 권고사항은 정부와 민간 업계가 상호 정보를 공유하고 문제를 함께 해결해야 한다는 필요성에 초점을 두었다. NSA에 추가적인 예산과 권한을 할당해야 한다는 내용은 언급되지 않았다.

4개월 후, 국방 네트워크에 대한 공격이 있었다. 그것은 엘리저블 리시버 훈련에서 수행한 공격과 비슷해 보였지만, 실제 상황이었다. 실제로 외부 세계의 이름 모를 해커가 저지른 소행이었던 것이다.

●

CHAPTER 5

솔라 선라이즈,
문라이트 메이즈

솔라 선라이즈 사건이 10대 소년 두 명의 소행으로 밝혀지자 처음에는 일부 정부 관계자들이 안도하는 분위기였다. FBI 관계자도 메모에 "최근 유행하고 있는 해킹 기술 그 이상은 아니다"라고 평가했다. 하지만 대부분의 당국자들은 이러한 안도감과는 정반대의 것을 느꼈다. 10대 몇 명으로도 일을 이렇게까지 만들 수 있다면, 막대한 자금을 동원할 수 있는 적국은 어떤 일을 벌일 수 있을까?

여전히 미국의 정치 지도자들은 거의 모르고 있었지만, 소수의 미군 장교들과 일부 소련 스파이들은 분명히 알고 있었다. 미국의 사이버 전사들이 방어뿐만 아니라 공격활동도 함께 수행하고 있었다는 것을, 그것도 오랫동안 그래왔다는 것을 말이다.

CYBER WAR

● 1998년 2월 3일, 샌안토니오 공군정보전센터의 네트워크 관제 시스템에서 경보가 울렸다. 누군가 워싱턴 D.C. 외곽에 위치한 앤드루스 공군기지의 주방위군 컴퓨터를 해킹하고 있음을 알리는 것이었다.

24시간 동안 공군정보전센터의 CERT(컴퓨터긴급대응팀)은 네트워크를 더욱 면밀히 조사하여 다른 공군기지 세 군데에서 침투한 흔적을 식별했다. 해커의 이동경로를 쫓던 CERT는 MIT 컴퓨터 서버 한 대를 통해 해커가 네트워크로 침투했다는 사실을 발견했다. 군 네트워크 내부로 침투한 해커는 '패킷 스니퍼packet sniffer'(네트워크 패킷을 수집하고 분석하는 프로그램-옮긴이)를 설치하여 사용자 계정과 패스워드가 보관된 디렉토리 정보를 수집했는데, 이는 공군 전체 네트워크를 마음놓고 돌아다닐 수 있게 하는 정보들이었다. 그런 다음 해커는 별도의 백도어도 설치했는데, 이를 통해 해커는 네트워크를 마음먹은 대로 드나들 수 있었고, 어떠한 데이터든 다운로드하거나 삭제하거나 변조할 수도 있었다.

해커가 이렇게 침투를 할 수 있었던 이유는 당시 널리 사용되던 유닉스UNIX(서버급 장비에서 주로 사용하는 운영체제-옮긴이)에 잘 알려진 취약점이 하나 있었기 때문이다. 공군정보전센터의 컴퓨터 전문가들은 이 취약점을 지휘부에 보고했고, NSA 국장 케네스 미너핸도 직접 펜타곤에 있는 고위 장성들에게 이 위험성을 반복하여 보고했으나, 관심을 갖는 사람은 없었다.

1996년 7월, 클린턴 대통령이 서명한 '핵심기반시설 보호'에 대한 행정명령의 결과 중 하나는 마시 위원회를 구성하게 된 것이었다. 그러나 당시에는 잘 알려지지 않았지만, 법무부 예하에 기반시설 보호 TF를 설치하는 것도 그 행정명령의 또 하나의 결과였다. 이 TF에는 FBI, 국방부(합참과 국방정보체계국DISA), 그리고 당연히 NSA에서 온 인사들이 포함되었다.

1998년 2월 6일, 앤드루스 공군기지의 주방위군 컴퓨터 침입을 발견한 지 3일이 지난 후 NSA와 DISA의 분석관들이 통제하는 컴퓨터포렌식팀, 그리고 합참 예하의 정보작전대응반Information Operations Response Cell과 함께 TF가 조사에 착수했다. TF는 엘리저블 리시버 훈련의 결과로 이 일이 있기 일주일 전에 구성되었다. TF는 해커가 선 솔라리스 2.4Sun Solaris 2.4와 2.6으로 알려진 유닉스 시스템의 특정 취약점을 이용했다는 것을 밝혀냈다. 이에 따라 TF는 이번 사건을 솔라 선라이즈Solar Sunrise라고 명명했다.

8개월 전 엘리저블 리시버 훈련을 보며 새로운 종류의 위협에 대한 경종이라고 생각했던 존 햄리 국방차관은 이제 솔라 선라이즈를 보며 본격적인 위협이 도래했다고 생각했다. 클린턴 대통령에게 이번 컴퓨터 침입 사건을 보고하면서 햄리는 솔라 선라이즈가 "진정한 사이버 전쟁의 첫 신호탄"인 것 같다고 경고하는 한편, 이번 공격이 이라크에서 시작된 것으로 보인다고 덧붙였다.

섣부른 의심은 아니었다. 그 무렵 사담 후세인은 걸프전 종전 이후 체결한 평화조약, 그중에서도 특히 대량살상무기WMD 개발 금지조항의 준수 여부를 감시하기 위해 6년 동안 이라크에 머물던 UN 감시관들을 모두 추방했다. 많은 사람들은 사담 후세인의 이번 감시관 추방이 이라크의 WMD 프로그램 재가동을 위한 전조가 아닐까 심각하게 우려했다. 클린턴 대통령은 군에 군사적 대응계획 수립을 지시했고, 두 번째 항공모함을 페르시아만으로 급파하는 한편, 미군 부대가 언제든지 전개할 수 있도록 준비시켰다.

따라서 솔라 선라이즈 공격이 12개 이상의 군 기지로 확대되었을 때, 합참 내부에서는 정해진 어떤 패턴에 따라 공격이 이루어진다고 판단했다. 공격 목표에는 찰스턴Charleston, 노퍽Norfolk, 도버Dover, 하와이에 있는 군 기지들이 포함되어 있었는데, 모두 미군의 핵심 전력이 배치된 곳이었다. 평문 자료가 보관된 서버만 해킹되었지만, 수송, 군수, 의료지원팀, 국방재정 시스템 등 군의 필수 지원요소 중 일부가 평문 네트워크에서 운용되고 있었다. 만일 해커가 네트워크에 오류를 일으키거나 다운시켰더라면, 미군의 대응을 방해하거나 아마도 저지할 수도 있었을 것이다.

이어서 또 다른 불안한 보고서가 올라왔다. NSA와 DISA의 포렌식 분석관들이 해커의 경로를 추적한 결과 IP 하나가 아랍에미리트 내 인터넷서비스 회사인 에미르넷Emirnet 내부 IP였던 것이다. 이는 사담 후세인 또는 지역 내 어떤 대리 권력자가 이번 공격의 배후에 있을 수도 있다는 우려에 무게를 더했다.

FBI의 국가정보부장은 현장에 있는 전 요원들에게 "이번 컴퓨터 침입 시도가 페르시아만 일대의 미군 작전활동과 관련이 있을 것으로 보인다"라는 전문을 보냈다. NSA의 케네스 미너핸 국장은 한 발 더 나아가 주변 보좌관들에게 해커는 "중동 사람 또는 조직"으로 보인다고 말했다.

일부는 이러한 분석에 회의적이었다. 대학에서 암호학과 국제관계를 전공한 DISA의 젊은 자문위원인 닐 폴러드Neal Pollard는 솔라 선라이즈가 모든 이들을 깜짝 놀라게 만드는 동안 엘리저블 리시버의 다음 훈련을 계획하고 있었다. 해킹 공격이 점차 확대되자, 폴러드는 로그를 다운로드하고 보고자료를 만들면서 해커의 의도가 무엇인지를 알아내고자 했다. 그리고 더 많은 데이터를 분석할수록 이 공격이 정말 악의적인 누군가의 소행인가에 대해 점차 의문을 갖기 시작했다.

그가 계획했던 훈련에서 레드팀은 평문용 군 네트워크에 침입하여 비밀 네트워크로 진입하기 위한 접점을 찾아(폴러드가 조사해본 결과 그다지 안전하지는 않았다) 내부로 이동한 후 네트워크를 고장 냈다. 반면, 솔라 선라이즈 공격을 감행한 해커는 정교한 원격 공격 등의 행위를 전혀 하지 않았다. 평문 서버에 잠시 쑥 들어왔다가 다시 다른 곳으로 이동하고, 그러고는 나가버리고 말았다. 악성 코드도, 백도어도, 아무것도 남기지 않았다. 해커가 공격한 일부 서버는 그가 훼손하려 했던 전개 직전 부대의 네트워크 서버와 정확하게 일치했지만, 대부분의 목표물은 어떤 의미 있는 중요한 것이 아니라 대충 아무렇게나 선택한 듯 보였다.

하지만 국제적인 긴장은 고조되고 있었고, 전쟁은 코앞에 있는 것만 같았다. 따라서 최악의 상황에 대비하는 것이 전혀 이상한 일은 아니었다. 해커의 정체가 무엇이고 그 동기가 무엇이든 간에 해커의 활동은 지휘관들을 일거에 동요시켰다. 군 지휘관들은 엘리저블 리시버 훈련을 떠올렸다. 당시 그들은 자신들이 해킹당했는지도 몰랐다. NSA의 레드팀은 일부 지휘관들에게 거짓 메시지를 뿌려댔고, 그 메시지를 받은 지휘관들은 그것이 진짜라고 생각할 수밖에 없었다. 이번에는 자신들이 해킹당했다는 사실을 알게 되었고, 훈련 상황도 아니었다. 아직까지 어떠한 피해 상황도 '식별'하지는 못했지만 어떻게 이를 '확신'할 수 있을까? 지휘관들이 메시지를 받아본들, 아니면 브리핑 화면을 바라본들, 지금 보고 있는 것을 믿을 수 있을까? 아니, '믿어야만' 할까?

이것이 페리의 대지휘통제전이 노리는 효과였다. 실제적인 효과와는 상관없이 해킹당했다는 사실을 아는 것만으로도 적은 당황하여 혼란에 빠지게 된다.

한편, 법무부 TF는 해커를 24시간 내내 추적하고 있었다. 이것은 굉장히 많은 노력이 들어가는 작업이었다. 해커는 자신의 정체와 원점을 노출시키지 않기 위해서 이 서버에서 저 서버로 계속 옮겨다녔다. NSA는 해커가 다녀간 서버를 모두 FBI에 알렸다. 각각의 서버를 조사하는 것은 최소 하루 또는 그 이상이 걸리는 일이었다. 지금까지는 아랍에미리트의 인터넷 서비스 제공사인 에미르넷이 공격의 원점인지 아니면 해커가 다녀간 수많은 서버 중 하나인지 알 수 없었다.

합참의 정보작전대응반에서 나온 일부 분석관들은 이번 컴퓨터 침입 시도로부터 한 가지 침입 패턴을 발견할 수 있었다. 해커는 미 동부 시간 기준으로 저녁 6시에서 11시 사이에만 활동했다. 분석관들은 해커가 어디에서 몇 시에 활동했는지 계산해보았다. 그 결과 해커는 이라크 바그다드^{Baghdad} 또는 러시아 모스크바^{Moskva}에서 밤새 활동하거나, 중국 베이징^{北京}에서 아주 이른 시간에 활동하는 것으로 나타났다.

하지만 이들이 고려하지 않은 하나의 가능성이 있었다. 이 시간대가 캘리포니아주의 방과 후 시간이라는 사실이었다.

조사를 시작한 지 나흘이 지난 2월 10일, TF가 드디어 범인들을 찾았다. 이들은 이라크인도, 어떤 부족이나 국가에 속한 중동 사람이나 조직도 아니었다. 이들은 샌프란시스코 교외 지역에서 살고 있는 두 명의 16세 소년들이었다. 영화 〈워게임스〉의 매튜 브로데릭을 아주 고약하게 따라한 이 소년들은 '마카벨리^{Makaveli}'와 '스팀피^{Stimpy}'라는 사용자명으로 네트워크를 해킹했고, 친구들과 함께 누가 더 빨리 펜타곤을 해킹할 수 있는지 겨루는 중이었다.

하루 만에 FBI 요원들은 도청장치를 사용할 수 있는 영장을 판사로부터 발부받아왔다. 요원들은 이 영장을 가지고 소년들이 이용한 인터넷 서비스 제공사인 Sonic.net을 찾아가 이들이 스팀피 부모의 전화선을 통해 로그인을 한 시점부터 타이핑한 모든 내역을 추적하기 시작했다. 외부 감시팀은 집 안에 소년들이 있는 것을 확인했다. 이것은 소년들이 이 사건과 관련이 있음을 눈으로 목격한 일종의 증거로서, 나중에 피고 측 변호인이 "소년들은 죄가 없다. 다른 누군가가 서버를 해킹했음이 틀림없다"라고 발뺌하는 것에 대비하기 위함이었다.

유선 도청을 통해 FBI 요원들은 소년들이 이스라엘에 있는 18세의 청년으로부터 도움을 받고 있다는 것을 알게 되었다. 그는 에후드 테넨바움Ehud Tenenbaum이라는 이름의 이미 잘 알려진 해커로서, 스스로를 '분석가'라고 불렀다. 이 세 명은 아주 뻔뻔하면서도 바보 같기가 그지없었다. 이 이스라엘 청년은 본인의 실력에 대해 제법 자신감에 차 있었고, 안티온라인AntiOnline이라는 한 온라인 포럼에서 인터뷰를 진행하며(물론 이 포럼도 FBI가 감시하고 있었다) 군 네트워크를 해킹하는 방법을 실시간으로 공개하고 있었다. 그는 자신이 곧 '은퇴할' 예정이고 후계자가 필요하기 때문에 캘리포니아에 있는 학생 두 명을 훈련시키는 중이라는 사실도 밝혔다. 마카벨리도 인터뷰를 통해 자신의 동기를 밝혔다.

"실력 때문이지, 친구." 그리고 그는 이어서 키보드를 입력했다. "알잖아, 실력 때문이라는 거."

법무부 TF는 이들이 스스로 걸려들도록 시간을 좀 더 오래 끌었다. 그러나 2월 25일, 존 햄리가 워싱턴 D.C.의 한 언론인 조찬회에서 기자들에게 이 사실을 알리고 말았다. 여전히 광범위한 사이버 위협에 대한 대책이 없는 군에 좌절한 햄리는 솔라 선라이즈의 기본적인 내용을 간략하게 알리면서(이 시점까지는 비밀로 유지되고 있었다) 지금까지 미국의 국방체계를 대상으로 한 공격 중에서 그것이 "가장 조직적이면서도 체계적인 공격"이라고 평가했다. 그리고 용의자는 캘리포니아 북부 지역에 있는 10대 소년 두 명이라고 밝혔다.

그러자 FBI는 소년들이 햄리가 언급한 내용을 듣고 자신들의 파일을 삭제하기 전에 재빨리 움직이기 시작했다. 요원들은 신속하게 수색영장을 발급받아 스팀피의 집 안으로 들어갔다. 스팀피는 빈 펩시콜라 캔과 반쯤 먹다 남은 치즈버거에 둘러싸인 채 자신의 침실에 있는 컴퓨터 앞에 앉아 있었다. 요원들은 소년들을 체포하고, 컴퓨터와 플로피 디스켓 몇 장을 가지고 나왔다.

스팀피와 마카벨리(당시에는 이들이 미성년자인 관계로 실명은 알려지지 않았다)에게는 3년의 보호관찰과 100시간의 사회봉사가 선고되었다. 그리고 성인의 감독 없이 인터넷을 사용하는 것도 금지되었다. 이스라엘 경찰은 테넨바움과 그의 훈련생 네 명을 붙잡았다. 훈련생들은 모두 20살이었다. 테넨바움은 감옥에서 8개월을 보낸 후 정보보호회사를 차렸고, 이후 캐나다로 이주했다. 하지만 그곳에서도 그는 금융 사이트 해킹과 신용카드 번호 탈취 혐의로 다시 체포되었다.

솔라 선라이즈 사건이 10대 소년 두 명의 소행으로 밝혀지자 처음에는 일부 정부 관계자들이 안도하는 분위기였다. FBI 관계자도 메모에 "최근 유행하고 있는 해킹 기술, 그 이상은 아니다"라고 평가했다. 하지만 대부분의 당국자들은 이러한 안도감과는 정반대의 것을 느꼈다. 10대 몇 명으로도 일을 이렇게까지 만들 수 있다면, 막대한 자금을 동원할 수 있는 적국은 어떤 일을 벌일 수 있을까?

그 답은 서서히 다가오고 있었다.

● ● ●

3월 초, NSA와 DISA, 그리고 합참의 정보작전대응반은 솔라 선라이즈 사건 수사를 마치고 각자의 일상 업무로 돌아갈 준비를 하고 있었다. 하지만 이번에는 오하이오주 라이트-패터슨^Wright-Patterson 공군기지의 컴퓨터를 누군가 해킹했다는 소식이 날아들었다. 해커는 조종석 설계도와 마이크로칩 구성도 등 비밀은 아니지만 민감한 파일들을 탈취했다.

이후 수개월간 이 해커는 다른 군사시설에서도 활개쳤다. 하지만 누구도 해커의 위치를 알 수 없었다(한 사이트에서 다른 사이트로 이동하는 방식이 기상천외했고, 신속했으며, 전 세계를 무대로 삼았다). 그의 활동은 뚜렷한 패턴을 보이지 않았다(세간의 이목이 집중된 군의 연구개발 프로젝트와 관련이 있다는 것을 제외하고 말이다). 이번 작전은 솔라 선라이즈에 이은 후속 작전이었지만 더욱 정교한 접근이 요구되었고 미궁 속에 빠진 것만 같았다. 낮이 끝나고 밤이 시작되는 것처럼 TF는 이번 작전을 문라이트 메이즈Moonlight Maze라고 명명했다.

솔라 선라이즈의 해커들과 마찬가지로, 문라이트 메이즈의 해커도 군 사이트와 네트워크의 접근 권한을 획득하기 위해 대학교 연구실에 있는 컴퓨터로 로그인했다. 하지만 다른 의미에서 이번 해커는 사이버 공간을 제멋대로 돌아다니는 사고뭉치 10대처럼 보이지는 않았다. 그는 사이트를 들락날락하지 않았다. 끝까지 남아 있으면서 특정 정보를 찾아다녔다. 해커는 이 정보들을 어디에서 찾을 수 있는지 알고 있는 것만 같았다. 그리고 최초 접근로가 차단되면 네트워크에 머물러 있다가 다른 접근로를 찾아 조심스럽게 돌아다녔다.

해커의 수준은 놀라울 정도였다. 그의 움직임을 추적하는 NSA팀들도 혀를 내두를 정도로 수준 높은 기술을 구사했다. 해커는 훔친 ID와 패스워드를 이용하여 사이트에 로그인했고, 사이트를 나올 때에는 자신이 다녀갔다는 사실을 아무도 알지 못하게 접속 기록을 지웠다. 해커의 모습은 보일 듯 보이지 않았다. 분석관들은 해커가 활동하고 있는 동안에 그를 포착하고 실시간으로 그의 움직임을 추적할 수밖에 없었다. 그렇게 하더라도 해커가 나가면서 접속 기록을 지우는 바람에 화면상의 증거가 사라져버렸다. 이 때문에 침입 시도가 '있었다'는 사실을 지휘부에 납득시키는 데에도 제법 시간이 걸렸다.

1년 전이라면 분석관들은 아마 정말 기막힌 우연 없이는 해커의 침입을 전혀 탐지하지 못했을 것이다. 그나마 공군이 보유하고 있는 서버의 4분의 1 정도는 샌안토니오에 있는 공군정보전센터의 네트워크 보안 관제체계에 연결되어 있었다. 그러나 대개의 육군, 해군, 그리고 펜타곤의 고위 공무원들은 침입자가 있는지 알아낼 수 있는 방법이 없었고, 그가 어디에서 와서 무엇을 하고 있는지를 알아낼 방법은 더더욱 없었다.

엘리저블 리시버 훈련, 마시 위원회 보고서, 솔라 선라이즈 등 일련의 사건들로 모든 것이 달라졌다. 1997년 6월부터 1998년 2월까지 겨우 8개월 만에 고위 관료들과 심지어 이런 문제에 대해 전혀 생각해본 적 없는 사람들조차도 미국이 사이버 공격으로부터 결코 안전하지 않으며, 이러한 상황이 사회의 핵심기반시설뿐만 아니라 위기 시 군의 대응 능력마저도 위태롭게 만든다는 것을 깨달았다.

엘리저블 리시버 훈련이 끝나자마자 존 햄리는 펜타곤에 있는 고위 공무원들과 장교들을 회의에 소집하여 어떤 대책이 있는지 물어보았다. 그중 하나는 제법 쉽게 보안 공백을 메울 수 있는 방법이었는데, 바로 침입탐지시스템IDS, Intrusion-Detection System이라고 부르는 정보보호장비를 구매하기 위해 긴급예산을 승인하고 국방부에 있는 수백여 대의 컴퓨터에 이 장비를 설치하는 것이었다(조지아주 애틀랜타에 있는 '인터넷 시큐리티 시스템즈Internet Security Systems'라는 회사가 이 장비를 대량으로 생산할 수 있었다). 그 결과, 솔라 선라이즈와 문라이트 메이즈 사건이 발생했을 때는 더욱 많은 펜타곤 내 사람들이 무슨 일이 벌어지고 있는지 이전보다 훨씬 더 빨리 알 수 있었다.

모든 사람이 똑같은 교훈을 얻은 것은 아니었다. 엘리저블 리시버 훈련을 마친 후, 미국과 동맹국 지휘통제체계의 취약점을 점검하는 워게임 훈련에서 공격팀을 이끌었던 맷 디보스트는 NSA 레드팀에 의해 무차별적으로 공격당한 미 태평양사령부의 네트워크에 대해 조치를 취하기 위해 하와이로 날아갔다. 디보스트는 곳곳에서 보안 공백과 주먹구구식의 일처리를 발견할 수 있었다. 많은 경우에 있어서 소프트웨어 제조사들은 과거부터 자사 프로그램의 취약점을 경고하면서 이를 보완할 수 있는 보안 업데이트 프로그램을 같이 제공해왔었다. 사용자가 간단하게 버튼만 누르면 되는 일이었지만, 태평양사령부에는 그런 사람이 아무도 없었다. 디보스트는 자기보다 나이가 곱절도 더 많은 제독들을 상대로 교육을 실시했다. "지금 설명드리는 것은 로켓공학이 아닙니다"라고 디보스트는 말했다. 그러고는 곧바로 책임자를 지정하고 그 사람에게 보안 업데이트 프로그램을 설치할 것을 지시했다. 솔라 선라이즈 사건이 발생했을 당시, 디보스트는 DISA에서 컴퓨터 포렌식을 하던 중이었다. 그는 태평양사령부의 접속 기록을 훑어보면서 사령부가 아직까지도 보안 취약점에 대한 조치를 취하지 않았다는 것을 알게 되었다. 자신은 최선을 다해 노력했음에도 변한 것은 없었다(이때 디보스트는 지금 하고 있는 일을 그만두고 민간에서 컴퓨터 공격 시뮬레이션 관련 일을 해야겠다고 결심했다).

심지어 이러한 변화를 이끌고 정보보호체계 도입을 주도했던 장교들 중 일부도 자신이 무엇을 하고 있는지 정확히 이해하고 있지 못했다. 국방부 컴퓨터에 침입탐지시스템을 설치하라는 지시가 떨어지고 6개월이 지나서(솔라 선라이즈 사건이 일어나기 몇 주 전), 햄리는 침입탐지시스템 운용 상태를 살피기 위한 회의를 소집했다.

한 육군 준장은 눈썹을 심하게 찌푸리며 자신은 침입탐지시스템이 무엇을 하고 있는지 도무지 모르겠다고 투덜거렸다. 자신의 컴퓨터에 침입탐지시스템을 설치한 이후에도 매일같이 공격을 받고 있었기 때문이다.

테이블에 앉아 있던 다른 사람들은 새어 나오는 웃음을 꾹 참고 있었다. 그 장군은 자신의 컴퓨터가 몇 달, 어쩌면 몇 년 동안 매일 해킹당했을지도 모른다는 것을 깨닫지 못했다. 침입탐지시스템이 하는 일이 그 장군에게 이 사실을 알려주는 것이었는데도 말이다.

솔라 선라이즈 사건 발생 초기, 햄리는 엘리저블 리시버 훈련 후 회의를 소집했던 때와 똑같은 긴박감에 휩싸여 또 한 번 회의를 소집했다. 그리고 참석한 장교들에게 이전의 회의에서 물었던 것과 똑같은 질문을 던졌다.

"책임자가 누구입니까?"

참석한 사람들은 한결같이 자신의 신발을 내려다보거나 가지고 온 수첩을 들여다보고 있었다. 사실 아무것도 바뀐 것이 없었기 때문이다. 여전히 책임은 아무에게도 없었다. 침입탐지시스템은 설치되어 있었지만, 알람이 울리면 무엇을 해야 하는지, 진짜 공격과 성가신 장난질은 어떻게 구분할 수 있는지 등에 대한 세부적인 매뉴얼을 제공하는 사람은 없었다.

결국 합참 내 비밀 조직인 J-39의 부장이자 엘리저블 리시버 훈련에서 합참의 연락 담당이었던 존 수프 캠벨 장군이 손을 들어 "내가 책임자입니다"라고 말했다. 하지만 캠벨 장군도 이것이 무엇을 의미하는지 알지 못했다.

문라이트 메이즈 공격이 일대 혼란을 불러일으키고 있던 시기에 캠벨 장군은 '합동 컴퓨터 네트워크 방어 TFJTF-CND, Joint Task Force-Computer Network Defense'라는 새로운 조직에 대한 계획을 수립하던 중이었다. 창설지시는 7월 23일에 하달되었고, 12월 10일 임무 수행을 시작했다. 이 조직은 컴퓨터 전문가와 재래식 무기 운용관으로 구성된 23명으로 편성되었다. 이들은 펜타곤에서 멀리 떨어지지 않은 버지니아 교외의 DISA 본부 뒤편에 설치된 한 창고 안에서 벼락치기 공부를 하며 임무 수행을 위한 단기 집중 특별 훈련을 받아야 했다. 창설지시에 따라 "정부 부처 및 관련 민간 기관과 함께 국방부 차원의 방어적 대응을 조정하고, 국방부의 컴퓨터 시스템 및 네트워크 방어활동을 조정·통제"해야 할 책임이 있는 조직에게 그것은 너무나도 당연한 노력이었다.

캠벨 장군이 시도한 첫 단계는 현재 기준으로는 기초적인 것이었지만,

그 당시에는 누구도 이런 대규모 계획을 수행한 적이 없었고, 생각한 사람도 거의 없는 것이었다. 캠벨 장군은 하루 24시간 1년 365일 관제작전을 수행하는 센터를 만들고, 군 지휘부와 전투지휘관들에게 사이버 침입을 경고할 수 있도록 예규를 확립했다. 그리고 가장 먼저 그의 명의로 작성된 공문을 발송하여 국방부 내 모든 직원들이 자신의 컴퓨터 패스워드를 바꾸도록 권고했다.

바로 이 시점이 문라이트 메이즈 사건이 발생하고 몇 달이 지난 시기였다. 해커의 의도와 공격 원점은 여전히 오리무중이었다. 식별된 대부분의 침입 시도는 동일하게 9시간에 걸쳐 이루어졌다. 지난 솔라 선라이즈 사건 때 그랬던 것처럼 펜타곤과 FBI의 일부 정보분석관들은 표준시 간대가 표시된 세계지도를 펼쳐보며 계산하여 해커가 틀림없이 모스크바에 있을 것이라고 추측했다. NSA의 다른 분석관들은 테헤란Teheran도 모스크바와 인접한 시간대에 있다는 사실을 근거로 이란이 해커의 본거지라고 주장했다.

그동안 FBI는 모든 단서들을 조사하고 있었다. 해커는 12개가 넘는 대학교의 컴퓨터를 누비고 다녔다. 신시내티Cincinnati · 하버드Harvard · 브린 모어Bryn Mawr · 듀크Duke · 피츠버그Pittsburgh · 오번Auburn 대학교를 포함하여 다수의 대학교가 이에 해당했다. FBI는 요원을 파견하여 각 캠퍼스에 있는 학생들과 기술자, 교수진들과 면담했다. 제법 흥미로운 용의자들이 여기저기에서 식별되었다. 질문에 너무 긴장한 모습으로 대답하는 IT 기술자나 우크라이나 남자친구를 둔 학생도 있었다. 하지만 더 이상 진척시킬 단서는 없었다. 분명 학교는 해킹의 원점이 아니었다. 클리프 스톨의 소설 『뻐꾸기 알』에 나오는 로런스 버클리Lawrence Berkeley 컴퓨터 센터처럼 이들 학교는 한 목표물에서 다른 목표물로 편리하게 넘어갈 수 있는 중계 지점에 불과했다.

마침내 이 난관을 타개할 수 있는 3개의 서로 다른 획기적인 아이디어가 등장했다. 첫 번째는 스톨의 소설에서 영감을 받은 아이디어였다. 스톨은 12년 전 허니팟honey pot(해커가 흥미를 가질 만한 가짜 파일들을 모아 해커의 접속을 유도하는 기법 또는 체계-옮긴이)을 만들어 동독 해커를 잡는 데 성공했다. 허니팟은 스톨이 만들어낸 디렉토리와 문서, 사용자 계정명과 패스워드로 가득한 가짜 파일 세트로, 해커의 특별 관심 주제인 미국의 미사일 방어 프로그램과 관계가 있는 것처럼 보이게 만들었다. 허니팟의 유혹에 빠진 동독 해커는 미 정보당국이 그의 움직임을 추적하고 잡아내기에 충분한 시간 동안 머물러 있었다. CIA의 지원하에 문라이트 메이즈 사건을 해결하기 위해서 NSA 분석관들을 중심으로 구성된 관계부처 간 정보단은 스톨이 했던 방식대로 진행하기로 결정했다. 허니팟을 하나 만들고 그 안에 미국의 스텔스 비행체 프로그램을 가장한 가짜 웹사이트를 꾸며두었다. 그리고 여기에 해커가 걸려들기를 기대했다(사이버 분야에서 일하는 사람들은 모두 『뻐꾸기 알』에 완전히 매료되어 있었다. 스톨이 소설을 발표하고 얼마 지나지 않아 긴 머리에 버클리 히피 차림을 하고 연설을 하기 위해 NSA 본부에 방문했을 당시 그는 영웅급 환대를 받았다). 스톨이 설계했던 방법대로, 해커가 드디어 미끼를 물었다.

여기에서 NSA 분석관들은 조금 더 특별한 도구를 이용하여 스톨의 방법을 진일보시켰다. 해커가 사이트를 이탈하면, 자신도 모르게 디지털 비콘digital beacon이 부착된다. 디지털 비콘은 데이터 패킷data packet(통신망을 통해 하나의 장치에서 다른 장치로 송신되는 정보의 단위-옮긴이)에 첨부되는 몇 줄의 코드였다. 이 디지털 비콘은 사이버 공간을 통해 데이터 패킷을 따라다니며 NSA 분석관들이 추적할 수 있도록 신호를 보내왔다. 당시 이 디지털 비콘은 실험용 초기 모델이었다. 어떤 때는 잘 작동했다가 어떤 때는 작동하지 않았다. 그러나 이번에는 해커를 추적할 수 있을 정도로 훌륭하게 작동했다. 해커의 IP 주소는 모스크바에 있는 러시아 과학 아카데미의 것이었다.

NSA를 포함하여 일부 정보 분석관들은 여전히 회의적이었다. 그리고 모스크바에서 식별된 주소도 결국 이란에 있는 해커의 원점에서 다른 거점으로 이동하기 위한 경유지에 불과하다고 주장했다.

여기서 두 번째 아이디어가 등장했다. 캠벨 장군은 합동 컴퓨터 네트워크 방어 TF를 준비하면서 로버트 걸리Robert Gourley라는 해군 정보장교를 정보참모로 영입했다. 걸리는 컴퓨터 과학 분야의 경험을 가진, 추진력이 매우 강한 분석관이었다. 그는 냉전이 끝나갈 무렵에 러시아 잠수함을 추적하고 공격적으로 추격하기 위해 정보와 작전을 융합하는 부대에서 근무했었다. 걸리는 이런 융합 기법을 5년 전 장교 중간관리자 과정에서 빌 스튜드먼과 리처드 하버로부터 배웠다. 이 둘은 10년 전 바비 레이 인먼 제독의 지도하에 대지휘통제전 개념의 도입을 강력하게 추진했던 정보 분야의 베테랑이었다.

캠벨 장군의 TF에 합류하기 바로 직전 걸리는 해군의 작전과 정보를 주제로 하루 동안 진행되는 한 컨퍼런스에 참석했다. 그리고 스튜드먼과 하버가 이날 강사진 사이에서 모습을 드러냈다. 걸리는 컨퍼런스가 끝나고 이 둘에게 찾아가 안부인사를 건넸다. 몇 주 후, 걸리는 자신의 사무실에서 보안회선을 통해 하버에게 전화를 걸었다. 그리고 문라이트 메이즈 사건의 개요와 해커의 신원에 대한 내부의 논쟁을 간략히 언급하며 이 문제를 해결할 수 있는 방법을 조언해줄 수 있는지 물어보았다.

하버는 냉전 시기에 KGB나 GRU 같은 소련의 군사정보기관이 과학자들을 국제 컨퍼런스로 보내 관심 분야의 논문들을 수집하도록 했다는 사실을 상기시켰다. 걸리는 곧장 다양한 정보기관의 분석관들로 구성된 작은 팀을 꾸리고 문라이트 메이즈에서 나온 접속 기록을 샅샅이 분석하여 해커가 어떤 분야에 관심을 가졌는지 파악해보았다. 해커가 훑고 지나간 분야는 예상과는 다르게 다양한 영역에 걸쳐 있다는 사실이 드러났다. 항공학(라이트-패터슨 공군기지에서 해커가 가장 처음 검색한 분야)뿐만 아니라 유체역학, 해양학, 지형 위성의 고도 데이터, 그리고 감시 영상과 관련된 다수의 기술이 여기에 해당되었다. 걸리의 팀은 곧장 최근 열린 과학 컨퍼런스의 데이터들을 아주 면밀히 검토했다. 그 결과, 상당히 흥미로운 연관성을 찾을 수 있었다. 해커가 관심을 가진 모든 분야의 컨퍼런스에서 러시아 과학자들이 모습을 보인 것이었다.

허니팟에서 수집한 증거와 함께 이란과 다른 중동국가를 지목하는 징후가 없다는 점을 바탕으로 걸리는 범인이 러시아라는 결론을 내렸다. 충격적인 결과였다. 다른 나라도 아니고 과거 미국의 적이자 냉전이 끝난 지금은 파트너인 '러시아'가 미국의 군사 네트워크를 해킹하고 있던 것이다.

걸리는 발견한 증거를 캠벨 장군에게 보고했고, 캠벨 장군은 큰 충격을 받았다. 캠벨 장군은 물었다.

"자네 지금 우리가 공격당했다는 건가? 그럼 전쟁을 선포해야만 한다는 건가?"

"그렇지는 않습니다."

걸리는 대답했다. 이것은 단지 정보를 '판단한' 결과였다. 다만, 걸리는 이것이 정확하다는 것에 '강한 확신'을 갖고 있다는 말을 덧붙였다.

세 번째 아이디어는 가장 확실하면서도 가장 최신 방법이었다. 이 방법은 사이버 시대에만 가능한 것으로, 최신 동향에 밝은 소수의 전문가들만이 할 수 있는 전문적인 방법이었다. 케빈 맨디아Kevin Mandia는 공군특수수사대Air Force of Special Investigation의 소규모 사이버 범죄팀에서 근무했었다. 그는 샌안토니오의 공군정보전센터를 몇 차례 방문하며 센터의 네트워크 보안관제체계를 꾸준히 보고 배웠다. 이제 민간 회사로 옮긴 맨디아는 문라이트 메이즈 사건이 발생하자 FBI의 TF로 파견되어 해커의 접속 기록을 분석했다. 해커는 난독화된 코드를 사용하고 있었다. 이에 맨디아와 그의 팀은 해커가 사용하는 명령어를 복호화(부호화된 데이터를 인간이 알기 쉬운 모양으로 하기 위하여 또는 다음 단계의 처리를 위하여 번역함-옮긴이)하는 프로그램을 만들어서 분석했고, 그 결과 이 명령어들이 키릴 문자(동유럽 지역 등 슬라브권 나라에서 쓰는 문자-옮긴이)로 쓰여 있다는 것을 밝혀냈다. 맨디아는 해커가 러시아 사람이라는 결론을 내렸다.[*]

문라이트 메이즈 사건 이후 처음 몇 달 동안 미국 정보기관들은 해커의 원점에 대해 비공식적으로도 언급하지 않았다. 그러나 스톨의 아이디어에서 시작된 허니팟, 걸리의 분석 결과, 맨디아의 복호화가 복합적으로 작용—이러한 서로 다른 방법이 같은 결과를 낳았다는 사실—하여 상황을 바꿔놓았다. 문라이트 메이즈의 해커가 누구이든 간에 현재까지 이들이 제법 많은 자료를 빼냈다는 사실은 분명했다. 5.5기가바이트의 데이터로 종이로 따지면 거의 300만 장의 분량이었다. 여기에 비밀은 포함되어 있지 않았지만, 상당수가 민감한 자료였다. 똑똑한 분석관한 명이 이들을 모두 모아 종합하면 비밀 정보로 만들 수도 있는 자료들이었다.

FBI가 주도한 이 관계부처 합동 TF—과거 솔라 선라이즈를 조사한 바로 그 TF—는 거의 1년 동안 모든 정보를 공유하고 백악관에 브리핑하면서 부서 간 조사 결과를 조율해왔다. 1999년 2월에 존 햄리는 비공개

---

[*] 2006년 맨디아는 맨디안트(Mandiant)라는 회사를 설립했다. 이곳은 사이버 보안 침해사고를 전문적으로 지원해주는 선두 기업 중 하나로 성장했다. 이후 2011년 서방세계 기업들을 대상으로 수백여 건의 사이버 공격을 수행한 배후에 중국 인민해방군의 특수부대가 있다는 사실을 발견한 업체로 명성을 얻게 되었다.

청문회에 참석하여 이 사건에 대한 내용을 증언했다. 며칠 후, 이 내용은 언론에 유출되었고, 여기에는 해커가 러시아인이라는 결론도 포함되어 있었다.

그 시점에 특히 FBI 출신의 TF 내 일부 위원들이 모스크바에 특사를 파견해 러시아 정부에 강력하게 대응하자는 의견을 제시했다. 러시아 정부가 해킹과 아무 관련이 없는 것으로 드러날 수도 있었다(햄리는 청문회에서 해커가 정부기관에서 일하는 사람인지는 분명하지 않다고 증언했다). 그렇다면 크렘린과 보안기관은 그들 중에 이탈자가 있는지 알아내고자 할 것이다. 그것이 아니면, 러시아 정부가 '관여했을' 수도 있다. 그렇다면 그것을 아는 것만으로도 성과가 있는 일이었다.

펜타곤과 NSA에서 온 사람들은 공식적인 대응에 조심스러워하는 분위기였다. 어쩌면 러시아는 아직 이 소식을 듣지 못했거나, 혹시 들었다 하더라도 그 뉴스가 거짓말일 것이라고 무시해버릴 확률이 높았다. 즉, 러시아 당국은 미국이 자신들을 해킹의 주체로 주시하고 있다는 것과 자신들의 해커를 미국이 역으로 해킹했다는 사실을 여전히 모르고 있을 것이라는 의미였다. 반면, 미국은 러시아의 관심사와 작전 수행 방법에 관련한 것들을 탐지하고 있었다. 따라서 공식적인 대응은 미국의 활동을 노출시킬 수도 있는 일이었다.

백악관은 결국 FBI의 의견을 받아들여 특사를 파견하기로 했다. 이후 TF는 러시아에 어떤 증거를 제시하고 어떤 증거를 감출지 몇 주에 걸쳐 논의했다. 어쨌든 FBI가 공식적으로 다루었던 것과 같은 차원―국가안보나 외교적인 문제가 아니라 어디까지나 '범죄' 조사 차원―에서 이 증거를 러시아 정부에 제시하면서 그들의 협조를 구하기로 했다.

공식적으로 '문라이트 메이즈 사건 협조단'으로 명명된 특사단은 볼티모어Baltimore에서 파견 온 현장요원 한 명과 샌프란시스코에서 온 두 명의 언어학자, 그리고 본부에서 파견 온 단장 등 총 네 명의 FBI 요원과 나사 소속 과학자 한 명, 공군 특수수사대 소속의 장교 두 명으로 구성되었다. 공군 장교들은 모두 케빈 맨디아와 함께 해커의 접속 기록을 분석한 사람들이었다. 이들은 4월 2일 모스크바로 출발했으며 문라이트 메이즈 사건 중 5건의 침입 시도에서 식별한 파일들을 함께 가지고 갔다. 총 8일간의 일정이었다.

그 당시는 빌 클린턴 대통령과 러시아를 개혁한 보리스 옐친Boris Yeltsin 대통령 사이가 좋았던 시기였다. 따라서 협조단도 큰 환대를 받았다. 모스크바에서 이들의 첫째 날은 건배, 보드카, 캐비어, 그리고 격려행사로 가득 채워졌다. 둘째 날은 러시아 국방부 본부에서 알찬 실무토의를 하며 보냈다. 특히 협조단의 연락 담당을 맡은 러시아 장군은 매우 협조적이었다. 그는 협조단이 가지고 온 파일에 있는 사건 기록을 꺼내 보았다. 이는 일종의 확인서였다. 러시아 정부가 바로 그 해커이며, 러시아 과학 아카데미의 서버를 통해 해킹을 했다는 것이었다. 러시아 장군은 당황해 하면서 "정보계에 있는 멍청이들의 짓"이라고 책임을 돌렸다.

협조단으로 러시아에 온 미 공군 조사관 중 한 명이 혹시 이것이 설정인지 알아보기 위해 여섯 번째 침입을 언급해보았다. 협조단이 가지고 온 파일에는 없는 내용이었다. 러시아 장군은 사건 기록을 다시 한 번 꺼내 보았다. 그러고는 미국 협조단을 향해 소리쳤다.

"이건 범죄행위요. 우리는 이런 행위를 용납하지 않소!"

협조단은 만족했다. 일이 기대 이상으로 잘 진행되고 있었다. 아마 모든 일들이 외교적으로 조용히, 그리고 새로운 협력관계를 통해 해결될 수 있을 것으로 보였다.

셋째 날이 되자 기류가 급격히 바뀌었다. 협조단을 안내하던 요원은 갑자기 금일 일정은 관광이라고 알려왔다. 넷째 날에도 마찬가지였다.

다섯째 날은 일정이 하나도 없었다. 협조단은 정중하게 항의했지만 소용없었다. 러시아 국방부 안으로는 한 발자국도 들어갈 수 없었다. 그리고 협조적이었던 러시아 장군으로부터는 어떠한 소식도 들을 수 없었다.

협조단이 귀국을 준비할 무렵인 4월 10일, 한 러시아 장교가 자신의 동료들이 적극적으로 조사에 착수했으니 발견한 사항을 편지로 작성하여 미 대사관으로 곧 보내주겠다고 했다.

이후 몇 주 동안, 미 대사관의 법률대사가 러시아 국방부로 매일같이 전화를 걸어 해킹과 관련된 편지를 보냈는지 물어보았다. 그는 정중하게 인내심을 가져달라는 요청을 받았다. 편지는 한 통도 도착하지 않았다. 그리고 협조적이었던 러시아 장군은 자취를 감춘 것 같았다.

워싱턴으로 돌아온 TF 인원 중 한 명이 섣부른 결론은 내리지 말자고 경계했다. 그는 그 러시아 장군이 단순히 아픈 것일 수도 있다고 말했다.

특사단 파견을 반대했던 펜타곤과 다른 정보기관에서 온 사람들은 대체로 탐탁지 않아 했다. 로버트 걸리는 "맞아, 아마 납 중독이겠지"라며 비아냥거리기도 했다.

나중에 이들은 그 러시아 장군이 이번 문라이트 메이즈 해킹 사건에 대해서는 아는 바가 없고, 러시아 군부에서 미국과 비밀을 공유했다는 혐의로 장군에게 보직 해임이나 그 이상 가는 책임을 묻기 전까지는 아마 그것이 군사정보요원 중 일부 반항적인 첩보원들이 암암리에 저지른 비행이라고 믿을 것이라고 의견일치를 보았다.

이 파견으로 얻은 좋은 결과도 있었다. 해커가 활동을 멈춘 것으로 보인다는 것이었다.

이후 두 달 뒤 캠벨 장군의 합동 컴퓨터 네트워크 방어 TF는 민감한 정보를 담은 군 서버에 대한 또 다른 해킹 시도를 탐지했다. 이번 침입 시도는 지금까지와는 약간 다른 특징을 보였고, 해독하기 더 어려운 코드들을 사용했다.

쥐와 고양이의 추격 게임이 다시 시작되었다. 그리고 이 게임은 양측이, 그리고 곧 다른 나라들 모두가 쥐도 되고 고양이도 될 수 있는 게임이었다. 여전히 미국의 정치 지도자들은 거의 모르고 있었지만, 소수의 미군 장교들과 일부 러시아 스파이들은 분명히 알고 있었다. 미국의 사이버 전사들이 방어뿐만 아니라 공격활동도 함께 수행하고 있었다는 것을, 그것도 오랫동안 그래왔다는 것을 말이다.

CHAPTER 6

머지를 만나다

NSA 방문 일정 중 일부는 그들이 주시하고 있는 외국의 어떠한 네트워크도 신호정보팀이 얼마나 쉽게 침투할 수 있는지를 보여주는 것이었다. 그러나 그 어떠한 것도 클라크를 안심시키지는 못했다. 오히려 그는 이전보다 더 큰 충격을 받고 자리를 떠났다. 미국이 다른 나라에 할 수 있는 일이라면, 그 나라들도 얼마 지나지 않아 미국에게 똑같이 할 수 있다는 것을 깨달았던 것이다. 이것은 미국이 궁지에 몰려 있다는 의미였다. 왜냐하면 인터넷에 있는 그 어떤 것도 안전하지 않으며, 마시 보고서에서 매우 자세하게 설명하고 있는 것처럼 미국에 있는 모든 것들이 점점 더 네트워크로 연결되고 있기 때문이었다.

대개의 장성들이 원하는 것은 더 많은 전차와 비행기, 함정을 보유하는 것이었다. 컴퓨터 공격을 방어하는 데 10억 달러를 더 투입한다는 것은 곧 무기 구매에 10억 달러를 덜 쓴다는 것을 의미했다. 심지어 엘리저블 리시버 훈련, 솔라 선라이즈와 문라이트 메이즈 사태가 있었는데도 불구하고 이것들이 국가안보에 눈에 보이는 피해를 가져다준 것이 아니었기 때문에, 이러한 사이버 위협은 여전히 비현실적인 위협으로 치부되었다.

CYBER WAR

● 솔라 선라이즈 사건이 일어나기 몇 달 전인 1997년 10월, 마시 위원회가 국가 핵심기반시설에 대한 보고서를 발표했을 때 이 결과를 두고 백악관 보좌관인 리처드 앨런 클라크^{Richard Alan Clarke}보다 더 큰 충격을 받은 사람은 거의 없었다.

빌 클린턴 대통령의 대테러 보좌관이었던 클라크는 오클라호마 시티 ^{Oklahoma City} 테러 이후에 있었던 고위급 논의와 클린턴 대통령의 대테러 훈령 PDD-39 초안의 후속 조치와 관련된 임무를 수행했다. 그리고 이 두 가지는 결국 마시 위원회의 구성으로 이어졌다. 이후 클라크는 평상시의 업무로 복귀했다. 그것은 주로 사우디 출신의 지하디스트^{jihadist}(이슬람 성전주의자-옮긴이)인 오사마 빈 라덴^{Osama bin Laden}을 찾아내는 일이었다.

이후 마시 위원회의 보고서가 발표되었다. 내용은 대부분 '사이버' 보안을 다루고 있었다. 이러한 주제는 사실 클라크가 거의 들어보지 못한 것이었고, 심지어 자신의 분야도 아니었다. 클라크의 친한 친구이자 클린턴 대통령의 정보보좌관으로 활동하던 랜드 비어스는 마시 위원회의 핵심 인물이었으며 마시 위원회의 보고서도 담당했던 것으로 알려졌다. 그런데 마시 위원회의 보고서가 나온 뒤 얼마 지나지 않아 비어스가 곧 국무부로 자리를 옮기게 될 것이라는 발표가 나오자, 비어스와 클린턴 대통령의 국가안보보좌관인 샌디 버거^{Sandy Berger}는 누가 비어스를 대신하여 사이버 업무를 계속할 수 있을지 논의했다. 그리고 클라크를 적임자로 낙점했다.

클라크는 이 제안을 거절했다. 이미 오사마 빈 라덴을 추적하는 임무만으로도 충분히 바빴다. 그러나 한편으로는 엘리저블 리시버 훈련 중에 백악관 특사 임무를 수행하기도 했다. 이 모습을 유심히 지켜보고 있던 케네스 미너핸 NSA 국장은 클라크에게 그 훈련의 결과와 파급효과를 아주 상세하게 설명해주면서 사이버 보안이 앞으로는 흥미로운 영역이 될 수 있다고 알려주었다. 하지만 클라크는 컴퓨터나 인터넷에 대해서는 문외한이었다. 결국 클라크는 자신의 참모 몇 명과 함께 긴 여정에 나섰다.

연휴가 끝나고 얼마 지나지 않아 클라크 일행은 미 서부로 날아가 주요 컴퓨터 및 소프트웨어 회사의 최고 경영진을 만났다. 클라크에게 가장 충격적이었던 것은 마이크로소프트Microsoft 사의 경영진들은 운영체제의 모든 것을, 시스코Cisco 사의 경영진들은 라우터에 대한 모든 것을, 인텔Intel 사의 경영진들은 마이크로칩에 대한 모든 것을 알고 있었지만, 다른 회사에서 만든 제품이나 이 제품들이 서로 결합되었을 때 발생하는 취약점은 전혀 모르는 것 같다는 사실이었다.

워싱턴으로 돌아온 클라크는 미너핸 국장에게 NSA를 방문하겠다고 요청했다. 클라크는 레이건 행정부 시절부터 10년 넘게 국가안보 정책의 일선에서 활동한 인물이었다. 그러나 그 대부분의 시간을 세간의 이목이 집중된 미소 군비통제 회담과 중동지역 위기에 관련된 일을 하며 보냈다. NSA를 방문할 이유도, NSA에 대해 크게 관심을 가질 필요도 전혀 없었다. 미너핸은 자신의 참모에게 하나도 빠짐없이 클라크에게 보여줄 것을 지시했다.

NSA 방문 일정 중 일부는 그들이 주시하고 있는 외국의 어떠한 네트워크도 신호정보팀이 얼마나 쉽게 침투할 수 있는지를 보여주는 것이었다. 그러나 그 어떠한 것도 클라크를 안심시키지는 못했다. 오히려 그는 이전보다 더 큰 충격을 받고 자리를 떠났다. 과거 수년간 비슷한 브리핑을 받았던 많은 관료들과 똑같은 이유에서였다. 클라크는 미국이 다른 나라에 할 수 있는 일이라면, 그 나라들도 얼마 지나지 않아 미국에게 똑같이 할 수 있다는 것을 깨달았던 것이다. 이것은 미국이 궁지에 몰려 있다는 의미였다. 왜냐하면 인터넷에 있는 그 어떤 것도 안전하지 않으며, 마시 보고서에서 매우 자세하게 설명하고 있는 것처럼 미국에 있는 모든 것들이 점점 더 네트워크로 연결되고 있었기 때문이다.

클라크는 지금 현재 미국의 네트워크가 얼마나 취약한지 알고 싶었다. 그리고 이를 확인할 수 있는 가장 좋은 방법은 해커 몇 명과 함께 이야기를 나누어보는 것이라고 생각했다. 하지만 범행 이력이 있는 해커와는 함께하고 싶지 않았다. 그래서 클라크는 FBI에 있는 친구에게 연락해 알고 있는 좋은 해커가 있는지 물어보았다(그 당시 클라크는 이러한 사람들이 존재하는지도 모르고 있었다). 처음에 그 친구는 이러한 정보를 공유하는 것을 썩 달가워하지 않았다가 결국 클라크에게 '우리 보스턴 그룹our Boston group'을 소개시켜주었다. 그의 말에 따르면 이들은 별난 컴퓨터 천재들로 이루어진 팀으로, 가끔씩 사법기관의 조사를 도와주기도 했는데 자기들 스스로를 '로프트L0pft'라고 불렀다.

'머지Mudge'로 통하는 로프트의 리더는 어느 날 저녁 7시에 케임브리지Cambridge 하버드 스퀘어Harvard Square 인근에 있는 존 하버드 브루어리John Harvard's Brewery에서 클라크와 만나기로 했다. 클라크는 당일 보스턴으로 날아와 택시를 타고 약속 장소에 도착했다. 그리고 정확히 저녁 7시에 자리에 앉았다. 누군가가 그에게 다가오기를 한 시간 동안 기다렸지만, 아무도 오지 않았다. 이윽고 그가 떠나려고 일어섰을 때, 그때까지 조용히 옆에 앉아 있던 남자가 팔꿈치를 건드리며 자신을 소개했다.

"안녕하세요. 머지입니다."

클라크는 그 남자를 훑어보았다. 30대로 보이는 그는 청바지와 티셔츠 차림에 한쪽 귀에만 귀걸이를 하고 염소수염을 기른 채 긴 금발머리를 늘어뜨리고 있었다(훗날 클라크는 "예수 같았다"고 회상했다).

"여기에 오신 지는 얼마나 되셨습니까?"

클라크가 물었다.

"한 한 시간 정도요."

머지가 대답했다. 클라크가 있는 내내 술집에 같이 있었던 것이다.

두 사람은 로프트에 대해 두서없이 30분가량 이야기를 나누었다. 그러다가 어느 순간이 되자 머지가 클라크에게 로프트의 다른 사람들도 한번 만나보겠느냐고 물어보았다. 클라크는 흔쾌히 그의 제안을 받아들였다. 머지는 바로 저기에 있다면서 남자 여섯 명이 앉아 있는 구석의 큰 테이블을 가리켰다. 이들은 20대에서 30대 초반 정도로 보였고, 몇 명은 머지처럼 자유분방해 보였지만 나머지 사람들은 말끔해 보였다.

머지는 팀원들을 별칭으로 소개했다. 브라이언 오블리비언Brian Oblivion, 킹핀Kingpin, 존 탠John Tan, 스페이스 로그Space Rogue, 웰드 폰드Weld Pond, 그리고 슈테판 폰 노이만Stefan von Neumann이었다.

잠시 더 이야기를 나눈 후 머지는 클라크에게 로프트가 일하는 곳을 한번 구경해보겠느냐고 물어보았다. 클라크는 좋다고 했다. 그들은 차로 10분 남짓 이동하여 찰스Charles강 근처 워터타운Watertown에 있는, 누군가 버리고 간 듯한 창고에 도착했다. 창고 안으로 들어가 2층으로 올라가서 또 하나의 문을 열고 불을 켜자 최첨단 연구실이 모습을 드러냈다. 연구실은 수십여 대의 서버, 데스크탑, 노트북, 모뎀, 몇 대의 오실리스코프oscilloscope(전류 변화를 화면으로 보여주는 장치-옮긴이)로 채워져 있었다. 그들이 다시 밖으로 나갔을 때 머지가 옥상을 가리켰다. 그곳에는 일련의 안테나와 수신기가 설치되어 있었는데, 이것들은 연구실 안에 있는 대부분의 장비들과 연결되어 있었다.

클라크는 로프트가 이런 장비들을 어떻게 구할 수 있었는지 물어보았다. 머지는 돈이 그다지 많이 든 것은 아니라고 했다. 로프트 멤버들은 대형 컴퓨터 회사들이 어느 시기에 하드웨어를 처분하는지 알고 있었다(멤버 중 일부는 이런 회사에서 근무한 경력이 있었다. 물론 실명으로 근무한 것이었다). 그러면 그날 쓰레기장에 모여 장비를 찾아내고 이를 말끔히 손질했다.

　클라크는 이 모임이 1990년대 초반부터 시작되었다는 사실을 알게 되었다. 멤버들은 이 창고를 주로 자신의 컴퓨터를 두고 온라인 게임을 즐기는 장소로 삼았다. 그러다가 1994년에 사업을 시작하게 되었다. 대형 회사의 새로운 소프트웨어 프로그램을 테스트하여 내부의 보안 취약점을 상세하게 담은 게시물을 온라인에 게재했다. 이들은 자신들의 소프트웨어를 개발하여 저렴한 가격에 판매하기도 했는데, 그중에는 구매자가 마이크로소프트 윈도우Microsoft Windows에 저장된 대부분의 패스워드를 알아낼 수 있게 해주는 '로프트크랙L0phtCrack'이라는 유명한 프로그램도 포함되어 있었다.

　항의하는 회사들도 일부 있었지만, 대부분은 이를 환영했다. '누군가' 가 자신들의 제품에 있는 결함을 찾아주는 것이기 때문이었다. 적어도 로프트는 이러한 활동을 공개적으로 해왔고, 제조 회사들은 결함을 보완할 수 있었다. NSA와 CIA, FBI, 그리고 공군정보전센터도 이들의 게릴라 작전식 활동에 강한 호기심을 보였다. 이 당시 로프트의 대변인으로 알려진 머지와 대화를 시작한 기관들도 있었고, 더 나아가 고위급 보안 세션에서 발언을 해달라고 초대한 곳도 있었다.

　물론 정보기관이 머지로부터 상용 소프트웨어의 취약점에 대한 이야기를 듣고자 했던 것은 아니었다. NSA 정보보증부에 있는 암호학자들은 근무시간 대부분을 이러한 취약점들을 찾는 데 보냈다. 실제로 그들은 마이크로소프트 윈도우의 첫 번째 버전에서 무려 1,500여 개에 달하는 취약점을 찾아내기도 했다. 그리고 그 당시 소프트웨어 산업계에서 무척 반겼던 한 협약에 따라, NSA는 자신들이 찾아낸 거의 대부분의 취약점을 개발사에 주기적으로 알려주었다. 하지만 전부는 아니었다. NSA는 항상 신호정보팀이 활용할 수 있게끔 일부 취약점은 알려주지 않았다. 이들이 감시하고 있는 외국 정부기관도 이 소프트웨어들을 구매하여 사용했기 때문이다(일반적으로 실리콘밸리 회사들은 백도어를 열어둔다는 의혹에 연루되어 있었다). 그럼에도 불구하고 NSA와 다른 정보기관들은 머지와 같은 사람들이 이런 문제들을 어떻게 해결해나가는지 관심이 있었다. 그것은 그들에게 더 악의적인 다른 외국 해커들이 운용할 수도 있는 기법이나, 정보기관에 있는 보안 전문가들이 미처 고려하지 못했을 수도 있는 방법에 대한 통찰력을 주기 때문이다.

머지는 자신의 능력 일부를 이용하여 정보기관에 자문을 제공하는 것을 항상 즐겁게 생각했고, 일체의 보수도 받지 않았다. 그는 언제든 연방 수사관들이 자신들의 창고로 쳐들어올 수 있다고 생각했다. 로프트가 진행하고 있는 프로젝트 중 일부는 법적으로 문제가 될 소지가 있었기 때문이었다. 따라서 지금 머지의 이런 활동은 국가 정보기관이나 사법기관의 국장들을 성격 증인character witness(법정에서 원고 또는 피고의 성격·인품 등에 관해 증언하는 사람-옮긴이)으로 부르는 데 도움이 될 수 있었다.

워터타운에서의 그날 겨울 저녁 몇 시간 동안, 로프트 멤버들은 클라크의 혼을 쏙 빼놓았다. 멤버들은 자신들이 원했다면 할 수 있었던 모든 것들을 클라크에게 이야기해주었다. 로프트는 단지 마이크로소프트 윈도우뿐만 아니라 다른 어떤 운영체제의 패스워드도 깰 수 있었다. 인공위성의 통신 내용도 해독할 수 있었다. 그들은 다른 사람의 컴퓨터를 해킹하거나 원격으로 조종하여 사용자의 모든 키보드 타이핑을 알아내거나 파일을 조작하거나 인터넷 사용을 못 하게 하거나 그들이 유도하는 다른 사이트로 접속하게 할 수 있는 소프트웨어도 개발했다(그러나 판매하거나 외부에 배포하지는 않았다). 칩의 뚜껑을 벗기고 내부의 실리콘 조각을 추출하는 방식으로 어떠한 마이크로칩이라도 역으로 설계할 수 있는 특수장비도 갖고 있었다. 그들은 목소리를 낮추며 자신들이 최근에 발견한 BGP^{Border Gateway Protocol}와 관련된 취약점도 털어놓았다. BGP는 모든 온라인 트래픽을 통제하는 최상위 라우터^{router}(서로 다른 네트워크를 연결해주는 장치-옮긴이)에서 사용하는 기술이었는데, 이 취약점을 이용한다면 로프트나 어떤 다른 실력 있는 해커가 30분 만에 인터넷 전체를 마비시킬 수 있었다.

클라크는 이들이 말하는 모든 것을 믿어야 할지 말아야 할지 몰랐지만, 그럼에도 불구하고 두려움과 충격에 휩싸였다. 인터넷의 작동 방식과 위험성에 대한 단기 집중 강좌 시간에 그에게 설명했던 모든 사람들은 오로지 국가만이 머지와 그의 멤버들이 옹색한 공간에서 외부 지원 없이 적은 자금으로 해냈다고 말한 일들—경우에 따라서 직접 시연해 보인 일들—의 절반 정도를 수행할 수 있는 자원을 보유하고 있다고 암시하거나 대놓고 말했다. 한마디로 공식적인 위협 모델은 완전히 잘못된 것으로 보였다.

그리고 대통령의 대테러 특별보좌관 클라크는 이 사이버 영역이 사람의 마음을 사로잡는 취미 그 이상의 것으로 자신의 전문 분야에 꼭 들어맞는다는 것을 깨달았다. 만일 머지를 비롯한 로프트 멤버들이 자신들의 능력으로 미국 사회와 안보를 교란하고 마시 보고서가 언급한 핵심 취약점을 이용한다면, 그 순간부터 로프트에게는 '사이버 테러리스트^{cyber terrorist}'라는 딱지가 붙게 되는 것이었다. 이것은 클라크가 걱정해야 하는 또 다른 위협이자, 자신이 쌓아온 경력에 추가될 또 다른 위협이기도 했다.

벌써 새벽 2시였다. 술잔이 몇 차례 더 오고간 후에 자리를 파하기로 했을 때였다. 클라크는 로프트 멤버들에게 백악관 투어를 위해 워싱턴으로 와줄 수 있는지 물어보았다. 모든 경비는 클라크가 부담하기로 했다.

머지와 팀원들은 깜짝 놀랐다. "해커"—그 의미가 무엇이든 간에—는 아직 대부분의 공공기관에서 그 이미지가 좋지 않았다. 딱 한 번 어느 정보기관의 첩보원이 비밀리에 또 다른 첩보원들로 가득한 브리핑룸으로 이들을 초대한 적이 있기는 한데, 이번에는 이와는 완전히 다르게 미 대통령의 특별보좌관이 백악관으로 초대한 것이었다.

한 달 후, 로프트 멤버들이 워싱턴에 도착했다. 근무시간이 끝난 백악관의 웨스트 윙West Wing만을 보는 것이 아니라, 의회에 가서 증언을 하기 위해서였다. 상원 정부위원회는 사이버 보안 청문회를 개최했다. 의원들과 인사를 마친 후, 클라크는 로프트 멤버 일곱 명을 가명으로 증인 명단에 올렸다.

이 기간 동안 클라크는 머지와 더 많은 대화를 나눌 수 있었다. 머지의 본명이 파이터 자코Peiter Zatko라는 것도 알 수 있었다. 그는 10대 초반부터 해커로 활동했다. 영화 〈워게임스〉는 아주 싫어했다. 그 영화 때문에 실력이 부족한 그의 또래들이 너무나도 많이 이 영역에 발을 들였기 때문이었다. 클라크가 생각했던 것과는 달리 자코는 MIT 같은 학교가 아닌 버클리 음대를 다녔고, 기타를 전공했으며, 과에서 우수한 학생이었다. 낮에는 케임브리지에 있는 BNN이라는 회사에서 컴퓨터 보안 전문가로 근무했지만, 그를 알아보는 사람이 늘어난 탓에 직장을 그만두고 로프트를 정규적인 상업 기업으로 만들려는 계획에 속도를 높이고 있었다.

자코를 비롯한 로프트 멤버들이 1998년 5월 19일 의회에 처음 모습을 드러냈다. 청문회에는 프레드 톰프슨Fred Thompson 의장, 존 글렌 의원, 조 리버먼Joe Lieberman 의원 등 총 세 명의 상원의원만이 참석했다. 하지만 의원들은 이 괴짜 증인들을 존경의 마음을 담아 대우하고, 애국자라고 치켜세웠다. 리버먼 의원은 이들이 폴 리비어Paul Revere(미국 독립전쟁 초기 영국군 침공 소식을 알리며 미국이 렉시턴-콩코드 전쟁에서 승리를 거두는 데 기여한 사람-옮긴이) 같은 사람들이라며 이 디지털 시대의 위험에 대해 시민사회에 경종을 울렸다고 평가했다.

　머지가 증언을 마치고 3일 후, 클린턴 대통령은 "핵심기반시설 보호 Critical Infrastructure Protection"라는 제목의 대통령 훈령 PDD-63에 서명했다. 이 대통령 훈령도 마시 위원회의 보고서에서 명시한 사항, 즉 컴퓨터 네트워크에 대한 국가의 의존도가 높아지고 있다는 사실, 외부 공격으로부터 이들 네트워크가 취약하다는 사실을 다시 한 번 언급했고, 이런 문제들을 완화하기 위한 방법을 제시했다.

　랜드 비어스가 이끄는 NSC^{National Security Council}(국가안전보장회의)의 한 패널은 이 대통령 훈령의 초안을 그대로 복사하여 옮겨두었다. 그 후 한 회의에서 비어스는 위원들에게 자신이 곧 국무부로 자리를 옮길 것이며, 그날 처음으로 그의 옆에 앉았던 "딕^{Dick}" 클라크(리처드 앨런 클라크)가 이 프로젝트에서 그의 자리를 대신하게 될 것이라고 패널의 위원들에게 알렸다.

　패널의 위원 중 몇 명은 이맛살을 찌푸렸다. 클라크는 대담하고 거만한 인물, 관료정치계의 스핏볼 플레이어^{spitball player}(스핏볼은 야구에서 투수가 공의 일부에 침을 발라 던지는 반칙 투구를 말함-옮긴이)로 알려져 있었다. 일부 사람들은 그를 할 수 있는 일은 하는 사람으로 인정하는 반면, 또 다른 사람들은 권력 장악을 위해 사람들을 조종하는 데 능한 사람으로 폄하했다. 당시 국방차관이었던 존 햄리는 특히나 클라크를 신뢰하지 않았다. 그는 4성 장군들이나 야전 전투지휘관들로부터 수차례 불평불만을 들었다. 클라크가 국방부를 거치지 않고 자신들에게 직접 전화를 걸어 대통령이 할 지시까지도 내린다는 것이었다. 하루는 클라크가 한 장군에게 대통령이 위기상황이 발생할 경우 1개 중대 규모의 병력을 콩고로 파견하고 싶어한다는 말을 했다. 햄리가 사실 여부를 확인해본 결과, 대통령이 그와 같은 요구를 한 적이 없다는 사실을 알게 되었다(클린턴 대통령은 결국 이러한 내용의 명령에 서명하기는 했지만, 햄리를 비롯한 다수의 장성들은 이것이 클라크의 도를 넘는 행동을 정당화시킬 수는 없다고 생각했다).

햄리의 분노는 사실 더 깊은 곳에 뿌리를 두고 있었다. 햄리는 국방부 감사관으로 재직하던 시절, 클라크가 느닷없이 들이닥쳐 '긴급 예산'을 요청하는 것을 수차례 보아왔다. 소문에 의하면 대통령을 대신하여 찾아온 것이라고 했다. 클라크는 자신의 이러한 행동에 법적인 근거를 들먹였다. 그가 말하는 법적인 근거란 대외원조법 제506장에 있는 애매한 조항이었다. 긴급한데 재정 지원이 없는 요청이 있을 경우, 대통령이 관련 부서의 예산에서 200만 달러까지 집행할 수 있도록 하는 내용이었다. 앞뒤 안 가리고 덤벼들면서 펜타곤을 마치 자기의 돼지저금통처럼 다루는 클라크가 아니더라도, 냉전 이후 예산 삭감과 각 군 총장들의 압박에 햄리는 이미 충분히 머리가 아팠다.

그 결과, 이 두 사람은 사이버 보안뿐만 아니라 몇몇 문제들에 대해 비슷한 관점을 갖고 있었음에도 불구하고, 햄리는 클라크를 배제시키기 위해 주요 안건들을 감추었고, 제안서나 NSC 회의를 통하기보다는 가끔 다른 부서 차관들을 직접 만나 설명하기도 했다.

솔라 선라이즈와 문라이트 메이즈 사건이 발생한 무렵 클린턴 대통령과 영부인은 수년 전 아칸소주의 토지 매입과 관련하여 불법적인 이득을 보았다는 혐의로 특검 조사를 받고 있었다. 모든 지시는 백악관 법률고문을 통해 하달되었고, 백악관과 법무부 사이에서 그를 통하지 않은 모든 연락은 차단되었다. 클라크는 이런 지시를 무시하고(한번은 NSA 법무관에게 이렇게 말한 적도 있었다. "관료들과 법조인들은 방해만 되는 존재들이야") 해킹 조사와 관련된 정보를 얻기 위해 FBI TF로 계속 연락했다. 루이스 프리Louis Freeh FBI 국장도 그런 클라크를 좋아하지 않아서 부하들에게 클라크의 전화가 오면 그냥 무시하라고 말하기도 했다.

하지만 클라크에게는 그의 조언과 상황 대처 능력을 높이 평가하는 보호자들이 있었다. 하루는 모 기관장이 샌디 버거 국가안보보좌관에게 클라크의 해임을 촉구했지만, 버거는 "클라크가 골칫덩이기는 하지만, 내가 감당해야 할 골칫덩이입니다"라고 대응했다. 대통령 역시 클라크가 자신의 주변을 잘 살펴줘서 좋아했다.

중간 참모진은 전 관료계를 아우르는 클라크의 인적 네트워크와 이를 운영해나가는 추진력에 그저 감탄할 수밖에 없었다. 한번은 리처드 윌헬름이 NSA에서 고어 부통령의 정보보좌관으로 자리를 옮긴 지 얼마 되지 않아 클라크가 NSC의 대테러 소그룹 회의에 참석한 적이 있었다. 당시 의장은 클라크였다. 관련 있는 모든 기관과 정부 부처의 고위급 장교 및 관료들이 이 회의에 참석했다. 그 자리에서 비선출 비공인 민간인 신분인 클라크는 공군 장성에게 첩보기 한 대를 마련하라고 큰 소리로 명령하는가 하면, CIA에게는 몇 명의 요원들이 탑승해야 하는지를 알려주라는 등 무소불위의 권한을 휘둘렀다.

클라크에게는 존 매카시John McCarthy라는 보좌관이 한 명 있었다. 그는 위기관리 분야에 경험이 있는 해안경비대 지휘관이었다. 매카시가 클라크의 보좌관이 된 지 얼마 되지 않은 어느 토요일, 그는 한 예산 회의에 참석하게 되었다. 여기에서 어떤 중요한 프로그램의 예산이 소요 금액보다 300만 달러가 부족하다는 소식을 들은 클라크는 매카시에게 연방 조달청General Services Administration에 있는 아무에게서나 이 돈을 확보하라는 지시를 내렸다. "월요일까지 가지고 오게. 난 이 돈이 화요일에 필요하니까"라는 말을 덧붙이면서 말이다. 연방 조달청의 한 직원이 매카시에게 80만 달러 지원이 가능하다고 알리자, 그 자리에서 협상이 시작되었다. 클라크는 결국 필요한 예산을 거의 다 채울 수 있었다.

랜드 비어스의 자리를 클라크가 대신했을 때에는 이미 NSC의 각 차관들이 핵심기반시설 보호를 위한 대통령 훈령 초안을 작성하고 있었고, 반대와 협상의 말들이 한참 오가던 중이었다. 클라크는 그 일을 가지고 사무실로 돌아와 혼자서 초안을 작성했다. 그가 작성한 초안은 다음과 같은 구체적인 내용을 담고 있었다. 사이버 보안에 대한 민관民官 협조를 위해 다양한 포럼을 만들고, 무엇보다도 정보 공유 및 분석 센터Information Sharing and Analysis Centers를 설립하여 정부가 경우에 따라서는 비밀사항까지 포함하는 전문지식을 핵심기반시설(은행, 교통, 에너지, 기타 등등)과 연계된 다양한 분야의 민간 업체에 제공함으로써 이들 업체가 취약점을 보완할 수 있게 한다는 것이었다.

클라크가 작성한 이 대통령 훈령에 따라 대통령이 새로 임명하는 '보안, 기반시설 보호, 및 대테러 담당 국가 조정관National Coordinator for Security, Infrastructure Protection, and Counter-terrorism'이 이런 모든 노력을 총괄하기로 되어 있었다. 클라크는 일찌감치 자신이 이 국가 조정관이 될 것이라고 확신했다.

클라크를 비난하는 사람은 물론이고 지지하는 사람들 중에서도 일부는 이를 두고 노골적인 권력 독점이라고 생각했다. 그는 이미 대테러 보좌관직도 수행했는데, 이제는 핵심기반시설까지 책임지게 되었기 때문이다. 특히 FBI 안에서 그를 비판하는 사람들은 그것이 상당히 위험한 생각이라고 보았다. 사이버 위협은 주로 국가나 범죄 집단에 의해 발생하므로 이러한 문제를 대테러와 함께 고려하는 것은 상황을 오해하고 주요한 해법들에 집중하지 못하게 할 수 있었다. (이런 개념은 솔라 선라이즈와 문라이트 메이즈 사건 조사를 진두지휘하는 역할을 한 FBI를 배제할 위험성도 있었다.)

클라크는 이러한 비난들을 모두 무시했다. 첫째, 늘 그랬듯이 그는 본인 스스로가 그 일에 가장 적합한 인물이라고 생각했다. 실제로 클라크는 백악관에 있는 그 누구보다도 이런 문제에 대해 더 많이 알고 있었다. 심지어 문제가 발생한 이후로 클라크와 비어스는 그나마 이 문제에 관심을 기울인 유일한 사람들이었다. 둘째, 머지와의 만남을 통해 클라크는 이전에는 생각하지 못했던 개념—테러리스트가 가공할 만한 사이버 공격을 '수행할 수 있다'는 개념—을 납득하게 되었다. 그것은 충분히 가능한 일이었다. 클라크는 누가 이에 대해 물어보면 차분하게 설명해주었고, 이 방향으로 자신의 경력을 넓혀갔다.

여느 때와 다를 바 없이 클라크는 결국 자신의 뜻을 이루었다.

그러나 그가 초안을 작성한 대통령 훈령은 민간 산업계의 반발에 부딪혔다. PDD-63의 제5조는 '가이드라인'을 제시하고 있는데, 여기에서 클라크는 "연방정부는 핵심기반시설 보증을 가장 잘 달성할 수 있는 방법에 대한 모델을 민간 분야에 제시해야 하고, 실현 가능한 범위 내에서 그 노력의 결과를 공유해야 한다"라고 명시해두었다.

회사 경영진이 가장 우려하는 것이 바로 이것이었다. "정부가 일을 좌지우지하고, 더 중요한 것은 산업계가 자신들의 사전에서 가장 감당하기 어려운 단어인 '규제'를 짊어지게 되리라는 것"이었다. 산업계는 이미 한차례 비슷한 위기감을 느낀 적이 있었다. 바로 마시 위원회를 접하게 되었을 때였다. 공군 장성이 한 명 있었다. 이미 퇴역했지만 스스로를 마시 '장군'이라고 부르던 이 사람은 산업계가 마치 병사인 것처럼 반드시 해야 할 사항들을 규정으로 못 박아두었다. 그리고 지금은 리처드 클라크가 대통령의 서명을 근거로 거만하게 명령하려 들었다.

그 무렵 몇 달간 이 기업들이 정부와 함께 협업 중인 일이 있었다. 바로 Y2K 위기를 해결하는 것이었다. 밀레니엄 버그^{Millennium Bug}라고도 알려진 이 위기는 정부기관의 일부 가장 핵심적인 컴퓨터 프로그램들이

(출생 연월일 퇴직일, 급여기간 등의) 연도를 마지막 두 자리로만 표기한다는 사실이 알려지면서 세상에 모습을 드러냈다. 예를 들면 1995년을 95로, 1996년을 96으로 처리하는 것이다. 따라서 2000년도가 되면 컴퓨터는 이를 00으로 읽는데, 문제는 이것이 1900년으로 인식되어 사회보장이나 의료보험을 처리하는 프로그램들이 일거에 멈추게 될 수 있다는 것이었다. 사람들이 수표를 받고 나서도 이를 사용하지 못할 수도 있었다. 컴퓨터가 인식하는 범위에서 아직 태어나지도 않은 사람들이라고 간주할 수도 있기 때문이었다. 군을 포함하여 정부기관 직원들에 대한 급여 시스템도 멈추게 될 수 있었다. 시간을 처리하는 프로그램을 운용하는 일부 핵심기반시설도 마찬가지로 마비될 수 있을 것이라고 예상되었다.

이 문제를 해결하기 위해 백악관은 국가정보협조센터를 구성하여 소프트웨어에 대한 새로운 가이드라인을 만들고 모든 사람들이 합심하게 만들려고 했다. AT&T나 마이크로소프트와 같은 주요 대기업들이 FBI, 국방부, 연방조달청, NSA 등 모든 유관기관과 함께 이 일에 참여하게 되었다. 하지만 기업 경영진들은 이것이 단발성 사업이라고 분명하게 선을 그었다. 따라서 Y2K 문제가 해결되면, 국가정보협조센터는 해산하게 될 것이었다.

클라크는 이러한 구성이 지속되어야 한다고 생각했고, 이에 따라 국가정보협조센터, 즉 Y2K 센터를 사이버 위협을 다루는 기구로 전환하고자 했다. 얼마 전, 클라크는 핵심기반시설의 사이버 보안에 대한 의무사항을 규정하고자 하는 속내를 드러냈었다. 기업들이 필요한 조치를 취하는 데 자발적으로 돈을 쓰지 않으리라는 것을 알고 있었기 때문이었다. 하지만 클린턴 대통령의 경제보좌관들은 이 방안을 적극적으로 반대하면서 이러한 규제가 자유시장을 교란하고 혁신을 저해할 것이라고 주장했다. 클린턴 대통령도 이와 의견을 같이했기에 클라크는 한 발 물러설 수밖에 없었다. 이제 클라크는 돌파구를 마련하고 있었다. 그리고 Y2K 센터를 개편한 기구를 통해 정부의 통제를 확립할 수 있는 방안을 찾고 있었다. 이것이 대통령 훈령 초안을 작성할 당시 클라크의 기조였다. 물론 기업들은 이를 수용하지 않았다.

산업계의 반발은 클라크를 곤란에 빠뜨렸다. 대통령이 승인하지 않은 엄격한 요구 조건들을 강요할 수 없었던 클라크는 어떠한 사이버 보안 정책도 효과를 보기 위해서는 기업들의 동참이 절실했다. 이미 다수의 비밀 자료를 포함하여 거의 모든 정부 자료가 민간 기업이 운영하는 네트워크를 통해 유통되고 있었다. 그리고 마시 보고서에서 밝힌 것과 같이 핵심기반시설을 포함하는 민간 부분의 취약점은 국가안보에 지대한 영향을 미쳤다.

정부가 인터넷 트래픽을 통제하게 되더라도 이를 성공적으로 수행할 수 있는 자산이나 기술적 능력을 보유한 정부기관이 거의 없다는 것을 클라크는 알고 있었다. 물론 국방 영역의 네트워크를 방어할 수 있는 권한을 갖고 있는 국방부와, 민간 영역의 컴퓨터와 통신을 관제하는 역할에서 두 번이나 배제되었던 NSA는 예외였다(첫 번째는 1984년 로널드 레이건 대통령 훈령 NSDD-145에 대한 여파 때문이고, 두 번째는 클린턴 대통령 집권 초기 클리퍼칩 논란 때문이었다).

클라크는 이후 1년 반 동안 다양한 테러 위기를 목도하면서 159페이지에 달하는 "정보체계 보호를 위한 국가계획서: 미국 사이버 공간 방어 National Plan for Information Systems Protection: Defending America's Cyberspace"라는 제목의 보고서를 작성하는 데 대부분의 시간을 보냈다. 2000년 1월 7일 클린턴 대통령은 이 보고서에 정식 서명했다.

초안에서 클라크는 민간이 운영하는 모든 공공기관(결국 핵심기반시설을 운영하는 기업)을 연방 침입탐지 네트워크Federal Intrusion Detection Network에 연결하는 방법을 제시했다. 피드넷FIDNET으로 명명된 이 네트워크는 병렬 구조로 설계된 인터넷으로, 센서가 일부 정부기관의 관제체계와 연결되어 있었다(어떤 기관인지는 명시되지 않았다). 센서가 침입을 감지하면 관제체계가 자동으로 경보를 울리게 되어 있었다. 피드넷이 일반 인터넷과 연결되는 접점을 일부 갖게 되는 것은 불가피한 일이었다. 그러나 센서들을 접점 위에 놓아 그곳에서 발생하는 침입을 알려주는 역할을 하도록 만들었다. 클라크는 이 아이디어를 솔라 선라이즈 사건 이후 국방부 컴퓨터에 설치된 침입탐지시스템을 바탕으로 구상해보았다. 그러나 이것은 군이 자체적으로 관제하는 경우였다. 정부가 민간 산업계가 아닌 민영 공공기관을 모니터링하도록 만드는 것은(어떤 기관이 수행해야 할지 고려한다면, 아마 군이겠지만) 몹시 꺼림칙하고, 무언가 다른 모습처럼 비춰지는 것 같았다.

1999년 7월 클라크가 작성 중이던 초안을 누군가《뉴욕 타임스The New York Times》에 제보했고, 전국은 반대하는 목소리로 들끓었다. 의회 중진 의원들과 시민의 자유를 지지하는 단체들은 이 계획을 "오웰리언Orwellian"(영국 작가 조지 오웰George Orwell이 쓴 소설 『1984년Nineteen Eighty-Four』에 묘사된 오세아니아처럼 획일화와 통제, 집단 히스테리가 난무하는 전체주의 사회를 가리키는 말로, 정보 기술의 발달이 효율적인 통제와 사생활이 부재하는 상태를 낳을 거라는 두려움이 내포되어 있다-옮긴이)이라고 부르며 맹렬히 비난했다. 클라크는 이 같은 움직임을 진정시키기 위해 기자들을 통해 피드넷은 개인의 네트워크나 사생활의 권리를 조금도 침해하지 않는다고 설명했다. 핵심기반시설을 운영하는 기업의 경영진과 이사회는 여전히 더욱 거세게 저항했다. 이들은 이 계획이 정부의 규제에 대해 자신들이 생각할 수 있는 최악의 경우를 현실화한 것이라며 맹렬히 비난했다.

최초 초안은 무산되었고, "정보체계 보호를 위한 국가계획서"는 다시 작성되었다.

6개월 후, "정보체계 보호를 위한 국가계획서"의 수정이 완료되어 승인되었다. 클린턴 대통령은 국가 문서에 대한 정해진 절차에 따라 이 사연 많은 계획서의 표지에 서명을 했다. 하지만 클라크는 정해진 관례에서 벗어나 그의 이름으로 작성한 별도의 서문을 두었다. 제목은 "국가 조정관의 말"이었다.

그 메시지 안에서 클라크는 자신에 대한 부정적인 이미지를 지우기 위해 노력했다. 그는 "대통령과 의회는 연방 네트워크의 안전을 보장하기 위한 명령을 하달할 수 있지만 …… 민간 영역에 있는 시스템에 대한 통제는 지시할 수 없고, 해서도 안 되며 …… 또한 시민의 자유나 사생활의 권리, 재산권 정보를 침해하지 않을 것이다"라고 명시했다. 그리고 이를 더욱 분명히 하기 위해 "정부는 규제를 피할 것이다"라는 말을 덧붙였다.

마지막에는 그에 대한 반대자와 지지자가 하나같이 놀랄 만큼 회유적인 태도로 다음과 같이 적었다. "이것은 정보체계 보호를 위한 국가계획서의 버전 1.0에 불과하다. 정부는 이 계획을 더욱 발전시키기 위한 의견을 발굴하기 위해 최선을 다하고 있다. 민간 기관들이 자체적인 취약점을 줄이는 한편 보호능력을 강화하기 위한 추가적인 의사결정을 하고 더 많은 계획을 가지고 있는 만큼, 다음 버전은 이러한 진전을 반영하게 될 것이다."

한 달 후, 이베이^{eBay}, 야후^{Yahoo}, 아마존^{Amazon}을 포함하여 미국 최대의 온라인 기업들이 대규모 도스$^{DoS, denial-of-service}$ 공격(서비스 거부 공격: 해커들이 특정 컴퓨터에 침투해 자료를 삭제하거나 훔쳐가는 것이 아니라 대량 접속 등을 통해 컴퓨터와 서비스의 능력을 무력화시키는 공격 기법-옮긴이)을 받았다. 누군가가 이들 회사의 컴퓨터 수천 대를 해킹한 것이다. 이들 중 어떠한 방법으로든 보호되고 있던 컴퓨터는 거의 없었다. 해커는 여기에다 끊임없이 데이터 요청 신호를 보냈고, 이것이 서버에 과부하를 일으켜 몇 시간에서 심한 경우 며칠 동안 시스템을 마비시켰다.

이것은 클라크가 국가 정책을 발동시킬 수 있는 기회였다. 피드넷을 다시 꺼내 들지는 못하더라도(현재로서는 논외의 시나리오였다), 최소한 까다로운 관료계와 민간 기업을 통제할 수 있는 일부 규정은 시행할 수 있었다. 클라크는 대통령 집무실로 달려갔다. 대통령은 이미 도스 공격에 대한 소식을 들어 알고 있던 차였다. 클라크는 대통령에게 말했다.

"이것이 e-커머스e-commerce의 미래입니다, 대통령님."

클린턴 대통령은 다소 거리를 두며 대답했다.

"그래요, 고어 부통령이 e-커머스를 입에 달고 살았죠."

그럼에도 불구하고 클라크는 백악관 캐비닛 룸Cabinet Room에서 기업 총수 회담을 갖도록 대통령을 설득했다. AT&T, 마이크로소프트, 선 마이크로시스템즈Sun Microsystems, 휴렛팩커드Hewlett-Packard, 인텔, 시스코 등 21개의 주요 컴퓨터 및 통신 회사의 경영진과 더불어, 컨설팅 회사와 학계의 저명한 전문가 몇 명이 함께 초대되었다. 이 그룹에는 이제는 유명해진 파이터 자코도 포함되어 있었다. 그는 공식 초청자 명단에 '머지'라고 이름을 올렸다.

자코는 회의석상에서 인터넷 창시자 중 한 명인 빈트 서프Vint Cerf나 미국 대통령만큼 유명인사가 되어 있었다. 그러나 자리에 착석한 지 몇 분이 지나지 않아서 그는 조급해졌다. 클린턴 대통령은 매우 인상적이었다. 통찰력 있는 질문을 던지며 적절한 비유를 들었고, 문제의 핵심을 짚고 있었다. 그러나 기업의 경영진들은 거짓말을 하기에만 급급했다. 자신들의 수동적인 대응 때문에 이번 사태가 일어났다는 사실은 인정하지 않은 채, 이번 공격이 "매우 정교했다"는 소리만 되풀이하고 있었다.

몇 주 전, 머지는 합법적인 사업자가 되었다. 앳스테이크@stake라는 한 인터넷 회사가 로프트를 인수한 것이다. 워터타운에 있는 로프트의 창고 건물은 바이러스와 해커를 방어하는 상업용 소프트웨어를 개발하기 위한 연구소로 탈바꿈했다. 그래도 아직은 자신의 눈앞에서 벌어지고 있는 일에 개인적인 이해관계가 없었기 때문에 머지는 거리낌없이 입을 열었다.

"대통령님, 이번 공격은 그렇게 수준 높지 않았습니다. 대수롭지 않은 것이었어요."

머지가 말했다. 모든 기업들은 이러한 일이 발생할 수 있다는 것을 미리 알고 있었어야 했다. 하지만 그들은 지금 바로 써먹을 수 있는 예방대책에도 투자를 하지 않았다. 그렇게 한다고 해도 기업 입장에서 얻을 수 있는 이득이 없기 때문이었다. 머지는 핵심을 구체적으로 언급하지는 않았다. 그러나 그 자리에 있는 모든 사람들은 그가 말한 '이득'이 무엇인지 알고 있었다. 만약에 공격이 발생한다고 해도 누구 하나 처벌받는 사람은 없을 것이고, 주식이 휴지조각이 되는 일도 없을 것이며, 사전에 공격을 방어하는 데 드는 비용보다 피해를 복구하는 데 더 많은 비용이 들지는 않을 것이라는 의미였다.

장내는 순간 조용해졌다. 결국 인터넷 창시자인 빈트 서프가 한마디 보탰다.

"머지의 말이 맞습니다."

자코는 우쭐함을 느꼈고, 그런 상황에 안도했다.

모든 사람들이 서로의 명함을 교환하고 대화를 나누며 회담이 마무리되자, 클라크는 자코에게 자리를 떠나지 말라고는 신호를 보냈다. 몇 분 후, 두 사람은 대통령 집무실로 이동하여 대통령과 조금 더 이야기를 나누었다. 클린턴 대통령은 자코의 카우보이 부츠를 매우 마음에 들어했다. 클린턴 대통령은 자기가 갖고 있는 뱀 가죽 제품을 책상에 올려놓으면서 지상의 모든 포유류로 만든 부츠를 갖고 있다고 넌지시 자랑했다 (대중에게는 말하지 말아달라는 귀띔도 잊지 않았다). 자코는 클린턴 대통령이 이끄는 분위기에 맞춰 조금 더 이야기를 나누었다. 몇 분 후, 자코는 대통령과 악수를 나누고 기념사진을 찍은 후 작별인사를 하고 클라크와 함께 대통령 집무실을 나왔다.

자코는 클린턴 대통령이 모니카 르윈스키^{Monica Lewinsky}와의 스캔들로부터 시작되어 자신을 거의 퇴진까지 몰고 갔던 끊임없는 악재들과 (아무 성과도 내지 못할) 중동 평화회담의 속행, 그리고 (자신의 유산을 이어줄 고어 부통령이 조지 W. 부시^{George W. Bush}와 맞붙게 될) 다가오는 선거로 머릿속이 복잡할 것이라고 생각했다.

자코가 모르는 사실이 있었다. 클린턴 대통령이 고위 경영진들과 함께하는 회담에서 이번 주제에 대해 다른 어떤 주제들과 마찬가지로 진심 어린 관심을 보여줄 수 있었지만, 사실 그는 사이버에 대해 별로 신경도 쓰지 않았고 관심조차 없었다는 것이었다. 클라크야말로 이번 사안에 힘을 발휘하고 압박을 가할 수 있는 백악관의 핵심이었다.

클라크는 자코가 회담 중에 말한 쓴소리가 핵심을 짚었다는 것을 알았다. 기업의 경영진들은 절대 자발적으로 문제를 고치려 하지 않을 것이다. 그런 의미에서 보면 이번 회담은 거의 코미디에 가까웠다. 일부 경영진들은 대통령에게 조치를 요청하다가도 잠시 후에는 정부의 명령이나 지시 없이도 우리 산업계는 이번 문제를 잘 해결할 수 있다는 것을 대통령 앞에서 장담하는 모습도 보였다.

한층 완화된 클라크의 "정보체계 보호를 위한 국가계획서^{National Plan for Information Systems Protection}"는 2000년 말에 시행되어 2003년 5월에 완전히

자리 잡기 위해 정부와 민간 기업 간의 다양한 협력 시도가 필요했다. 그러나 앞으로의 계획은 현실성이 없어 보였다. 은행들은 적극적이었다. 대다수의 은행은 이런 문제들을 해결하기 위해 산업계 차원의 정보 공유 및 분석 센터를 구성하는 것에 적극적으로 찬성했다. 이러한 현상은 그렇게 놀랄 만한 일은 아니었다. 은행들은 수십여 건에 달하는 해킹의 표적이 되어왔고, 거금을 투자하는 고객들의 신뢰를 얻기 위해 수백만 달러에 달하는 자금을 투자하고 있었다. 규모가 큰 일부 금융기관은 이미 컴퓨터 전문가를 고용하고 있었다. 그러나 수송, 에너지, 상수도, 응급서비스 등 다른 핵심기반시설 대부분은 아직 해킹을 당한 적이 없었다. 이러한 기관들의 경영진들은 사이버 위협을 가상의 일로 인식했다. 그러니 자코가 짚었던 것처럼 보안에 투자해봐야 얻을 수 있는 이득이 없다고 본 것이다.

소프트웨어 산업계조차 이를 심각하게 받아들이는 사람은 거의 없었다. 이들은 보안이 문제라는 것은 알고 있었지만, 고객들이 더 빠른 속도를 위해 더 많은 돈을 지불하고 있는 이 시기에 보안 시스템을 설치하면 서버의 운영속도가 떨어지리라는 것을 알고 있었다. 일부 경영진들은 비용편익분석을 위해 보안 전문가를 부르기도 했다. 참사로 이어질 가능성은 어느 정도인지, 비용을 지불하게 될 사태들은 무엇인지, 보안 시스템을 구축하는 비용은 얼마이고, 이 시스템이 실제로 침입을 차단할 확률은 얼마인지 등을 계산해보기 위해서였다. 이러한 질문에 답할 수 있는 사람은 아무도 없었다. 신뢰할 수 있는 답변을 뒷받침할 만한 데이터가 없었기 때문이다.

펜타곤의 컴퓨터 네트워크 TF도 비슷한 문제에 직면해 있었다. C3I 담당 국방차관보인 아트 머니Art Money가 네트워크 보안에 필요한 예산의 10퍼센트 인상을 요구하자 어떤 장군은 도리어 그 예산이 10퍼센트에 해당하는 보안 수준 향상을 이뤄낼 수 있는지 물어보았다. 머니는 NSA

나 다른 곳에 있는 동료들에게 찾아가 똑같은 질문을 해보았다. 하지만 누구도 확답을 주지는 못했다. 대개의 장성들이 원하는 것은 더 많은 전차와 비행기, 함정을 보유하는 것이었다. 컴퓨터 공격을 방어하는 데 10억 달러를 더 투입한다는 것은 곧 무기 구매에 10억 달러를 덜 쓴다는 것을 의미했다. 심지어 엘리저블 리시버 훈련, 솔라 선라이즈와 문라이트 메이즈 사태가 있었는데도 불구하고 이것들이 국가안보에 눈에 보이는 피해를 가져다준 것이 아니었기 때문에, 이러한 사이버 위협은 여전히 비현실적인 위협으로 치부되었다.

다행히도 국방 분야에서는 조금씩 변화가 일어나고 있었다. 한편으로는 더욱더 많은 대령급 장교들과 일부 장성들까지도 이 문제를 심각하게 받아들이기 시작했기 때문이고, 또 다른 한편으로는 사이버 보안의 이면, 즉 사이버 전쟁이 매우 각광받기 시작했기 때문이다.

거부, 악용, 변조, 파괴

로드 중령이 제609정보전부대의 지휘관을 맡았고, 작전장교로는 앤드루 위버 소령이 발탁되었다. 위버 소령은 1년 전 봄 "정보전의 기초"라는 제목의 소고를 발표하면서 정보전이라는 용어를 "궁극적으로 적의 싸울 의지 또는 능력을 저하시키기 위해 … 적의 정보와 관련 기능을 거부 · 악용 · 변조 · 파괴하는 모든 활동"으로 정의했다.

엘리스 장군은 정보전에서 이루어지는 모든 활동은 "믿을 수 없을 만큼 대단한 잠재력"을 갖고 있기 때문에 "다가올 비대칭 전쟁에 대비해 우리는 이것에 주력해야만 한다"고 썼다. 그러나 이런 개념을 "전투수행원들은 아직 이해하지 못했다". 엘리스 장군이 말한 이 간극의 원인 중 하나는 정보전의 모든 것이 일반 전투수행원들은 '접근할 수 없는 비밀'로 분류되어 있고, 소수의 인원에게만 허락되는 특별한 비밀취급인가가 필요하다는 것이었다.

CYBER WAR

● 1994년 여름이었다. 켈리 공군기지의 케네스 미너핸과 그의 부하들은 임박한 아이티 침공의 서막으로 아이티 전화망을 마비시킬 계획을 준비하고 있었고, 버지니아주 노픽Norfolk에 있는 한 사령부에서는 월터 "더스티" 로드Walter "Dusty" Rhoad 중령이 공격명령을 기다리고 있었다.

로드 중령은 공군의 비밀 프로젝트를 오랫동안 수행했던 인물이었다. 처음에는 F-117 스텔스 전투기의 파일럿으로 시작하여 비밀 기지에서 다양한 실험용 항공기를 운행한 조종사였다. 아이티 침공 전까지 그는 버지니아주 랭글리 공군기지에 위치한 공군 전투사령부의 정보전과 과장으로 근무했고, 특히 미너핸의 전화망 마비 아이디어를 세부 계획으로 발전시켜 다른 공군 작전과 유기적인 협조가 이루어지게 했다.

며칠 동안 로드 중령과 참모진은 노픽의 사무실에 틀어박혀 거의 미칠 지경으로 정크푸드만 꾸역꾸역 먹으면서 만에 하나 일이 잘못될 경우를 대비하여 정교한 우발계획에 필요한 암호 코드를 만들고 있었다. 사무실에는 빈 '문파이MoonPie' 박스와 '프레스카Fresca' 캔이 널려 있었다. 그래서 로드 중령은 암호명을 이들의 이름으로 지었다. 작전계획을 시행할 때에는 '프레스카', 중지할 때에는 '문파이'였다.

아이티 반군이 물러나고 침공 작전은 취소되었다. 그러고 나서야 로드 중령은 작전을 준비하는 과정이 조직적인 면에서 다소 복잡했다는 것을 알게 되었다. 로드 중령은 미너핸의 공군정보전센터에서 근무한 적이 있었다. 그곳은 정보를 생산하는 부서이지 작전사령부는 아니었다. 엄밀히 말하자면, 정보와 작전은 서로 다른 종류의 활동이었다. 작전은 미국 연방법전 제10편을 따르고, 정보는 제50편을 따르고 있었다. 로드 중령은 정보전을 전담하는 공군 작전부대를 구성하는 것이 좋은 아이디어가 될 것이라고 생각했다.

미너핸은 공군 정보차장으로 국방부에 발령되자 이 아이디어를 추진하기 시작했다. 이 아이디어는 생각보다 많은 지지를 받았다. 1995년 8월 15일, 공군 지휘부는 사우스캘리포니아 쇼Shaw 공군기지에 제609정보전부대the 609th Information Warfare Squadron를 창설하라는 명령을 발령했다.

공식적인 성명에 의하면, 제609정보전부대는 "증가하고 있는 공군 정보체계에 대한 위협에 대응하기 위해 만들어진 최초의 부대"였다. 그러나 당시에는 이러한 위협을 심각하게 받아들이는 사람은 별로 없었다. 마시 위원회의 활동, 엘리저블 리시버 훈련, 솔라 선라이즈, 그리고 문라이트 메이즈 사건 등은 2년 뒤에나 발생한 일들이었다. 제609정보전부대의 다른 주된 임무는 비록 공개적으로 언급된 적은 없지만, 미국의 적대세력이 운용 중인 정보체계를 위협할 수 있는 능력을 개발하는 것이었다.

로드 중령이 제609정보전부대의 지휘관을 맡았고, 작전장교로는 앤드루 위버Andrew Weaver 소령이 발탁되었다. 위버 소령은 1년 전 봄 "정보전의 기초Cornerstones of Information Warfare"라는 제목의 소고를 발표하면서 정보전이라는 용어를 "궁극적으로 적의 싸울 의지 또는 능력을 저하시키기 위해 …… 적의 정보와 관련 기능을 거부·악용·변조·파괴하는 모든 활동"으로 정의했다. 그리고 그 사례를 덧붙였다. "전화교환시설을 폭격하는 것도 정보전의 한 형태. 왜냐하면 교환시설의 소프트웨어를 파괴하는 것이기 때문이다."

10월 1일, 제609정보전부대는 로드, 위버, 그리고 보좌관 한 명, 이렇게 겨우 세 명이 임무 수행에 돌입했다. 이들은 쇼 공군기지 본부 지하의 작은 사무실을 사용했는데, 그만하면 책상 3개와 전화 1대, 그리고 컴퓨터 2대를 놓기에 충분했다.

1년 동안 제609정보전부대의 인원은 66명으로 확대되었다. 그중 3분의 2는 방어 임무, 3분의 1은 공격 임무를 수행했다. 하지만 투입된 시간과 에너지로 보면 그 비율은 반대가 되어 3분의 1이 방어 임무에, 3분의 2가 공격 임무에 쓰였다. 그리고 공격 임무를 수행하는 이들은 이중 잠금장치가 된 문으로 통제된 독립된 공간에서 근무했다.

1997년 2월, 제609정보전부대는 첫 블루 플래그Blue Flag 훈련을 개시했다. 이 훈련은 공격 측이 쇼 공군기지의 비행단을 공격하고, 방어 측이 이 공격을 최대한 막아내는 것으로 계획되었다. 비행단의 한 장교는 호언장담하며 이 연습을 한껏 비웃었다. 항공단의 통신체계는 모두 암호화되어 있기 때문에 누구도 침투할 수 없다는 것이었다.

하지만 공격 측은 패스워드를 풀어냈고, 네트워크를 샅샅이 살피며 취약점들을 찾아냈으며, 찾아낸 취약점을 통해 일단 침입하면 통제권을 장악했다. 적에 대한 공격 효과가 감소하도록 비행기의 무장을 해제하라는 가짜 명령을 발령하는가 하면, 비행 중 연료를 보급하기로 되어 있는 공중급유기의 경로와 시간계획도 모두 바꾸어버렸다. 이렇게 되면 전투기들은 임무를 수행하기도 전에 연료가 고갈될 수밖에 없었다.

이 훈련은 실제가 아닌 모의훈련이었다. 하지만 이것이 실제 상황이었다면, 전시에 적이 제609정보전부대가 한 것처럼 공격해왔을 때 미 공군의 전쟁계획은 엉망이 될 수도 있었다. 명령을 받아든 조종사 중 일부는 무언가 잘못되었다고 생각하며 바로잡아보려고 할 수도 있다. 하지만 그 순간 조종사들이나 이들의 지휘관은 자신들에게 주어지는 명령, 그리고 자신들이 보고듣는 정보를 믿을 수 있는지 알 수 없게 될 것이다. 즉, 자신들의 지휘통제체계에 대한 자신감을 잃는 것이다.

훈련이 막바지로 접어들면서 사전에 준비된 시나리오에 따라 방어 측은 비행단의 정보체계로 향하는 공격을 지연시키고 전투의 주도권을 확보해나갔다. 하지만 모든 사람들은 이 게임이 방어 측의 완패라는 사실을 알고 있었다. 만일 공격 측이 훈련 규칙에 따라 어떠한 제한도 받지 않았다면, 비행단의 모든 활동을 마비시킬 수 있었다. 몇 달 후 엘리저블 리시버 훈련이 더 넓은 차원에서 보여준 것과 마찬가지로 미군—이 경우 공군의 핵심 전력—은 정보전 공격에 아주 취약하며 아무것도 할 수 있는 능력이 없다는 것이 드러났다.

로드 중령은 이번 훈련에서 비행단을 어떻게 마비시킬 수 있었는지 알고 있었다. 이전에 공군 전투사령부의 정보전과에서 과장으로 근무하는 동안 적의 비행단을 공격하는 모의훈련에서 이번 훈련 중에 사용했던 기술과 동일한 방법을 사용해본 적이 있었기 때문이다.

블루 플래그 훈련을 마치고 몇 달 후, 실제 상황이 발생했다. 정보전을 담당하는 새로운 지휘관들이 전투에 처음 투입되었다. 그들은 1990년대 초 사담 후세인과 전쟁을 할 때보다 더 좋은 자리, 더 높은 지위에 있었다.

● ● ●

지난 1년 동안 미국과 나토^{NATO} 연합군은 안정화군^{SFOR, Stabilization Force}을 통해 데이턴 협정^{Dayton Accord}을 이행하고 있었다. 데이턴 협정은 세르비아 대통령 슬로보단 밀로셰비치^{Slobodan Milosevic}가 자행한 비극적인 전쟁인 보스니아 내전을 종결시키기 위해 1995년 12월에 체결된 협정이었다. 안정화군은 전범자를 색출하는 것뿐만 아니라, 1997년 9월에 있을 선거의 자유와 공정함을 보장하기 위해 애쓰고 있었다.

안정화군은 정규군으로 이루어진 일반 부대도 있었지만, 특수전부대나 첩보원들로 구성된 비공개 부대도 있었다. 그런데 비공개 부대에서 일부 지원을 필요로 하는 일이 벌어졌다. 밀로셰비치 대통령이 처음 약속했던 것과 달리 전범자에 대한 처벌을 단행하지 않았던 것이다. 이 지원 임무는 수프 캠벨 장군이 지휘하는 미 합참 극비조직 J-39가 맡게 되었다. J-39는 NSA와 제609정보전부대, 공군정보전센터 및 다른 정보기관과 협력하여 그들이 새로운 전투 양상이라고 생각하는 것들을 위한 수단과 기술을 개발했다.

J-39는 1997년 7월 10일 탱고 작전Operation Tango을 통해 첫 성과를 거두었다. 이 작전에서 다섯 명으로 구성된 영국 특수전부대가 적십자사 임원으로 위장하여 가장 악명 높았던 세르비아 전범 네 명을 체포했다. 이 작전은 비밀감시작전으로 진행되었다. 전화를 도청하고 차량에 GPS 수신기를 부착하는 한편, 일부 핵심 지역에서는 바위로 위장한 조형물 내부에 카메라를 설치하기도 했다(이런 기발한 장치들은 버지니아주 포트 벨보어Fort Belvoir에 있는 육군정보보안사령부에서 개발한 것들이었다).

한창 때는 3만 명 이상의 나토 병력이 안정화군으로 참여했다. 이들의 전개는 어느 모로 보나 세간의 이목을 집중시켰고, 세르비아 시민들을 자극하여 서방 주둔군에 반대하는 시위가 날로 증가했다. 미 정부는 곧 이런 시위가 특정 지역방송 뉴스 진행자를 통해 조율되고 있다는 사실을 알아차렸다. 그 진행자는 시청자들을 향해 언제 어느 장소에 가서 나토군에게 돌을 던지자며 선동했다.

당시 보스니아에 주둔한 나토군을 지휘하던 에릭 신세키Eric Shinseki 미 육군 장군은 합참에 이 뉴스가 방송되는 시간 동안 TV 송수신시설의 전원을 차단해줄 것을 요청했다(이 임무는 결국 J-39에 하달되었다).

J-39 소속 일부 텍사스 출신 요원들은 유정에서 펌프의 전원을 켜고 끄는 데 사용하는 무선송수신장치에 대해 잘 알고 있었다. 이들은 곧바로 첨단 방산업체 중 하나인 샌디아 연구소Sandia Laboratories와 계약을 맺어 이번 작전에 사용할 수 있도록 유사한 무선송수신장치를 개발했다. 그러는 동안 켈리 공군기지의 분석관들은 5개의 TV 송출탑이 세르비아 85%의 가정에 방송을 송출한다는 것을 알아냈다. 안정화군의 비공개 부대를 위해 비밀리에 일하고 있던 일부 세르비아인들이 새로 개발된

무선송수신장치를 이 TV 송출탑 다섯 군데에 설치했다. 요원들이 이 TV 송출탑 다섯 군데에 무선송수신장치를 은밀하게 설치할 수 없었기 때문에 일부 세르비아인들을 시켜 TV 송출탑을 지키는 경비에게 화면을 고화질로 조정해주는 신형 필터라고 속이고 유유히 들어가 무선송수신장치를 설치했던 것이다.

일단 장치가 설치되자, 안정화군 기술진은 이를 관제하고 있다가 뉴스 진행자가 시청자들을 향해 시위를 하러 가자고 촉구할 때마다 그 즉시 뉴스를 내보내는 송출탑을 차단시켜버렸다.

미국 당국은 이 작전에 할리우드를 동원하기도 했다. 몇 명의 TV 프로듀서를 설득하여 우호적인 한 지역방송국에 인기 프로그램을 내보내도록 했다. 시위가 집중적으로 발생하는 시간이 되면, 이 방송국에서는 그 당시 전 세계에서 가장 인기 있던 프로그램인 〈SOS 해상구조대^{SOS Baywatch}〉를 방영했다. 이것이 아니었더라면 시내로 몰려나가 시위에 동참했을 다수의 세르비아 시민들은 비키니를 입고 즐겁게 뛰노는 젊은 여성을 시청하기 위해 자리를 지키고 있었다.

신세키 장군은 이 기술에 대한 내용을 브리핑받기 위해 안정화군 본부를 방문했다. 이 자리에서 신세키 장군은 방송국을 모니터링하고 있는 엔지니어에게 TV 송출탑 중 하나를 차단할 수 있는지 물어보았다. 이 엔지니어가 스위치 하나를 탁 내리자, 해당 송출탑을 통해 전송되던 방송은 곧 차단되었다.

신세키 장군은 적잖이 놀랐다. 신세키 장군의 반응을 지켜보던 엔지니어들 중 한 명이 한심한 듯 눈을 돌리며 다른 동료에게 조용히 속삭였다. "이봐, 저건 그냥 온-오프 스위치잖아!"

이 정도는 안정화군 엔지니어팀에게 특별히 정교한 고난이도 기술이 필요없는 아주 단순한 행위에 지나지 않았던 것이다.

몇 달이 지난 후, 데이턴 협정이 더 이상 효과가 없다는 것이 명백해졌다. 나토군 지휘관이었던 웨슬리 클라크^{Wesley Clark} 장군은 밀로셰비치 대통령의 핵심 군사표적에 대한 공습계획을 마련하기 시작했다. J-39는 일정보다 빨리 사전 작업을 잘 마무리했다.

어떠한 공중폭격이든 가장 먼저 수행하는 단계는 적의 방공망을 교란하거나 무력화시키는 것이었다. 애리조나주에 있는 특수정보부대에서 파견 나온 특수요원 두 명은 세르비아군의 방공망이 민간의 전화망을 통해 운용된다는 사실을 발견했다.(중단되었던 1994년 아이티 침공 때와 똑같은 상황이었다. 당시 켈리 공군기지에서 전화망 교란을 계획했던 사람들도 아이티에서 동일한 사실을 발견했고, 통화 중 신호를 전체 전화망에 퍼뜨려 아이티의 방공 레이더를 꺼버릴 계획이었다.)

당시 국방부 장관이었던 윌리엄 코헨^{William Cohen}의 승인으로(정보전을 포함하여 어떠한 형태의 공세작전에도 승인이 필요했다), J-39는 과거 켈리 공군기지의 팀으로부터 공유받은 자료를 기초로 세르비아 전화망에 침투하여 전화망이 어떻게 운용되고 어디가 취약한지 등 클라크 장군과 그의 작전계획참모가 알아야 하는 모든 내용을 샅샅이 뒤졌다.

이 해킹 작전은 시기적으로 두 가지가 잘 맞아떨어졌기 때문에 가능했다. 하나는 당시 CIA 국장이었던 조지 테닛^{George Tenet}이 정보작전센터^{IOC, Information Operation Center}라 불리는 비밀조직을 이제 막 창설했다는 것이었다. IOC의 주요 임무는 스파이를 침투시켜 유선도청장치, 플로피 디스크(수년 후에는 USB 드라이브) 또는 이와 유사한 특수장치를 설치하는 것이었다. 이는 NSA의 신호정보팀이나 다른 정보기관들이 통신 내용을 가로챌 수 있도록 해주었다. 이 작전에서는 IOC가 세르비아 전화회사의 중앙 기지국에 장비 하나를 설치해두었다.

또 다른 행운 하나는 세르비아가 최근에 전화망의 소프트웨어를 업그레이드했다는 것이었다. 세르비아에 이 소프트웨어를 판매한 스위스 회사는 미 정보당국에 보안 코드를 제공해주었다.

J-39 기술전문가들이 세르비아의 전화망을 뚫고 들어가자, 그들은 세르비아의 모든 네트워크를 유유히 돌아다닐 수 있게 되었다. 세르비아 전군의 방공망과 전화망도 여기에 포함되어 있었다.

펜타곤에서 이 작전을 모니터링하던 한 육군 대령이 존 햄리 당시 국방차관에게 이번 작전의 진행 상황을 브리핑했다. 햄리는 이번 작전으로 세르비아군 지휘관들을 교란시킬 수 있다고 얼마나 확신할 수 있는지 물었다.

대령은 대답했다.

"대대장 시절의 경험을 바탕으로 말씀드리건대, 만약 차관님께서 전화기를 들었는데 아무것도 들리지 않고 누구에게도 말할 수 없다면 무척 짜증나실 겁니다."

"그 정도면 충분하네."

햄리가 대답했다.

클라크 장군은 1999년 3월 24일 나토군의 공습 작전을 개시했다. 공군 지휘관들은 정교하게 계획된 레이더 기만 작전을 신뢰하지 않았다. 따라서 조종사들에게 세르비아군 방공미사일의 요격 범위를 넘어선 1만 5,000피트 이상의 고고도 상공에서 비행할 것을 지시했다. 하지만 연합군의 전투기가 가끔 낮게 비행하는 경우에도 우려했던 일은 거의 일어나지 않았다. J-39가 이미 계획한 대로 세르비아 방공 시스템을 해킹하고 가짜 정보를 전파하여 실제로는 북서쪽에서 날아오는 항공기들이 레이더 스크린에서는 서쪽에서 날아오는 것으로 보이게 만들었기 때문이다.

이런 기만 전술은 아주 섬세하게 진행해야만 했다. 세르비아 지휘관들이 기술적 문제를 탓하면서 동시에 어떠한 방해 공작도 의심하지 않을 만큼 레이더가 아주 사소한 정도의 오차를 발생시켜야만 했다. 방해공작으로 의심할 경우, 세르비아군은 자동 추적에서 수동 추적으로 전환할 수도 있었다(전쟁 전 기간에 걸쳐 세르비아군은 F-16 1대와 F117 스텔스 전투기 1대 등 총 2대의 전투기를 격추했다. 세르비아군의 한 장교가 시스템을 아주 정확하게 전환했기 때문이었다). 따라서 방공무기들은 비행기가 지나가지 않는 빈 허공을 줄곧 조준하고 있어야 했다.

J-39의 작전계획 중 또 다른 목표는 MUP^{Ministarstvo Unutrasnjih Poslova}로 알려진 밀로셰비치의 준군사조직과 VJ^{Vojska Jugoslavija}로 알려진 유고슬라비아 정규군 사이를 멀어지게 하는 것이었다. NSA는 이 두 조직의 지휘관들의 전화번호와 팩스번호를 확보했다. J-39는 유고군 지휘관에게 메시지를 보내 유고슬라비아 시민들을 지키는 그들의 군사적 능력을 높이 치켜세워주는 한편, 정치적 중립을 지켜줄 것을 촉구했다. 그 무렵 클라크 장군은 밀로셰비치의 준군사조직과 유고슬라비아 정규군의 지휘부를 거의 동시에 폭격했다. 폭격기가 비행하는 동안 J-39는 유고슬라비아 정규군에게 빌딩 밖으로 대피하라는 경고 메시지를 보냈다. 두 조직의 시설이 모두 파괴되고 나서 부상을 입고 공황에 빠진 밀로셰비치의 준군사조직 생존자들은 유고슬라비아 정규군 지휘부가 폭격 전에 이미 건물을 무사히 탈출한 상태였다는 소식을 들었고, 유고슬라비아 정규군 부대가 나토에 협력하고 있다는 의심을 하기 시작했다. 결국 J-39가 의도한 대로 두 조직 사이의 신뢰에는 금이 가기 시작했다.

J-39는 세르비아군의 지휘통제체계를 더욱 깊게 파고들면서 밀로셰비치와 대부분이 민간인인 그의 측근들 사이의 통신 내용을 도청하기 시작했다. 다시 한 번 NSA의 지원을 바탕으로 J-39는 이들 사이의 사회적 관계망을 그려보았고, 측근들의 금융자산을 포함하여 이들에 대해 최

대한 많은 정보를 확보해나갔다. 그리고 밀로셰비치를 압박하는 동시에 그의 권력 지지 기반을 이탈시키는 방법으로서 측근들의 자산을 동결시키는 계획을 수립했다.

펜타곤 법무실에서는 이 계획을 기각했다. 사실 일반 세르비아 시민들에게 영향을 줄 수 있는 모든 계획은 가차없이 거부되었다. 그런데 4월 17일 주말, 폭격 계획의 주요 목표물로 지정된 다리를 왕복하는 베오그라드 마라톤 대회가 개최되었다. 세르비아 정부는 이 마라톤 대회를 국내외 방송을 통해 대대적으로 내보내면서 이것이야말로 나토의 공습계획에 대한 격렬한 저항이며 세르비아 국민들의 용기와 밀로셰비치 대통령에 대한 충성심 앞에 서방의 비겁한 나약함을 보여주는 증거라고 홍보했다.

클린턴 대통령은 참담한 기분으로 마라톤 경기 방송을 시청했다. 지난 월요일에는 연방법원 판사가 클린턴 대통령이 백악관 인턴인 모니카 르윈스키와의 관계에 대해 "고의적으로 거짓" 증언을 하며 법정을 모욕하고 있다고 말했다. 그리고 지금은 이런 꼬락서니라니! 클라크 장군은 폭격 며칠 후면 밀로셰비치가 항복할 것이라며 자신과 약속했는데, '4주'가 지난 지금도 저놈의 밀로셰비치는 여전히 서방세계를 향해 조롱을 퍼붓고 있었다.

클린턴 대통령은 압박을 가하기 위한 다음 단계 수행을 지시했다. 펜타곤 법무실은 밀로셰비치의 측근들을 추적하는 것에 대한 자신들의 반대의사를 곧바로 철회했다. J-39는 돌아오는 월요일에 맞춰 다음 작전을 개시했다.[*]

---

[*] J-39는 밀로셰비치의 개인 은행계좌를 해킹할 수 있는 방법을 찾아냈고, 클린턴 대통령도 이 아이디어에 대단히 큰 관심을 갖고 있었다. 하지만 특히 재무부를 중심으로 한 정부 고위관료들은 그 방법은 안 된다며 강하게 만류하면서 심각한 역풍이 있을 것이라고 경고했다. 이후 몇 년 뒤에도 미 정보당국은 다른 적 수뇌부의 자금을 추적하기는 했지만, 실제로 그들의 은행계좌를 해킹하는 작전은 단 한 차례도 수행하지 않았다.

밀로셰비치의 핵심 정치적 후원자 중에 구리 광산을 소유한 한 사람이 있었다. J-39는 그에게 편지를 보내 밀로셰비치 대통령에 대한 후원을 멈추지 않는다면 광산을 폭파시키겠다고 경고했다. 그에게서는 어떠한 대답도 오지 않았다.

얼마 지나지 않아 CIA와 계약한 군수업체가 기다란 탄소섬유 가닥으로 이루어진 장치를 하나 개발했다. 이 장치는 전선과 접촉하면 합선을 일으켰다. 미군 전투기 한 대가 구리광산 상공을 통과하면서 광산의 전력선에 이 탄소섬유 가닥을 떨어뜨려 전기 공급을 완전히 끊어놓았다. 복구는 빠르고 쉽게 이루어졌다. 하지만 이것은 일종의 메시지였다. 그 후원자는 또 다른 편지 한 통을 받았다. "이번 정전은 경고였다"라고 쓰여 있었다. 만일 그가 태도를 바꾸지 않는다면 이번에는 진짜 폭탄이 떨어질 수 있었다. 그는 곧바로 밀로셰비치와의 관계를 끊어버렸다.

이어서 J-39는 밀로셰비치의 선전기구를 무력화하기 위한 계획에 착수했다. 유럽의 한 인공위성 회사는 밀로셰비치에 우호적인 일부 방송국의 전파를 송출하고 있었다. 미 유럽사령부의 한 고위급 장교가 이 회사의 사장을 만나 자신과 함께 근무하고 있는 주요 직위자들의 80%가 나토국 출신이라고 말했다. 사장은 세르비아 방송국이 지불하고 있는 금액을 밝혔고, 이 장성은 회사에서 송출을 중단할 경우 이보다 50만 달러 이상을 더 지불하겠다고 제안했다. 사장은 이를 수락했다.

그동안에 미 정보당국은 밀로셰비치의 자녀들이 그리스에서 휴가를 즐기고 있다는 사실을 파악했다. 그리고 정보원들이 해변에 누워 있는 이 자녀들의 모습을 사진으로 담았다. 베오그라드의 전력망을 차단하는 한 차례의 폭격이 지나간 어느 날, 미군 항공기들이 이들의 사진을 담은 전단지를 베오그라드 상공에 뿌렸다. 전단의 제목은 요란했다. "밀로셰비치, 국민들이 어둠 속에 빠져 있는 동안 자식들은 그리스에서 일광욕을 즐기고 있다."

마지막으로 J-39는 밀로셰비치와 측근들을 짜증나게 만드는 작전에 착수했다. 우선 밀로셰비치의 집에 밤낮을 가리지 않고 전화를 걸어댔다. 그리고 누군가 전화를 받으면 아무 말도 하지 않았다. NSA와 동일한 임무를 수행하는 영국의 정부통신본부GCHQ, Government Communications Headquarters가 전화를 감청했고, 밀로셰비치 부인이 욕을 퍼부으며 전화기를 집어던지는 소리를 녹음한 테이프를 돌려가며 들었다. 한 GCHQ 요원은 자신의 미국인 파트너에게 아주 신나게 얘기했다.

"이 사람들이 우리를 욕할 때마다 너무 즐거운 거 있지."

한편, J-39는 밀로셰비치 주변 장군들의 집에도 전화하여 자신을 클라크 장군이라고 소개하는 사람의 녹음 테이프를 틀어주었다. 여기에서 그는 유창한 세르보크로아티아어(세르비아, 크로아티아, 보스니아 등 남부 슬라비아 일대에서 쓰이는 언어-옮긴이)로 현재 전황이 어떻게 흘러가고 있는지 알려주면서 이들 장성들에게 전투를 멈춰달라고 간곡하게 당부했다.

6월 4일, 밀로셰비치가 항복했다. 공군력만으로 전쟁에서 승리할 수 없다는 사실은 이미 널리 알려져 있었다. 이번에도 공군력만으로 승리한 것이 아니었다. 이 전쟁은 지속적인 공습과 정보전을 통한 고립 효과의 조합으로 승리할 수 있었다.

이후 파워포인트로 진행한 전후 평가 브리핑에서 남유럽사령관 제임스 엘리스James Ellis 제독은 이번 정보작전에 대해 "이번 전쟁에서 대성공이기도 하고 …… 어찌 보면 대실패이기도 하다"고 평가했다. 이어서 모든 수단들이 마련되어 있었지만, 이 중 "단지 일부만 이용되었다"고 말했다. 이번 작전에는 "리더십을 이끌어낼 수 있는 훌륭한 역량"을 가진 "훌륭한 사람들"이 참여했다. 그러나 작전 지휘부와 통합이 이루어지지 않아 "작전을 계획하고 실시하는" 동안 이들이 해낼 수 있었던 것만큼의 효과에는 미치지 못했다. 엘리스 장군은 정보전에서 이루어지는 모든 활동은 "믿을 수 없을 만큼 대단한 잠재력"을 갖고 있기 때문에 "다가올 비대칭 전쟁에 대비해 우리는 이것에 주력해야만 한다"고 썼다. 그러나 이런 개념을 "전투수행원들은 아직 이해하지 못했다". 엘리스 장군이 말한 이 간극의 원인 중 하나는 정보전의 모든 것이 일반 전투수행원들이 '접근할 수 없는 비밀'로 분류되어 있고, 소수의 인원에게만 허락되는 특별한 비밀취급인가가 필요하다는 것이었다. 엘리스 장군은 준비된 기술과 수단을 충분히 이용했더라면, 이번 전쟁을 수행하는 기간이 절반으로 줄어들었을 것이라고 결론지었다.

이것은 정보전을 수행하는 작전에 있어 가장 중요한 측면이었다. 이 작전은 합참의 비밀조직이 계획을 수립하고 시행했다. 그리고 여기에는 이보다 더 비밀스러운 조직인 NSA, CIA, 그리고 GCHQ의 도움이 있었다. 20세기가 막을 내리고 있을 무렵, 아직 미군 지휘관들은 군인과 폭격수가 해야 하는 일들을 해커에게 맡길 엄두가 나지 않았다. 일부 장성들은 새로운 시도를 잘 받아들였지만, 국방부가 이 새로운 차원의 전쟁을 실제 전쟁계획 안에 통합하기에는 인력이나 체계적인 지침이 부족했다. 군 수뇌부는 '정보전'(이전의 '대지휘통제전')에 대한 각종 정책문서에 서명했지만, 이 개념을 아주 신중하게 받아들이지는 않는 것 같았다.

정보원과 군 장교들로 구성된 어느 작은 조직이 이것을 바꾸려 하고 있었다.

●

CHAPTER 8

테일러드 액세스

테일러드 액세스는 미녀핸이 지은 이름이었다. 그가 NSA 국장으로 재임하던 시절, 미녀핸은 가장 비상한 신호정보요원 수십여 명을 뽑아 중앙층 구석 한편에 배치시켜놓고 임무를 부여했다. CIA의 비밀공작원들이 현실 세계에서 하는 활동을 지금은 테일러드 액세스 요원들이 사이버 공간에서 그대로 하고 있었다.

CYBER WAR

● 아트 머니는 눈코 뜰 새 없었다. 그는 C3I(지휘Command, 통제Control, 통신Communication, 정보Intelligence) 담당 국방차관보였기 때문에 펜타곤의 정보전 교섭 대표이자 NSA와 정보를 주고받는 민간인 연락관 역할을 수행해야 했다. 지난 몇 년간 그가 맡은 일에 열과 성을 다했지만 결과는 기대에 미치지 못했다. 엘리저블 리시버 훈련, 솔라 선라이즈, 그리고 문라이트 메이즈 사건은 미군의 컴퓨터 네트워크가 공격에 취약하다는 인식을 심어주었다. 보스니아 내전 동안 발칸 반도에서 수행된 J-39의 작전은 다른 나라 네트워크의 취약점이 아군의 군사적 이익을 위해 이용될 수 있다는 것을 보여주었다. 즉, 이러한 취약점을 이용할 수 있는 방법을 안다는 것이 전시에 미군에게 이점으로 작용할 수 있다는 의미였다. 그럼에도 불구하고 미군의 장성단 중에서 이 기술의 가능성에 대해 조금이라도 관심을 가지는 사람은 거의 없었다.

군사 기술에 대한 머니의 관심은 1957년 어느 날 밤으로 거슬러 올라간다. 그 당시 머니는 캘리포니아주에 위치한 어느 육군 부대에서 초병으로 근무하던 중 하늘을 올려다보며 소련의 두 번째 인공위성인 스푸트니크Sputnik 2호를 보았다. 미국이 첫 번째 위성을 쏘아 올리기 이전에 이미 스푸트니크 2호는 지구를 돌고 있었다. 미래의 등불이었던 이 위성은 두려움을 안겨주는 존재이자 사람의 마음을 사로잡는 매혹적인 것이었다. 4년 후 머니는 산호세 주립대학교San Jose State University 공학부에 입학했다. 그 당시 서니베일Sunnyvale 인근에 위치한 록히드Lockheed 공장은 숨만 쉴 수 있으면 어떤 엔지니어든지 채용했다. 머니는 야간 교대조로 취직하여 잠수함의 튜브를 통해 신형 폴라리스Polaris 미사일을 발사하는 시스템을 개발하는 일을 도왔다. 그는 곧 극비 첩보위성 관련 일을 맡게 되었고, 학위를 취득한 후에는 소련의 미사일 시험 중 발생하는 무선신호를 가로채는 극비 장비를 개발하는 일을 하게 되었다.

머니는 그곳을 나와 빌 페리^{Bill Perry}가 NSA와 CIA의 신호정보장비를 개발하기 위해 설립한 회사인 ESL로 자리를 옮겼다. 1990년에는 연구소장의 자리에까지 오르기도 했다. 6년 후, 그의 오랜 멘토였던 페리 국방장관의 요청에 따라 연구개발 및 획득을 담당하는 공군성 차관보로 펜타곤에 입성하게 되었다.

그는 공군성 차관보로서 당시 펜타곤의 감사관이었던 존 햄리와 연락을 자주 할 수밖에 없었다. 1998년 2월 솔라 선라이즈 사건이 발생하자 당시 국방차관이었던 햄리는 무슨 일이 일어나고 있는지 자신에게 알려줄 수 있는 사람이 주변에 없다는 것을 알게 되었고, 당시 국방부 장관이었던 윌리엄 코헨을 설득하여 아트 머니를 C3I 담당 국방차관보로 임명하게 만들었다.

머니는 그 일에 꼭 맞는 적임자였다. 햄리는 사이버 보안을 최우선 순위에 둘 준비가 되어 있었다. 펜타곤 내부에서 사이버 문제에 대해 가장 잘 알면서 가장 밀접하게 관련이 있는 사람들 중 한 명인 머니는 곧 햄리의 사이버 보안 분야 수석보좌관이 되었다. 국방부 컴퓨터에 침입탐지 시스템을 설치해야 한다고 건의한 사람이 바로 머니였다. 더스티 로드 중령이 제609정보전부대에서 블루 플래그 훈련을 했다는 얘기를 듣고 그를 J-39로 영입한 사람도 머니였다. 그뿐 아니라 보스니아 내전 당시 J-39와 NSA, CIA 모두를 하나로 엮어낸 사람도 머니였다.

정보전(또는 사이버전. 지금은 사이버전으로 불림) 개념은 이 시기에 정립되어야 했지만, 군 수뇌부에 있는 대부분의 장성들은 여전히 무관심하거나, 심지어 저항하기도 하여 제대로 추진될 수 없었다.

1998년 여름, 솔라 선라이즈 사건을 계기로 머니는 1년 365일 근무하는 관제센터의 운영과 공격 발생 시 해야 할 일을 상세히 적은 대응방안 초안 작성을 포함해, 국방부 전체 컴퓨터 시스템 보호 수단들을 조율

하는 조직으로서 JTF-CND(합동 컴퓨터 네트워크 방어 TF)를 설립하는
데 중요한 역할을 했다. 간단히 말해, 머니는 솔라 선라이즈 사건이 발생
했을 때 햄리가 물었던 "책임자가 누구입니까?"라는 질문에 대한 답을
정리해가고 있는 중이었다.

초기 계획은 JTF-CND에 '공세적인' 역할, 즉 적의 네트워크를 공격
하기 위한 방책을 개발할 수 있는 권한을 부여하는 것이었다. 더스티 로
드 중령은 이 임무를 수행할 수 있는 은밀한 소규모 전초기지를 준비해
두었다. 하지만 로드 중령과 머니, 그리고 당시 JTF-CND를 담당하고
있던 캠벨 준장은 각 군이 지휘권한을 갖고 있지도 않은 이런 작은 조직
에 공세 행동을 위한 권한을 부여하지 않을 것이라는 사실을 잘 알고 있
었다.

그럼에도 불구하고 캠벨 장군은 각 군이 자체적인 사이버 공격 작전
을 위한 계획이나 프로그램을 보유하고 있는 한(그는 각 군이 이미 갖고 있
다는 것은 알고 있었다), JTF-CND가 각 군으로부터 적어도 보고는 받아
야 한다고 주장했다. 그의 주장은 확고했다. JTF-CND의 분석관들은 사
이버 공격을 방어하는 기법을 개발해야 했다. 미군이 고안한 공격 기법
이 어떤 것인지 아는 것은 방어의 범위를 확장시키는 데 도움이 될 것이
었다. 미국이 적에 대해 어떠한 공작을 펼치더라도 결국에는 적도 곧 미
국을 대상으로 똑같은 공작을 펼칠 수 있기 때문이었다.

코헨 장관은 캠벨 장군의 의견을 메모에 적어 각 군 참모총장에게 보
냈다. 그리고 각 군이 갖고 있는 컴퓨터 네트워크 공격계획을 JTF-CND
와 공유할 것을 지시했다. 하지만 햄리가 주관한 회의에서 각 군의 참모
총장을 대신하여 참석한 육군·해군·공군의 참모차장은 장관의 지시에
거부의사를 나타냈다. 그들이 노골적으로 지시를 거부한 것은 아니었다.
만약 그랬다면 그것은 명령불복종이자, 해임감이 될 수도 있었다. 그 대

신에 각 군은 사이버 공격 계획을 다른 차원의 문제로 재정의했기 때문에, 자신들에게는 JTF-CND로 보고할 만한 계획이 없다고 말할 수 있었다. 하지만 이들의 속셈은 뻔했다. 그들은 사실 자신들의 비밀을 공유하고 싶지 않았을 뿐이다. 심지어 국방장관이 그것을 지시한다고 해도 말이다.

분명 JTF-CND는 더 광범위한 법적 근거와 더 많은 권한을 얻기 위한 배경이 필요했다. 그래서 2000년 4월 1일, JTF-CND는 JTF-CNO로 명칭을 변경했다. 여기에서 O는 작전Operations을 의미하는 것으로, 이 작전에는 컴퓨터 네트워크 방어만 포함되는 것이 아니라 컴퓨터 네트워크 '공격'도 명시적으로 포함되어 있었다. 새로운 JTF-CNO는 콜로라도주 스프링스Springs에 위치한 미 우주사령부U.S. Space Command 예하로 편성되었다. 미 우주사령부 예하라는 것이 이상하기는 했지만, 우주사령부만이 이 임무를 수행하고자 한 유일한 부대였다. 어찌되었든 간에 그곳은 전쟁계획과 전력증강에 힘쓰는 '사령부'였다.

하지만 머니와 캠벨 장군, 햄리 차관과 새로 부임한 JTF-CNO의 지휘관인 제임스 D. 브라이언James D. Bryan 소장은 이것이 일시적인 편성이라고 생각하고 있었다. 콜로라도주 스프링스는 펜타곤이나 다른 중앙 부서와는 너무 멀리 떨어져 있었다. 또한 JTF-CNO의 컴퓨터 전문가들은 우주사령부에 있는 자신들의 업무 파트너에게 항상 불만이 많았다. 그들은 임무에 대해 잘 알아야 했지만 사이버 공격에 대해서 아는 것이 아무것도 없었다.

머니는 사이버 임무—특히 사이버 '공격' 임무—는 궁극적으로 포트 미드에 있는 NSA 본부로 이관해야 한다고 생각했다. 그리고 NSA의 신임 국장인 마이클 헤이든Michael Hayden 중장도 같은 생각을 하고 있었다.

●●●

1999년 3월, 마이클 헤이든은 케네스 미너핸의 뒤를 이어 NSA 국장이 되었다. 헤이든 국장이 미너핸의 후임자가 된 것은 이번이 처음은 아니었다. 1996년 1월 초부터 거의 2년 가까이 헤이든은 샌안토니오의 켈리 공군기지를 지휘했다. 헤이든이 부임하기 전 켈리 공군기지는 미너핸이 지휘관으로서 공군정보전센터를 운영했다. 공군정보전센터는 공격과 방어 모두를 포함하여 사이버전이라고 부르게 되는 거의 모든 것을 개척한 곳이었다. 헤이든이 부임할 무렵에는 공군정보전센터의 능력과 위상이 향상되어 있었다.

헤이든 장군은 켈리 공군기지로 부임하기 전까지만 해도 사이버라는 주제에 대해 아는 것이 거의 없었다. 하지만 그 가능성을 일찌감치 깨달았다. 아이디어를 카테고리별로 나누는 것을 좋아할 만큼 체계적인 사고를 하는 헤이든 장군은 GEDA라는 이름의 임무수행 개념을 제시했다. GEDA는 획득Gain(정보 수집), 활용Exploit(적 네트워크에 침투하기 위한 정보의 이용), 방어Defend(아군의 네트워크를 침투하려는 적의 활동 방지), 공격Attack(단순히 적 네트워크에 침투하는 것뿐만이 아니라 무력화, 교란 또는 파괴하는 활동)의 약자였다.

언뜻 보기에 새로운 임무수행 개념은 임무 간 구분이 분명해 보였다. 하지만 헤이든 장군이 제시한 이 개념에 담겨 있는 더 깊은 뜻은 이 모든 임무들이 한데 얽혀 있다는 것이었다. 이 임무들은 모두 동일한 기술, 동일한 네트워크, 동일한 활동(사이버 공간에서 이루어지는 정보와 작전, 즉 사이버 보안, 사이버 첩보전, 사이버 전쟁)을 수반한다. 결국 근본적인 의미에서 이 임무들은 서로 밀접한 관계에 있다는 것이었다.

헤이든 장군이 한국에 있는 주한미군사령부에서 정보부장으로 부임할 당시, 솔라 선라이즈와 문라이트 메이즈 사건은 장군단을 공황에 몰아넣고 있었고, 적어도 일부 장군들에게 정보전이라는 최신 화두에 주목할 필요가 있다는 것을 깨닫게 해주었다. 다가오는 예산 전쟁에서 각자의 몫을 주장하기 위해서인지 갑자기 각 군은 사이버라는 간판을 내걸었다. 육군의 지상정보전부서Land Information Warfare Activity, 해군의 해양정보전부서Naval Information Warfare Activity, 심지어 공군정보전센터와 오랜 기간 전 분야에 걸쳐 참여해왔던 해병대사령부의 컴퓨터 네트워크 방어 부대도 여기에 포함되었다.

이들 대부분은 케네스 미너핸이 NSA 국장으로 재임하던 시기에 우후죽순으로 생겨났다. 그러나 이러한 추세는 다음과 같은 세 가지 이유로 미너핸 국장에게 고민거리를 안겨다주었다. 첫 번째는 예산 문제 때문이었다. 냉전 종식 이후 국방예산은 가차없이 삭감되고 있었다. 특히 NSA의 예산은 더욱 심하게 깎였다. 미너핸 국장은 NSA가 만들고 키워온 이 영역에서 이제 막 등장한 초짜들에게 그의 자원을 더 투입할 필요가 없었다. 두 번째, 각 군의 야심 찬 사이버 전사들 중 일부는 작전보안이 형편없었다. 그들은 적의 해킹 공격에 취약해서 만약 적이 그들의 네트워크에 침입한다면 NSA가 공유한 파일들에 접근할 수도 있었다.

마지막은 NSA의 존재에 관한 문제였다. 미너핸이 NSA 국장으로 취임하고 나서 빌 페리 장관이 그에게 이렇게 말했다.

"이보게, 앞으로 자네는 NSA를 계속 음지에 두어야 하네."

'음지', 이것이 핵심이라는 것을 미너핸은 일찍이 알고 있었다. 그것은 대통령이나 국무위원, 위원회의 위원장들, 그리고 정부 부처 내 법무조직이 NSA가 다른 정보기관보다 더 큰 자율성을 갖고 거의 완벽하게 비밀리에 운영되도록 만들고 싶다는 뜻이었다. NSA는 유능하면서도 얼굴 없는 암호제작자와 암호해독자들이 외부에 있는 사람들은 이해하는 척할 수도 없고, 따라하는 것은 더더욱 할 수도 없는 일들을 하는 곳이었으며, 제2차 세계대전 이후 거의 모든 기간에 걸쳐 평화를 유지하는 데 매우 지대한 역할을 했다.

그런데 이제는 그 음지가 조금씩 드러나고 있었다. 냉전의 종말과 함께 미너핸 국장은 소련의 전문가로 이루어진 NSA의 전설적인 조직인 A 그룹을 도려냈다. 불량국가와 테러리스트를 포함하여 새로 등장하는 위협에 더 많은 자원을 집중하기 위해서였다. 그럼에도 불구하고 NSA는 자랑할 만한 핵심적인 '기술적 기반'을 가지고 있었다. 암호학자, 조직 내 연구소, 그리고 잘 알려지지 않은 외부 협력업체들과의 특별한 관계가 바로 그것이었다. 이들 덕분에 음지는 여전히 빛났다. 미너핸 국장은 그 기반을 다지고 NSA의 시야를 넓히는 한편, NSA의 어젠다를 바꾸고, NSA를 동경해 같은 사이버 영역에 뛰어든 소수의 조직이 NSA를 약화시키지 않도록 NSA의 전문적 기능을 유지해야 했다.

NSA가 한때 독점하던 전문 영역의 일부를 차지한 조직들이 범람하고 본질적으로 동일한 활동을 가리키는 유사한 용어들(정보전, 정보작전, 사이버전 등)이 넘쳐나는 가운데, 미너핸은 선을 긋고자 했다. 그는 주변 정치인들에게 자주 이렇게 말했다.

"나는 여러분이 그것을 무엇이라고 부르든 상관없습니다. 내가 바라는 건 단지 여러분이 '나'를 불러달라는 것뿐입니다."

NSA를 계속해서 이 세계의 중심에 두기 위해, 미너핸은 NSA 본부 내에 IOTC^{Information Operations Technology Center}(정보작전기술센터)라는 이름의 새로운 조직을 창설했다. 이 구상은 전군의 잡다한 사이버 조직들을 한데 통합하기 위한 것이지, 그것들을 없애기 위한 것이 아니었다. 미너핸은 행정적인 쟁점을 만들고 싶지 않았다. 그는 다만 그것들을 자신의 관리 영역 안에 두려 했을 뿐이었다.

미너핸에게는 명령을 통해 이를 추진할 수 있는 법적 권한이나 정치적 영향력이 없었다. 그래서 몇 년 동안 알고 지내온 지인이자 C3I 국방 차관보로 이제 막 부임한 아트 머니에게 중복된 사업에 배정된 각 군의 사이버 관련 예산을 샅샅이 파악해달라고 부탁했다. 머니가 다수의 사례를 찾아낸 것은 전혀 놀라운 일이 아니었다. 머니는 이것들을 햄리 차관에게 가지고 가 낭비가 있음을 강조하고 설득하기 시작했다. 머니는 어떠한 조직도 NSA보다 이 임무를 잘 수행할 수 없다고 주장했다. 더불어 NSA가 IOTC라는 조직을 신설했으니 이를 통해 여기저기 산재한 노력들을 간소화하고 조율하는 것이 최선이라고 덧붙였다. 그 무렵 NSA의 진가를 인식하게 된 햄리는 이 건의를 승인했고, IOTC를 머니의 감독하에 두도록 했다.

헤이든이 NSA 국장으로 취임하자, 머니는 헤이든이 IOTC를 다른 방향으로 이끌도록 압박했다. IOTC를 설립하면서 미너핸이 의도했던 것은 T, 즉 기술Technology을 강조하는 것이었다. 이것이야말로 NSA가 내세울 수 있는 최대 장점이자, NSA가 피라미드의 정점에 서 있도록 만든 이유였기 때문이다. 머니는 O, 작전Operations에 방점을 두고자 했다. NSA가 사이버 공격작전을 수행함에 있어 IOTC를 백도어로 쓰기를 원했던 것이다.

이 아이디어는 다양한 영역에서 논란을 불러일으켰다. 우선, NSA에서 오랫동안 근무했던 요원들이 이를 좋아하지 않았다. NSA의 핵심 임무이자 신호정보활동의 목적은 적 통신망에 침투함으로써 정보를 수집하는 것이었다. 만일 NSA가 적 통신망의 근원지를 '공격'한다면 수집할 정보는 사라지게 될 것이고, 적들이 NSA가 자신들의 네트워크에 침입하는 방법을 알고 있다는 사실을 알게 되면 암호를 변경하고 보안을 대폭 강화하게 될 것은 자명했다.

둘째, 머니의 아이디어는 법에 저촉될 가능성이 있었다. 일반적으로 미군은 미 연방법전 제10편에 따라 작전을 수행하고, NSA를 포함한 정보기관은 제50편을 따랐다. 제10편은 무력의 사용을 허가했으나, 제50편은 아니었다. 군은 제50편에 따라 기관들이 수집한 정보를 공격 작전의 '기초'로 사용할 수는 있었지만, NSA 단독으로는 공격을 수행할 수 없었다.

머니와 헤이든 국장은 IOTC가 이러한 제한사항을 교묘히 우회할 수 있는 경우를 생각했다. 왜냐하면 IOTC의 활동이 공식적으로 국방장관에게 보고되었기 때문이다. 하지만 법의 장벽은 이런 단순한 해결책으로 극복하기에는 너무 두터웠다. 각 군은 IOTC가 취하는 어떠한 조치에 대해서도 이해관계가 얽혀 있었다. 이는 CIA와 다른 정보기관도 매한가지였다. 처음부터 사상누각이었다. 순전히 기술적인 관점에서 바라본다면 타당한 일이었다. 공군정보전센터에서 근무했던 경험으로부터 미너핸과 헤이든이 알게 된 것처럼 컴퓨터 네트워크에 대한 공격과 방어는 작전적으로 똑같았기 때문이다. 하지만 '법적' 권한은 분리되어 있었다.

헤이든은 그 당시 IOTC가 제법 괜찮은 방안이라고 생각했다. 최소한 미너핸이 의도했던 것처럼 사이버 영역에서 NSA의 우위를 보호할 수 있었기 때문이다. 장기간에 걸쳐 NSA의 영역을 확장하려면 기다려야만 했다. 그러나 헤이든은 취임과 거의 동시에 수많은 다른 어려운 문제들에 직면하게 되었다.

NSA에 오자마자 헤이든은 어떤 극비 보고서에 대한 소문을 듣게 되었다. "우리는 귀머거리가 되어가고 있는가?"라는 제목의 그 보고서는 몇 달 전 상원 정보위원회에 제출하기 위해 작성된 것이었다. 그 보고서는 한때 신호정보 기술에 있어 첨단을 달리던 NSA가 전 세계 통신망의 변화를 쫓아가는 데 실패했다고 결론지었다. 세상은 디지털 휴대폰, 암호화된 이메일, 광케이블로 전환되고 있는데, NSA는 전화선이나 회로를 도청하고 무선 주파수나 가로채는 데 너무 집착하고 있다는 것을 지적하고 있었다.

이 보고서는 기술고문단^{Technical Advisory Group}이 작성한 것이었다. 기술고문단은 다가올 디지털 시대의 영향을 분석하기 위해 1997년 상원 정보위원회에서 만든 소규모 전문가 위원단으로, 구성원의 대부분은 NSA에서 은퇴한 사람들이었다. 이들은 외부 인사—특히 돈줄을 쥐고 있는 상원의원들—의 재촉이 일을 진척시켜줄지도 모른다는 NSA의 고집스런 사고와 일처리 방식을 못마땅하게 여겼기 때문에 상원 정보위원회와 접촉해 고문단을 제대로 만들 것을 강력히 요구했다.

고문단 중 한 명이자 이 보고서를 담당한 익명의 작성자는 과거 NSA 국장이었던 빌 스튜드먼이었다. 스튜드먼은 NSA 국장으로 취임하자마자 중요한 두 가지 연구과제를 하달했고, 그로부터 10년이라는 세월이 흘렀다. 10년 전 그가 하달한 첫 번째 과제는 세상이 아날로그에서 디지털로 얼마나 빨리 전환되고 있는지 예측하는 것이었고, 두 번째 과제는 NSA 요원들의 기술 수준이 다가오고 있는 새로운 세상의 요구와 맞지 않는다는 것을 보여주는 것이었다.

그 후 몇 년이 지나 스튜드먼은 CIA 부국장이 되었고, 다양한 정보위원회에서 활동했으며, 노스럽 그러먼 사^{Northrop Grumman Corporation}의 부회장으로서 감시 및 정보전에 대한 프로젝트를 주도했다. 이렇게 스튜드먼은 여전히 활발히 활동했지만, NSA가 진부해지고 있다는 사실에 큰 실망을 감추지 못했다.

상원 위원회는 스튜드먼의 보고서를 매우 심각하게 받아들였다. 그리고 이 보고서를 연간 보고서에 포함하면서 NSA가 그들의 오랜 관행을 쇄신하지 않는다면 예산을 삭감하겠노라고 엄포를 놓았다.

스튜드먼의 보고서는 미너핸이 NSA 국장으로 있는 동안 유포되어 미너핸을 귀찮게 했다. 미너핸은 이미 다양한 개혁을 추진하고 있었다. NSA가 인터넷 침투 사업에 고작 연간 200만 달러만을 사용하고 있다는 사실을 상원 위원회가 알고 난 이후로 NSA는 크게 발전해 있었다. 하지만 미너핸은 스튜드먼의 보고서에 대해 어떠한 말도 하지 않았다. 상원에서 스튜드먼의 보고서를 신뢰하게 된다면, NSA의 예산이 대폭 증액될 수도 있었기 때문이었다. 미너핸에게 예산은 가장 큰 문제였다. 미너핸은 무엇이 필요한지 알고 있었다. 이 일을 하기 위해서는 더 많은 예산이 필요했다.

하지만 헤이든은 NSA 국장으로 취임하고 나서 스튜드먼의 보고서를 진리처럼 여기게 되었고, 외부인 다섯 명—정보 관련 프로젝트를 맡아서 운용해본 적이 있는 우주항공 분야 도급계약업체의 중역들—으로 구성된 팀을 꾸려 NSA의 조직과 문화, 관리, 업무 우선 순위 등을 검토하도록 했다. 헤이든의 지원에 힘입어 이 다섯 명은 관련 문서를 면밀하게 살피고 100명이 넘는 정부 관계자들을 인터뷰했다. 여기에는 NSA 직원, NSA를 상대하는 다른 정부 기관의 사람들이 포함되어 있었다.

검토를 수행한 지 두 달이 지난 10월 12일, 5인의 전문가팀은 헤이든 국장에게 자신들의 검토 결과를 보고하고 곧이어 그것을 곧 27페이지 분량의 보고서로 정리했다. 보고서에 따르면 NSA는 "소통이 엉망인 임무수행체계", "비전의 부재", "무너진 인사체계", NSA의 정보에 의존하고 있는 다른 정부 기관과의 부실한 관계, 그리고 "외부에는 무관심한 조직 문화" 등의 문제점을 안고 있었다. 이것들은 부분적으로 NSA의 유난스런 비밀 유지에서 기인한 것들이었다. 이러한 모든 문제점들로 인해, NSA는 "전 세계의 네트워크를 다루기 위한 새로운 방법"을 개발하기보다는 "기존의 인프라"를 고수하는 경향이 있었다. 만일 이런 구태의연한 방법을 고집한다면 NSA는 "무너질 것"이며, 이들의 "고객"인 백악관, 국방부, 그리고 고위 관료들은 정보를 찾기 위해 "다른 기관으로 떠날" 수도 있었다.

5인의 전문가팀이 찾아내고 지적한 내용 중 새로운 것은 거의 없었다. 지난 20여 년 동안 NSA 국장들은 NSA의 능력과 다가오고 있는 디지털 세상 사이에서 어렴풋이 보이는 간극을 끊임없이 이야기하고 있었다. 스튜드먼과 그의 멘토인 바비 레이 인먼은 적응해야만 한다는 것을 경고했으나, 이들의 목소리는 추동력을 얻기에는 너무 앞서 나가고 있었다. 마이크 매코널 국장도 여기에 박차를 가했으나, 곧 클리퍼칩 사태에 휘말려버렸다. 케네스 미너핸 국장은 다른 누구보다도 미래를 더 구체적으로 그려냈지만, 천성이 관리자는 아니었다. 그는 격식을 차리는 대부분의 다른 장군들과는 거리가 먼 촌스러운 스타일의 전형적인 텍사스 남자였다(사람들은 이런 그의 스타일을 "전형적인 앤디 그리피스Andy Griffith 스타일"이라고 묘사했다(앤디 그리피스는 1960년대 미국 인기 시트콤 〈앤디 그리피스 쇼The Andy Griffith Show〉에서 주인공 보안관 앤디 테일러Andy Taylor로 열연하여 시청자에게 큰 웃음을 선사해 사랑을 받은 배우이다-옮긴이). 모든 사람들이 미너핸 국장을 좋아했지만, 그가 하는 말을 이해하는 사람은 많지 않았다. 미너핸 국장이 "우리는 깜빡이를 켜지 않은 채 급우회전할 거야"라는 공군식 농담을 던지면, 사람들은 이 말을 이해하지 못했다. "하나의 팀, 하나의 임무"라는 진지한 화두를 던지기도 했지만, 이것 역시 모호함만 불러일으켰다. 여기에서 미너핸 국장은 사람들이 다른 사람들과 더욱 밀접하게 일해야 한다는 것을 말하는 것 같았지만, 문제는 '누가', '누구와'였다. 신호정보부와 정보보증부인가? 아니면 NSA와 CIA인가? 아니면 정보계와 군인가? 누구도 정확히 아는 사람은 없었다.

헤이든 국장은 그와 대조적으로 현대적인 느낌의 군 장성이었다. 미너핸보다는 덜 성급하고 확실히 덜 서민적이었으며 좀 깐깐한 구석이 있는 실무형 관리자였다. 외부인 다섯 명으로 구성된 전문가팀의 브리핑 결과를 바탕으로 헤이든은 자신이 작성한 18페이지 문서를 NSA 전 직원에게 회람하게 했다. "변화를 위한 국장의 향후 임무추진계획"이라는 직설적인 제목으로 작성된 이 문서는 전문가팀이 작성한 보고서와 본인이 구상한 해법을 정리한 것이었다.

자료에 담긴 그의 어조는 메시지만큼이나 냉혹했다. 헤이든은 NSA는 "정비가 필요한 조직"이며, 과거의 관습은 우리를 "큰 위험에 빠뜨리고 있다"고 평가했다. NSA는 과감하고 결단력 있는 새로운 리더십과 하나로 뭉친 직원들의 단결이 필요했고, 그것을 통해 신호정보 활동과 정보보호 활동이 서로 조화를 이루어야 했다(사실 이것이 미너핸 전 국장이 말한 "하나의 팀, 하나의 임무"가 뜻하는 바였다). 그리고 무엇보다도 "기술의 변화라는 난제"를 처리하기 위해 재도약하는 신호정보부가 필요했다.

헤이든은 "NSA는 지금까지 뒷걸음질쳐왔다. 우리는 내부 역량을 강화하면서 새출발해야 한다. 이것이 결국에는 우리를 필요로 하는 사람들에게 이익을 가져다줄 것이라고 믿는다"라고 결론지었다. 사실 그러려면 먼저 NSA가 자신을 필요로 하는 조직(백악관, 국방부, 기타 정보기관)들의 요구에 초점을 맞추고, 그런 다음 부여되는 임무에 따라 내부 역량을 갖출 필요가 있었다.

미너핸은 이러한 노선과는 어느 정도 거리가 있었다. 그는 냉전 시대에 승리에 기여한 소련 전문가들로 구성된 A그룹을 해체하기는 했지만, A그룹의 명성에 걸맞은 새로운 조직을 구성하거나 새로운 임무를 명확하게 정의하지는 않았다. 이것이 전적으로 미너핸의 잘못이라고 할 수는 없다. 그가 평소 자주 불평을 했던 것처럼 그에게는 예산과 시간, 그리고 정치적 조력자들의 조언이 부족했다. 헤이든이 썼던 것처럼 NSA는 국가 지도자들이 NSA가 갖추길 바라는 역량을 확보하기 위해 노력하는 것이 이상적이었지만, 국가 지도자들 중 어느 누구도 미너핸이 이러한 길을 걸어갈 수 있도록 도움을 주지 않았다. 그리고 이러한 소통의 부재는 두 가지 악순환으로 이어졌다. 하나는 국가 지도자들이 NSA가 일반적인 정보 이외에 무엇을 더 제공할 수 있는지 모른다는 것이었다. 일반적인 정보라도 얻을 수 있다면 그나마 괜찮았다. 하지만 문제는 NSA의 수단과 기술들이 점점 귀머거리가 되어가는 세상 속에서는 이러한 일반적인 정보마저도 점점 구하기 어려워진다는 것이었다.

5인의 전문가팀이 작성한 보고서에 따르면, NSA의 주된 문제점 중 하나는 '인사체계의 문제'였다. 직원들은 평생 직장으로 여기고 일하는 경향이 있었고, 개인의 재능과는 무관하게 일정한 기간이 지나면 자동으로 승진되었다. 이러한 종신재직체계는 개혁을 위한 사전 작업에 항상 걸림돌이 되었다. 조직의 상층부는 1970~1980년대에 채용된 사람들이 차지하고 있었다. 그 당시는 예산도 충분했고, 미국의 주적도 명확했으며, 전화선과 라디오 주파수가 전부였던 통신은 간단한 회로로 도청하거나 아니면 공중에서 쉽게 가로챌 수 있던 시절이었다.

헤이든 국장은 최우선 과제로 인사체계를 바꾸었다. 11월 15일, 'NSA 개혁 100일 작전'을 선언했다. 과거에 장기 근속자들은 특별한 배지를 달았고 별도의 엘리베이터를 이용했다. 하지만 이제는 모든 사람들이 똑같은 배지를 달고 모든 엘리베이터가 모두에게 개방되었다. 헤이든은 또한 믿을 만한 사람 몇 명과 상의하여 인사평가에 대한 철저한 조사를 실시했고, 2주 후 수십 년 동안 자리만 차지해왔던 사람들 60명을 해고했다. 이후 공석을 메우기 위해 더 경쟁력 있는 직원 60명을 승진시켰다. 이들의 대부분은 나이로 보나 연공서열로 보나 해고된 사람들보다 한참 아래였다.

수많은 불평들이 쏟아져나왔다. 그러던 2000년 1월 24일, 헤이든이

100일 작전을 추진한 지 10주차에 접어들 무렵, 알람벨 하나가 요란하게 울렸다. NSA의 메인 컴퓨터 시스템이 마비되었고, 72시간이나 그 상태가 지속되었다. 해당 컴퓨터에는 전 세계 파견지에서 수집한 정보들이 여전히 저장되어 있었지만, 본부에서는 이에 접근할 수 있는 방법이 없었다. 가공되지 않은―검증되지 않고, 처리되지 않고, 분석되지 않은―정보는 거의 쓸모가 없었다. NSA는 사실상 3일 동안 마비된 것이었다.

처음에는 사보타주나 Y2K 문제가 뒤늦게 나타난 것은 아닌지 의심하기도 했다. 하지만 내부 기술진이 재빨리 확인한 결과 컴퓨터에 단순한 과부하가 있었던 것으로 드러났다. 피해가 제법 심각한 편이어서 컴퓨터가 정상으로 돌아온 후 기술진들이 내부 데이터와 프로그램을 복구해야만 했다.

헤이든 국장에 대한 불평은 그쳤다. 누군가 그의 대개혁의 필요성에 의문을 제기했었지만, 이제는 더 이상 어떠한 의문의 여지도 없었다.

전문가 보고서에 있는 NSA의 또 다른 문제점은 신호정보부가 지역에 따라 데이터를 구분하여 처리하고 있다는 점이었다. 한 그룹은 예전 소련 지역에서 나오는 신호를 담당하고, 다른 그룹은 중동 지역을, 또 다른 그룹은 아시아 지역 신호를 담당하는 방식이었다. 하지만 현실에서는 모든 통신이 동일한 네트워크에서 유통되고 있었다. 월드와이드웹world wide web은 문자 그대로 전 세계적이었다.

이들의 보고서에서 전문가팀은 신호정보부에 대한 새로운 조직 개편을 권고했다. 더 이상 효과가 없는 지역별 구분에서 탈피하여 '글로벌 대응Global Response', '글로벌 네트워크Global Network', 그리고 '맞춤형 접근Tailored Access' 방식으로 개편해야 한다는 것이었다.

'글로벌 대응'은 NSA가 꾸준하게 수행하는 임무로부터 별도의 자원 전환 없이 일일 단위의 위기에 대응하는 것을 의미했다. 이는 미너핸 전

국장을 가장 힘들게 만든 요소였다. 대통령이나 국방부 장관은 사담 후세인의 군비증강, 북한의 핵 프로그램, 중동평화회담 전망 등 위기 상황이 잇따를 때마다 끊임없이 너무 많은 정보를 요구해왔다. 따라서 그는 구조 개혁에 집중할 수가 없었다.

글로벌 네트워크는 새로운 도전이었다. 과거에는 각국의 언어에 능통한 NSA 요원들이 자리에 앉아 도청장치와 안테나를 통해 수집되는 전화통화와 라디오 신호를 실시간으로 청취하거나 녹음된 테이프로 들었다. 하지만 휴대전화, 팩스, 인터넷으로 이루어진 새로운 시대에는 '들을' 수 있는 것이 거의 없었다. 있는 것이라고는 신호 정도인데, 신호는 정해진 회선이나 채널을 통해 한 지점에서 다른 지점으로 이동하지 않는다. 대신에 디지털 통신(모든 정보를 0과 1로 구성되는 디지털 신호로 변환하고, 디지털 통신망을 통해 전송하는 통신-옮긴이)은 데이터 패킷data packet(데이터 전송에서 사용되는 데이터의 묶음, 패킷 전송은 두 지점 사이에 데이터를 연속적으로 전송하지 않고 전송할 데이터를 적당한 크기로 나누어 패킷의 형태로 구성한 다음 패킷들을 하나씩 보내는 방법을 사용함-옮긴이) 형태로 네트워크를 빠르게 통과하고, 이 과정에서 다른 디지털 통신 패킷들과 한데 뒤섞이게 된다(이는 몇 년 후 NSA가 문제가 되는 사람들뿐만 아니라 평범한 일반 시민들의 대화 내용까지 도청한다는 사실이 알려지면서 큰 논란을 불러일으켰다). 이러한 네트워크와 패킷은 인간이 실시간으로 모니터링할 수 없을 정도로 매우 방대하다. 따라서 초고속 컴퓨터를 통해 정보를 분석한 후 걸러서 처리해야 하며, 이후 키워드나 의심스러운 트래픽 패턴을 찾기 위해 데이터를 꼼꼼하게 살펴야 한다.

헤이든에게 지난 1월 NSA의 컴퓨터 시스템이 3일간 마비상태에 있었다는 것은 NSA가 보유하고 있는 하드웨어가 임무를 감당해내지 못할 수도 있다는 것을 의미했다. 보고서를 작성한 5인의 전문가팀은 조금의 사심도 없이 NSA가 외부 협력업체들이 제안하는 것들을 검토해야 한다고 권고했다. 헤이든은 이런 권고사항을 받아들이기로 했다. 새로운 컴퓨터와 소프트웨어는 이 새로운 글로벌 네트워크를 정밀하게 검사하고 감당할 수 있는 수준이어야 했다. 이런 것들은 외부 협력업체들이 더 잘 만들어낼 수 있었다.

헤이든은 이 새로운 프로그램을 '선구자Trailblazer'라고 명명했다. 그리고 8월에 '선구자 산업의 날Trailblazer Industry Day'을 만들어 130명의 기업 대표를 NSA 본부로 초청하고 그의 계획을 소개했다. 10월에는 새로운 시스템에 필요한 '기술 시연 플랫폼'을 구축하기 위해 경쟁 입찰을 개시했다.

이듬해 3월에 NSA는 사이언스 어플리케이션스 인터내셔널 사SAIC, Science Applications International Corporation와 280만 달러에 계약했다. 이 금액은 향후 10년간 투입될 10억 달러가 넘는 예산에서 처음으로 배정된 비용이었다. 그 밖에 이 프로그램에 함께 참여한 업체로는 오랜 기간 정보기관과 관계를 유지해온 노스럽 그러먼, 보잉, 컴퓨터사이언시스 사Computer Sciences Corp., 부즈 앨런 해밀턴Booz Allen Hamilton이 있었다.

특히 SAIC는 NSA와 밀접한 관련이 있었다. 바비 레이 인먼이 이 회사의 이사였고, NSA의 최고 암호 전문가 중 한 명이었던 빌 블랙Bill Black이 1997년에 은퇴하여 이 회사의 부장으로 있었다. 3년 후 지칠 대로 지친 대부분의 조직원들을 충격에 빠뜨리는 회전문 인사가 단행되었다. 헤이든 국장이 빌 블랙을 NSA 부국장으로 다시 불러들여 선구자 사업을 맡겼던 것이다. 빌 블랙이 SAIC에서 다시 NSA로 오게 된 것이었다.

그러나 NSA는 여전히 더 큰 돌파구가 필요했다. 그것은 바로 신호를 가로채기 위한 수단과 기술이었다. 단순히 디지털 네트워크를 통해 흐르는 신호뿐만 아니라 신호의 원점까지 추적할 수 있는 수단과 기술이어야 했다. 지금까지 발칸 반도에서 있었던 가장 큰 정보전 활동은 베오그라드의 '전화' 시스템을 해킹한 것이었다. 이보다 10년 전 걸프전에서는 사담 후세인의 장군들이 광케이블을 통해 명령을 하달하자, NSA의 인력과 기술에 전적으로 의존하고 있던 펜타곤의 합동정보위원회Joint Intelligence Committee는 광케이블 링크를 파괴하는 방법을 생각해냄으로써 사담 후세인이 마이크로웨이브로 전환하게 만들었다. NSA는 마이크로웨이브 신호를 가로채는 방법은 알고 있었지만, 광케이블을 통해 이동하는 데이터를 가로채는 방법은 그 무렵까지도 알지 못했다. 지금 NSA에게 필요한 것이 바로 이것이었다.

헤이든에게 제출한 보고서에서 5인의 전문가팀은 신호정보부와 정보보증부가 아주 긴밀히 협력해야 한다고 권고했다. 두 조직의 임무가 매우 빠른 속도로 동전의 양면이 되어가고 있었기 때문이다.

NSA 본부로부터 차로 약 30분 정도 떨어진 볼티모어-워싱턴 국제공항Baltimore-Washington International Airport 근처 한 부속 건물에서 정보보증부는 수년간 미군이 사용하는 소프트웨어를 점검하고 보완했고, 적이 이용할 수도 있는 취약점을 조사했다. 현재 NSA 본부의 중심에 있는 신호정보부의 주된 역할 중 하나도 '적들이' 사용하는 소프트웨어의 취약점을 찾아내고 이를 이용하는 것이었다. 전 세계의 사람들과 군사조직들이 모두 동일한 서방의 소프트웨어를 사용하고 있었기 때문에 정보보증부의 전문가들은 신호정보부에서 유용하게 사용할 수 있을 만한 정보들을 많이 알고 있었다. 동시에 신호정보부는 적의 네트워크에 대한 정보를 갖고 있어서, 이를 통해 적이 현재 무엇을 하고 있고, 어떤 종류의 공격을 계획하고 시험하고 있는지 등을 알 수 있었다. 이러한 것들은 정보보증부 전문가들에게 유용한 정보들이었다. 공격과 방어를 수행하면서 이러한 정보를 공유하기 위해서는 NSA 내부의 두 부서가 가진 전혀 다른 문화를 서로 융화시킬 필요가 있었다.

인먼과 매코널은 이런 통합을 위한 발판을 마련했다. 미너핸은 신호정보부와 정보보증부 간의 인사이동을 추진함으로써 두 조직 사이의 벽을 허물기 시작했다. 이어서 헤이든은 인사이동의 폭을 대폭 넓힘으로써 미너핸의 성과를 더 확대하고, 작전을 수행하는 사람들이 작전 보안에 대한 통찰력을 얻게끔 했다.

풀어야 할 또 다른 숙제는 정보계 내부, 특히 NSA와 CIA 사이의 업무 분장分掌이었다. 과거에는 이것이 명확했다. 이동하는 정보라면, NSA가 그것을 가로챘다. 고정된 정보라면, CIA가 스파이를 보내 이를 훔쳐왔다. NSA는 공중을 날아다니거나 전화선을 통과하는 전파를 수집했고, CIA는 책상이나 금고에 있는 문서들을 훔쳐왔다. 지난 수십 년간 이 경계선은 명확했다. 하지만 디지털 시대에 들어서자 이 경계가 모호해졌다. 컴퓨터라는 것은 이 두 영역 중 과연 어디에 해당하는 것일까? 컴퓨터는 플로피 디스크와 하드 디스크에 데이터를 저장하고, 이는 한곳에 머물러 있다. 그러나 동시에 데이터를 사이버 공간으로 보내기도 한다. 무엇이 되었든 간에 정보라는 점은 동일하다. 그러면 누가 이 정보를 가져와야 할까? CIA일까 NSA일까?

논리적으로는 두 기관 모두가 정답이었다. 그러나 이를 위해서는 법적으로, 그리고 관료적으로 전례 없는 통합을 이루어내야 했다. 이 두 기관은 수년간 간헐적인 프로젝트에서 서로 협력해왔지만, 지금 고려해야 하는 것은 임무와 기능상의 제도적인 통합과 관련되어 있었다. 이러한 일을 수행하기 위해서는 각 기관이 새로운 조직을 만들거나, 아니면 기존의 조직을 강화하고 그것의 방향을 바꾸어야만 했다.

마침 이런 통합을 위한 큰 틀은 이미 존재하고 있었다. CIA는 베오그라드 작전 중에 정보작전센터Information Operations Center를 창설하여 세르비아의 통신 시스템에 특수장치를 설치했고, NSA는 이를 통해 감청할 수 있었다. 정보작전센터는 두 정보기관 사이의 새로운 협력을 이끌어내려는 CIA의 노력의 산물이었다. 이에 상응하는 NSA의 노력으로 탄생한 것이 바로 새로운 신호정보조직도 상에 있는 세 번째 부서인 '테일러드 액세스tailored access'였다.

테일러드 액세스는 미너핸이 지은 이름이었다. 그가 NSA 국장으로 재임하던 시절, 미너핸은 가장 비상한 신호정보요원 수십여 명을 뽑아 중앙층 구석 한편에 배치시켜놓고 임무를 부여했다. CIA의 비밀공작원들이 현실 세계에서 하는 활동을 지금은 테일러드 액세스 요원들이 사이버 공간에서 그대로 하고 있었다. 만일 베오그라드에서 그랬던 것처럼 핵심적인 하드웨어 부품에 어떤 장치를 설치해야 하는 경우가 생긴다면, CIA의 비밀공작원들과 합동작전을 수행할 수도 있었다.

이러한 부서의 출범은 NSA의 상징이었던 신호정보의 개념을 바꾸어놓았다. 신호정보는 허공을 떠도는 전파를 수동적으로 수집하는 행위라고 오랫동안 정의되어왔다. 하지만 지금은 디지털 장비나 네트워크를 무력화하거나 그곳에 침투하는 능동적인 형태도 포함하게 되었다.

미너핸은 테일러드 액세스 부서를 디지털 시대의 A그룹 개념으로 확장하고 싶어했다. 하지만 시간이 충분하지 않았다. 헤이든 국장은 조직 개편을 진행하면서 미너핸의 바통을 이어받아 이를 특별한 엘리트 조직인 테일러드 액세스 작전실TAO, Office of Tailored Access Operations로 탈바꿈시켰다.

헤이든의 추진으로 조금 확대되기는 했지만, 사실 TAO는 작은 조직으로 출발했다. 수십 명의 컴퓨터 프로그래머들은 이 조직에 들어가기 위해 매우 어려운 시험을 통과해야만 했다. TAO는 곧 비밀 엘리트 조직으로 성장했고, NSA가 다른 국방조직과 분리되어 운용되는 것처럼 TAO도 NSA의 다른 구성원들과는 분리되어 비밀로 운용되었다. NSA 건물의 별관에 위치한 TAO는 여기저기 떠도는 소문에서만 등장할 뿐 알려진 바가 거의 없었으며, 심지어 극비를 다룰 수 있는 비밀취급인가를 가진 사람들도 잘 모르고 있었다. TAO 사무실을 방문하고자 하는 사람들은 무장경비 동행 하에 암호화된 문과 보안 망막 스캐너를 거쳐야만 했다.

향후 몇 년 동안 TAO는 NSA 본부에서 근무하는 해킹 요원을 600명으로 보강하고, 이에 더하여 원격작전센터Remote Operations Centers라고 불리는 NSA 파견지인 하와이주 와히아와Wahiawa, 조지아주 포트 고든Fort Gordon, 덴버Denver 일대 버클리Buckley 공군기지, 그리고 샌안토니오San Antonio 일대 텍사스 암호센터Texas Cryptology Center에 400명을 추가로 증원했다.

TAO의 임무와 비공식적인 모토는 "확보할 수 없는 것을 확보한다"였다. 여기서 "확보할 수 없는 것을 확보한다"는 것은 정책결정권자들이 필요로 하는 것을 확보한다는 의미였다. 만일 대통령이 테러리스트 지도자가 현재 무엇을 생각하고 무엇을 행하고 있는지 궁금해한다면, TAO는 테러리스트 지도자의 컴퓨터를 추적하여 하드 드라이브를 해킹한 뒤 파일들을 빼내고 이메일을 훔쳐볼 것이다. 이것은 전적으로 사이버 영역에서만 이루어졌다(특히 초기에는 목표 대상이 패스워드를 적어두었다면 패스워드를 뚫고 들어가는 것은 아주 쉬웠다). 하지만 간혹 CIA 첩보원이나 특수작전부대의 비밀요원의 도움이 필요할 때도 있었는데, 이때 이들은 목표 대상의 컴퓨터를 확보하여 그 컴퓨터에 악성 코드가 담겨 있는 USB를 꽂거나 TAO 요원이 그 컴퓨터에 접속할 수 있는 장비를 부착하는 일을 수행했다.

이들 장비는 작동방식이나 존재 자체가 비밀이어서, 거의 대부분의 것들이 NSA 내부에서 설계되고 제작되었다. 소프트웨어는 데이터 네트워크 기술과Data Network Technologies Branch, 기술은 통신 네트워크 기술과Telecommunications Network Technologies Branch, 그리고 특수제작 컴퓨터와 모니터는 임무 기반체계 기술과^{Mission Infrastructure Technologies Branch}에서 제공했다.

초기에 TAO가 해킹을 하는 방법은 꽤 간단했다. 패스워드를 알아내기 위한 피싱^{phishing} 기법(전자우편이나 메신저를 사용해서 믿을 만한 사람이나 기업이 보낸 것처럼 가장하여 패스워드나 신용카드 정보와 같이 기밀을 유지해야 하는 정보를 부정하게 얻으려는 수법-옮긴이)을 사용하거나(어떤 피싱 프로그램은 숫자와의 조합을 고려하여 1초에 한 번씩 사전에 있는 모든 단어를 대입했다), 또는 열람을 유도하는 가짜 첨부 파일이 딸린 이메일을 보내는 것이었다. 이 첨부 파일을 열면 악성 코드가 다운로드되었다. 하루는 펜타곤의 JTF-CNO에서 온 분석관들이 NSA의 요청으로 NSA를 방문해 TAO의 해킹 방법을 지켜보았다. 분석관들은 실소를 감출 수 없었다. TAO의 기법은 가장 최근에 열린 데프콘 해킹 대회^{DEF CON Hacking Conference}(1993년부터 시작되어 매년 미국에서 열리는 세계 최대의 해킹 대회 중 하나-옮긴이)에서 자신들이 보았던 소프트웨어와 크게 다르지 않았던 것이다. 심지어 그 기법들 중 일부는 해킹 대회에서 사용되었던 동일한 소프트웨어를 조금 수정한 것처럼 보였다.

하지만 TAO는 자신들의 기술과 무기를 조금씩 다듬어나갔다. 알 수 없는 침입점이 서버, 라우터, 워크스테이션, 전화기, 전화교환기, 심지어 방화벽(아이러니하게도 방화벽은 해커의 침입을 차단하기 위한 것인데도)에서도 발견되었을 뿐만 아니라, 이 장비들을 작동하게 만드는 소프트웨어나 이 장비들과 연결된 네트워크에서도 발견되었다. TAO의 해킹 기술이 점점 발전하면서 이들이 사용하는 장비와 프로그램들은 007 영화에서 나오는 것들과 점점 닮아가기 시작했다. 라우드오토^{LoudAuto}라고 불리는 장비는 노트북의 마이크를 몰래 켜서 주변에 있는 사람들의 대화를 감청했다. 하울러몽키^{HowlerMonkey}라는 프로그램은 컴퓨터가 인터넷에 연결되어 있지 않은 상태에서도 무선신호를 통해 파일을 추출하고 전송받을 수 있었다. 몽키캘린더MonkeyCalendar라는 프로그램은 문자메시지를 통해 휴대폰의 위치를 추적하고 정보를 빼냈다. 나이트스탠드NightStand라는 휴대용 무선 시스템은 수 마일 떨어진 곳에서도 컴퓨터에 악성 코드를 설치할 수 있었다. 레이지마스터RageMaster라는 프로그램은 컴퓨터의 영상 신호를 해킹해 해당 컴퓨터 화면의 영상을 멀리서도 TAO 요원이 볼 수 있게 해줌으로써 목표 대상이 무엇을 보고 있는지 실시간으로 확인할 수 있게 해주었다.

그러나 TAO가 발전하면서 목표 대상들도 점점 발전해나갔다. TAO의 목표 대상들은 외부의 침입을 차단하고 감지할 수 있는 방법들을 알아냈다. 마치 지난 10년 동안 펜타곤과 미 공군이 외부의 적대세력, 사이버 범죄조직, 불순분자의 침입을 탐지하고 차단하는 방법을 알아낸 것처럼 말이다. 해커와 정보요원들이 컴퓨터 내부의 소프트웨어와 하드웨어의 취약점을 찾아내면, 개발자들은 이 취약점을 보완하기 위해 안간힘을 썼다. 이것은 결국 해커와 정보요원들이 새로운 취약점을 경쟁적으로 찾아다니게 만들었다.

해킹과 방어 사이의 경쟁이 가속화되자, 두 분야에서 일하는 전 세계의 관계자들은 '제로데이 취약점zero-day vulnerabilities'에 매우 큰 가치를 두게 되었다. 제로데이 취약점이란 아직 누구도 발견하지 못해서 보안대책이 제대로 마련되지 못한 취약점을 의미한다. 이후 10년 동안 이와 관련된 민간회사들이 우후죽순처럼 생겨났는데, 이들은 제로데이 취약점을 발견하고 나서 이것들을 정부나 정보기관, 또는 동기나 국적이 제각각인 범죄조직에 팔아넘기기도 했다. 미국과 해외에서 근무하고 있는, 천부적인 수학적 마인드를 가진 NSA 요원들이나 다른 사이버 관련자들은 이러한 제로데이 취약점 찾기에 몰두했다.

1990년대 후반, 켈리 공군기지에서 근무하는 컴퓨터 네트워크 방어

분석관 리처드 베이틀릭Richard Bejtlich이 어느 날 시스코Cisco에서 만든 라우터에서 제로데이 취약점 하나를 발견했다. 그는 곧바로 시스코 기술 담당자에게 전화를 걸어 그 문제를 알려주었고, 시스코에서는 이를 신속하게 해결했다.

자신의 기량과 선행에 한껏 뿌듯해하던 베이틀릭은 며칠 후 이 이야기를 같은 공군기지의 동료인 공격 담당 분석관에게 말해주었다. 하지만 그 동료는 별로 좋아하지 않았다. 베이틀릭을 노려보던 그 동료는, "그걸 왜 우리한테 알려주지 않은 거야?"라며 불평했다.

그의 말에는 분명히 이런 뜻이 함축되어 있었다. 만일 베이틀릭이 그 취약점을 공격 담당 분석관들에게 알렸다면, 그 공격 담당 분석관들은 시스코 서버를 사용하고 있는 외국 네트워크를 해킹하는 데 그 취약점을 이용했을 것이다. 하지만 지금은 너무 늦어버렸다. 베이틀릭이 시스코에 전화를 건 탓에 그 취약점은 보완되었고 침입로는 닫혀버렸다.

NSA가 취약점 발견과 활용에 더욱 무게를 두면서 사이버 작전에 새로운 영역이 주목받게 되었다. 이전에는 컴퓨터 네트워크 '방어CND, Computer Network Defense'와 컴퓨터 네트워크 '공격CNA, Computer Network Attack'만 있었지만, 지금은 컴퓨터 네트워크 '활용CNE, Computer Network Exploitation'도 존재하게 된 것이다.

컴퓨터 네트워크 활용, 즉 CNE는 법적으로나 작전적으로 애매한 분야였다. 법적인 세부사항과 법적인 세부사항들이 허용하는 범위에 민감한 헤이든은 이 사실을 알고 있었다. CNE라는 용어의 기술적 정의는 간단했다. 상대에 대한 정보를 더 많이 얻어내기 위해 그들의 네트워크 내부로 들어가야 할 때, 컴퓨터를 사용하여 상대 네트워크의 취약점을 '활용'하는 것이다. 하지만 CNE를 바라보는 데는 두 가지 시각이 있었다. 하나는 CNE가 컴퓨터 네트워크 방어의 출발점이 될 수 있다는 것이다.

논리적으로 생각해보면, 네트워크를 방어하는 최선의 방법은 적의 공격 계획을 알아내는 것이다. 이는 적의 네트워크 내부로 침입해야 한다는 것을 의미한다. 또 다른 시각은 CNE가 컴퓨터 네트워크 공격의 출발점이 될 수 있다는 것이다. 이 경우에는 적 정보의 유통경로를 도식화하고 약점을 찾아내기 위해 적 네트워크 내부로 침입한다는 의미다. 이는 전시에 미국의 공격작전에 기여하기 위한 전장 준비(과거 지휘관들이 강조했던 것과 같은)의 일환이기도 하다.*

CNE의 개념은 사이버 공격과 사이버 방어를 융합하여 둘을 구별할 수 없게 만들려는 헤이든의 구상과 완벽하게 맞아떨어졌다. 헤이든 국장이 자신의 구상에 적합한 방식으로 그 개념을 분명히 표현했을지는 모르지만, 그것을 새로 창안한 것은 아니었다. 오히려 그것은 현대 컴퓨터 네트워크 그 자체의 본질적인 면을 반영한 것이었다.

어떤 의미에서 CNE는 초기 정보수집과 그다지 다르지 않았다. 냉전 시대에 미국 정찰기는 소련의 영공을 무단 침입해 소련군이 레이더를 가동하게 만들어 소련군의 방공 시스템에 대한 정보를 노출하게 했다. 잠수함 승조원들은 소련 항구 인근에 있는 해저 케이블을 이용해 소련 해군 작전에 대한 통신을 도청하고 이들의 패턴을 파악하기도 했다. 이것 역시 두 가지 목적을 가지고 있었다. 예상되는 소련의 공격에 대한 방어를 강화하고, 미국의 공격을 위해 전장(또는 공중과 해상)을 준비하기 위함이었다.

하지만 또 다른 의미에서 CNE는 완전히 다른 분야이기도 했다. CNE는 수십 년 전에는 상상하지도 못했던 방식으로 군사적 활동의 위험성

---

* 신호정보를 다루는 아주 색다른 세부 분야인 C-CNE(Counter-Computer Network Exploitation: 대(對) 컴퓨터 네트워크 활용)는 CNE에서 비롯된 것으로, 신호정보의 세부 분야로, 우리 측의 네트워크에 침입하는 적을 감시하기 위한 목적으로 적의 네트워크에 침입하는 것을 의미한다.

과 유해성을 전 세계에 드러냈다. 미 공군이나 NSA는 러시아, 중국, 이 란 또는 다른 적국의 컴퓨터 시스템의 취약점을 이용하기 위해 마이크 로소프트를 비롯한 시스코, 구글Google, 인텔, 또는 수많은 제조사들에게 그들이 만든 소프트웨어의 취약점을 알려주지 않아 제조사들이 그것을 그대로 방치하게 했다. 이는 그들이 미국 국민 역시 동일한 취약점에 노 출되도록 내버려둔다는 것을 의미했다. 불법적인 정보기관이나 범죄조 직, 혹은 외국 스파이나 테러리스트들도 보완되지 않은 이 취약점을 알게 되면 똑같이 이용할 것이 뻔했기 때문이다.

이는 미국인들의 삶 속에 새로운 불안을 안겨줬다. 이는 개인의 자유 와 국가안보 간의 문제(정도의 차이만 있었을 뿐 언제나 있어왔던 문제)일 뿐 만 아니라, 보안의 각기 다른 층위와 개념의 문제이기도 했다. 공격으로 부터 군사 네트워크를 더욱 안전하게 만드는 과정에서 사이버 전사들은 민간과 상업용 네트워크를 같은 종류의 공격으로부터 '덜' 안전하게 만 들었다.

이러한 불안과 이로 인한 문제들은 국가안보를 위해 일하는 관료들 의 권한을 넘어서는 것이었다. 이것은 오직 정치 지도자들만이 풀 수 있 는 문제였다. 21세기가 다가오면서 클린턴 행정부는 딕 클라크의 열띤 주장을 통해 이 문제의 복잡성을 이해하기 시작했다. 그 결과 핵심기반 시설 보호를 위한 대통령 훈령인 PDD-63, 정보체계 보호를 위한 국가 계획서National Plan for Information Systems Protection, 그리고 정보공유 및 분석센터 가 창설에 이어 마시 보고서가 등장했고, 정부와 민간 기업들이 사이버 공격으로부터 자신들의 자산을 보호하기 위한 방안을 상호 발전시킬 수 있는 포럼들도 결성되었다.

2000년 11월 대선이 다가왔다. 백악관의 주인이 바뀔 때마다 으레 그 래왔던 것처럼 이 모든 추진력은 서서히 그 동력을 잃었다. 2001년 1월

20일, 조지 W. 부시George W. Bush와 그의 측근들이 집권했을 때, 클린턴의 두 번째 임기를 더럽혔던 섹스 스캔들과 탄핵, 거기에 연방대법원이 플로리다에서 재검표를 중단한 후에야 비로소 부시의 당선으로 끝난 선거의 쓰라린 여파가 더해져 클린턴 정권의 전임자들에 대한 경멸은 평소보다 더 심한 악의로 들끓었다.

부시는 클린턴이 구상한 정책 중 상당수를 취소했는데, 여기에는 사이버 보안과 관계된 정책도 포함되어 있었다. 이 정책들을 만들었던 클라크는 백악관에 잔류하여 안보, 기반체계 보호 및 대테러 담당 국가조정관 자리를 유지했다. 하지만 분명한 것은 부시가 사이버 보안 관련 문제에 대해서 관심이 없었다는 것이다. 이는 딕 체니Dick Cheney 부통령이나 콘돌리자 라이스Condoleezza Rice 국가안보보좌관도 마찬가지였다. 클린턴 행정부 하에서 클라크는 비록 공식적인 직위는 아니어도 국무위원이라는 지위에 있었고, 국방부 장관, 주지사, 재무부 장관 등 정부 부처 주요 인사가 참석하는 NSC 주요 회의에도 참여하여 자신이 구상한 사안들에 대해 논의했었다. 라이스 국가안보보좌관은 이 특혜를 인정하지 않았다. 클라크는 이것을 개인에 대한 무시일 뿐만 아니라 본인의 소관 분야에 대한 축소라고 받아들였다.

클라크와 마찬가지로 클린턴 행정부에 이어 유임된 CIA 국장 조지 테닛은 부시 대통령 임기의 첫 몇 달 동안 오사마 빈 라덴의 미국 공격 징후를 꾸준히 보고했다. 하지만 이러한 경고는 뒷전으로 밀려났다. 부시와 그의 최측근 보좌관들은 러시아와 이란, 북한의 미사일 위협에 더 관심이 많았기 때문이다. 이들의 최대 관심사는 30년이 되어가는 탄도탄요격미사일 규제 조약Anti-Ballistic Missile Treaty을 폐기하는 것이었다. 이 조약은 미소 군비통제 합의의 상징이었다. 이 조약을 폐기해야 미국은 미사일 방어 시스템을 구축할 수 있었다. (9·11 테러가 일어나던 당일, 라이스 국가안보보좌관은 지상에서 일어날 수 있는 주요 위협에 대해 연설하기로 계획되어 있었다. 그러나 연설문 초안에는 오사마 빈 라덴이나 알카에다al Qaeda에 대한 언급이 생각만큼 많이 나오지 않았다.)

2001년 6월, 클라크는 사직서를 제출했다. 그는 백악관의 대테러 분야 수석보좌관이었지만, 테러나 클라크에게 관심을 가지는 사람은 없었다. 이 소식에 놀란 라이스 국가안보보좌관이 남아줄 것을 간곡히 요청했다. 클라크는 마음을 돌려 남아 있기로 결정했다. 그러나 자신에게 사이버 보안에 대한 책임을 부여하고, 참모진을 꾸려줄 것(마지막에는 18명까지 두었다)과 마지막으로 정부 부처 간 사이버 협의체를 만들어 운용할 수 있게 해주어야 한다는 단서를 달았다. 라이스 국가안보보좌관은 이에 동의했다. 한편으로는 그녀가 사이버 분야에 크게 신경쓸 여력이 없었기 때문이기도 했다. 라이스 국가안보보좌관은 이번 양보가 자신의 관심사에 그가 관여하지 못하게 만드는 동시에 그를 백악관에 계속 남아 있게 하는 방법이라고 생각했다. 어쨌든 그녀에게는 대테러 임무를 수행할 사람을 찾을 시간이 필요했고, 이에 클라크는 10월 1일까지 대테러보좌관 자리를 유지하겠다고 했다.

공중에서 납치된 비행기가 세계무역센터와 펜타곤에 충돌한 그날은, 클라크가 대테러 수석보좌관직을 몇 주 더 수행하기로 한 날이었다. 부시 대통령은 플로리다에 있었고, 딕 체니 부통령은 곧바로 지하 벙커로 달려갔다. 그리고 클라크는 위기 관리자로서 매뉴얼대로 상황실에 앉아 부처 간 화상회의를 주관하고 있었고, 필요한 경우 정부의 대응을 지휘하기도 했다.

이 사건을 통해 클라크의 지위가 다소나마 신장되었는데, 국가 주요 회의에 다시 참여할 수 있을 만큼은 아니었지만 라이스 국가안보보좌관이 사이버 보안에 대해 어느 정도 관심을 갖도록 만들기에는 충분했다. 그럼에도 불구하고 라이스는 클라크가 클린턴 대통령의 임기 마지막 해에 작성한 '정보체계 보호를 위한 국가계획National Plan for Information Systems Protection'을 재개해야 한다고 제안하자, 클라크의 제안을 선뜻 받아들이지 못하고 머뭇거렸다. 라이스 국가안보보좌관은 부시 대통령이 절대 반대하는 민간 산업에 대한 의무 규정이 이 계획에 포함되어 있다는 것을 어렴풋이나마 알고 있었던 것이다.

사실, 그 계획은 대폭 수정되어 클라크가 그토록 하고 싶었던 연방 침입탐지네트워크의 최초 설계안은 제외되었고 민관의 협조만을 명시하고 있었다. 그것도 민간 기업이 주도하는 모양새였다. 하지만 클라크는 라이스에게 동조하는 체하면서 클린턴 정부의 계획에 근본적인 문제점이 있으니 자신이 이를 대폭 수정하고 싶다고 했다. 라이스가 새로운 계획을 요구하는 행정명령을 클라크에게 작성하라고 지시했고, 9월 30일에 부시 대통령이 이 행정명령에 서명했다. 이후 수개월 동안 클라크와 그의 참모들은 전국을 돌아다니며 10개 도시에서 백악관이 주관하는 '사이버 타운홀cyber town halls"을 열었다. 여기에는 보스턴, 뉴욕, 필라델피아, 애틀랜타, 샌프란시스코, 로스앤젤레스, 포틀랜드, 오스틴 등이 포함되었고, 지역의 전문가와 기업 경영인, IT 관리자, 법집행기관의 관료 등이 초대받아 참석했다.

클라크는 겸손하고 차분한 태도로 세션을 시작했다. 클라크의 시작은 이러했다. "여러분 중 일부는 클린턴 정부에서 만들어진 계획을 비판할 것입니다. 왜냐하면 여러분이 그 계획을 만드는 데 관여하지 않았기 때문이죠." 클라크는 말을 이었다. "부시 행정부에서 새로운 계획서를 작성하려고 하는데, 대통령은 이 계획에 영향을 받게 될 여러분이 직접 자신과 관련된 핵심기반시설을 다루는 부록을 작성하기를 바라고 있습니다." 일부 도시에서는 전문가들과 기업 경영진이 실질적인 아이디어를 제시했다. 특히 전자통신에 관련된 인사들은 매우 적극적으로 나섰다.

그러나 클라크가 이들의 아이디어에 진심으로 관심을 가진 것은 아니었다. 하지만 그들의 반대를 누그러뜨릴 필요는 있었다. 중요한 것은, 그리고 확실한 것은 이 타운홀 행사를 통해 사람들의 지지를 얻고, 자신들이 이 국가계획을 위해 무언가를 하고 있다는 믿음을 심어주었다는 것이다. 이후에 발표된 최종본은 이전보다 산업계를 더 많이 배려하는 조항들을 포함했다. 2003년 2월 14일 부시 대통령은 "사이버 공간을 보호하기 위한 국가 전략The National Strategy to Secure Cyberspace"이라는 제목의 이 60페이지 짜리 계획서를 최종 승인했다. 여기에는 새로 창설된 국토안보부Department of Homeland Security에 비군사적 사이버 공간에 대한 보호책임이 있다는 사실도 명시했다. 그러나 한편으로는 마시 보고서에 있는 컴퓨터 취약점에 대한 기조를 그대로 가져왔고, 그러한 취약점을 보완하기 위해 무엇을 할 것인지에 대한 아이디어는 지난 클린턴 행정부에서 클라크가 작성한 계획서와 거의 동일했다.

이 문서는 향후 몇 년 동안 사이버 보안을 어떻게 다룰 것인지를 큰 틀에서 정의했다. 그뿐 아니라 의무 조항에 대한 산업계의 저항과 (곧 나타나게 될 문제점인) 국토안보부의 행정적·기술적 미비점과 관련하여 이를 다룰 수 있는 정부의 한계를 설정했다.

클라크는 새로 발표한 계획을 시행하고 개선하기 위한 정치적인 논쟁은 삼갔다. 2003년 3월 19일 부시는 이라크 침공을 명령했다. 전쟁이 준비되는 동안, 클라크는 이라크 전쟁이 오사마 빈 라덴과 알카에다에 맞서 싸우기 위한 관심과 자원을 분산시키게 될 것이라고 주장했다. 그러나 전쟁은 본 궤도에 올랐고, 클라크는 항의의 뜻으로 자리에서 물러났다.

몇 년이 지나자, 이라크 전쟁은 해방에서 점령으로 그 의미가 변질되었고, 적은 사담 후세인에서 서로 다른 반란군 집단으로 바뀌어버렸다. 이 무대에서 NSA와 펜타곤에 있는 사이버 전사들은 핵심적이고 결정적인 전력으로 전장에 첫발을 내딛게 되었다.

CHAPTER 9

0과 1의 맹공격:
사이버전의 시대가 열리다

세르비아와 아이티에서 감행한 작전은 디지털 시대 이전의 정보전을 보여주는 전형적인 사례였다. 당시는 많은 나라의 군대가 상용 통신회선을 이용하여 통신을 운용하던 시기였다. 오처드 작전은 이라크에서의 NSA와 합동특수전사령부 간 합동작전과 마찬가지로 컴퓨터 네트워크에 대한 의존도가 높아지고 있는 점을 이용했다. 아이티와 발칸 반도에서의 군사작전이 최초의 사이버전 실험이었다면, 오처드 작전과 이라크 내 지하디스트 제거 작전은 실제 사이버전의 시작을 알린 사건이었다.

이라크, 시리아, 소련 등에서 발생한 2007년의 군사적 충돌이 사이버 무기가 새로운 시대의 전쟁에서 전술적인 역할을 할 수 있음을 확인시켜주었다면, 오로라 발전기 테스트는 사이버 무기들이 핵무기와 다를 바 없는 효과적인 수단으로서, 그리고 대량살상무기로서 전략적인 역할도 할 수 있음을 보여주었다. 물론 사이버 무기는 원자폭탄이나 수소폭탄보다 파괴력이 작겠지만, 문제는 사이버 무기에 접근하는 것이 훨씬 더 쉽다는 것이다. 맨해튼 프로젝트도 필요 없고 컴퓨터와 훈련된 해커만 있으면 가능했다. 그리고 심지어 그 효과는 빛의 속도만큼이나 빨랐다.

CYBER WAR

● 2003년 7월 7일, 존 애비제이드John Abizaid 장군이 중동과 중앙아시아, 북아프리카에서 미국의 군사작전을 담당하는 미 중부사령부의 지휘권을 이어받았다. 이 시기에 워싱턴의 전쟁 지도부는 이라크에서의 전쟁이 종료되었다고 판단했다. 상황이 어떻든 간에 이라크군은 격멸되었고, 사담 후세인은 달아났으며, 바스Baath당 정권은 무너졌기 때문이었다. 하지만 애비제이드 장군은 지금부터가 전쟁의 시작이라고 생각했고, 부시 대통령과 백악관 참모진이 이런 사실을 제대로 이해하지 못할뿐더러 자신에게 전쟁을 수행할 수단을 제공하지 않는다는 사실에 크게 혼란스러웠다. 그 수단에는 사이버도 포함되어 있었다.

애비제이드 장군은 공중강습보병, 유엔평화유지군을 거쳐 펜타곤에서 고위 참모를 역임한 뒤 지금의 자리에 올랐다. 하지만 군생활 초기에 그는 다소 일반적이지 않은, 색다른 경험을 한 적이 있었다. 1980년대 중반, 길지 않았던 그레나다 침공Invasion of Grenada 작전에서 중대장으로 복무한 후 미래 전투를 연구하는 육군연구단Army Studies Group에 보직되었던 것이다. 당시 육군 참모차장이었던 맥스 서먼Max Thurman 장군은 투시와 심령 실험을 다룬 소련 육군의 연구보고서들에 상당한 흥미를 갖고 있었다. 실현된 것은 없었지만, 애비제이드는 그 보고서들을 통해 전쟁은 총알과 폭탄 그 이상의 것이 좌우하게 될지도 모른다는 생각을 갖게 되었다.

다음 보직은 당시 합참의장이었던 존 샬리캐슈빌리John Shalikashvili 장군의 수석보좌관이었다. 한번은 합참의장의 모스크바 출장을 수행하게 되었는데, 모스크바 숙소에 도청기가 설치되어 있다고 판단한 참모진이 러시아의 도청을 피해 임무를 수행할 수 있도록 작은 텐트를 설치하기도 했었다. 이후 애비제이드는 제1기갑사단의 부지휘관으로 보직되어 보스니아 내전에 참전하면서 CIA가 사라예보Sarajevo 상공으로 무인정찰기를 띄운다는 소식을 전해 들었고, 지상에 있는 미국의 정보기관 관계자들이 러시아가 통신 채널을 해킹하여 무인정찰기에 대한 제어권을 장악할까봐 걱정하고 있다는 것을 알게 되었다.

애비제이드 장군이 합동참모본부장으로 진급했던 2001년에는 사이버 보안 및 사이버전에 대한 계획과 프로그램이 이미 만반의 준비를 갖춘 상태였다. 그는 각 군의 다툼과 이해관계를 마주하는 직책에 있었기 때문에 사이버 영역 전반에서 작전요원들과 정보요원들 간에 갈등이 있다는 것을 잘 알고 있었다. 전쟁이 벌어지면 각 군을 중심으로 한 작전요원들은 사이버상에서 수집된 정보를 '이용'하고 싶어한 반면, NSA와 CIA를 중심으로 한 정보요원들은 정보 그 자체를 필수적인 요소로 여겨서 정보를 이용하는 것은 곧 정보를 잃는 것과 같다며 정보를 이용하는 것을 두려워했다. 적이 자신의 네트워크가 해킹되었다는 것을 알게 되는 순간, 곧바로 암호를 바꾸거나 새로운 장애물을 설치할 것이기 때문이었다. 애비제이드는 이러한 갈등을 잘 이해하고 있었다. 이는 군내 정치적인 면에서 보았을 때 필수적인 고려요소였다. 하지만 애비제이드는 태생부터 작전가였다. NSA를 방문했을 당시 애비제이드 장군은 NSA가 이룰 수 있는 놀라운 능력에 깊은 인상을 받았다. 그리고 전장에 있는 미국 군인들을 위해 NSA의 성과를 이용하지 않는 것은 미친 짓이나 다름없다고 생각했다.

미 중부사령부의 부사령관으로 재직하면서 애비제이드 장군은 이라크 침공을 앞두고 콜로라도 스프링스Colorado Springs로 날아가 명목상으로나마 전시에 사이버 공격과 방어를 주도하게 될 JTF-CNO의 본거지인 우주사령부 본부를 방문했다. 그는 어떤 종류의 사이버 공격활동이든 간에 역량을 결집시킨다는 것이 행정적으로 얼마나 어려운지를 알고는 깜짝 놀았다. 무엇보다도 사이버 공격과 첩보활동을 위한 수단들이 너무나도 베일에 가려져 있어서 이러한 것이 존재한다는 것을 알고 있는 군 지휘관들이 거의 없을 지경이었다.

애비제이드 장군은 JTF-CNO를 지휘하는 제임스 D. 브라이언[James D. Bryan] 소장에게 어떻게 하면 알카에다의 컴퓨터에 있는 정보를 아프가니스탄에 있는 미군의 손에 쥐어줄 수 있겠느냐고 물었다. 브라이언 장군은 한참을 돌고 도는 지휘결심 과정을 설명해주었다. 우주사령부에서 펜타곤에 있는 장성단 앞으로, 그 다음에는 국방차관 앞으로, 그 다음에는 국방장관에게, 그 다음에는 백악관에 있는 국가안전보장회의로, 그런 후에라야 비로소 대통령의 재가를 얻을 수 있었다. 정보에 대한 요청이 이 모든 절차를 통과할 때쯤이면, 실제 야전에서는 그 정보가 이미 필요 없어졌을 수도 있었다. 어쩌면 전쟁이 이미 끝나 있을지도 모른다.

부시 대통령은 3월 19일 이라크에 대한 침공을 명령했다. 기갑부대는 쿠웨이트부터 사막을 가로지르며 놀라우리만큼 빠른 속도로 공격을 감행했고, 3주 후 바그다드는 함락되었다. 바그다드를 점령하고 다시 3주가 지난 5월 1일, 부시 대통령은 미 해군 에이브러햄 링컨 함[USS Abraham Lincoln]에 올라 "임무 완료"라고 쓰인 현수막 아래에서 미군의 주요 전투작전이 종료되었다고 선언했다. 하지만 5월 말, 이라크 미군정 최고 행정관이었던 폴 브리머[L. Paul Bremer]는 두 가지 지시를 하달했다. 첫 번째는 이라크군의 무장을 해제하는 것이었고, 두 번째는 바스당 인사들을 권력에서 배제하는 것이었다. 브리머의 지시로 인해 극도의 소외감을 느낀 수니파는 반란군을 형성했고, 이들은 결국 시아파 주도의 신생 이라크 정부와 미군정 모두를 향해 분노를 표출하기 시작했다. 그 당시 미 중부사령관이 애비제이드 장군이었다.

애비제이드 장군은 이라크에서 나오는, 이루 말할 수 없을 정도로 방대한 양의 정보—통신망 감청과 반란군의 휴대폰에서 나온 GPS 데이터,

시리아 국경을 넘어 유입되고 있는 수니파 지하디스트들의 영상정보-를 얻고 있었다. 하지만 이런 개개의 정보를 종합할 수 있는 사람이 없었고, 이를 군사작전으로 통합할 수 있는 사람은 더더욱이나 없었다. 애비제이드는 이라크 통신망에 침입하여 반란군에게 특정 장소로 모이도록 유도하는 가짜 메시지들을 보낸 뒤 그곳에서 미 특수전부대가 이들이 오기를 기다리고 있다가 일거에 격퇴하는 작전을 구상했다. 하지만 이 정보들을 종합하기 위해서는 NSA와 CIA의 협조가 필요했고, 이를 공격 수단으로 이용하기 위해서는 전쟁 지도부의 승인이 필요했다. 그 당시에는 둘 다 받아낼 수 없었다.

CIA와 NSA 사이의 해묵은 관료주의가 서로의 공조를 원치 않았다. 이들은 러시아와 중국을 포함한 전 세계가 자신들을 주시하고 있다는 것을 알고 있었으며, 조직 내부의 대다수가 중요하다고 여기지 않는 전쟁에 자신들이 보유한 최고 수준의 정보수집 능력을 낭비하는 것을 원치 않았다. 한편으로, 도널드 럼즈펠드^{Donald Rumsfeld} 당시 국방장관은 반란군이 존재한다는 사실 자체를 인정하지 않았다. (베트남전 이후로 반란군을 제압하기 위해서는 '대^對반란전' 전략이 필수적이었지만, 이 사실을 받아들이기에 럼즈펠드 국방장관은 너무 시대에 뒤떨어져 있었다. 결국 이것이 수년, 아니면 10년이 넘도록 수만 명의 미군을 이라크에 주둔하도록 만들었다. 물론, 럼즈펠드는 그저 신속히 개입한 후 철수하여, 냉전 후 미국의 패권을 가로막는 다음 독재자를 축출하고 싶었겠지만.)

일대 혼란 속에서 애비제이드 장군은 키스 알렉산더^{Keith Alexander} 준장에게 많이 의존하고 있었다. 이 둘은 1년 차이를 두고 미 육군사관학교를 졸업했다(애비제이드 장군은 1973년에, 알렉산더 장군은 1974년에 미 육군사관학교를 졸업했다). 그리고 거의 20년이 지나 이탈리아에서 대대급 전투 지휘 훈련을 하며 잠깐 다시 만난 적이 있었다. 알렉산더 장군은 이제 버지니아주 포트 벨보어Fort Belvoir에 위치한 미 육군 정보보안사령부의 사령관이 되어 있었다. 이곳은 전 세계에서 1만 1,000여 명의 감시인력을 운용하고 있는 지상군의 신호정보 총괄센터였으며, 육군의 임무 달성에 특화된 NSA의 축소판 정보조직이었다. 아마도 알렉산더 장군 정도면 애비제이드 장군이 정보 데이터를 바탕으로 작전적인 판단을 내릴 수 있도록 도움을 줄 수 있을 터였다.

사실 알렉산더 장군은 애비제이드 장군이 가장 필요로 하는 인물이었다. 그는 기술에 있어서 귀재였다. 육군사관학교 시절, 그는 전기공학과와 물리학과에서 컴퓨터를 많이 다루었다. 1980년대 초에는 캘리포니아주 몬터레이Monterey에 위치한 미 해군대학원에서 혼자서 컴퓨터를 제작하고, 육군 인사실무자들에게 수기로 작성한 색인 카드를 자동화 데이터베이스로 전환하는 방법을 가르치는 프로그램을 개발하기도 했다. 미 해군대학원 졸업 이후에는 곧바로 애리조나주 포트 후아추카Fort Huachuca에 있는 육군정보센터Army Intelligence Center로 보직되었다. 그는 이곳에서 처음 맞는 주말을 육군의 모든 컴퓨터의 기술 사양을 암기하며 보냈고, 이어 정보 및 전자전 데이터 시스템을 위한 마스터플랜을 구상했다.

1991년 걸프전에서 '사막의 폭풍 작전Operation Desert Storm'을 앞두고 알렉산더는 텍사스주 포트 후드Fort Hood에 있는 제1기갑사단 예하의 1개 팀을 지휘하며 데이터를 더 효율적으로 처리할 수 있도록 컴퓨터를 연결하는 네트워크를 구성했다. 덕분에 펜타곤에 있는 분석관들과 전쟁기획관들은 출력물이나 수기로 기재된 색인 카드에 의존하지 않고 자신들의 필요에 따라 저장·분류된 데이터를 이용할 수 있었다.

포트 벨보어에서 현재의 사령관직을 맡기 전에 알렉산더 장군은 중부사령부에서 정보참모로 임무를 수행했다. 그는 애비제이드 장군에게 전자기기 분야에서 발전된 기술들이 쏟아져나오고 있다는 소식을 전했다.

가장 획기적인 것은 휴대전화 내부에 장착된 칩으로부터 발생하는 신호를 직접 추출하거나 휴대전화 기지국을 통해 가로챌 수 있는 방법이었는데, 이 방법을 이용하면 파키스탄 북서쪽 국경 일대에 있는 탈레반Taliban군이나 이라크에 있는 반란군의 위치와 움직임을 신호정보팀이 추적할 수 있었다. 이 방법은 휴대전화가 꺼져 있더라도 이용 가능했다. 그야말로 사이버라는 무기고에서 꺼낸 신무기였다. 그러나 아직까지 이 무기의 가능성을 이용한 사람도 없었고, 하물며 한 정보기관이 다른 정보기관이나 야전지휘관에게 제공된 이런 정보를 공유하는 절차를 고안한 사람조차 없었다. 애비제이드 장군은 이런 정보 공유 절차가 이루어지기를 간절히 바랐다.

미 중부사령부가 이라크와 아프가니스탄, 그리고 이들과 맞닿은 국가에서 이루어지는 미군의 작전을 관장하기는 했지만, 본부는 플로리다주 템파Tampa에 위치하고 있었다. 이 때문에 애비제이드 장군은 워싱턴 출장이 잦을 수밖에 없었다. 그가 사령관으로서 임기를 시작한 지 한 달이 지난 8월까지도 반란군에 대한 정보는 CIA와 NSA로 계속 흘러 들어오고 있었다. 애비제이드 장군은 시리아에서 이라크로 국경을 넘어 들어가는 해외 지하디스트들의 '은밀한 경로'를 확인할 수 있었다. 그는 이들의 통화 내용을 적은 녹취록을 읽었는데, 이것은 이들의 정확한 위치를 담은 지도와 관련이 있었다. 애비제이드 장군은 미군들에게 이 정보에 접근할 수 있는 권한을 부여하여 전장에서 이 정보를 사용할 수 있기를 바랐다.

이 시기에 알렉산더 장군은 육군 정보차장으로 승진하여 펜타곤에서 근무하게 되었고, 그리하여 중대한 문제들과 절차가 복잡한 정치 문제에 대해 애비제이드 장군과 긴밀히 협력할 수 있었다. 두 사람은 자신들과 뜻을 함께할 수 있는 가장 적합한 사람으로 합동특수전사령관인 스탠리 매크리스털Stanley McChrystal 장군을 찾아냈다. 만일 이제 막 접수된 정보가 야전에 있는 부대로 전달된다면, 합동특수전사령부 소속의 특수전 요원들이 이를 전달받아서 활용하는 첫 번째 부대가 될 터였다. 무서울 정도로 강인한 매크리스털 장군도 그렇게 되기를 간절히 바랐다. 세 사람은 펜타곤과 정보계에 처해 있는 각자의 상황에서 이 문제를 잘 추진해나갔지만, 가장 큰 장애물은 럼즈펠드였다. 럼즈펠드는 여전히 이라크 반군을 반란군으로 인정하지 않았다.

마침내 2004년 1월, 애비제이드 장군은 부시 대통령과의 회의를 마련하여 반란군을 대상으로 한 사이버 공격작전 착수 계획을 보고했다. 부시 대통령은 국가안보보좌관인 콘돌리자 라이스에게 애비제이드 장군의 건의를 다음 NSC 회의의 안건으로 다룰 것을 지시했다. 며칠 후 NSC가 열리자, 각 정보기관은 수년간 지속되어온 논쟁거리를 꺼내들며 이를 막아섰다. 도감청 활동은 반란군에 대한 훌륭한 정보를 제공하고 있는데, 정보의 출처를 '공격하는 것'은 반란군에게(그리고 이를 주시하고 있을지도 모르는 잠재적 적대세력에게) 자신들이 해킹당하고 있다는 것을 알리는 꼴이 되고, 그러면 반란군은 즉시 암호를 바꾸거나 현재 사용 중인 휴대폰을 더 이상 사용하지 않을 것이며, 결국에는 이로 인해 중요한 정보를 잃게 될 것이다.

그러는 동안 이라크 내 반란군의 세력은 더욱 강해져갔고, 미국은 전쟁에서 패배하고 있었으며, 부시의 인내심도 점점 사라져가고 있었다. 새로운 해법에 대한 저항으로 인해 망연자실한 마음과, 미군이 이라크에서 제대로 임무를 수행할 수 있을지에 대한 의구심을 품은 애비제이드 장군은 노력을 두세 배 더 투입할 바에야 미국이 철수를 시작해야 한다는 방향으로 마음을 돌렸다.

그런데 상황이 바뀌기 시작했다. 고위급 육군 장성들에게 환멸을 느낀 럼즈펠드가 차기 육군참모총장으로 현재 남아 있는 후보군을 건너뛰고 이미 전역한 피터 슈메이커Peter Schoomaker 장군을 다시 부른 것이다.

슈메이커 장군은 군 생활의 대부분을 특수전부대에서 보낸 사람이었다. 그의 임명은 일반 육군 앞에서 일격을 가한 셈이었다. (사막의 폭풍 작전의 영웅인 노먼 슈워츠코프Norman Schwarzkopf 장군은 많은 동료들 앞에서 특수전부대를 통제불능의 "뱀잡이새"라고 비웃기도 했다.) 슈메이커 장군을 오랫동안 알고 지내며 존경해왔던 매크리스털 장군은 슈메이커 장군에게 자신과 애비제이드 장군, 그리고 알렉산더 장군이 추진하고 있는 아이디어를 보고했다. 슈메이커 장군도 그 아이디어가 제법 괜찮다고 느꼈지만, 정보계 지도부의 지지가 필요하다고 생각했다. 2005년 초, NSA 국장인 헤이든은 남들보다 훨씬 긴 6년이라는 임기가 거의 끝나가고 있었다. 슈메이커 장군은 헤이든 국장의 후임으로 알렉산더 장군을 럼즈펠드에게 추천했다.

육군 장성 출신이 NSA 국장으로 임명되지 않은 지 벌써 17년이 지났다. NSA 53년의 역사에서 공군 장성 일곱 명, 해군 제독 다섯 명이 NSA 국장을 역임한 것에 비하면, 육군 장성은 고작 세 명뿐이었다. 이러한 경향은 별 볼 일 없는 수준의 작은 전쟁을 치르는 야전지휘관들(주로 육군 장교들)과 정보를 공유하길 꺼리는 NSA의 거부감을 반영한 것이었고, 그러한 거부감은 점차 굳어져가고 있었다. 지금 미국은 작은 전쟁을 치르는 중이었다. 그리고 대통령은 크나큰 결심을 고민하고 있었다. 늘 그렇듯 육군은 사상자로 인한 비난을 계속 받고 있었고, 알렉산더 장군은 이 전쟁의 전환점을 마련하기 위해 자신의 새로운 자리를 활용할 계획을 세웠다.

매크리스털 장군은 이미 여기저기 흩어진 정보를 한데 엮을 수 있는 묘안을 구상해두었다. 그는 2003년 8월 합동특수전사령관에 취임했다. 그리고 같은 달, 럼즈펠드 국방장관은 합동특수전사령부가 대통령의 사전 승인이나 의회에 통보 없이 전 세계 어디에서든 알카에다에 대한 군사작전을 수행하도록 승인하는 행정명령에 서명했다. 그러나 매크리스털 장군은 이토록 강력한 권한이 부여된다고 하더라도 자신이 할 수 있는 것은 그리 많지 않다는 것을 알고 있었다. 펜타곤의 참모진은 전투사령부와 소통이 없었고, 전투사령부는 정보조직과 소통이 없었기 때문이다. 매크리스털 장군은 알카에다를 하나의 네트워크로 보았다. 네트워크를 구성하는 개별 요소는 다른 요소와 연결됨으로써 더욱 강력해졌다. 네트워크와 싸우기 위해서는 네트워크가 필요했다. 따라서 매크리스털 장군은 자신만의 네트워크 만들기에 착수했다. 그는 CIA, 각 군별 정보조직, 국가지리정보국National Geospatial-Intelligence Agency, 그리고 중부사령부 내 정보장교들과 손을 잡았다. 그리고 이들에게 위성과 드론, 휴대폰과 유선 감청을 통해 확보한 데이터와 영상자료를 공유하는 협약에 동참할 것을 촉구했다. (부시 행정부는 사담 후세인을 축출하고 나서 이라크의 전화망을 복구했는데, CIA와 NSA를 통해 특수장비를 설치하도록 했다.) 하지만 이를 수행하기 위해서는, 즉 수집된 모든 정보를 일관된 데이터베이스 안에 융합하고 공격무기로 전환하기 위해서는, 매크리스털 장군도 NSA의 분석 수단과 감시 기술이 필요한 상황이었다.

그러던 차에 알렉산더 장군이 등장했다.

● ● ●

2005년 8월 1일, 키스 알렉산더 장군이 NSA 국장으로 취임했고, 이임하는 마이크 헤이든 장군은 의심을 한가득 품은 채 자리를 떠났다.

몇 년 전, 알렉산더 장군이 포트 벨보어에서 육군 정보보안사령관으로 재직하고 있을 당시 이 두 사람은 오랜 기간 지속된 소관 영역과 권한의 문제로 충돌한 적이 있었다. 헤이든 장군에게 이 사건은 알렉산더 장군의 모든 면과 행동에 대한 쓰디쓴 기분과 진저리 나는 불신을 남겼다.

포트 벨보어에서 정보보안사령관직에 앉은 순간부터 알렉산더 장군은 정보보안사령부를 육군참모총장이나 NSA 국장 예하에 있는 육군 부대에 신호정보를 제공하는 행정조직에서 작전, 특히 테러와의 전쟁을 수행하는 전투사령부로 완전히 탈바꿈시키기로 마음먹었다.

과거 중부사령부에서 정보참모로 재직하던 초기에 알렉산더 장군은 방대한 양의 데이터를 처리하고 패턴과 관련성을 분석할 수 있는 새로운 분석 도구를 개발하는 데 기여했었다. 그는 전화와 이메일의 관련성(A가 B와 통화하고, B는 C와 통화하는 등)을 추적하는 그 기술이 테러리스트를 추적하고 그들의 네트워크를 파헤치는 데 도움이 될 수 있을 것이라고 생각했다. 그리고 이것은 알렉산더 장군이 정보계에서 더 높은 위치에 오르는 데 도움이 되었다.

하지만 그에게는 자신이 만든 소프트웨어에 입력할 데이터가 필요했다. 그 데이터를 갖고 있는 곳이 바로 NSA였다. 알렉산더 장군은 헤이든에게 그 데이터를 공유해줄 것을 요청했다. 물론 헤이든은 이를 들어주지 않았다. 알렉산더가 요청한 데이터베이스는 NSA의 권위를 상징하는 왕관의 보석이자, 수집 기술, 컴퓨터, 인적 자본을 수십 년에 걸쳐 투자한 결과물이었다. 하지만 헤이든이 거절한 이유는 단순히 자신의 소관 영역을 보호하기 위한 것만은 아니었다. 수년 동안 경쟁관계에 있던 다른 정보기관들은 자신만의 어떤 실험을 수행하거나 과제를 추진하기 위해 NSA의 데이터베이스에 접근하기 위한 방법을 찾고 있었다. 하지만 신호정보 분석은 소수의 인원만이 수행해야 하는 전문 분야였다. 훈련되지 않은 사람이 미가공 데이터를 다루게 되면 잘못되거나 자칫하면 위험한 결론에 이를 수도 있었다. 알렉산더 장군이 데이터로 하고자 했던 것은 NSA 전문가들이 "트래픽 분석"이라고 부르는 것이었는데, 이는 특히 이러한 경향을 띠기 쉬웠다. 우연의 일치는 인과관계의 증거가 되지 못한다. 수상한 사람들 몇 명이 어느 한 접점을 공유했다고 해서, 즉 똑같이 어느 한 전화번호로 전화를 했다고 해서 그것을 어떠한 네트워크의 증거라고 할 수도 없고, 음모라고 할 수도 없다.

육군 정보보안사령부는 특히나 이런 식의 엉성한 연관성을 막무가내로 밀어붙인 믿기 힘든 전력이 있었다. 알렉산더 장군이 부임하기 2년 전인 1999년, 그의 전임자였던 로버트 누넌Robert Noonan 소장은 지상정보전부서Land Information Warfare Activity라는 이름의 특별 부서를 하나 만들었고, 곧 정보우위센터Information Dominance Center로 명칭을 바꾸었다. 여기서 진행한 실험 중 하나는 컴퓨터 프로그램이 인터넷의 데이터 패턴을, 특히 해외에서 미국의 연구개발 프로그램으로 침투하는 패턴을 자동으로 탐지할 수 있는지 확인하는 것이었다.

아트 머니 당시 C3I 담당 국방차관보는 이 실험에 예산을 투입했고, 실험이 종료된 후 존 햄리John Hamre 당시 국방차관은 결과 보고를 받기 위해 육군 정보보안사령부를 방문했다. 누넌 장군은 이미지와 차트를 화면에 길게 띄우면서 중국 관리들과 함께 포즈를 취한 클린턴 대통령, 윌리엄 페리 전 국방장관, 빌 게이츠Bill Gates 마이크로소프트 최고경영자의 사진을 보여주었다. 그리고 중국이 미국 정부와 산업계의 최고위층에 침투해 있는 것으로 보인다는 추론을 내놓았다.

햄리는 격분했다. 이 브리핑을 이미 일부 공화당 상원의원들까지 접했다는 사실 때문에 특히 더 분노했다. 누넌은 이 프로그램을 유지하기 위해 이것이 정보 분석이 아닌 과학적 성격의 프로젝트 같은 것이라고 해명하면서 이 기술이 갖고 있는 가능성을 내세웠다. 햄리는 전혀 달가워하지 않으며 이 프로젝트를 중단시켜버렸다.

이 프로젝트를 설계한 사람은 정보보안사령부의 수석기술고문이자, 군무원 기술자였던 제임스 히스James Heath였다. 열정적이고 자신감이 넘쳤지만, 아주 내성적이었던(동료들과 대화할 때면 고개를 숙인 채 앞 사람의 신발은 고사하고 자신의 신발만 내려다보면서 말할 정도였다) 히스는 빅데이터, 구체적으로는 훗날 "메타데이터metadata"라고 불리게 되는 방대한 데이터 안에서 연관성을 추적할 수 있는 가능성에 광적으로 집착하고 있었다.

햄리의 분노로 몇몇 사람들이 잘렸을지 모르지만, 히스는 그대로 남게 되었다. 그리고 알렉산더가 2001년 초 정보보안사령관으로 취임하게 되자, 히스에게 다시 한 번 행운이 찾아왔다. 두 사람은 1990년대 중반부터 서로 알고 지내던 사이였다. 그 당시 알렉산더는 노스캐롤라이나주 포트 브래그Fort Bragg에 있는 제525군사정보여단the 525 Military Intelligence Brigade을 지휘하고 있었고, 히스는 그의 과학고문이었다. 두 사람은 '데이터 시각화 data visualization'(데이터 분석 결과를 쉽게 이해할 수 있도록 시각적으로 표현해 전달하는 과정을 말한다-옮긴이) 소프트웨어를 연구하고 있었는데, 알렉산더는 히스의 센스와 성실함에 깊은 인상을 받았다. 히스의 동료들이나 친한 친구들은 히스를 가리켜 알렉산더 장군의 '미치광이 과학자'라고 불렀다.

알렉산더가 NSA가 갖고 있는 미가공 데이터를 요구한 것을 두고 마이크 헤이든 전 국장이 걱정한 것 중 하나는 히스가 이 미가공 데이터를 다루게 될 것이라는 점이었다. 이것이 헤이든이 알렉산더의 요청을 거절한 또 다른 이유였다.

하지만 알렉산더 장군은 전방위적으로 싸웠다. 부드러운 목소리와 매력, 심지어 자신의 공격적인 야심을 숨기기 위한 어색한 유머까지 갖춘 알렉산더 장군은 이 미가공 데이터를 확보하기 위해 대대적인 로비 활동까지 벌였다. 그는 특히 의회나 펜타곤에서 힘과 영향력을 갖추고 있는 사람이라면 누구에게라도 자신과 육군 정보보안사령부에 있는 자신의 팀이 혁신적인 방법으로 테러리스트들을 추적할 수 있는 매우 강력한 소프트웨어를 개발했다고 알렸다. 그러면서 헤이든 국장이 온갖 편협한 이유로 데이터를 주지 않고 프로그램 개발을 방해하고 있다고 말했다.

물론 헤이든은 자신만의 정보원들이 있어서 그들로부터 알렉산더 장군의 권모술수를 보고받기 시작했다. 그의 정보원들 중 한 명은 알렉산더 장군이 법무부에 찾아가 해외정보감시법원Foreign Intelligence Surveillance Court으로 가는 길을 물었다고 전했다. 그곳은 미국 영토 내에 있는 의심스러운 첩보원들이나 스파이들을 잡아들이기 위한 영장을 발부하는 곳이었다. 이것은 NSA의 소관이었고, 법적으로나 정치적으로나, 혹은 기타 다른 어떤 이유로 아무나 기웃거릴 수 없는 일이었다.

헤이든은 그날부터 알렉산더 장군을 운동화 상표 나이키Nike 사의 로고(날렵한 우상향 곡선)인 스워시swoosh를 본따서 "나이키 스워시Nike swoosh"라고 부르기 시작했다. 나이키 사의 이 로고는 "그냥 한번 해봐Just do it"라는 슬로건을 전달했다. 헤이든의 생각에 이것이 알렉산더 장군의 업무 추진 방식을 가장 잘 드러내는 표현인 것 같았다.

하지만 알렉산더 장군은 럼즈펠드 장관까지 자기편으로 끌어들였다. 럼즈펠드도 헤이든을 그다지 좋아하지 않았고, NSA가 너무 굼뜬 조직이라는 주장에 생각을 같이하고 있었다. 헤이든은 불길한 조짐을 읽고, 2001년 6월에 육군 정보보안사령부와 특정 데이터베이스를 공유한다는 협약을 맺었다. 하지만 상호 불신은 계속되었다. 알렉산더 장군은 헤이든이 쓸 만한 데이터는 내어주지 않는다고 의심했고, 헤이든도 알렉산더 장군이 감시 과정에서 불가피하게 수집된 미국인들의 개인정보를 법이 요구하는 대로 제대로 구분해서 사용하지 않는다고 의심했다.* 결국

---

* 아이러니하게도 헤이든 장군은 알렉산더 장군이 NSA의 데이터를 다룰 때 법을 철저하게 준수하지 않는 것 같다고 비난하면서 자신도 미국 국민들의 통화 내용과 인터넷 활동이 포함된 동일한 NSA의 데이터베이스를 기반으로 한, 법적으로 의심스러운 국내 감시 프로그램을 운용하고 있었다. 헤이든은 암호명 스텔라 윈드(Stellar Wind)라고 불리는 이 프로그램이 부시 대통령의 지시에 따른 것이고 법무부가 이를 합법적인 것으로 간주했기 때문에 적법하다고 합리화했다.

알렉산더 장군과 히스가 그토록 선전했던 분석 소프트웨어는 새로운 면모를 보여주지도 못했고, 테러리스트도 밝혀내지 못했다. 그리고 헤이든과 알렉산더 장군 두 사람 모두 9·11 테러에 대한 징후를 감지해내는 데에도 실패했다.

9·11 테러가 발생한 지 4년이 지난 뒤, 알렉산더 장군은 펜타곤 내 육군 최고 정보기관장으로서 짧은 임기를 마치고 NSA에 입성하여 고대하던 데이터베이스를 보유하게 되었다. 그리고 그의 곁에는 과학고문인 히스가 함께 있었다.

● ● ●

처음 몇 달 동안 알렉산더 장군은 자신의 메타데이터 개념을 추진할 시간이 없었다. 최우선 과제는 이라크전이었다. 알렉산더 장군에게 이것은 NSA의 자산에 대한 종래의 제한들을 풀어서 신호정보팀에게는 지상군 지휘관들과의 정기적인 접촉을 허락하고, TAO-테일러드 액세스 작전실에 있는 엘리트 해커 집단-에게는 반란군과 싸우는 매크리스털 장군의 특수전부대의 구체적인 요구사항들을 '맞춤식'으로 해결해주는 임무를 부여하는 것을 의미했다.

알렉산더 장군은 NSA 내부에 있는 일부 문제도 해결해야 했다.

지난 5년간 NSA의 부국장이었던 윌리엄 블랙William Black은 알렉산더 장군이 NSA에 오기 1주일 전 선구자Trailblazer 프로젝트를 중단시켰다. 이 선구자 프로젝트는 전 세계의 디지털 네트워크의 통신을 감시하고, 감청하며, 통신 내용을 낱낱이 살피는 대규모 아웃소싱 프로젝트였다.

10년 전에 시작한 선구자 프로젝트는 지금까지 12억 달러에 달하는 NSA의 예산이 투입되었다. 그리고 얼마 후 그것은 완전한 실패작으로 드러났다. 조직적 차원의 관리가 부실하고 비용이 예산을 초과하고, 그리고 ―무엇보다도 알렉산더가 더 중요하게 여긴― 개념 설정이 잘못된 것으로 드러났던 것이다. 선구자 프로젝트는 쇄도하는 디지털 데이터를 포착하고 처리하기 위해 거대한 컴퓨터를 중심으로 구성된 단일처리시스템이었다. 문제는 설계가 너무 간단했다는 것이었다. 수학적인 무차별 대입 공격은 전체 통화 내용이나 팩스 전송이 동일한 회선 또는 무선신호를 통해 이루어지는 아날로그 신호정보 시대에서나 통하는 방식이었다. 그러나 디지털 데이터는 아주 작은 조각인 패킷으로 쪼개져 사이버 공간을 이동했고, 각각의 패킷은 지정된 목적지에서 재조립되기 전까지 가능한 한 가장 빠른 경로를 통해서 제각기 전송되었다. 현장에 있는 센서로 신호를 수집하고 이것을 본부에서 처리하는 방법은 더 이상 충분하지 않았다. 무수히 많은 신호가 있었고, 이 신호는 무수히 많은 서버와 네트워크를 통해 너무나도 빠른 속도로 돌아다니고 있었기 때문이었다. 선구자 프로젝트가 할 수 있는 것이라고는 정보의 바다에 매몰되기 전에 '용량을 늘리는' 방법뿐이었다. 센서는 '실시간'으로 정보를 처리하면서, 동시에 다른 센서에서 받은 정보를 통합시켜야 했다.

알렉산더 장군의 첫 번째 임무는 선구자 프로젝트를 대체하는 것이었다. 즉, 디지털 시대에 걸맞는 신호정보 임무를 수행하기 위한 완전히 새로운 접근법을 찾아내는 것이었다. 지난 10년간 이전 국장들도 동일한 문제에 직면했었지만, 그리 다급함을 느끼지는 못했다. 케네스 미너핸 국장은 비전은 가졌지만 관리적인 역량이 다소 부족했다. 마이크 헤이든 국장은 관리자로서의 센스는 있었지만, 외부 계약업체들이 당연히 전문 기술을 가졌을 거라고 믿는 바람에 세상 어디에도 없는 값비싼 길로 들어서버렸다. 알렉산더 장군은 NSA의 중심에 있는 '기술'을 이해하는 최초의 NSA 국장이었다. 그는 신호정보 작전가, TAO 해커, 정보보증부의 분석관들과 대화할 때 그들의 수준에서 이야기를 나눌 수 있었다. 그는 태생부터가 이들과 같은 부류였다. 정책 전문가이기보다는 컴퓨터 덕후에 가까운 사람이었기 때문이다. 그는 동료 덕후들과 계단에 앉아 몇 시간씩 보내면서 문제점과 가능한 접근법, 해결책 등을 논의했다. 이런 경우가 다반사여서, 알렉산더 국장의 수석보좌관들은 NSA 건물 8층에 있는 그의 사무실에 컴퓨터를 추가로 설치했다. 덕분에 그는 국장으로서 다뤄야 하는 폭넓은 이슈와 의제들에 할애하는 시간을 많이 줄이지 않고도 그가 사랑하는 기술적 난제들을 해결하는 데 매진할 수 있었다.

기술진과 동일한 용어로 대화를 할 수 있는 그의 능력과 기술적 기량의 결과로, 알렉산더 국장과 그의 참모진은 몇 달 만에 새로운 시스템의 개념적 구조를 고안해냈고, 1년 만에 새로운 프로그램의 첫 단계에 착수할 수 있었다. 이들은 그 프로그램을 터뷸런스Turbulence라고 불렀다.

하나의 시스템으로 모든 것을 처리하는 단일처리시스템과는 달리, 터뷸런스는 9개의 소규모 시스템으로 구성되었다. 다른 시스템에 장애가 발생하거나 세계적인 기술 추세가 변화할 경우를 대비하여, 서로 다른 시스템들이 백업이나 우회 경로를 제공했다. 하지만 그보다 중요한 것은 각각의 시스템이 서로 다른 관점에서 네트워크를 세분화한다는 것이었다. 일부 시스템들은 위성이나 마이크로웨이브, 케이블 통신의 신호를 감청하고, 다른 시스템들은 휴대폰 신호를 추적했다. 그리고 또 다른 시스템들은 인터넷 신호를 분석하여 인터넷의 기본 단위인 데이터 '패킷'의 수준에서 인터넷 트래픽을 추적했다. 이 시스템들은 패킷을 출발지에서부터 추적하거나 인터넷 트래픽의 백본에 상주하면서(주요 인터넷 서비스 제공자의 협조 하에) 목표물의 패킷을 탐지하면 TAO의 해커에게 이것을 인계하라고 알려주었다.

터뷸런스를 가능하게 만든 것은 알렉산더 국장의 기술적 기량뿐만은 아니었다. 불과 수년 전에 개발된 데이터 처리 기법, 저장장치, 인덱싱 기법 등 기술적으로 엄청난 발전도 수반되었기에 가능했다. 알렉산더 장군은 그의 열정을 현실로 이루어낼 수 있는 컴퓨터의 시대에 NSA 국장이 된 것이었다.

이후 10년 동안, 터뷸런스는 더욱 발전하여 전문화된 프로그램으로 세분화되면서(이 개개의 프로그램은 터빈Turbine, 터모일Turmoil, 퀀텀시어리 QuantumTheory, 퀀텀인서트QuantumInsert, X키스코어XKeyscore 등으로 명명되었다.), 완전한 상호연결을 보장하는, 진정한 범세계적 시스템으로 진화했다. 이와 비교하면 이전 신호정보 세대의 것들은 시대에 뒤떨어져 보일 정도였다.

터뷸런스는 선구자 프로젝트와 같이 대규모 데이터베이스를 운용했다. 차이점은 데이터를 처리하고 분석하는 방법이었다. 터뷸런스는 훨씬 정확하고, 특정 정보를 검색하는 데 특화되었으며, 현대 디지털 통신에서 사용하는 실제 데이터 패킷과 패킷의 이동에 더 가깝게 만들어졌다. 또한 감청이 네트워크에서 이루어지는 만큼 목표물 추적이 현장에서 실시간으로 이루어졌다.

터뷸런스 프로젝트 초기에 동일한 기술적 개념을 바탕으로 동일한 기술진 중 일부를 투입하는 비슷한 프로그램 하나가 진행되었다. 다른 점은 지정학적으로 특정 지점을 집중하여 살핀다는 것이었다. 이것은 RTRGReal Time Regional Gateway(실시간 지역 게이트웨이)라고 불리는 것이었다. 이 프로그램의 첫 번째 임무는 이라크에 있는 반란군을 잡아들이는 것이었다.

RTRG는 2007년 초반에 시작되었다. 이 시기에 데이비드 퍼트레이어스David Petraeus 장군이 주이라크 미군 사령관에 취임했고 부시 대통령은 이라크에 있는 미군을 "증원하라"고 명령했다. 퍼트레이어스 장군과 알렉산더 장군은 30년이 넘도록 가깝게 지낸 사이였다. 그들은 육군 장교들 간 유대관계의 원천인 웨스트포인트West Point(미 육군사관학교)에서 같은 반 동기생이었고, 몇 년 후 포트 브래그Fort Bragg에서 각각 여단장을 맡으며 다시 관계를 이어나갔다. 이들이 다시 만났을 때에는 퍼트레이어스 장군이 바그다드에서 전투를 이끌어가고 있었고, 이들은 자연스럽게 한 팀이 되었다. 퍼트레이어스 장군은 대반란전 교리를 되살려 전쟁에서 승리하기를 원했고, 알렉산더 장군도 그를 돕기 위해 NSA의 자원을 최대한 이용하려고 노력했다.

이라크에 있는 미군에게 가장 큰 위협은 급조폭발물이었다. 급조폭발물과 이것이 설치된 장소에 대한 정보는 휴대폰 감청, 드론과 위성의 사진, 기타 다양한 수단을 통해 NSA 컴퓨터로 입력되었다. 하지만 이 데이터들이 펜타곤으로 전달되고, 다시 NSA로, 그리고 분석을 위해 기술팀으로, 그리고 다시 바그다드에 있는 정보센터를 거쳐 마지막으로 현장에 있는 군인들에게 제공되기까지는 무려 '16시간'이나 걸렸다. 반란군이 이미 다른 장소로 이동할 만큼 충분히 긴 시간이었다.

알렉산더는 중간 과정을 모두 들어내고 NSA의 장비와 분석관을 이라크에 배치시키는 방안을 제시했다. 퍼트레이어스 장군도 이에 동의했다. 이들은 먼저 바그다드 북쪽의 발라드Balad 공군기지에 있는 경비가 삼엄한 콘크리트 격납고 안에 NSA의 축소판 격인 사무실을 마련했다. 그리고 얼마 뒤부터 일부 분석관들이 부대와 함께 순찰을 나갔다. 이들은 이동하면서 동시에 데이터를 수집하고 처리했다. 그 후 몇 년간 6,000명의 NSA 요원들이 이라크에 배치되었고, 나중에는 아프가니스탄에도 배치되었다. 이 중 22명의 요원이 순직했는데, 상당수는 부대와 함께 순찰을 다니던 도중 급조폭발물에 의해 사망했다.

하지만 이들의 노력은 효과가 있었다. 처음 몇 달 동안 정보를 수집하여 실제 활용하는 데 걸리는 시간을 16시간에서 '1분'으로 획기적으로 단축시킨 것이었다.

4월이 되자 특수전부대는 여기에서 확보한 정보를 단순히 반란군을 붙잡는 데만 사용하는 것이 아니라, 그들의 컴퓨터를 확보하는 데까지도 활용했다. 이 컴퓨터에는 알카에다 수뇌부를 포함한 다른 반란군의 이메일, 전화번호, 사용자 ID, 패스워드 등이 저장되어 있었다. 당대 첩보기관 수장들이 꿈꾸는 모든 것이 여기에 있었던 것이다.

결국 알렉산더와 매크리스털 장군은 4년 전 존 애비제이드 장군과 논의했던 사이버 공격작전을 수행하기 위한 모든 요소들을 마련했다. 발라드 공군기지에 있는 NSA 팀들은 자신들의 모든 기술과 장비들을 한데 모았다. 이들은 반란군의 이메일을 감청하기 시작했다. 새로운 정보를 얻기 위해 반란군이 주고받는 이메일을 단순히 감청하는 경우도 있었지만, 필요한 경우에는 반란군의 서버를 무력화시키기 위해 악성 코드를 삽입하기도 했다. 대개는 반란군에게 가짜 이메일을 보내어 어느 시간에 모처로 모이라는 명령을 하달했다. 그곳에서는 미 특수전부대가 몸을 숨긴 채 이들을 소탕하기만을 기다리고 있었다.

NSA의 지원을 받은 이러한 일련의 작전을 통해 2007년 한 해에만 4,000명에 가까운 이라크 반란군을 제거할 수 있었다.

결정적인 효과가 있었던 것도 아니었고, 그런 효과를 의도한 것도 아니었다. 이 아이디어는 매일 터지는 포탄에 대한 걱정 없이 이라크의 정치 세력들이 자신들의 분쟁을 해결하고 하나의 통일국가를 형성할 수 있도록 그저 숨 쉴 수 있을 만한 틈새, 즉 안전이 보장되는 여건을 제공하기 위한 것이었다. 문제는 지배 세력이었다. 누리 알말리키[Nouri al-Maliki] 총리가 집권한 시아파 정부는 수니파나 쿠르드족과 같은 상대편 정치 세력과의 분쟁을 매듭지으려 하지 않았다. 결국 미군이 떠난 후에 종파 간 전쟁은 다시 시작되었다.

그럼에도 불구하고 2007년은 폭력의 극적인 진압과 통제, 선거, 그리고 거의 모든 현역 민병대의 항복 등으로 중차대한 변환점을 가져온 해였다. 퍼트레이어스의 대반란 전략 역시 부시의 병력 증파와 마찬가지로 이러한 성과들에 어느 정도 기여한 바가 있었다. 하지만 이런 전술적 이득은 NSA의 RTRG(실시간 지역 게이트웨이)가 없었다면 얻을 수 없었을 것이다.

• • •

2007년 공세적 사이버전에서 발견한 놀라운 혁신은 RTRG뿐만이 아니었다.

2007년 9월 6일, 자정을 막 넘긴 시간에 이스라엘 F-15 전투기 4대가 북한 과학자들의 도움으로 건설 중이던 시리아 동부의 미완성 원자로 위로 날아가 레이저유도폭탄과 미사일을 퍼부으며 시설을 초토화시켰다. 당시 시리아 대통령이었던 바샤르 알아사드Bashar al-Assad는 너무나도 큰 충격을 받은 나머지 공식적인 항의조차 하지 못했다. 급습이 성공적이었다는 것을 인정하기보다는 아무 일도 없었다는 듯 가만히 있는 것이 나았을 것이다. 이스라엘도 역시 아무 반응을 보이지 않았다.

아사드 대통령은 도무지 이해할 수 없었다. 지난 2월 예하 장군들이 러시아제 신형 방공포대를 배치했다. 그 이후로 군인들은 꾸준히 훈련을 받아왔고, 골란 고원Golan Heights에 감도는 긴장감으로 인해 공격 당일 야간에도 임무를 수행하고 있었다. 하지만 이들은 스크린에서 어떠한 비행체도 확인하지 못했다고 보고했다.

이스라엘은 작전명 오처드Orchard라고 불리는 공격을 감행하여 성공을 거두었다. 이는 공격에 앞서 이스라엘의 비밀 사이버전 조직인 8200부대가 시리아에 있는 방공 레이더 시스템을 해킹했기 때문에 가능했다.

이를 위해 이스라엘은 빅 사파리Big Safari라고 불리는 미 공군 비밀조직이 개발한 수터Suter라는 컴퓨터 프로그램을 이용했다. 수터는 레이더를 무력화시키는 대신에 레이더와 레이더 운용요원이 바라보는 화면을 연결해주는 데이터 링크를 교란했다. 이와 동시에 화면의 비디오 신호를 해킹하여 8200부대의 요원들이 시리아의 레이더 운용요원들이 보고 있는 화면과 동일한 화면을 볼 수 있게 해주었다. 모든 일이 제대로 진행된다면, 그들은 빈 화면을 보게 될 것이었다. 그리고 모든 것들이 순조롭게 이루어졌다.

이는 10년 전 발칸 반도에서 실시된 작전을 연상시켰다. 그 당시 펜타곤의 J-39와 NSA, 그리고 CIA의 정보작전센터는 세르비아군의 통신망을 도청했고, 레이더 화면에 거짓 정보를 보내면서 세르비아의 방공사령부를 기만했다. 세르비아에 대한 군사작전은 5년 전 샌안토니오에 있는 공군정보전센터에서 케네스 미너핸이 고안한 데몬 다이얼러demon-dialers에 그 뿌리를 두고 있었다. 데몬 다이얼러는 (결국 중단된) 아이티 침공 중에 섬의 모든 전화기를 교란시킴으로써 공습을 완수할 수 있게 지원했다.

세르비아와 아이티에서 감행한 작전은 디지털 시대 이전의 정보전을 보여주는 전형적인 사례였다. 당시는 많은 나라의 군대가 상용 통신회선을 이용하여 통신을 운용하던 시기였다. 오처드 작전은 이라크에서의 NSA와 합동특수전사령부JSOC 간 합동작전과 마찬가지로 컴퓨터 네트워크에 대한 의존도가 높아지고 있는 점을 이용했다. 아이티와 발칸 반도에서의 군사작전이 최초의 사이버전 실험이었다면, 오처드 작전과 이라크 내 지하디스트 제거 작전은 실제 사이버전의 시작을 알린 사건이었다.

● ● ●

오처드 작전이 수행되기 4개월 반 전인 2007년 4월 27일, 에스토니아의 수도 탈린Tallinn에서 폭동이 일어났다. 에스토니아는 핀란드 바로 남쪽 발트해에 연한 소련의 3개 공화국 중 가장 작으면서도 가장 서구적인 나라였다. 에스토니아 사람들은 제2차 세계대전 초반부터 시작된 소련의 지배에 치를 떨고 있었다. 이후 미하일 고르바초프Mikhail Gorbachev가 총서기장 자리에 앉고 거의 반세기 만에 통제력이 느슨해진 틈을 타 소련의 붕괴를 촉진한 전국적 규모의 시위를 벌였다. 그러다가 21세기 초 블라디미르 푸틴Vladimir Putin 대통령이 분노와 과거 강대국 시절에 대한 향수를 등에 업고 권력을 장악하자, 긴장은 다시 한 번 고조되었다.

에스토니아의 폭동은 푸틴으로부터 압력을 받고 있던 에스토니아 대통령이 거대한 붉은 군대 동상을 포함하여 소련 치하에 세워진 모든 기념물을 철거하는 법안을 거부하면서 일어났다. 수천 명의 에스토니아 국민들은 거리로 뛰쳐나와 항의 시위를 벌였고, 동상 앞으로 달려가 동상을 쓰러뜨리려고 했다. 이들은 이러한 시위를 조국의 전시 희생에 대한 모욕으로 여기고 가로막는 러시아계 소수민족과 맞닥뜨리게 되었다. 경찰이 개입하면서 동상을 다른 곳으로 옮겼지만, 거리에서의 싸움은 계속되었다. 바로 이 시점에 푸틴이 개입했다. 그러나 이전 지도자들이 했을 법한 무장군인 투입이 아니라, 0과 1의 맹공격이 실시되었다.

에스토니아의 130만 국민은 지구상에서 디지털에 가장 익숙한 사람들이었다. 다수의 국민들이 인터넷에 연결되어 있었고, 지구상 어느 나라보다 광대역 인터넷에 의존하고 있었다. 그들이 일컫는 소위 "동상의 밤 시위Bronze Night riot" 다음날, 대규모 사이버 공격이 에스토니아를 강타했고, 전국의 네트워크와 서버는 대량의 데이터를 감당하지 못하고 마비되었다. 비교적 짧은 시간 동안만 장애를 유발하는 대개의 도스Dos(서비스 거부) 공격과는 다르게, 이번 공격은 세 번에 걸쳐 지속적으로 수행되었으며, 조그마한 나라 곳곳의 컴퓨터를 감염시키는 악성 코드를 퍼뜨렸다. 이는 국민들의 삶 전반에 영향을 끼쳤다. 3주간, 대략 한 달 가까이 에스토니아 국민 대부분은 단순히 컴퓨터를 사용하지 못한 것뿐만 아니라 전화, 은행 업무, 신용카드 등 네트워크와 관련된 모든 일을 할 수 없었다. 국회 업무, 정부 서비스, 방송, 상점, 공문, 군사통신을 포함하여 모든 것이 마비되었다.

나토 회원국이었던 에스토니아는 북대서양조약 제5조에 근거하여 주변국에 도움을 요청했다. 이 조항은 동맹국 가운데 한 나라가 무력 공격을 받으면 전 동맹국이 공격받은 것으로 간주한다는 것을 확약하는 내용을 담고 있었다. 하지만 동맹들은 회의적이었다. 이것이 북대서양조약 제5조에 부합하는 그런 의미의 '공격' 행위인가? 전쟁 행위인가? 이 질문에 아무도 답하지 못했다. 결국 파견된 부대는 없었다.

그럼에도 불구하고 서방의 컴퓨터 전문가들은 에스토니아 국방부로 자발적으로 달려가서 에스토니아 내에 있는 실력 있는 화이트 해커들의 활동에 가담해 이들을 도왔다. 이들은 오랫동안 전해오던 다양한 기술을 이용하여 다수의 침입자를 추적해 쫓아냈다. 만약 에스토니아 정부가 혼자서 저항하고 막으려고 했다면 이러한 결과는 얻기 어려웠을 것이다.

러시아는 이번 사이버 공격에 대한 개입을 부인했고, 서방세계는 러시아 단독 범행을 지목할 수 있는 '결정적인' 단서를 찾지 못했다. 이것은 나토 회원국이 이번 사이버 공격을 북대서양조약 제5조를 발동시킬 수 있는 근거로 보기 어렵게 만든 여러 가지 이유 중 하나였다. 사이버 공격의 원점을 특정하는 것은 본질적으로 어려운 문제였다. 그리고 이러한 공격을 수행하는 공격 주체는 누구든지 자신의 흔적을 주도면밀하게 감출 수 있었다. 그럼에도 불구하고 포렌식 분석관들은 악성 코드에서 키릴어로 입력된 문자열까지 추적했다. 이쯤 되자 러시아는 나시[Nashi](러시아어로 "우리의 것"이라는 뜻)라는 국수주의 청년단체의 조직원 중 한 명을 체포하여 1,000달러 정도의 벌금을 선고하고, 범죄 조사가 마무리되었다고 발표했다. 하지만 해킹은 차치하고서라도 일개 개인이 또는 소규모 조직 하나가 에스토니아 전역을 이토록 오랫동안 일거에 마비시킬 수 있는 치명적인 사이트를 발견할 수 있다고 믿는 사람은 없었다.

• • •

에스토니아를 대상으로 한 사이버 공격이 사실은 협조된 군사작전을 위한 예행연습이었다는 것이 약 1년 후 드러났다. 러시아가 구소련의 일원이었던 조지아를 대상으로 지상, 공중, 해상, 그리고 사이버 작전을 동시에 개시한 것이었다.

냉전이 끝난 후, 남부 오세티아^{Ossetia}와 아브하지아^{Abkhazia}라는 작은 주를 둘러싼 신생독립국 조지아와 러시아 간의 긴장감은 고조되었다. 이 지역은 공식적으로 조지아의 영토였지만, 많은 러시아계 사람들이 거주하고 있었다. 2008년 8월 1일 오세티아 분리독립주의자들은 츠힌발리^{Tskhinvali}라는 조지아 마을에서 폭동을 일으켰다. 8월 7~8일 밤에는 조지아군이 투입되어 오세티아 분리독립주의자들을 제압했고, 몇 시간 만에 마을을 다시 탈환했다. 그러나 다음날 러시아는 '평화 유지'를 명목으로 마을에 군부대와 전차를 투입했고, 공습과 해상봉쇄를 이용해 지상군을 지원했다.

러시아군의 전차와 전투기가 오세티아 남부 국경을 넘어가는 바로 그 순간에 방송, 금융, 정부기관, 경찰, 그리고 군과 관련된 조지아의 54개 웹사이트가 해킹을 당했고, 국가 전체 인터넷 서비스와 함께 러시아에 있는 서버로 그 경로가 바뀌었다. 결국 모든 네트워크가 마비된 것이었다. 조지아 국민들은 지금 무슨 일이 벌어지고 있는지 알 수 없었다. 조지아군은 각급 부대에 명령을 하달하는 데 어려움을 겪었고, 정치 관료들은 다른 국가와 통신을 시도하는 데 많은 시간이 걸렸다. 그 결과, 전 세계는 이번 사건에 대해 러시아가 밝힌 성명을 가장 먼저 접하게 되었다. 이는 정보전 또는 대지휘통제전이라고 부르는 활동의 전형적인 사례였다. 이런 활동은 적을 혼란에 빠뜨리고 당혹스럽게 만들며 판단력을 떨어뜨려 군사공격에 대해 적이 대응할 수 있는 능력을 약화, 지연, 또는 파괴시키는 작전이었다.

러시아 해커들은 조지아군에게 작전과 이동사항, 전문 등 귀중한 정보를 제공하는 사이트들에서 자료를 탈취해갔다. 따라서 러시아는 조지아군을 더욱 손쉽게 처리할 수 있었다.

지난번 에스토니아의 경우와 마찬가지로 러시아 정부는 이번에도 사이버 공격 수행에 대한 사실을 부인했다. 그러나 다른 형태의 공격에 정확하게 맞춰 사이버 공격을 개시한 점은 아무리 그들 자신이 무고하다고 주장해도 강한 의심을 불러일으켰다.

전투가 일어나고 4일이 지나자 조지아군이 후퇴하기 시작했다. 곧이어 러시아 의회는 남부 오세티아와 아브하지아를 독립국가로 공식 선언했다. 조지아와 전 세계 대부분의 나라는 그 지역이 조지아의 영토라며 즉각 반박했지만, 실제로 그들이 할 수 있는 일은 많지 않았다.

• • •

2007년 4월부터 2008년 8월까지 16개월 동안 미국은 이라크 반란군의 이메일을 해킹했고, 이스라엘은 시리아의 방공망을 교란했으며, 러시아는 에스토니아와 조지아의 서버를 마비시켰다. 바야흐로 전 세계가 사이버전의 새로운 시대가 열렸다는 사실을 목도한 것이었다. 지난 10년 동안의 연구들과 모의실험들, 그리고 10년 전 세르비아에서 시행된 조심스런 실험적 시도가 실제로 실행된 것이었다.

에스토니아에서의 작전은 정치적인 압력을 행사하기 위한 것이었지만, 그러한 의미에서 본다면 실패한 작전이었다. 결국에는 붉은 군대의 동상이 탈린 중심부에서 도시 외곽의 군묘지로 옮겨졌기 때문이다.

다른 세 작전은 성공적이었지만 각각의 사례에서 사이버의 역할은 전술적인 수준에 그쳤다. 레이더와 스텔스 기술, 전자적 대응수단들과 마찬가지로 사이버도 고전적인 군사작전에서는 하나의 부속품 정도로 사용되었다. 그렇다면 사이버 공격의 효과는 아마도 오래가지 못할 것이다. 에스토니아가 서방 세계의 도움을 받았던 것처럼, 분쟁이 길어질수록 사이버 공격을 받는 국가는 사이버 공격을 피하거나 완화하거나 무력화시킬 수 있는 방법을 찾아낼 것이기 때문이다. 심지어 조지아도 남부 오세티아에서 있었던 4일간의 전쟁 와중에도 자국의 서버 중 일부를 서방 국가를 통해 우회해 접속할 수 있도록 경로를 조정하여 러시아의 몇몇 침입을 차단했다. 이처럼 사이버 공격은 즉각적인 전술과 교묘한 조작으로 '양방향' 사이버전으로 진화했다.

수세기에 걸친 역사를 살펴보면, 정보전은 도박이었고 이것의 효과는 기껏해봐야 스파이들이나 군 부대, 함정, 그리고 항공기들이 들키지 않고 국경을 넘거나, 아니면 매우 중요한 메시지를 차단하거나 주고 받을 수 있을 정도로 잠깐 동안만 지속되었다.

이번 장이 남긴 한 가지 질문은, 인터넷 시대에 사이버 공간을 가로지르며 지구 반대편에서도 쏜살같이 날아올 수 있는 0과 1의 디지털 신호가 과연 한 국가의 자산에 '물리적인' 피해를 가할 수 있는가였다. 마시 리포트를 포함하여 10여 개의 서로 다른 연구들은 가장 경계해야 할 것으로 전력망, 송유관, 댐, 철도, 상하수도 등 국가적 차원의 핵심기반시설의 취약성을 지목했다. 이 핵심기반시설들은 갈수록 더 많이 상용 시스템을 사용하는 컴퓨터에 의해 통제되고 있다. 각종 연구 결과는 외국의 정보기관, 조직화된 범죄조직, 또는 악의적인 무정부주의자들이 전 세계 어디에서나 감행할 수 있는 사이버 공격을 통해 이들 시스템을 다운시킬 수 있다고 경고했다. 엘리저블 리시버 훈련과 같은 일부 비공개 훈련은 이러한 사이버 공격을 상정하고 있었다. 하지만 이런 시나리오가 정말 가능한 것일까? 똑똑한 해커 한 명이 '정말로' 물리적 대상물을 파괴할 수 있을까?

2007년 3월 4일 에너지부는 이 질문에 답하기 위해 오로라 발전기 테스트^{Aurora Generator Test}라고 불리는 실험을 진행했다.

이 실험은 전역한 해군 정보장교인 마이클 아산테^{Michael Assante}가 수행했다. 9·11 테러 직후 아산테는 FBI의 국가기반시설보호센터^{National Infrastructure Protection Center}에서 근무했다. FBI의 국가기반시설보호센터는 미군 네트워크를 대상으로 한 첫 번째 침입이었던 솔라 선라이즈와 문라이트 메이즈 사건의 후속 조치로 창설되었다. 국가기반시설보호센터의 분석관들 대부분이 인터넷 바이러스에 초점을 맞춘 반면, 아산테는 마시 리포트가 지적한 전력망, 송유관, 그리고 기타 핵심기반시설을 제어하는 자동화통제시스템의 취약점을 주로 살펴보고 있었다.

몇 년 후 아산테는 해군에서 전역한 뒤 AEP사^{American Electrical Power Company}의 부사장이자 최고보안담당자로 근무하게 되었다. 이 회사는 미국 남부, 중서부, 대서양 중부에 있는 수백만 명의 고객들에게 전력을 공급하는 회사였다. 아산테는 근무하는 동안 이와 같은 문제를 경영진에게 꾸준히 제기했다. 경영진은 누군가가 제어 시스템을 해킹하여 전력공급에 장애를 유발할 수 있다는 사실은 인정했지만, 피해는 단시간에 국한될 것이라는 말을 덧붙였다. 기술자 한 명이 문제가 발생한 회로를 복구하면 전력공급은 정상화될 것이라는 의미였다. 하지만 아산테는 고개를 저었다. 다시 FBI에서 근무하게 된 아산테는 전문가 중에 전문가인 보호통

제기술자들과 대화를 나누었다. 이들은 회로차단기가 일종의 퓨즈와 같다는 사실을 알려주었다. 이 회로차단기의 역할은 발전기와 같이 매우 값비싸고 교체하는 데 노력과 시간이 아주 많이 드는 장치를 보호하는 것이었다. 그러나 악의적인 해커라면 회로차단기를 타격하는 데 그치지 않고 곧바로 발전기까지 손상시키거나 파괴하려 할 것이다.

결국 이것이 큰 문제가 될 수도 있다는 것을 인정한 상부에서는 그 문제를 좀더 깊이 검토하기 위해 아산테를 아이다호국립연구소Idaho National Laboratory로 파견했다. 그곳은 아이다호 폴스Idaho Falls 외곽 초원지대에 있는, 890제곱마일 규모의 국가 연구시설이었다. 우선 그는 수학적인 분석을 마치고 나서 미니어처 모델을 대상으로 초기 실험을 진행했다. 그리고 마침내 실제 실험을 준비했다. 때마침 국토보안부가 사이버 공간에서 가장 우려되는 위험에 대한 프로젝트를 진행하고 있었다. 해당 프로젝트의 관리자는 아산테의 이 실험에 예산이 투입되도록 도와주었다.

오로라 실험의 대상은 2.25메가와트 규모의 발전기였다. 무게가 27톤에 이르는 이 발전기는 연구소의 실험실 한 곳에 설치되어 있었다. 이 실험을 모니터로 지켜보던 워싱턴에서 신호를 보내자, 기술자 한 명이 21줄짜리 악성 코드를 발전기와 연결되어 있는 디지털 중계기에 입력했다. 이 악성 코드는 발전기 보호 시스템 내에 있는 회로차단기를 연 다음 시스템이 반응하기도 전에 그것을 바로 닫아버림으로써 장비의 작동이 동기화되지 못하게 만들었다. 이와 거의 동시에 발전기가 심하게 요동치더니 일부 부품이 튕겨서 날아갔다. 몇 초 후 발전기가 또다시 요동치면서 한 줄기 흰색 연기와 함께 검은 연기 구름이 피어올랐다. 발전기는 완전히 망가져버렸다.

테스트 전, 아산테의 팀은 어느 정도 피해가 있을 것이라는 사실을 알고 있었다. 분석과 모의실험 결과를 통해 이를 예측했던 것이다. 하지만 피해의 규모가 어느 정도일지, 얼마나 빨리 문제가 발생할지는 예상하지 못했다. 실험 시작부터 장비 파괴까지는 단 3분밖에 걸리지 않았다. 이 실험을 진행한 사람들이 실험 도중에 다음 단계로 넘어가기 전에 피해의 정도를 평가하기 위해 잠시 멈춘 시간을 제외한다면, 1~2분 정도 더 짧게 걸린다는 뜻이었다.

이라크, 시리아, 소련의 공화국들 등에서 발생한 2007년의 군사적 충돌이 사이버 무기가 새로운 시대의 전쟁에서 전술적인 역할을 할 수 있음을 확인시켜주었다면, 오로라 발전기 테스트는 사이버 무기들이 핵무기와 다를 바 없는 효과적인 수단으로서, 그리고 대량살상무기로서 전략적인 역할도 할 수 있음을 보여주었다. 물론 사이버 무기는 원자폭탄이나 수소폭탄보다 파괴력이 작겠지만, 문제는 사이버 무기에 접근하는 것이 훨씬 더 쉽다는 것이다. 맨해튼 프로젝트^{Manhattan Project}도 필요 없고 컴퓨터와 훈련된 해커만 있으면 가능했다. 그리고 심지어 그 효과는 빛의 속도만큼이나 빨랐다.

조금 작은 규모이지만 과거에도 이러한 효과를 보여준 유사한 사례가 있었다. 2000년, 호주의 한 하수처리장에서 근무한 전前 직원이 앙심을 품고 있다가 중앙 컴퓨터를 해킹하고 펌프 작동을 중지하는 명령어를 입력한 적이 있었다. 이 일로 인해 정화되지 않은 오염수가 그대로 수돗물에 흘러들었다. 이듬해에는 정체가 알려지지 않은 해커들이 캘리포니아 전역에 전력을 공급하는 한 회사의 서버를 뚫고 들어와, 2주 동안이나 들키지 않은 채 네트워크를 돌아다닌 사건이 있었다.

다시 말해, 이러한 문제(사이버 공격)는 오래전부터 단순히 이론상의 가설이 아닌 실재하는 것으로 알려져 있었다는 것이다. 하지만 이 문제를 해결하기 위해 조치를 취하는 기업은 거의 없었다. 정부기관도 마찬가지였다. 능력을 가진 사람들은 법적 권한이 없는 반면, 법적 권한을 가진 사람들은 능력이 부족했다. 행동하기는 어려웠지만, 회피하기는 쉬웠다. 그러나 오로라 발전기 테스트 영상을 본 사람들은 더 이상 회피할 수 없음을 깨달았다.

이 영상을 아주 관심 있게 본 사람들 중 한 명이 대통령을 비롯한 참모진과 정부의 모든 관료들에게 이것을 보여주었다. 그가 바로 "정보전"이라는 용어를 처음으로 만든 NSA 전 국장 마이크 매코널 제독이었다.

●

CHAPTER 10

사슴사냥 작전과
NSA의 부상

전략사령부는 분명히 어떤 계획도 갖고 있지 않았다. 민간은 물론이거니와 군의 어떤 조직도 할 수 있는 것이 없었다. 이것을 누가 했고, 어떻게 멈추어야 하고, 그 다음에는 무엇을 해야 하는 지조차 알지 못했다. 그러나 이런 문제를 다룰 수 있는 대규모 예산과 기술, 그리고 능력을 가진 한 조직만은 예외였다. 그 조직이 바로 NSA였다.

지난 수십 년간 NSA의 국장들은 우후죽순처럼 생기는 각 군의 사이버 조직과 경쟁하면서 NSA 의 임무를 사수하기 위해 열정적으로 근무했다. "음지를 지향하라." 빌 페리가 케네스 미너핸에 게 NSA의 임무를 설명하면서 말한 것처럼 말이다. 그렇게 하는 가장 좋은 방법은 NSA야말로 이러한 임무를 수행하는 방법을 알고 있는 유일한 조직이라는 것을 조금씩 입증하는 것이었다. 알렉산더 장군은 이것을 '사슴사냥 작전'에서 극적으로 보여주었다.

● 2월 20일, 마이크 매코널은 오로라 발전기 실험을 2주 앞두고 국가정보국장으로 임명되었다. 이 직책은 9·11 위원회가 작성한 보고서의 후속 조치에 따라 2년 전에 만들어진 새로운 자리였다. 당시 9·11 위원회의 보고서는 FBI, CIA, NSA 등 전국에 흩어져 있는 정보기관들이 다른 조직들과 유기적으로 소통하지 않으면서 서로의 정보를 연관 짓지 못했기 때문에, 알카에다의 세계무역센터 공격 계획이 성공한 것이라고 결론지었다. 국가정보국장은 장관급의 직책으로서 대통령의 특별보좌관 역할을 수행하며, 모든 정보조직의 활동과 산출물을 통합하는 일종의 상위 감독자의 지위로 검토된 자리였다. 하지만 많은 사람들은 이것을 그저 관료계층 하나가 더 만들어지는 수준 정도로 보았다. 자리가 만들어지자 부시 대통령은 로버트 게이츠에게 이 자리를 제안했다. 로버트 게이츠는 아버지 부시George H. W. Bush 대통령의 재임 시절 CIA 국장과 국가안보보좌관을 지냈던 인물이었다. 그러나 게이츠는 그 자리에 예산 책정이나 인사에 대한 권한이 없다는 것을 알고는 이 제안을 거절했다.

매코널에게는 그 자리가 갖는 관료적인 한계가 전혀 문제되지 않았다. 그는 단 하나의 목표를 위해 국가정보국장의 자리를 수락했다. 그것은 바로 사이버, 특히 사이버 안보를 대통령의 주요 국정과제에 포함시키는 것이었다.

1990년대 초중반에 NSA 국장이었을 당시 매코널은 NSA에서 근무했던 많은 사람들이 느꼈던 것처럼 롤러코스터를 타는 듯한 흥분과 두려움을 경험했다. NSA의 신호정보팀이 수행할 수 있는 놀라운 일들에 짜릿한 흥분을 느꼈고, 이어서 우리가 적에게 할 수 있는 어떠한 것이든 적도 똑같이 우리에게 할 수 있다는 것을 깨달았다. 이후 10년 동안 이러한 두려움은 미국이 취약한 컴퓨터 네트워크에 대한 의존도를 더욱 높여감에 따라 더욱더 커져만 갔다.

1996년 초 매코널은 NSA를 떠난 뒤 부즈 앨런^{Booz Allen}이라는 회사에서 일하게 되었다. 워싱턴 교외 순환도로 인근에 위치한 부즈 앨런 사는 가장 오래된 경영 컨설팅 회사 중 하나였다. 매코널은 곧 부즈 앨런 사를 미국 정보기관을 위한 강력한 민간 파트너로 탈바꿈시켰다. 이곳은 신호 정보와 사이버 보안 프로그램을 위한 연구개발 센터이자, NSA와 CIA의 고위 관료들이 공공 분야와 민간 분야 사이에서 가교 역할을 수행할 수 있도록 만들어주는 재취업의 안식처가 되었다.

국가정보국장을 맡으면서 매코널은 수백만 달러에 달하는 연봉을 포기해야 했지만, 이번 기회가 사이버에 대한 그의 열정을 정책으로 반영할 수 있는 다시없는 기회라고 보았다. (그러나 그의 헌신은 오래가지 못했다. 2년의 임기를 마치고 다시 회사로 돌아갔기 때문이다.) 매코널은 목표를 달성하기 위해 가능한 한 대통령 집무실 가까이에 머물렀고, 매일 아침 대통령에게 정보를 브리핑했다. 레이저빔과 같은 자신의 집중력을 느긋한 여유로움으로 가릴 줄 알고 관료정치에 능한 매코널은 중요한 순간마다 사이버 안보 정책에 관심이 있는 보좌관들이나 장관들을 찾아다녔다. 이들이 사이버 안보 정책에 대해 제대로 이해하고 있는지 아닌지는 중요하지 않았다. 여기에는 국무부, 국방부, 국가안전보장회의 참모들뿐만 아니라 재무부, 에너지부, 통상부 등에서 근무하는 사람들 중 관련이 있을 것이라고 생각되는 사람들도 모두 포함되었다. 은행, 사회기반시설, 그리고 다른 민간 회사들은 특히나 사이버 공격에 취약했기 때문이다. 그 관료들 중에서 이 문제에 대해 조금이라도 관심을 보인 사람이 거의 없었다는 사실은 그리 놀랄 만한 일은 아니었지만, 그래도 매코널은 실망하지 않을 수 없었다.

결국 매코널은 꾀를 하나 내었다. 어느 장관에게 메모 사본을 하나 가져다주면서 이렇게 말하는 것이었다. "이 메모는 지난주에 장관님께서 쓰신 것입니다. 중국은 장관님의 컴퓨터에서 이 메모를 해킹했죠. 우리가 그들의 컴퓨터를 거꾸로 해킹하여 이것을 도로 되찾아왔습니다."

이 방법은 관료들의 주목을 끌었다. 사이버에 대해 들어본 적도 없는 관료들은 갑자기 이 문제에 깊은 관심을 갖기 시작했다. 몇몇 사람들은 매코널에게 자세한 내용을 브리핑해달라고 요구하기도 했다. 천천히 그리고 조용히 매코널은 자신의 작전계획을 실행시킬 고위급 인사들을 포섭하고 있었다.

4월 말, 부시 대통령은 이라크에 있는 반란군에 대한 사이버 공격 작전을 승인해달라는 요청을 받았다. 지난 수개월 동안 애비제이드, 퍼트레이어스, 매크리스털, 그리고 알렉산더 장군이 건의했던 이 계획은 결국 지휘계통을 통해 신임 국방장관 로버트 게이츠를 거쳐 대통령에게 전달되었다. 국방장관 로버트 게이츠는 쫓겨난 도널드 럼즈펠드의 뒤를 이어 매코널보다 두 달 먼저 정계에 복귀해 있었다.

매코널은 NSA와 부즈 앨런 사에서의 경험을 통해 이 계획의 본질과 중요성을 잘 이해하고 있었다. 반란군의 네트워크에 침입해 통신망을 교란하여 특정 장소로 이동하라는 가짜 이메일을 발송한 뒤 그곳에 특수부대를 파견해 그곳으로 이동한 반란군을 격멸하는 계획은 분명히 큰 이점이 있었다. 하지만 거기에는 위험도 있었다. 반란군에게 보내는 이메일에 삽입된 악성 코드는 이 지역에 있는 미군을 비롯하여 분쟁에 휘말리지 않은 이라크 민간인들의 서버를 포함해 다른 서버들도 감염시킬 우려가 있었기 때문이다. 이런 복잡한 요소들을 고려해야 했으므로, 매코널은 이 사안을 대통령에게 한 시간 동안 다양한 각도에서 설명할 예정이었다.

그 당시에는 사이버 공격 작전이 많지 않았기 때문에, 대통령이 사이버 공격 작전에 대한 브리핑을 듣는다는 것은 흔한 일이 아니었다. 게다가 파병 병력 증원과 새로운 전략으로의 전환, 새로운 지휘관과 국방장관의 취임이 이루어진 지 이제 막 몇 달이 지난 아주 중요한 순간에 이러한 자리가 마련된 것이었다. 따라서 5월 16일에 진행된 매코널의 브리핑에는 다수의 참모들이 참석했다. 체니 부통령, 게이츠 국방장관, 콘돌리자 라이스 국무장관, 스티븐 해들리Stephen Hadley 국가안보보좌관, 해군 제독 에드먼드 지암바스티아니Edmund Giambastiani 합참차장(합참의장이던 피터 페이스Peter Pace는 당시 출장 중이었다), 헨리 폴슨Henry Paulson 재무장관, 그리고 키스 알렉산더 NSA 국장이 참석했다. 알렉산더 장군은 누군가 기술적으로 자세한 설명을 물어볼 경우에 대비하여 참석했다.

그런데 실제로 자세하게 설명할 필요도 없었다. 부시는 신속하게 개념을 파악했고, 장점은 매력적이며 단점은 감수할 만하다고 판단했다. 부시 대통령은 매코널이 한 시간 분량으로 준비한 브리핑을 시작한 지 10분 만에 끊고는 계획을 승인했다.

회의실은 곧바로 침묵에 잠겼다. 이제 매코널은 무슨 말을 해야 할까? 그는 이후에 할 이야기까지는 준비하지 못했다. 그러나 바로 지금이 그가 맡아서 하고 있는 일에 대해 말할 수 있는 가장 좋은 기회라고 생각했다. 그는 재빨리 화제를 돌렸다.

매코널이 운을 뗐다.

"대통령님, 우리는 지금 사이버 '공격'에 대해 말씀드리기 위해 이 자리에 섰습니다. 왜냐하면 이 작전을 실행하기 위해서는 대통령님의 승인이 필요하기 때문입니다. 그러나 사이버 '방어'에 대해서는 말씀드린 적이 별로 없습니다."

부시는 아리송한 표정으로 매코널을 바라보았다. 이전에도 부시는 이 주제에 대한 브리핑을 받은 적이 있었다. 대부분은 리처드 클라크가 "사이버 공간을 보호하기 위한 국가 전략"을 작성했을 때였다. 하지만 그것은 벌써 4년 전의 일이었고, 그 이후로도 수많은 위기가 출현했다. 사이버는 부시가 살피고 있는 레이더망에서 이따금씩 깜빡이는 이상 신호 그 이상은 아니었다.

매코널은 지난 20년간 분석 결과를 통해 드러난 핵심 요점을 재빨리 꺼내들었다. 컴퓨터 시스템이 갖고 있는 취약점, 그리고 여기에 점점 더 의존하고 있는 미국인들의 전반적인 삶, 불과 두 달 전에 있었던 오로라 발전기 테스트를 통해 작성된 각종 도표. 이어 매코널은 분위기를 고조시키며 그가 할 수 있는 최대한의 절박함을 담아 자신의 생각을 이야기해나갔다. 만일 9·11 테러를 감행한 19명의 테러리스트들이 '사이버'에 능통하여 뉴욕시에 있는 대형 은행 중 한 곳의 서버들을 해킹하고 내부의 파일을 변조했더라면, 쌍둥이 빌딩을 무너뜨린 것보다 훨씬 더 큰 경제적 타격을 주었을 것이라고 말했다.

부시 대통령은 헨리 폴슨 재무장관에게 고개를 돌리며 "이것이 사실이오?"라고 물었다.

매코널은 일주일 전, 바로 이 주제를 가지고 폴슨과 개인적인 만남을 가졌던 차였다. "그렇습니다, 대통령님." 회의실 뒤편에 있던 폴슨이 대답했다. 은행 시스템은 비밀에 의존하기 때문에 이러한 종류의 공격은 심각한 피해를 야기할 수 있었다.

부시는 당혹스러워했다. 그는 자리에서 일어나 회의실을 천천히 거닐었다. 매코널은 새로운 위협에 대해 길게 설명하면서 이 위협이 지난 5년 반 동안 부시와 다른 모든 미국인들의 마음을 짓눌렀던 테러의 위협보다 훨씬 더 클 것이라고 말하여 부시를 코너에 밀어붙였다. 이것은 또다른 9·11테러와 같은 위협이었다. 매코널은 이 말을 백악관의 고위 안보보좌관들이 보고 있는 앞에서 했다. 부시는 이 문제를 그냥 지나칠 수없었다.

"매코널 국장!" 부시가 그를 불렀다. "'당신'이 이 문제를 제기했으니, 30일 내에 해결할 방안을 찾아오시오."

이는 무리한 지시였다. 지난 40년 동안 발버둥쳤던 문제였는데 고작 30일이라니. 하지만 적어도 매코널은 대통령의 주목을 이끌어낼 수 있었다. 바로 이 순간에 역사에서 전례를 거의 찾을 수 없는 정책의 비약적인 진보가 이루어졌다. 로널드 레이건 대통령이 영화 〈워게임스〉를 시청하고 나서 물었던 아주 단순한 질문("이것이 정말 일어날 수 있는 일인가?")은 컴퓨터 보안에 대한 첫 대통령 훈령을 만들어냈다. 오클라호마 시티 폭탄 테러 이후 빌 클린턴 대통령이 갖게 된 위기의식은 사이버 보안을 공공 분야의 주요 이슈로 끌어올린 수많은 연구와 실무단 구성, 그리고 결국에는 제도적 변화를 만들어내는 데 박차를 가했다. 그리고 지금 이 순간, 매코널은 부시의 불편한 마음이 이후에 이어질 새로운 변화의 물결을 가져오길 바랐다.

매코널은 정부기관으로 복귀하고 나서 현재의 상태를 살펴보았다. 그리고 자신이 관료계에서 벗어나 살았던 지난 10년 동안 발전된 것이 거의 없다는 것을 알고 큰 충격을 받았다. 펜타곤과 각 군은 국방 네트워크에 숨어 있던 많은 취약점들을 해결하기 위한 조치를 취했다. 그러나 수많은 위원회, 모의실험, 의회 청문회, 그리고 딕 클라크가 클린턴과 부시 행정부에서 만들었던 대통령 훈령들에도 불구하고 다른 정부기관들은 물론이고 민간 영역은 더더욱 상황이 달라지지 않아서 사이버 공격에 역시나 취약했다.

과거와 다르지 않은 이런 모습이 나타나고 있는 이유 역시 같았다. 민간 기업은 사이버 보안에 돈을 투자하려 하지 않았고, 그렇게 하도록 만드는 모든 규정에 저항했다. 반면 연방기관들은 NSA를 제외하고는 이런 일을 할 수 있는 능력과 자원이 부족했으며, 법적인 권한도, 하고자

하는 의지도 없었다.

클라크가 클린턴 행정부와 부시 행정부의 초기 2년간 사이버 조정관으로 재임하면서 사람들의 관심을 가장 많이 끌어모은 시기에 많은 조직들이 탄생했다. 가장 널리 알려져 있는 것은 "정부부처 간 사이버위원회Cyber Council"와 정부 전문가 및 핵심기반시설(금융, 전력, 수송, 기타 등등을 포함) 관련 민간 기업의 경영진을 서로 짝지어 협력하도록 만든 'ISACs(정보공유분석센터Information Sharing and Analysis Centers)'였다. 그러나 이러한 프로젝트의 대부분은 4년 전 클라크가 사임하자 중단되었다. 이제 부시 대통령의 전폭적인 지지를 받게 된 매코널은 이번 기회에 대규모 재정적 지원을 바탕으로 이 조직들을 대폭 확대시키거나, 아니면 새로운 조직을 탄생시키기로 마음먹었다.

매코널은 이 임무를 관계 부처 합동 사이버 TF에 위임했다. 그곳은 매코널의 보좌관 중 한 명인 멜리사 해서웨이Melissa Hathaway가 이끄는 곳이었다. 그녀는 과거 부즈 앨런 사의 정보운영부장이었다. 매코널은 그런 그녀를 자신의 수석 사이버 보좌관으로 불러 국가정보국에서 근무하게 했다.

정부가 관리하는 민간 영역을 사이버 공격으로부터 보호하는 것은 새로운 과제였다. 15년 전, 각 군이 이 문제에 처음 직면하기 시작했을 때 가장 먼저 시도한 것은 이들의 컴퓨터에 침입탐지시스템을 설치하는 것이었다. 그래서 해서웨이의 TF도 첫 단계로 생각한 것이 '민간의' 네트워크에서 침입을 탐지하기 위해 무엇이 필요할지 추려보는 것이었다. 필요한 것들은 너무나도 많았다. 1990년대 중반 켈리 공군기지의 기술진이 컴퓨터 네트워크를 관제하기 시작할 무렵, 전국에 있는 모든 공군 서버는 약 100개 정도의 인터넷 접점을 가지고 있었다. 지금은 연방정부의 수많은 부서와 조직이 총 4,300여 개에 달하는 인터넷 접점을 갖고 있었다.

이에 더하여 이 인터넷 접점들을 관리하는 일은 법령에 따라 국토안보부에 할당되었다. 국토안보부는 과거 8개 정부 부처의 통제를 받던 22개 기관을 통합하여 구성한 조직이었다. 테러리스트의 공격으로부터 국가를 보호하는 데 조금이라도 책임이 있는 기관들을 모두 통합하여 강력한 단일 정부기관으로 조직한 것이었다. 하지만 이러한 통합은 실제로 힘을 분산시키기만 했고, 한 사람이 관리하기에는 너무나도 큰 일을 국토안보부 장관이 부담하게 만들었다. 게다가 사이버 공격을 포함하여 모든 종류의 공격에 대한 경보 프로그램을 운영하던 펜타곤의 국가통신시스템National Communications System처럼 과거에 활발하게 돌아가던 조직을 관료계에서 멀리 떨어진 모래사장에 처박아버리는 꼴이었다. 국토안보부는 정치적인 거리만큼이나 물리적으로도 떨어져 있었는데, 본부는 백악관으로부터 5마일가량 떨어진 워싱턴 북서쪽 외곽의 네브래스카 애비뉴Nebraska Avenue에 있는 작은 기지에 있었다. 이곳은 1960년대 후반까지 NSA가 정보보안부Information Security Directorate를 두었던 곳이다. 이후 정보보안부는 NSA 본부에서 차로 30분가량 떨어진(한 시간을 가야 하는 네브래스카 애비뉴보다는 다소 가까운 편인) 공항 한켠의 부속 건물로 이사했다.

2004년, 딕 클라크가 구상한 아이디어 중 하나에서 출발한 국토안보부는 운영 2년차에 접어들면서 "아인슈타인Einstein"이라 불리는 범정부 차원의 침입탐지시스템을 구축하기 위한 계약을 추진했다. 하지만 이 사업은 감당하기 어려웠다. 가장 큰 슈퍼컴퓨터도 인터넷과 연결되어 있는 4,000여 개의 접점을 오가는 트래픽을 관제하는 데 어려움을 겪곤 했고, 연방정부의 기관들은 이 침입탐지시스템을 반드시 설치해야 한다는 의무가 없었다.

목표와 능력 사이에 존재한 이 간극은 매코널과 해서웨이가 추진하는 새로운 프로그램을 위한 무대를 마련해주었다. 그것은 '국가종합사이버 보안계획CNCI, Comprehensive National Cyberseurity Initiative'이라는 프로그램이었다. 이 프로그램은 최상위 기관을 구성하여 여기저기 흩어져 있는 정부의 서버를 하나의 '연방 통합 네트워크Federal Enterprise Network'로 연결하고, 엄격한 보안 기준을 마련하며, 4,000여 개에 달하는 인터넷 접점을 50여 개 수준으로 줄이도록 만드는 것이었다.

일단 목표는 그랬다.

매코널이 브리핑을 한 지 8개월이 지난 2008년 1월 9일, 부시 대통령은 국가안보에 대한 대통령 훈령 NSPD-54에 서명했다. 이 대통령 훈령은 미국의 사이버 취약점으로 인해 제기된 위험들을 언급하고 있었다. 그 내용 중 상당 부분이 과거 10년간의 다양한 지시와 연구결과를 바탕으로 하고 있었고, 해결책으로서 해서웨이의 계획을 추진할 것을 명령했다.

이 훈령을 이끌어내는 몇 주 동안, 매코널은 해서웨이의 계획에 예산이 많이 투입되어야 한다는 점을 강조했다. 부시는 그의 우려를 가볍게 날려버리며 프랭클린 루스벨트Franklin Roosevelt 대통령이 맨해튼 프로젝트에 쏟아부은 예산만큼 투입할 의지가 있다고 말했다. 매코널은 백악관 예산국과 함께 5년간 180억 달러 규모의 예산을 책정했다. 의회 정보위원회는 이 중 일부만을 감축하여 173억 달러 규모의 예산을 최종 승인했다.

이 계획의 임무는 주로 민간 기관의 컴퓨터 네트워크를 보호하는 것이었지만, 100억 달러가 넘는 예산, 대통령 훈령 NSPD-54, 그리고 국가종합사이버보안계획의 존재를 포함하여 전체 프로그램이 일급비밀로 분류되었다. 대부분의 사이버 관련 문제들처럼 이것은 NSA의 극비 보안과도 관련이 있었다. 그리고 이것은 우연이 아니었다. 서류상 이 계획을 주도하는 부서는 국토안보부였지만, NSA가 기술적 지원을 담당하고 있었다. 또한 국토안보부와 다른 정부기관들은 이 대통령 훈령이 요구하는 바를 수행하기 위한 노하우나 자원이 없었기 때문에, 이 계획에 있어서 힘의 중심은 국토안보부로부터 NSA로 옮겨갔다.

NSA 국장인 키스 알렉산더 장군은 국토안보부의 관리자들보다 예산 정책에 훨씬 더 능수능란한 사람이었다. 마이크 헤이든 전 국장처럼 알렉산더 장군도 어떠한 법적 근거가 어떠한 활동을 승인하고(법령 제50편은 정보, 제10편은 군사작전, 제18편은 범죄조사), 어떠한 의회 위원회가 각각의 예산을 배정하는지 알고 있었다. 그렇기 때문에 이 계획의 예산 173억 달러가 다양한 부서에 할당될 때 상당한 규모의 예산이 NSA에 배정되었다. 그리고 그 예산은 이 계획에서 가장 비용이 많이 드는 부분인 하드웨어 구매와 유지 보수에 투입되었다. 의회는 NSA가 할당받은 예산을 사이버 방어에 사용해야 한다고 특정했다. 하지만 지침은 정확하게 정의되어 있지 않았고 NSA의 예산은 극비로 부쳐졌기 때문에, 알렉산더는 자신이 적절하다고 판단한 곳에 예산을 편성했다.

그러는 동안 국토안보부는 다소 부족했던 침입탐지시스템 아인슈타인을 아인슈타인2로 업그레이드했다. 아인슈타인2는 네트워크에서 악의적인 행동을 탐지할 뿐만 아니라 자동으로 경보를 발생시키도록 설계되었다. 이에 더하여 국토안보부는 아인슈타인3를 위한 개념적인 청사진을 그리기 시작했다. 이 체계는 이론적으로나마 침입자를 자동으로 물리치는 기능을 포함하고 있었다. NSA는 173억 달러의 예산 중 일부를 이용하여 이 프로젝트들을 추진했다. 그러면서 이것들을 자신들이 이미 수행하고 있던 대규모 데이터 수집 및 데이터 분석 사업과 통합했다. 하지만 알렉산더 국장은 아인슈타인 프로젝트에 참여한 직후 민간 기관의 요구사항과 국토안보부의 접근 방향이 NSA의 개념과 맞지 않는다며 이 프로젝트에서 빠졌다. 아인슈타인 프로젝트에 참여한 민간 업체는 그대로 남았고, 국토안보부가 고용한 사이버 전문가로 구성된 팀은 홀로 남아 사업을 시작해야만 했다. 프로젝트는 교착상태에 빠졌고, 목표에 도달하지 못했으며, 결국 손을 쓸 수 없는 지경에까지 이르게 되었다.

대통령의 전폭적인 약속과 대규모 예산에도 불구하고 지난 40년 동안 간간이 경종을 울렸던 주제인 컴퓨터의 취약점과 그것이 국가안보, 경제 건전성, 그리고 사회적 결속에 미치는 영향은 다시 한 번 무시되고 말았다.

알렉산더는 할당받은 예산을 사이버 방어를 위해 써야 할 의무가 있었다. 하지만 이 무렵에는 "사이버 공격과 사이버 방어는 근본적으로 같은 기술로 이루어지며, 실질적으로 동일한 것이다"라는 케네스 미너핸의 철학이 NSA의 사상에 완전히 뿌리를 내린 상태였다.

컴퓨터 네트워크 '공격'CNA, Computer Network Attack, 컴퓨터 네트워크 '방어' CND, Computer Network Defense, 그리고 컴퓨터 네트워크 '활용'CNE, Computer Network Exploitation이라는 사이버의 기본 개념은 여전히 유효했다. 하지만 늘 그랬던 것처럼 와일드카드는 컴퓨터 네트워크 '활용'이었다. 컴퓨터 네트워크 '활용'은 적 네트워크의 취약점을 찾아 이를 활용하고, 내부로 침입하여 여기저기를 탐색하고 다니는 기술art이자 과학science이었다. 컴퓨터 네트워크 '활용'은 향후 사이버 공격을 위한 준비 '또는' 전략가들이 오랫동안 '능동적 방어'라고 부르던 활동의 한 형태로서 간주되거나 이용될 수도 있고, 정당화될 수도 있었다. 즉, 적의 네트워크에 침입하여 이들이 어떤 종류의 공격을 준비하고 있는지 알아내고, 그리하여 NSA가 적을 선제적으로 교란할 것인지, 무력화할 것인지 또는 격퇴시킬 것인지 방안을 수립하도록 만들어주는 것이었다.

알렉산더는 전쟁의 또 다른 형태로서 '능동적 방어'가 필수적이라고 역설했다. 마지노선이나 중국의 만리장성에 해당하는 사이버 활동은 결국 오래가지 못한다는 의미였다. 적들은 이러한 장애물을 우회하고 넘어설 수 있는 방법을 찾아내기 때문이다. 따라서 정부 부처 간 위원회와 비공개 회의의 증언을 통해 알렉산더는 국가종합사이버보안계획에서 NSA의 역할이 컴퓨터 네트워크 '활용'에 초점을 맞춰야 한다고 주장했다. 그리고 일단 컴퓨터 네트워크 '활용'을 위한 수단들에 예산을 충분히 할당한다면, 그 수단들은 컴퓨터 네트워크 '공격'과 '방어'를 위한 것으로도 프로그래밍할 수 있을 것이다. 컴퓨터 네트워크 '활용'은 결국 '공격'과 '방어' 모두를 가능하게 만드는 활동이기 때문이다. 알렉산더가 이라크 반군의 이메일과 휴대폰 네트워크에 침입해 조사한 것이 바로 컴퓨터 네트워크 '활용'이었다. 반면, 부시 대통령이 이라크 반군 격멸을 목적으로 메시지를 가로채고, 가짜 메시지를 전송하기 위해 네트워크 무력화 및 교란을 지시한 것은 컴퓨터 네트워크 '공격'이었다. 공격을 결정하는 마지막 단계를 제외하면, 컴퓨터 네트워크 '활용'과 컴퓨터 네트워크 '공격'은 동일했다.

누군가의 의도(알렉산더의 의도는 분명했다)와는 상관없이, 이것이 기술의 본질이었다. 이로 인해 '정치' 지도자들은 확고한 통제력을 발휘하는 것, 즉 기술의 사용이 정책을 결정하는 것이 아니라 정책이 기술의 사용을 결정한다는 것을 확실히 보여주는 것이 더욱 중요하게 되었다. 하지만 사이버 수단이 전쟁의 무기로 융합되고, 컴퓨터 네트워크가 일상의 거의 모든 면을 통제하게 된 것처럼 권력은 교묘하게, 그리고 순식간에 NSA에 있는 기술 전문가들에게로 넘어갔다.

● ● ●

이러한 힘의 이동에 있어서 전환점이 된 중요한 사건이 2008년 10월 24일 금요일 NSA 본부에서 일어났다. 그날 오후 2시 30분, 신호정보팀의 분석관들은 아프가니스탄과 이라크에서 벌어지고 있는 전쟁을 지휘하는 미 중부사령부의 네트워크에 어떤 이상한 일이 벌어지고 있다는 사실을 발견했다.

어디에선가 신호를 내보내고 있었는데, 이것이 중부사령부의 '비밀용' 컴퓨터에서 발생하고 있는 것으로 보였다. 이는 단순히 이상한 정도를 넘어서 불가능하다고 여겨지는 일이었다. 군사용 비밀 네트워크는 공용 인터넷과 연결되어 있지 않았다. 이 두 네트워크는 '에어 갭air gap'이라는 것으로 분리되어 있었는데, 아무리 교활한 해커라도 에어 갭을 넘어갈 수는 없다고 모든 사람들이 입을 모아 이야기하고 있었다. 하지만 어찌된 일인지 누군가가 에어 갭을 뛰어넘어 그 신호의 유일한 원점이라고 여겨지는 몇 줄의 악성 코드를 군 내부의 가장 보안이 철저한 통신망 중 하나에 주입해놓은 것이었다.

지금까지 알려진 바에 따르면, 이것이 국방부의 비밀 네트워크가 해킹당한 최초의 사건이었다.

사이버전이 전 세계적인 현상으로 부상하기 1년 전, NSA 정보보증부의 부장이었던 리처드 쉐퍼Richard Schaeffer와 그의 참모들은 외부 침입자가 방어벽을 뚫기 위해 사용할 수도 있는 새로운 방법을 연구하고 테스트하는 나날을 보내고 있었는데, 만약 그렇게 해서 새로운 접근방법을 생각해내지 못했더라면 이번 침입은 발견되지 않았을지도 모른다. 지난 10년 동안 각 군과 다양한 합동 TF는 군 네트워크의 주변을 보호하는 데 제법 괜찮은 역할을 수행해왔다. 하지만 만일 이들이 무엇인가를 놓쳤다면, 그리고 적이 이미 내부에 침입해 숨어서 탐지되지 않은 채로 수천, 수백만 개의 파일을 복사하고 위변조했다면 어떻게 되었까?

쉐퍼는 지난 1997년 엘리저블 리시버 훈련에 참가했던 레드팀에게 비밀 네트워크를 확인하는 임무를 부여했다. 레드팀은 곧 이상 신호의 근원지를 발견할 수 있었다. 이 신호는 레드팀이 2~3년 전 agent.btz라는 파일에서 발견했던 웜에서 발생하는 것이었다. 이 악성 코드는 아주 정교하게 설계된 프로그램이었다. 네트워크에 침투하여 데이터를 수집한 후 모든 것을 공격자에게 발송하도록 프로그램되어 있었다. NSA의 극비 사이버 수단을 보유하고 있는 TAO도 수년 전에 이와 유사한 프로그램을 고안한 적이 있었다.

쉐퍼는 이 사실을 알렉산더 국장에게 보고했다. 이 두 사람과 참모들은 5분 만에 해결책을 마련했다. 이 악성 코드는 공격자에게 신호를 전송하도록 프로그램되어 있었다. 그들은 악성 코드 안으로 들어가 신호가 다른 곳으로(구체적으로 말하면 NSA의 어떤 저장장치로) 가도록 경로를 바꿔보자고 했다. 이 아이디어는 꽤 괜찮아 보였다. 알렉산더는 이 임무를 기술팀에게 하달했다. 기술팀은 몇 시간에 걸쳐 이 악성 코드가 어떻게 설계되어 있는지 파악했다. 다음날 아침, 이들은 자신들이 파악한 결과를 바탕으로 프로그램을 하나 만들어냈다. 곧이어 NSA에 있는 컴퓨터 한 대에서 이 프로그램을 시험해봤다. 먼저 agent.btz 악성 코드를 삽입하고, 이어서 전송 경로를 바꾸는 명령어를 실행했다. 이 시험은 성공적이었다.

이때가 토요일 오후 2시 30분이었다. 불과 24시간 만에, NSA는 해결책을 구상하고 개발하여 검증까지 마친 것이었다. NSA는 이 작전을 '사슴사냥Buckshot Yankee'이라고 명명했다.

한편 NSA 분석관들은 악성 코드의 경로를 따라 시작 지점을 역추적하고 있었다. 이들은 아프가니스탄에 있는 미군이 악성 코드에 감염된 USB 드라이브를 반입하여 보안 컴퓨터에 연결한 것이 아닌가 추정하고 있었다(수개월 동안 자세히 분석한 결과 이는 사실로 확인되었다). USB 드라이브는 카불Kabul과 나토의 군사본부가 있는 지역의 매장에서 널리 판매되고 있었다. 밝혀진 바에 따르면, 러시아가 이와 같은 USB 드라이브를 대량으로 공급했으며, 이것들 중 일부는 어떤 미군이 언젠가는 그렇게 사용할 것이라는 기대를 갖고 한 정보기관이 프로그램한 제품들이었다. 그들의 임무는 성공한 것으로 보였다. 어떤 미군이 실제로 그렇게 했으니 말이다.

그러나 이 모든 것들은 덜 중요한 사소한 것에 지나지 않았다. 중요한 것은 위기가 시작된 월요일 아침에 국방부 관련자들이 문제의 범위를 파악하기 위해 안간힘을 쓰고 있는 동안, NSA가 이미 이틀 전에 이 문제를 해결해두었다는 것이었다.

당시 합참의장이었던 마이크 멀린Mike Mullen 해군 제독은 월요일 아침 이 문제에 대한 대응 방안을 논의하기 위해 긴급회의를 소집했다. 그리고 각 군의 총장이 대령급 실무자만을 회의에 참석시켰다는 사실을 알게 되었다. 멀린 제독은 참석자들을 보며 목소리를 높였다. "자네들이 여기에서 뭐 하고 있는 건가?" 실제로 국가의 전쟁을 지휘하는 네트워크가 감염되었다. 이러한 네트워크의 신뢰를 담보하지 않고서는 전쟁에서 승리할 수 없었다. 멀린 제독은 주요 지휘관들과 합참의 작전본부장, 정보본부장과 이야기를 나눠야만 했다. 다시 말해 그는 3성·4성 장군들, 그리고 제독들과 토의해야 한다는 뜻이었다.

이날 오전 늦게 멀린 제독은 마이크 매코널, 키스 알렉산더와 미 전략사령관인 케빈 칠턴Kevin Chilton 장군을 화상회의로 연결했다. 당시 미 전략사령부는 'JTF-GNOJoint Task Force-Global Network Operations'(합동 TF-글로벌 네트워크 작전)라는 조직을 예하에 두고 있었다. 이 조직은 최근에 만들어진 조직으로서 10년 전 JTF-CND처럼 처음 설립될 때부터 그 구조가 엉성했다.

멀린 제독은 1998년 최초로 군 네트워크에 깊이 침입했던 솔라 선라이즈 사건이 발생하자 존 햄리 당시 국방차관이 던졌던 것과 똑같은 질문으로 회의를 시작했다.

"누가 책임자입니까?"

로널드 레이건 대통령이 컴퓨터 보안에 대해 처음으로 대통령 훈령에 서명한 이래로 지난 25년 동안 백악관, 펜타곤, 의회, NSA, 그리고 각 군의 다양한 정보전센터는 이 질문과 끊임없이 싸우고 있었다. 지금은 전략사령부가 JTF-GNO를 두고 있었기 때문에 칠턴 장군이 본인의 책임이라고 답했다.

"그러면 어떤 계획은 갖고 있소?"

멀린 제독이 물었다.

칠턴 장군은 잠시 뜸을 들이더니 "키스, 합참의장께 계획을 말해주시죠"라고 말했다.

전략사령부는 분명히 어떤 계획도 갖고 있지 않았다. 민간은 물론이거니와 군의 어떤 조직도 할 수 있는 것이 없었다. 이것을 누가 했고, 어떻게 멈추어야 하고, 그 다음에는 무엇을 해야 하는지조차 알지 못했다. 그러나 이런 문제를 다룰 수 있는 대규모 예산과 기술, 그리고 능력을 가진 한 조직만은 예외였다. 그 조직이 바로 NSA였다.

지난 수십 년간 NSA의 국장들은 우후죽순처럼 생기는 각 군의 사이버 조직과 경쟁하면서 NSA의 임무를 사수하기 위해 열정적으로 근무했다. "음지를 지향하라." 빌 페리가 케네스 미너핸에게 NSA의 임무를 설명하면서 말한 것처럼 말이다. 그렇게 하는 가장 좋은 방법은 NSA야말로 이러한 임무를 수행하는 방법을 알고 있는 유일한 조직이라는 것을 조금씩 입증하는 것이었다. 알렉산더 장군은 이것을 '사슴사냥 작전'에서 극적으로 보여주었다.

게이츠 장관은 NSA의 통제력과 펜타곤의 허둥지둥대는 대조적인 모습을 보면서 공포와 당혹스러움을 함께 느꼈다. 그는 CIA에서 오랫동안 경력을 쌓다가 조지 H. W. 부시 정부 시절 CIA 국장으로 잠시 일한 뒤, 조지 W. 부시 정부에서 국방장관에 임명되어 거의 2년이라는 시간을 보냈다. 그는 펜타곤이라는 조직이 제 역할을 전혀 하지 못하고 있다는 사실에 경악을 금치 못했다. 맨 처음 부임했을 당시 군은 악화되어가고 있는 2개의 전쟁 올가미 때문에 옴짝달싹 못 하고 있었지만, 펜타곤에서 근무하고 있는 수많은 고위급 장교들은 마치 세상이 평화로운 것처럼 행동하고 있었다. 그들은 상상 속의 미래 대전쟁을 위해 냉전 이후부터 밀어붙이고 있던 값비싼 재래식 무기 대규모 증강사업을 여전히 밀어붙이고 있었다. 그들은 그저 경례 잘 하고 카드에 구멍을 잘 뚫는, 한마디로 아무 쓸모없는 장교들을 진급시켰다. 이러한 상황은 게이츠가 장군 몇 명을 해임하고, 지금도 계속되고 있는 전쟁에서 처절하게 싸우다 죽거나 끔찍하게 부상당하고 있는 군인들을 도울 능력과 의지를 가진 장교들을 그 자리에 앉힐 때까지 계속되었다.

펜타곤에 오고 나서 게이츠 장관은 거의 매일 일부 적대세력이나 악의적인 해커의 국방부 네트워크 침입 시도에 대해 보고받았다. 많은 사람들이 일어날 수도 있다고 경고했던 아주 심각한 침입 시도가 실제로 벌어지고 있었던 것이다. 하지만 여기 있는 모든 사람들은 여전히 정치 놀음만 하고 있을 뿐이었다. 아무도 현실을 직시하지 못하는 것 같았다.

NSA 국장 재임 시절부터 게이츠 장관과 친분이 있던 마이크 매코널은 통합된 사이버사령부 창설을 계속해서 주장하고 있었다. 통합된 사이버사령부는 분산된 사이버 조직들을 대체하고 사이버 '공격'과 '방어' 작전을 수행해야 하며(이 두 작전 모두가 동일한 기술, 활동, 기량을 기반에 두고 있기 때문에), NSA 예하에 두는 것이 가장 이상적이었다. NSA가 기술과 활동, 기량이 집중되어 있는 곳이었기 때문이다. 매코널은 내부에 알려져 있는 사실을 근거로 자신의 주장을 뒷받침했다. 사실 NSA는 작전 부대들과 정보를 공유하지 않으려 했다. 따라서 이것을 가능하게 하려면 한 사람이 NSA 국장과 사이버사령관을 겸임하는 것이 유일한 방법이었다.

게이츠는 오래전부터 매코널의 생각이 일리가 있다고 생각했고, '사슴 사냥 작전'을 통해 이를 확신하게 되었다.

또 다른 상황의 전개가 이 주장을 더욱 절박하게 만들었다. NSA 국장인 알렉산더의 재임 기간이 계속 늘어나고 있었다. 거의 대부분의 NSA 국장들은 3년간 근무했는데, 알렉산더는 3년 2개월간 그곳에 있었다. 단순히 이러한 계산을 떠나서, 게이츠는 알렉산더가 단순히 NSA를 떠나는 것만이 아니라 군에서도 전역할 계획이라는 소문을 들은 적이 있었다. 게이츠는 그것이 재앙에 가까운 일이라고 생각했다. 최근에 CIA는 향후 2년 안에 대규모 사이버 공격이 있을 것이라고 예측했다. 그리고 지금, 규모는 작아도 여전히 심각한 이 위기에서 무슨 일이 벌어지고 있는지 감을 잡을 수 있는 유일한 사람이 바로 알렉산더 국장이었다.

관행적으로 NSA 국장직에는 3성 장군이나 제독이 임명되었고, 각 군의 사령관직에는 4성 장군이 임명되었다. 게이츠는 사이버 정책을 통합하고 알렉산더를 현역으로 유지시키기 위해서는, 새로운 사이버사령부를 창설하고 사이버사령관이 NSA 국장을 겸임하도록 하는 법령을 제정하여 (매코널이 주장했던 것처럼) 알렉산더를 사이버사령관 겸 NSA 국장으로 임명한 후에 그를 대장으로 진급시키는 방법밖에는 없다고 생각했다. 그러면 최소한 3년의 임기는 보장할 수 있었다.

사실 알렉산더의 전역이 임박했다는 소문은 사실이 아니었다. 우연찮게도 사슴사냥 작전을 수행하기 얼마 전에 알렉산더는 3성 장군들이 진급하자마자 받도록 되어 있는 퇴역 설명회를 미리 예약했던 것이다. 그나마도 알렉산더는 자신의 차례를 수개월 동안 미뤄왔었다. 이런 일들 대부분이 시간낭비라고 생각한 데다가 바빴기 때문이다. 결국 육군 인사 사령부가 압력을 가해서 그는 그 다음에 계획된 퇴역 설명회에 참석하게 된 것이었다.

이틀 후, 알렉산더는 게이츠로부터 전화를 받았다. 게이츠는 알렉산더의 전역과 관련된 소문이 사실인지를 알고 싶어했다. 알렉산더는 그 소문은 사실이 아니라고 정확하게 알려주었다. 그럼에도 불구하고 게이츠는 알렉산더에게 대장으로 진급시킬 계획이라고 털어놓았다.

펜타곤과 정보계, 그리고 의회가 착실히 준비하려면 몇 달이 걸릴 일이었다. 그동안에 대선이 치러졌고, 새로 대통령에 당선된 버락 오바마 Barack Obama가 백악관에 입성했다. 그런데도 새로운 정부에서 최소한 1년 동안은 국방장관직을 수행하기로 동의한 게이츠는 자신의 계획을 추진했다. 그리고 2009년 6월 23일, 그는 미 사이버사령부U.S. Cyber Command 창설을 지시하는 각서에 서명했다.

• • •

부시의 임기 마지막 1년, 그리고 오바마 대통령 임기의 처음 몇 달에 걸쳐, 게이츠는 한 가지 딜레마에 빠져 있었다. 그는 얼마 전부터 사이버 보안과 관련하여 NSA를 대체할 수 있는 기관이 없다는 사실을 알게 되었다. 백악관 내 일각에서 주장하는 바와 같이 국토안보부를 민간 기반시설에 대해 NSA와 같은 역할을 수행하는 기관으로 만들겠다는 생각은 허황된 꿈이었다. 국토안보부는 예산이나 인력, 기술적인 실력을 보유하지 못했다. 따라서 이는 현실적으로 불가능한 것이었다. 하지만 NSA는 법적으로(그리고 적절하게) 국내 감시를 제한받고 있었기 때문에, NSA를 통해 민간 핵심기반시설을 보호할 수도 없는 노릇이었다.

2010년 7월 7일, 게이츠는 국토안보부 장관 재닛 나폴리타노Janet Napolitano와 함께 펜타곤에서 점심을 먹으면서 이 난관을 헤쳐나가기 위한 방안을 제안했다. 그것은 바로 국토안보부 장관이 NSA 제2부국장을 지명하는 것이었다(공식적으로는 국방장관인 게이츠가 NSA 제2부국장을 지명해야 했지만, 국토안보부 장관의 선택에 따르기로 했던 것이다). 그렇게 되면 국가 핵심기반시설이 위협을 받을 경우, 새로 선출된 NSA 제2부국장은 국토안보부의 법적 권한을 발동해 NSA의 기술 자원을 활용할 수 있었다.

나폴리타노는 이 아이디어가 제법 괜찮았다. 이어진 후속 회의에서 두 사람은 이러한 내용을 담은 양해각서에 합의했다. 이것은 개인의 사생활과 시민의 자유를 보호하기 위한 일종의 방화벽을 두는 것이었다. 그들과 이 문제를 상의했던 알렉산더 국장도 이러한 결정을 응원하고 지지했다. 7월 27일, 두 사람이 점심을 먹고 3주가 채 지나지 않아 게이츠와 나폴리타노는 이 아이디어를 오바마 대통령에게 보고했다. 오바마는 이의를 제기하지 않고 이것을 바로 국가안보보좌관인 토머스 도닐런Thomas Donilon에게 보냈고, 도닐런은 이것을 국가안전보장회의의 부처 간 의제로 상정했다.

모든 것이 순조로워 보였다. 게이츠와 나폴리타노는 세부 사항을 실무자들에게 맡겨놓고, 더 시급한 일을 처리하기 위해 원래 자리로 돌아왔다.

그러나 몇 개월이 지나자 이 합의는 삐걱거리기 시작했다.

이 일을 위임하기 전 나폴리타노는 사이버 담당 부국장 후보로 사이버 보안 담당 차관보인 마이클 브라운Michael Brown 해군 소장을 선택했다. 브라운은 이 임무에 적임자로 보였다. 그는 해군사관학교에서 수학과 암호학을 전공했고, NSA의 신호정보팀에서 근무한 경력이 있었다. 그리고 1990년대 후반 펜타곤으로 자리를 옮겨 JTF-CND에서 솔라 선라이즈와 문라이트 메이즈 사건을 다루는 차트 분석관 임무를 수행했다. 매코널은 부시 대통령에게 180억 달러의 예산을 사이버 보안에 할당해줄 것을 설득하는 동시에, 브라운에게는 국토안보부로 가서 그가 군 네트워크 보호에 기여했던 것처럼 민간 네트워크를 보호하는 데에도 힘이 되어줄 것을 부탁했다. 이후 2년간 브라운은 국토안보부의 사이버 인력을 28명에서 거의 400명 수준으로 확대했고, 부족하게나마 내부의 컴퓨터 긴급대응팀을 임무 수행이 가능한 조직으로 탈바꿈시켰다. NSA와 국토안보부의 문화를 융합할 수 있는 사람이 있다면, 그가 바로 마이크 브라운이었다.

하지만 이러한 이유 때문에 브라운은 모든 단계마다 장애물에 봉착했다. 국토안보부 차관인 제인 홀 루트Jane Holl Lute는 변호사이자 유엔평화유지활동 지원을 위해 힘쓴 전前 유엔 사무차장이었으며, 신호정보 분야에서 활동하다가 전역한 육군 장교 출신이었다. 그녀는 NSA에 대한 의심이 깊었으며, 국내 문제에 대해서 NSA에 힘을 실어주거나 인터넷을 전쟁이 가능한 영역으로 만들지도 모르는 계획에 대해서는 철저히 반대 입장을 고수했다. 이는 백악관의 사이버안보보좌관 하워드 슈미트Howard Schmidt도 마찬가지였다. 그는 공군이나 해군이 공중과 해양을 군사작전의 영역이라고 말하듯이 사이버도 군사작전의 한 영역이라고 주장하는 사람들 앞에서 인상을 찌푸렸다. 해군 장교인 마이클 브라운의 계급과 암호학 분야에서 그가 쌓은 경력, 그리고 NSA에서의 그의 경험으로 비추어볼 때, 이 공동의 노력은 동등한 파트너십과는 거리가 멀었다. 이것은 곧 NSA가 혼자서 일을 처리해야 한다는 것을 의미했다.

국가안전보장회의의 각 부처 차관들 사이에서도 이러한 저항이 있었다. 이들 중 일부는 이러한 논의가 자신들과 상의 없이 이루어졌다는 사실에 매우 불쾌해했다. 결국 이들은 브라운을 사이버 안보 조정관으로는 승인했지만, NSA 부국장으로 임명하는 데는 동의하지 않았다. 이는 게이츠와 나폴리타노가 바랐던 일을 브라운이 수행하도록 만드는 데 필요한 법적인 권한을 주지 않겠다는 것을 의미했다.

이러한 모습은 사람들의 기억에서 거의 지워졌지만 그때로부터 25년도 훨씬 더 된 1984년에 있었던 어떤 논란을 연상시켰다. 당시 의회에서 시민의 자유를 옹호하는 사람들은 레이건의 대통령 훈령 NSDD-145에 따라 NSA 국장이 운영하는 위원회를 통해 컴퓨터 보안 기준을 정립하려는 계획에 저항했었다.

국토안보부와 NSA 간의 참모회의는 실제로 긴장감이 가득했다. 게이츠와 나폴리타노의 계획은 문화 교류의 일환으로 두 기관이 각각 열 명의 분석관을 차출하여 상대방 기관으로 보낼 것을 요구했다. 초기에는 NSA가 본부에서 아홉 명, 사이버사령부에서 한 명 등 총 열 명을 보냈으나, 국토안보부는 이에 상응하는 인원을 보내지 않고 미적거렸다. 문제의 일부는 단순히 조직의 인원수와 관련이 있었다. NSA에서 일하는 사람들은 2만 5,000여 명이었다. 따라서 이들 중 열 명을 보내는 것은 크게 어렵지 않았다. 하지만 국토안보부는 수백 명 규모의 사이버 전문가만을 보유하고 있었다. 따라서 루트는 국토안보부의 분석관 열 명을 보내지 않고 열 명의 신규 직원을 채용하기로 결정했다. 그러기 위해서는 예산과의 줄다리기와 보안적부심의라는 과정을 거쳐야 했다. 한마디로 아주 많은 시간이 걸렸다. 열 명을 다 채우기도 전에 상호 합의는 삐걱거렸고, 굴러가던 바퀴는 거의 멈춰가고 있었다.

2010년 10월 31일, 사이버사령부가 NSA 본부가 있는 포트 미드에서 깃발을 올렸다. 알렉산더 장군이 그 키를 잡았다. 이와 동시에 알렉산더 장군은 전례 없는 정치적·조직적·기술적 파워를 가진 NSA 국장으로서 임기 6년차에 접어들었다.

●

CHAPTER 11

건초 더미에서 바늘 찾기

지금까지는 FISA 법률에 따라 외국 정보활동 또는 테러에 대한 수사와 '관련이 있다'고 간주되는 경우에 한해서만 데이터를 저장할 수 있었다. 하지만 새로운 정의 아래서는 잠재적으로 '모든 것'이 관련이 있었다. 실제로 무언가가 관련이 있게 '되기' 전까지는 무엇이 관련이 '있었는지' 알 수 있는 방법이 없기 때문이었다. 따라서 명확한 정보 판단을 위해서는 모든 것을 손에 쥐고 있을 수밖에 없었다. 만일 거의 모든 정보가 건초 더미 속에 있는 바늘 하나를 찾는 데 필요하다면, 알렉산더는 '건초 더미 전부'에 접근할 수 있는 권한을 가져야만 한다고 말했을 것이다.

NSA의 이와 같은 주장에 대해서 FISA 법원은 NSA의 광범위한 법령 해석을 인용하고, 이러한 '관련성'의 정의를 승인해주었다. 이렇게 하여 키스 알렉산더는 건초 더미 전부를 가질 수 있게 되었다. 당시 상원의원이었던 버락 오바마와 존 매케인이 백악관을 향한 경쟁을 마무리하고 있던 2008년 가을, 사이버 공간은 전 세계 정보기관들에 의해 철저히 파헤쳐지고, 유린당하고, 침입당하고 있던 상태였다. 특히 미국은 더욱 그러했다.

CYBER WAR

● 2007년, 마이크 매코널은 국가정보국장으로 임명되고 얼마 지나지 않아 한 참모를 통해 베리사인VeriSign 사에서 작성한 차트를 보고받았다. 베리사인 사는 도메인을 운영하는 회사로 인터넷에서 사용되는 .com, .net, .gov의 도메인 명칭과 이메일 주소를 등록하는 곳이었다. 이 차트에는 세계 지도가 그려져 있었는데, 여기에는 대륙이나 대양의 지형이 아니라 전 세계 네트워크 대역폭의 유형과 밀집도가 표시되어 있었다. 이 지도를 보면 전 세계 디지털 통신의 80퍼센트가 미국을 통과하고 있었다.*

이 정보가 암시하는 바는 실로 의미심장했다. 만일 파키스탄에 있는 테러리스트가 이메일이나 휴대전화를 통해 시리아에 있는 무기상과 연락하는 동안 통신 내용 중 일부가 전 세계의 네트워크를 통해 미국을 경유하게 된다면, 더 이상 적성국에 데이터 수집 기지를 세울 필요가 없어지게 되는 것이었다. NSA는 그저 미국 안에서 데이터의 흐름만 들여다보면 충분했다.

하지만 여기에는 법적인 한계가 있었다. 1970년대 미 상원의원 프랭크 처치Frank Church가 이끄는 청문회에서 CIA와 NSA가 수행한 대규모 불법사찰 행위가 드러났다. 여기에는 미국인들에 대한 감시도 포함되어 있었는데, 주로 정책을 비판하는 사람들과 반전주의자들을 대상으로 하고 있었다. 이는 '부당한 사찰과 압류'를 금지한 수정헌법 제4조를 위반한 것이었다. 이 청문회로 인해 1978년 해외정보감시법FISA, Foreign Intelligence

---

* 1990년대 후반 리처드 클라크가 핵심기반시설의 취약점에 대한 연구를 시작하면서 전 세계의 인터넷 트래픽 중 80퍼센트가 미국에 있는 건물 두 군데를 경유하고 있다는 사실을 알게 되었다. 하나는 캘리포니아주 산호세에 있는 MAE(Metropolitan Area Exchange: 광역 인터넷 교환기) 웨스트(West)라고 불리는 곳이었고, 다른 하나는 MAE 이스트(East)라는 곳으로 버지니아주 타이슨스 코너(Tysons Corner)에 있는 한 스테이크집 위층에 있었다. 어느 날 밤 클라크는 비밀경호원 한 명과 그 스테이크집에서 저녁을 먹고, 윗층에 있는 방을 살펴보았다. (클라크는 체포될 경우에 대비하여 그 비밀경호원을 대동했던 것이다.) 그곳에서 두 사람은 공작원 한 명으로도 아주 손쉽게 치명적인 피해를 줄 수 있다는 것을 보고 놀라지 않을 수 없었다.

Surveillance Act이 통과되었다. 이 법은 사찰 대상이 외국 정보원이어야 하고, 이 사찰 대상이 어디에서 감시를 한다거나 또는 할 것이라는 개연성 없이는 국내 감시를 제한한다는 내용을 담고 있었다. 이에 더하여 정부는 FISA 비밀재판에서 개연성이 있다는 증거를 제시해야만 했다. 그리고 이 재판을 진행하는 판사는 미국 대법원의 대법관이 지명하는 사람이어야만 했다. 대통령은 법원의 명령 없이도 사찰을 승인할 수는 있었지만, 그것은 어디까지나 사찰 대상이 외국 정보원이어야 하고, 미국 시민권자, 영주권자, 민간 기업 등 '미국인'에 대한 통신을 도청해서는 안 된다는 맹세 하에 법무장관이 인정하는 경우에만 가능한 일이었다.

2001년 9월 11일 테러 이후 의회는 부랴부랴 애국법Patriot Act을 통과시켰다. 애국법은 특히 외국 정보원뿐만 아니라 알카에다와 같이 어떠한 국가에도 소속되지 않은, 정체를 알 수 없는 테러 집단의 조직원들에 대한 감시도 승인할 수 있도록 FISA를 개정했다.

이러한 개정에도 불구하고, 매코널은 FISA가 시대에 뒤떨어진 법이라 생각했고 변화가 필요하다고 보았다. 디지털 시대에는 분리된 감시 '장소'란 존재하지 않았다. 사이버 공간은 어디에나 존재하기 때문이었다. 정부 또한 테러리스트의 이메일과 휴대전화 내용을 감청하는 동안 일부 무고한 미국 시민들의 대화 내용을 듣지 않았는 것을 솔직히 증명할 수가 없었다. 이는 데이터 패킷이 갖는 본연의 속성이었고, 가장 효율적인 경로를 따라 수많은 의사소통의 단편들이 눈 깜짝할 사이에 이동하기 때문이었다. 그리고 이러한 가장 효율적인 경로가 대개 미국을 통과하기 때문에, 이 과정에서 일부 미국 시민들의 통화 내용이 포함되지 '않는다'는 것은 매우 어려운 일이었다.

대통령에게 보고하는 브리핑과 국가안보보좌관들과의 회의, 그리고 의원들과 마주하는 비공개 회담에서 매코널은 베리사인 사가 만든 지도를 들고 다니며 그 지도가 말하고 있는 바를 설명하는 한편, FISA를 개정하기 위해서 온 노력을 쏟아부었다.

매코널은 민주당의 주요 인사이자 당시 하원의 국방분과위원회 위원장이었던 잭 머사Jack Murtha를 만나면서 진전이 있다는 것을 느꼈다. 74세의 나이에 의원으로서 열일곱 번째 임기를 맞은 머사는 매코널이 지난 1990년대에 NSA 국장으로 재직하는 동안 그에게 큰 시련을 안겨준 사람이었다. 당시 머사는 NSA의 정보전 프로그램을 폐기시킬 것이라고 으름장을 놓았으며, 그중에서도 정보전 프로그램의 공세적인 부분을 트집잡았다. 그러나 베리사인 사의 지도가 그의 이목을 사로잡았다.

"데이터 대역폭이 그려진 모습을 보십시오."

미국 지도 위에 불쑥 튀어나온 부분을 가리키며 매코널이 말했다.

"여기에 접근할 수 있도록 법을 개정해야 합니다."

머사는 매코널의 호소를 받아들였다. 그리고 매코널로부터 이 말을 들은 사람들 거의 대부분이 그의 의견에 동의했다.

부시 대통령에게는 특별히 호소할 필요가 없었다. 활동 중인 테러리스트를 잡아낼 수만 있다면 그 무엇이라도 할 준비가 되어 있는 부시 대통령은 베리사인 사의 지도에서 명분을 찾아냈고, 곧바로 법무실에 연락하여 법안을 입안할 것을 지시했다.

7월 28일 토요일 라디오 연설에서 부시 대통령은 의회에 새로 입안할 법안을 보낼 것이라고 발표했다. 대통령은 휴대전화와 인터넷의 시대에 현행법은 "너무나도 뒤처져 있고", 그 결과 "미국은 국가를 보호하기 위해 수집해야 하는 외국 정보의 상당한 부분을 놓치고 있다"라고 비판했다.

나흘 뒤, 상원의 공화당 지도부는 이 법안을 '미국 보호법Protect America Act'이라고 부르며 안건에 상정했다. 이 법안에는 매코널이 하고자 하는 모든 것들이 담겨 있었다. 가장 핵심적인 부분은 "미국 본토에 있지 않다고 합리적으로 인정되는" 사람을 대상으로 전자적 감시활동을 수행하는 경우에는 미국인에 대한 "전자적 감시"가 불법이 아니며, 이것을 "전자적 감시"라고 정의하지 않는다고 명시한 것이었다. 따라서 디지털 세계에서 불가피하게 벌어질 수밖에 없는 미국인에 대한 산발적인 데이터 수집은 기소 가능 항목에서 제외되는 것이었다. 새 법안의 또 다른 조항은 정보 수집이 이루어지는 특정 시설이나 장소, 지역, 또는 재산을 확인하는 데 있어 FISA 법원이 법무장관의 별도 인가를 요구하지 않는다는 것을 명시했다. 매코널이 누차 이야기해왔던 것처럼 유선 전화를 도청하던 시대와는 달리 디지털 시대에 감시하고자 하는 대상은 더 이상 물리적인 공간을 점유하는 존재가 아니었다.

또 하나 중요한 점은 정부가 통신 서비스를 제공하는 사업자의 협조를 통해서만 이러한 정보를 획득할 수 있다고 명시한 것이었다. 이 조항은 거의 알려지지 않았다. 얼핏 보면 이것은 일종의 제한사항처럼 보일 수도 있었다. 하지만 사실 이 조항은 민간 사업자의 협조를 받아 데이터를 검색할 수 있도록 NSA에게 권한을 부여한 것이며, 민간 사업자에게는 NSA에 협조해야 하는 법적 허용 범위를 지정한 것이었다. 정보통신 산업 초창기의 웨스턴 유니언Western Union과 AT&T부터 전성기에 등장한 스프린트Sprint와 버라이즌Verizon, 그리고 인터넷 시대의 마이크로소프트, 구글, 기타 선두에 있는 회사들에 이르기까지 통신 서비스 제공업체들이 NSA, FBI와 함께 상호 호혜 관계를 오랫동안 유지해왔다는 사실을 아는 사람은 거의 없었다. 새로운 법안의 이 조항은 6년 후 정부와 통신산업계의 대규모 밀월관계를 폭로한 에드워드 스노든Edward Snowden에 의해 수면 위로 부상하여 엄청난 논란을 불러일으켰다.

FISA 법원과 의회 특별위원회들이 은밀하게 협의한 일부 요건을 제외하고, 이 법안이 유일하게 감시에 제한을 두는 요소는 미국인으로부터 수집하는 데이터는 '최소화'되어야 한다는 점이었다. 미국인들의 통신 내용이 감시하는 대상의 데이터 패킷을 따라 수시로 수집되기 때문이었다. 이것은 정부가 개인의 프라이버시와 시민들의 자유를 보장하기 위해 어떠한 미국인의 '이름'이나 이들이 주고받은 통신 '내용'은 저장할 수 없지만, 이들의 전화번호와 통화한 날짜, 시간, 그리고 통화 기간은 저장할 수 있다는 것을 의미했다. 이 법안을 검토한 사람들 중에서 '최소화'의 정의를 이해하거나, 얼마나 많은 정보―메타데이터meatadata―를 수집해야 특정인의 신원과 활동을 밝힐 수 있을지 알고 있는 사람은 거의 없었다.

이틀에 걸친 토의 끝에 상원은 60 대 28로 이 법안을 통과시켰다. 다음날, 하원도 227 대 183으로 상원과 뜻을 함께했다. 다음날인 2007년 8월 5일, 부시 대통령은 라디오 연설을 한 지 8일 만에 이 법안에 정식 서명했다.

터뷸런스 프로그램, 실시간 지역 게이트웨이, 차세대 슈퍼컴퓨터, 그리고 TAO에서 근무하는 천재적인 해커 집단 등 지난 10년간의 기술적 진보를 통해 정부는 월드와이드웹의 모든 통신 내용에 침투할 수 있었다. 그리고 각 군의 신호정보조직 통합과 함께 NSA 국장이 지휘하는 사이버사령부가 탄생하면서, NSA는 새로운 정치적 권한을 확보함과 동시에 백악관, 의회, 그리고 어둠의 세계에서 대법원의 대리인 역할을 하는 비밀 위원회의 동의와 권한을 바탕으로 이러한 활동을 수행하게 되었다.

NSA에게는 더 넓은 영역을 탐험할 수 있는 새로운 시대가 도래한 것이었고, 여기에 가장 적합한 탐험가는 키스 알렉산더 장군이었다. 지난 9·11 테러에서 정보활동의 실패를 비판하는 공통된 의견은 관련 기관들이 눈앞에 다가온 공격을 지목할 수 있을 정도로 수많은 단편적인 사실에 대한 정보들과 데이터 포인트들data points(데이터 안에서 규명할 수 있는 요소-옮긴이)을 갖고 있었지만, 어떠한 기관도 "이런 수많은 단편적인 사실에 대한 정보들과 데이터 포인트들로부터 연관된 어떤 결론을 도출해내지 못했다"는 것이었다. 6년이 지난 지금, NSA는 새로운 기술을 바탕으로 수많은 데이터를 끊임없이 수집할 수 있게 되었고, 이를 통해 연관된 어떤 결론을 도출할 수 있을 정도가 되었다.

기술의 진보와 9·11 이후 고개를 든 테러에 대한 공포심이 결합되면서 사람들의 사고방식도 차츰 변화했다. 감수할 수 있는 정도라면, 매일 일상에서 벌어지는 사생활 침해를 받아들이겠다는 분위기가 점점 퍼져갔던 것이다. 1984년, 로널드 레이건 대통령이 컴퓨터 보안에 대해 처음으로 서명한 대통령 훈령은 제대로 시행되지 않았다. 이 훈령은 NSA가 군과 정부, 민간, 상업 등 전반적으로 미국 내 모든 컴퓨터에 대한 기준을 수립할 수 있는 권한을 부여했지만, 의회는 NSA가 '국내' 감시나 정책에 대해 어떠한 발언권도 갖지 못하게 했기 때문이다. 25년이 채 지나지 않아 디지털 데이터가 국경을 넘어가는 일이 일상이 되었다. 현실적으로 국경은 희미해졌고, NSA가 영향력을 미칠 수 없는 지형적 한계도 거의 사라졌다.

이러한 맥락에서 알렉산더 장군은 10년 전 자신이 포트 벨보어에서 육군 정보보안사령관을 지낼 당시 만들어냈던 메타데이터 프로그램을 다시 추진할 수 있는 가능성을 엿보았다. 이 프로그램을 다시 추진하는 것은 기술적·정치적, 그리고 문화적 변화에 비추어보았을 때에도 논리적으로 타당해 보였다. 예를 들어, 알렉산더 장군은 다음과 같이 주장했다. 외국의 통신을 추적하는 과정에서 신호정보 요원들이 파키스탄에 거주하고 있는 테러리스트에게 전화를 건 한 미국인의 전화번호를 발견했다. 그러면 NSA는 이 미국인에 대한 더 많은 정보를 찾아내기 위해 FISA 법원에 영장을 신청할 것이다. NSA는 이것이 미국인 혐의자가 전화를 건 다른 사람들의 전화번호를 파악하고, 경우에 따라서는 이 전화를 받은 사람들이 어디로 전화를 걸었는지 추적하는 데 유용하다는 것을 알게 될 것이다. 그리고 육군 정보보안사령부에서 진행했던 실험보다는 규모가 훨씬 크지만, NSA가 수백만 명의 미국인들의 데이터를 저장하는 데에는 그리 오랜 시간이 걸리지는 않을 것이다. 물론 이 중 상당수는 실제 테러와 상관이 없을 테지만 말이다.

여기서 새로운 반전이 등장했다. 알렉산더의 주장을 계속 이어나가면, 어느 순간에 신호정보 분석관들은 일부 미국인들이 정말로 수상한 활동에 연루되어 있다는 사실을 발견할 수도 있을 것이다. 그들은 이 사람을 몇 달, 심지어 몇 년씩 추적하여 얻은 데이터를 통해 위협의 패턴과 가능하면 공모자들의 연결고리를 밝혀내고, 원점까지 추적할 수도 있을 것이다. 따라서 '모든 사람들'로부터 '모든 정보들'을 수집해서 저장하는 것은 의미가 있었다. NSA의 법무관들은 이러한 활동이 불법이 될 수도 있는, 미국 시민들에 대한 데이터 '수집' 활동으로 간주되지 않도록 심지어 명백해 보이는 정의까지 수정했다. 수정한 새로운 정의에 따르면, NSA는 단순히 정보를 '저장'하고만 있는 것이었다. 즉, '수집'은 분석관이 저장된 파일로부터 무언가를 찾아내기 전까지는 성립하지 않으며, FISA 법원의 적절한 승인을 통해서만 이루어진다는 의미였다.

지금까지는 FISA 법률에 따라 외국 정보활동 또는 테러에 대한 수사와 '관련이 있다'고 간주되는 경우에 한해서만 데이터를 저장할 수 있었다. 하지만 새로운 정의 아래서는 잠재적으로 '모든 것'이 관련이 있었다. 실제로 무언가가 관련이 있게 '되기' 전까지는 무엇이 관련이 '있었는지' 알 수 있는 방법이 없기 때문이었다. 따라서 명확한 정보 판단을 위해서는 모든 것을 손에 쥐고 있을 수밖에 없었다. 만일 거의 모든 정보가 건초 더미 속에 있는 바늘 하나를 찾는 데 필요하다면, 알렉산더는 '건초 더

미 전부'에 접근할 수 있는 권한을 가져야만 한다고 말했을 것이다.

FISA 법원은 정보 수집에 대한 특정한 요청을 승인하거나 거부, 또는 수정하기 위해 만들어진 곳이었다. 이러한 의미에서 보면, FISA 법원은 연방대법원보다는 일개 지방법원에 더 가까웠다. 하지만 NSA의 이와 같은 주장에 대해서 FISA 법원은 NSA의 광범위한 법령 해석을 인용하고, 이러한 '관련성'의 정의를 승인해주었다.

이렇게 하여 키스 알렉산더는 건초 더미 전부를 가질 수 있게 되었다.

당시 상원의원이었던 버락 오바마와 존 매케인John McCain이 백악관을 향한 경쟁을 마무리하고 있던 2008년 가을, 사이버 공간은 전 세계 정보기관들에 의해 철저히 파헤쳐지고, 유린당하고, 침입당하고 있던 상태였다. 특히 미국은 더욱 그러했다.

부시 대통령은 두 후보자 모두에게 정보활동에 대한 브리핑을 할 의무가 있었다. 그리하여 9월 12일, 그는 마이크 매코널을 시카고에 있는 민주당 선거본부로 보내 오바마에게 브리핑을 하게 했다. 부시는 현재 하고 있는 정보활동에 대해 브리핑하는 것이 조심스러워서 매코널을 보내기 전에 아프가니스탄과 이라크에서 수행 중인 작전에 대해서는 절대 발설하지 말 것을 매코널에게 지시했다. 그리고 후보자의 참모들은 절대 참석시키지 말고 후보자 본인에게만 브리핑해야 한다고 당부했다.

정보활동 브리핑에 참석하여 내용을 받아 적기로 했던 오바마의 참모 두 명은 매코널이 자리를 비켜달라고 부탁하자 다소 불쾌감을 보였다. 그것은 오바마도 마찬가지였다. 하지만 브리핑은 화기애애한 분위기에서 이어졌고, 오바마도 이라크나 아프가니스탄에서 일어나고 있는 일들에 대해서는 듣고 싶지 않다고 말했다. 그도 이 두 전쟁에 대해서는 본인 나름의 생각을 갖고 있었던 것이다. 대신 오바마가 정말로 논의하고 싶었던 주제는 테러였다.

매코널은 알카에다와 그의 추종 세력이 국내외에서 벌이고 있는 위협과 다양한 음모들, 그리고 그 가운데에서 겨우 중단시킬 수 있었던 일부 활동들에 대해 알려주었다. 상원 외교위원회에서 신진 의원으로 활동했지만 정보계 고위 관계자로부터 이토록 자세한 브리핑을 받아본 적이 없었던 오바마는 매우 집중했다. 어느덧 자신의 참모진이 계획한 50분을 훌쩍 넘겼지만, 오바마는 여전히 자리를 지키고 있었다. 오바마는 또다른 브리핑은 없냐고 매코널에게 물어보았다.

매코널은 차기 대통령을 위해 북한의 핵실험 계획과 이란의 핵 프로그램, 그리고 사막에 건설 중인 시리아의 원자로에 대한 현 상황을 기꺼운 마음으로 브리핑했다. (시리아 원자로는 이스라엘이 1년 전에 파괴했으나, 시리아의 지도자 아사드는 여전히 북한과 계속 연락하고 있었다.) 20분이 더 지났다. 오바마는 매코널에게 더 브리핑해줄 것을 부탁했다.

매코널은 예전에 부시 대통령이 한 시간짜리 회의에서 이라크에 대한 사이버 공격 작전을 10분 만에 승인했던 순간을 떠올리며 자신이 가장 우려하고 있는 주제를 꺼냈다. 2008년 초, 미 정부 관계자들은 오바마와 매케인 두 후보 모두에게 중국이 그들의 선거 캠프의 컴퓨터 시스템을 해킹하여 캠프 내 문서, 예산, 그리고 이메일 등을 뒤지고 있다고 경고한 적이 있었다.

매코널이 말을 꺼냈다.

"중국이 당신의 선거 캠프 컴퓨터를 해킹했습니다. 만약 그들이 그것을 완전히 파괴한다면 어떻겠습니까?"

오바마가 대답했다.

"그렇다면 나에게 아주 큰 문제가 생기겠군요."

매코널은 이 주제를 한껏 부각시키기 시작했다.

"그렇다면 생각해보십시오. 만일 중국이 미국의 핵심기반시설을 파괴한다면 어쩌할지."

매코널이 의도하는 바를 이해한 오바마는 마치 그의 문장을 완결 지어주듯이 대답했다.

"그렇다면 미국에게 아주 큰 문제가 생기겠군요."

"위험한 것이 바로 그것입니다."

매코널이 말을 받았다. 그리고 이어 미국의 취약점과, 중국을 포함하여 이를 악용할 수 있는 다양한 세력들의 능력을 요목조목 요약하여 설명했다.

브리핑이 마무리되자, 오바마는 매코널에게 자신이 대통령에 취임하면 일주일 내에 다시 들려줄 것을 부탁했다.

매코널은 오바마의 당선일과 취임일 사이인 12월 8일, 대통령직 인수위원회 사무실에서 그를 다시 만났다. 매코널은 자신의 보좌관인 멜리사 해서웨이와 동행했는데, 그녀는 부시 대통령의 재임 기간 동안 자신이 기획하고 작성했지만 아직까지 시행되지 않은 국가사이버보안종합계획에 대해 간략하게 설명했다. 오바마는 해서웨이에게 60일 동안 미국의 사이버 정책을 검토할 시간을 주었다.

이것을 검토하는 데 이보다 시간이 약간 더 걸렸다. 사실 사이버가 새로운 대통령의 정책 의제 중에서 가장 긴급한 이슈라고 할 수는 없었다. 오바마는 CIA 분석관 출신이었던 선거 캠프 참모 브루스 리들Bruce Riedel에게 아프가니스탄에 대한 미국의 정책을 60일간 검토하여 작성할 것을 가장 먼저 지시했다. 이어 금융위기와 자동차산업 침체, 경제 대공황 이후 가장 심각한 경제위기 등 풀어야 할 난제가 산적해 있었다.

그러나 오바마 대통령 취임 3주째인 2월 9일, 예정보다 그리 오래 걸리지 않은 시점에 오바마 대통령은 60일간의 사이버 정책 검토 계획을 공식적으로 발표하고, 책임자의 자리에 해서웨이를 앉혔다. 계획했던 60일보다는 조금 더 걸렸지만(정확하게 109일), 5월 29일 해서웨이와 정부부처 간 실무단은 72페이지 분량의 보고서를 발표했다. 제목은 "사이버 공간에 대한 정책 검토 결과: 신뢰와 회복성 중심의 정보통신 기반 체계 보장을 중심으로Cyberspace Policy Review: Assuring a Trusted and Resilient Information and Communications Infrastructure"였다.

흥미롭게도 이 보고서는 이전에 발표된 다른 보고서들과 검토 문서, 훈령들과 비슷한 내용을 담고 있었고, 아예 그것들 중 몇몇 제목을 그대로 언급하기도 했다. 여기에는 부시의 NSPD-54와 "사이버 공간을 보호하기 위한 국가 전략", 마시위원회의 보고서, 그리고 일부 국방과학위원회의 연구 결과와 넌 상원의원의 청문회도 포함되어 있었다. 사이버 정책에 대해 새롭게 언급한 것은 거의 없었다. 하지만 과거의 보고서들 중에 공식적으로 채택된 것이 거의 없었기 때문에, 수년간 혹은 수십 년간 사이버 정책의 사이클을 쫓아온 전문가 집단 이외에는 이런 자료들에 대해 들어본 사람도 거의 없었다. 따라서 해서웨이의 입장에서는 오랫동안 똑같이 제기되는 문제점과 해결 방안을 또다시 언급하는 것이 꼭 불필요한 일만은 아니었다.

그래서 서문에 사이버 공간이 어디에든 존재한다는 점과, 사이버 공간의 '전략적인 취약점', 그리고 '핵심기반시설'에 내재된 '주요 위험들', 그리고 '민감한 군 정보'에 대해 다시 한 번 쓸 수밖에 없었다. 여기에 추가적으로 연방 부처 간 '중복되어 있는 권한', '국가전략대화'의 필요성, '공공과 민간의 파트너십'을 기반으로 '정보를 공유'하기 위한 '구체적인 시행 계획', 그리고 최종적으로는 백악관 내 '사이버안보정책담당관' 임명 제안에 대해 다루었다. 사이버안보정책담당관은 과거 딕 클라크가 자신을 국가조정관으로 지정하는 안을 빌 클린턴 대통령에게 보고했던 것과 마찬가지로 해서웨이 자신을 염두에 둔 자리였다.

하지만 해서웨이는 처음부터 장애물에 봉착했다. 백악관 참모들은 그녀가 '까다롭고' '날카로운' 사람이라며 혹평했다. 남성이라면 그저 적극적이거나 정상적이거나, 혹은 그것을 넘어 존경스러워 보인다고 평가할 만한 행동을 —금발에 매력적이며 마흔도 채 되지 않은 해서웨이와 같은 — 여성이 하면 흔히들 비난을 퍼부었다. 해서웨이의 성격은 분명 클라크만큼 날카롭지 않았다. 하지만 클라크는 사내 정치office politics(정부 조직이나 기업체의 구성원인 개인 또는 집단이 자신의 기득권과 입지를 공고히 하고 정적을 제거하기 위해 행하는 모든 행위-옮긴이)의 대가여서, 최고위층에는 보호자를, 관료계 전반에는 협력자를 구축해놓은 상태였던 반면, 해서웨이에게는 단 한 명의 조력자인 마이크 매코널밖에 없었다. 그런데 그마저도 오바마 대통령이 취임 첫 주만에 그를 교체하는 바람에 이제 그녀에게 남은 조력자는 더 이상 없었다.

이외에도 또 다른 문제가 있었는데, 이 문제는 클라크도 똑같이 겪었던 문제였다. 해서웨이의 보고서는 민간 기업들이 사이버 공간에 있는 대부분의 경로를 소유하고 있는 만큼 반드시 사이버 공간의 보안에 대한 "책임을 공유해야 한다"고 적시했다. 이것은 실리콘밸리에 있는 기업인들이 가장 경멸하는 단어인 정부의 규제에 대한 공포를 다시 한 번 불러일으킨 문장이었다. 드세기로 유명한 오바마의 경제고문인 로런스 서머스Lawrence Summers는 이 논란과 관련하여 산업계의 주장을 지지하면서, 특히 대침체Great Recession라고 불리고 있는 이 시기에 경제성장을 위한 원동력에는 절대 제약이 있어서는 안 된다고 주장했다. (클린턴의 재무장관이었던 서머스는 클라크가 규제를 강력하게 시도했던 시기에 그를 가장 싫어한 사람 중 한 명이었다.)

해서웨이는 경제에 대한 극심한 우려와 그녀 자신의 정치적 고립으로 인해 자신의 보고서와 함께 추락하기 시작했다. 이미 한직으로 밀려나 있던 그녀는 결국 8월에 자리를 떠났다.

하지만 오바마 대통령은 해서웨이의 고민을 지켜보고 있지만은 않았다. 그녀가 보고서를 발표한 5월 29일, 오바마는 백악관 이스트룸East Room에서 사이버 공간과 현대의 삶에서 사이버 공간이 차지하고 있는 핵심적인 위치, 그리고 '미국이 직면하고 있는 가장 심각한 경제적·국가적 안보의 도전 요소의 하나'로서 이 '사이버 위협'에 대해 17분이나 할애하여 언급했다.

오바마는 미리 준비해온 원고에 자신의 개인적인 경험을 덧붙여 말했다. 베이비붐 시대의 끝자락인 1961년에 태어난 오바마 대통령은 그보다 15년 전 베이비붐이 막 일어나던 시기에 태어난 부시나 클린턴과는 달리 매일같이 사이버 공간을 누비고 다닌 첫 번째 미국 대통령이었다. (백악관 경호실이 오바마에게 보안상의 이유로 블랙베리BlackBerry 휴대전화를 더 이상 사용하지 말아달라고 요청했을 때에도, 오바마는 이를 거부했다. 절충안으로 NSA의 정보보증부는 오로지 오바마 대통령만을 위해 최신의 암호화 기법과 보호수단, 그리고 높은 수준의 보안장치가 장착된 세상에서 단 하나뿐인 블랙베리를 만들어주었다.) 그리고 자신의 선거 캠프의 기록을 외국의 어떤 세력에 의해 해킹당한 첫 번째 대통령이기도 했다. 그렇기에 오바마는 이러한 문제를 잘 이해하고 있었다.

하지만 다른 무언가가 그의 관심을 더욱 부채질했다. 오바마의 대통령 취임을 앞둔 며칠 전, 부시 대통령이 오바마가 계속해주었으면 하는 비밀 작전 두 가지를 알려주었다. 하나는 파키스탄에 있는 알카에다 무장세력에 대한 비밀 드론 공격이었고, 다른 하나는 철저하게 준비한 놀라우리만큼 과감한 사이버 공격 작전이었다. 작전명은 올림픽 게임Olympic Games이었지만, 훗날 스턱스넷Stuxnet이라고 알려지게 되었다. 이 작전은 이란의 핵무기 프로그램으로 의심되는 활동을 지연시키고 무력화하는 것이었다.

사이버 공격으로부터 미국이 취약하다는 것을 알린 마이크 매코널의 브리핑은 지난 수십 년 동안 이 주제를 고민했던 대통령들과 정부 고위 관계자들, 그리고 다른 보좌관들이 지금까지 생각했던 것과는 전혀 다른 생각을 하게 만들었다. 그것은 기존의 교훈과는 정반대되는 것이었다. 그것은 바로 적이 언젠가 우리에게 할 수도 있는 일을, 우리는 지금 적에게 할 수 있다는 것이었다.

●

CHAPTER 12

루비콘강을건넌 사람들

헤이든은 한 인터뷰에서 이렇게 말했다. "이전의 사이버 공격은 일부 컴퓨터에 한해서 효과를 발휘했습니다. 하지만 이번 사건은 사이버 공격이 물리적인 파괴 효과를 달성할 수 있는 중요한 속성을 가지고 있다는 것을 보여준 최초 사례입니다. 여러분이 이번 공격의 효과에 대해 어떻게 생각하든—저는 이란의 원심분리기를 파괴한 것이 두말할 나위 없이 옳은 일이라고 생각합니다만— 분명한 것은 여러분도 이 사이버 공격이 핵심기반시설에 대한 공격이라고 말할 수밖에 없다는 것입니다." 그는 이어서 말했다. "우리는 루비콘 강을 건넌 겁니다. 그리고 우리의 군대는 지금 강 건너편에 있는 것이지요."

중요한 무언가가 전쟁의 본질과 셈법을 바꾸어놓았다. 마치 미국이 제2차 세계대전 종반에 히로시마와 나가사키에 원자폭탄을 투하한 직후 그랬던 것처럼 말이다.

CYBER WAR

● 조지 W. 부시 대통령은 올림픽 게임 작전에 대한 내용을 정보기관을 거치지 않고 자신이 직접 오바마에게 브리핑했다. 다른 모든 사이버 작전들과 마찬가지로 이 작전도 대통령의 재가를 필요로 하는 사안이었기 때문이다. 취임 선서를 마치면 오바마는 이 작전을 확실하게 재개하거나, 아니면 폐기해야만 했다. 따라서 부시는 오바마가 이 작전을 계속 진행하도록 강력하게 요구했던 것이다. 부시는 차기 대통령에게 이 프로그램이 이란과의 전쟁과 평화의 가능성 사이에서 유리한 상황을 만들 수 있을 것이라고 말했다.

올림픽 게임 작전은 이보다 몇 년 전인 2006년 부시 대통령의 두 번째 임기 중에 착수되었다. 이 시기에 이란 과학자들이 우라늄 가스를 초음속으로 회전시킬 수 있는 긴 은색 날개들로 이루어진 원심분리기를 나탄즈Natanz에 있는 원자로에 설치하고 있는 모습이 포착되었다. 이 원자로의 표면적인 설치 목적은 전력을 생산하기 위한 것이었다. 하지만 오랜 시간 동안 원심분리기를 충분히 많이 확보하게 된다면, 전력을 생산하는 것과 동일한 과정을 통해 핵무기를 만들 수도 있었다.

체니 부통령은 과거 이스라엘이 했던 것처럼 나탄즈 원자로에 대한 공습을 지지했다. 그는 이란의 핵무장 가능성을 현존하는 위협으로 보았다. 몇 년 전이었다면 부시도 이러한 견해에 동의했을 수도 있지만, 사실 그는 체니 부통령의 꽉 막힌 호전성에 다소 피로감을 느끼고 있던 터였다. 새로 국방장관으로 취임한 게이츠는 아프가니스탄과 이라크에서 이미 2개의 전쟁을 치르고 있는 와중에 세계에서 세 번째로 큰 무슬림 국가인 이란과 전쟁을 치른다면 국가안보에 악영향을 미칠 수도 있다고 부시를 설득하고 있었다. 부시도 공습과 무대응 사이에서 제3안을 찾고 있었다.

해답은 NSA에서 나왔다. 더 정확히 말하자면, 수십 년간의 연구와 시뮬레이션, 워게임, 그리고 대지휘통제전, 정보전, 사이버전에서 은밀하게 얻은 실전 체험의 긴 역사로부터 나온 것이었다. 그리고 이러한 혁신과 작전수행요원들은 이제 모두 NSA에 집중되어 있었다.

대부분의 다른 원자로와 마찬가지로 나탄즈에 있는 원자로도 제어용 컴퓨터를 통해 원격으로 운용되고 있었다. 그리고 지금은 널리 알려져 있는 것처럼 이러한 제어용 컴퓨터는 사이버 공격을 통해 해킹당하고 조종될 수 있었다. 실제로 몇 달이 지나, 아이다호 국립연구소의 오로라 발전기 테스트를 통해 그것이 입증되었다.

이러한 개념을 바탕으로 NSA 국장 키스 알렉산더 장군은 나탄즈 원자로의 원격 제어 컴퓨터에 대한 사이버 공격 작전 수행을 건의했다.

NSA 신호정보팀은 이미 원자로를 제어하는 컴퓨터들의 취약점을 발견했고, 이 컴퓨터들의 네트워크를 돌아다니며 규모와 기능, 특징 등을 수집했으며, 추가적인 취약점도 계속 탐색하고 있었다. 이것은 디지털 시대에 걸맞은 첩보활동, 바로 CNE, 즉 컴퓨터 네트워크 활용이었다. 따라서 대통령의 재가는 필요하지 않았다. 그 다음 단계인 CNA, 즉 컴퓨터 네트워크 공격은 군 통수권자의 공식적인 명령이 필요했다. 재가를 받기 위한 준비를 위해 알렉산더 장군은 계획의 밑그림을 그려나갔다.

조사 과정에서 NSA 신호정보팀은 나탄즈의 원심분리기를 제어하는 소프트웨어가 지멘스Siemens 사에서 만들어졌다는 것을 알게 되었다. 지멘스 사는 전 세계 산업계가 사용하는 PLCProgrammable Logic Controllers(디지털 또는 아날로그 입출력 모듈을 통하여 로직, 시퀀싱, 타이밍, 카운팅, 연산과 같은 특수한 기능을 수행하기 위해 프로그램 가능한 메모리를 사용하고 여러 종류의 기계나 프로세서를 제어하는 디지털 전자 장치-옮긴이) 만드는 독일 회사였다. 여기에서 극복해야 할 과제는 악성 코드는 개발하되 이 악성 코드가 퍼져나갈 경우를 대비하여 나탄즈에서 사용하는 지멘스 시스템만 감염시키고 다른 곳에서 사용하는 지멘스 시스템은 감염시키지 않도록 만드는 것이었다. 일반적인 악성 코드와는 달라야 한다는 것이었다.

부시 대통령에게는 해결책이 꼭 필요했다. 그리고 이것이 그 해법이 될 수도 있었다. 이것을 추진하는 데 어떠한 부담도 없었다. 결국 부시는 알렉산더에게 이것을 추진할 것을 지시했다.

이것은 규모가 큰 작전이었다. NSA와 CIA, 그리고 이스라엘의 사이버전 조직인 8200부대가 참여하는 연합합동작전이었다. 따라서 알렉산더는 이 작전을 조금 더 간단하게 수행하고자 했다. 이란 과학자들은 무정전 전원 공급기라는 장치를 나탄즈 원자로에 전력을 제공하는 발전기에 설치해두었다. 이 장치는 회전하고 있는 원심분리기가 갑작스러운 전압의 변동 때문에 손상되지 않도록 보호하는 역할을 했다. 이런 무정전 전원 공급기를 해킹하는 것은 쉬운 일이었다. 어느 날, 전압이 급상승하면서 원심분리기 50기가 폭발해버렸다. 망가진 전원 공급기는 터키로부터 수입된 제품들이었다. 누군가의 공작활동을 의심한 이란 과학자들은 수입 국가를 바꾸었다. 그리고 이런 조치를 통해 문제가 해결되었다고 생각했다. 이란 과학자들은 공작이 있다는 사실은 바로 인식했지만, 그 공작의 주체까지는 알 수 없었다.

전원 공급기를 통해 원자로를 마비시키는 것은 일회성 활동에 불과했다. 이란 과학자들이 해결 방안을 찾는 동안, NSA는 더욱 지속적이고 치명적인 방법을 준비하고 있었다.

이번 활동의 대부분은 TAO에 있는 엘리트 해커들이 수행했다. 이들의 기술적 숙련도와 자원은 케네스 미너핸이 신호정보부 한쪽에 장소를 마련하고 그곳에 컴퓨터 천재들이 발을 들일 수 있도록 만든 후부터 지난 10년간 충분히 보강되었다. 이번 올림픽 게임 작전에서 TAO의 해커들은 이번 비밀 작전에 함께 참여한 신호정보 분야의 베테랑들도 깜짝 놀랄 만한 대담한 무기를 선보였고, 이를 통합하여 '플레임Flame'이라고 불리는 강력한 악성 코드로 발전시켰다.

65만 줄의 코드로 구성된 이 다목적 악성 코드 플레임(일반적인 해킹 프로그램에 비하면 약 4,000배 정도 컸다)은 컴퓨터를 감염시키고 나면 파일을 삭제하고, 키보드 타이핑과 컴퓨터 화면을 모니터링할 수 있으며, 근처의 대화를 녹음할 수 있도록 장비의 마이크 전원을 켜고, 주변 20미터 내에 있는 스마트폰으로부터 데이터를 탈취할 수 있도록 블루투스 기능도 켜는 등 지구 반대편에 있는 NSA 지휘통제실에서 이 모든 것들을 수행할 수 있게 해주었다.

나탄즈 원자로에 있는 제어용 컴퓨터 내부로 침투하기 위해 TAO 해커들은 지멘스의 제어시스템이 사용하는 윈도우 운영체제에서 아직까지 발견되지 않은 다섯 가지의 취약점(즉, 5개의 제로데이 취약점)을 파고드는 악성 코드를 개발했다. 이러한 취약점 중 하나인 키보드 파일의 취약점을 이용하여 TAO 요원들은 제어용 컴퓨터의 기능을 장악할 수 있는 관리자 권한을 탈취할 수 있었다. 또 다른 취약점은 감염된 프린터를 공유하고 있는 모든 컴퓨터들에 접속할 수 있게 해주었다.

이번 작전은 우라늄 가스를 원심분리기에 주입하는 밸브를 통제하는 지멘스 장비를 해킹하는 것이었다. 해킹에 성공하게 되면, TAO는 밸브를 조작해 열어놓고, 원심분리기에 과부하를 주어 폭발시킬 계획이었다.

NSA가 이번 계획을 수립하고 여기에 투입할 악성 코드를 만드는 데약 8개월이 걸렸다. 이제 악성 코드를 테스트하는 일만 남았다. 키스 알렉산더와 로버트 게이츠는 한 가지 실험을 진행했다. 정보계가 수집한 기술 정보를 이용해 나탄즈 원자로에서 사용하는 것과 똑같은 원심분리기 한 세트를 만들어 에너지부의 한 무기연구소에 있는 커다란 격실에 설치했다. 이 실험은 비슷한 시기에 진행된, 순수하게 사이버 수단만으로 전기발전기를 파괴할 수 있는지를 검증했던 오로라 발전기 테스트와 유사했다. 나탄즈 원자로를 가정한 모의실험의 결과도 이와 유사했다. 원심분리기는 평소보다 다섯 배 빨리 회전하다가 산산이 부서졌다.

곧이어 백악관 상황실에서 열린 다음 회의에서는 이 주제를 다루었다. 이번 실험을 통해 부서진 원심분리기에서 떨어져나온 파편 조각 하나가 부시 대통령이 앉아 있는 테이블 위에 놓여 있었다. 부시는 실제 작전을 수행할 것을 지시했다.

하지만 극복해야 할 문제가 하나 더 있었다. 이란 과학자들이 최근 공작활동으로 파괴된 터키산 무정전 전원 공급기를 교체하고 나서 추가적인 예방책으로 원자로 컴퓨터의 네트워크를 외부로부터 분리한 것이었다. 그들 역시 디지털 제어장치의 취약성을 인식하게 되면서 외부 인터넷으로부터 분리되고 원자로를 내부에서 자체적으로 운용할 수 있는 컴퓨터를 에어갭 주변에 설치하는 것이 위험을 제거할 수 있는 한 가지 방법이라는 것을 알게 되었다. 만약 그 시스템이 폐쇄된 네트워크에서 운용되어 해커들이 침입할 수 없게 된다면, 해커들은 시스템을 손상시키거나 파괴할 수도 없고, 기능을 저하시킬 수도 없게 될 것이다.

그러나 이란 과학자들은 TAO 해커들이 이미 오래전에 이런 에어갭을 뛰어넘을 수 있는 방법을 발견했다는 사실을 모르고 있었다. TAO 해커들은 우선 에어갭 내부에 있는 목표물에 근접한 네트워크에 침입하여 내부 경로들을 돌아다니면서 보안 프로그래머가 미처 발견하지 못한 일부 링크나 접속 통로를 찾아냈다. 만일 이러한 경로를 발견하지 못하면 CIA 정보작전센터와 합동작전을 수행했다. 10년 전 세르비아의 대통령 슬로보단 밀로셰비치를 상대하기 위해 수행한 작전에서 CIA 정보작전센터의 정보원들은 베오그라드에 있는 전화 교환망에 접근할 수 있는 방법을 알아내어 특수 장비를 설치했었다. 이를 통해 NSA 신호정보팀은 전화 교환망을 해킹했고 세르비아 전화망에 대한 모든 접속권한을 손에 쥘 수 있었다. 이러한 형태의 합동작전은 TAO의 발전과 함께 절정에 달했다.

NSA는 이스라엘의 8200부대와도 매우 밀접한 관계를 가졌다. 8200부대는 모사드Mossad의 정보원들과 매우 가까운 관계에 있었다. 따라서 인터넷에 연결되어 있지 않은 장비나 폐쇄된 네트워크에 접근해야 하는 상황이 생긴다면, NSA는 TAO가 내부로 침투할 수 있도록 CIA의 정보작전센터나 8200부대, 지역 정보원, 또는 다수의 동맹국에 퍼져 있는 방산업체 등 협력자들에게 요청하여 중계기나 탐지장치를 설치할 수 있었다.

올림픽 게임 작전은 누군가가 USB 드라이브를 컴퓨터에(또는 다수의 컴퓨터가 사용하는 공용 프린터에) 삽입하여 악성 코드를 설치한다는 시나리오를 갖고 있었다. 이것은 비슷한 시기에 러시아의 사이버 요원들이 아프가니스탄에 있는 미 중부사령부의 비밀 네트워크를 해킹한 것과 거의 똑같은 방식이었다. 그 당시 러시아의 침입은 NSA가 발견하여 사슴사냥 작전을 통해 격퇴했었다.

NSA가 만든 악성 코드는 나탄즈 원자로의 밸브 펌프에 대한 제어권을 확보하는 것뿐만 아니라, 원자로의 감시체계로부터 악성 코드의 침입 사실을 은닉하는 역할도 수행할 수 있었다. 원자로의 밸브 제어 시스템은 우라늄 가스의 흐름이 급격하게 빨라지면 경보를 울리도록 설계되어 있었다. 하지만 이 악성 코드는 TAO가 중간에 경보신호를 가로채서 모든 것이 이상 없다는 거짓 신호로 바꾸어 전송할 수 있게 하는 기능을 포함하고 있었다.

악성 코드가 모든 원심분리기를 파괴할 수 있도록 설계할 수도 있었다. 하지만 그럴 경우 방해 공작이라는 의심을 키울 수도 있었기 때문에, 이 작전을 구상한 사람들은 이란 사람들이 사고의 원인을 사람의 실수나 설계적 결함으로 돌릴 수 있을 정도의 피해만 주는 것이 더 좋겠다고 생각했다. 그렇게 된다면 이란은 완벽하게 훌륭한 과학자들을 쫓아내고 완벽하게 훌륭한 장비들을 교체할 것이고, 그로 인해 핵 프로그램 진행은 지연될 것이다.

이러한 의미에서 올림픽 게임 작전은 정보전의 전형적인 형태를 취하고 있었다. 이란의 핵 프로그램뿐만 아니라, 이들이 갖고 있는 센서와 장비, 그리고 스스로에 대한 믿음 역시 공격 목표였기 때문이다.

모든 작전 준비가 마무리되었지만, 부시의 임기가 끝나가고 있었다. 이제 작전의 실행 여부는 버락 오바마의 손에 달려 있었다.

부시에게 이 작전 계획은 이라크에 있는 반군에게 가짜 이메일을 보냈던 작전처럼 고민 없이 쉽게 결정을 내릴 수 있는 것이었다. 그것은 오바마에게도 마찬가지였다. 재임 초기부터 오바마는 무력 사용에 대한 자신의 철학을 분명히 했고, 대체로 잘 지켰다. 그는 국가이익이 군사력의 사용을 필요로 하고, 그로 인한 위험 부담이 현저히 적을 경우에만 군사력을 사용하겠다는 의지를 갖고 있었다. 따라서 오바마는 국가의 '핵심' 이익이 위태롭지 않은 경우라면 수천 명의 미군을 파견하는 것을 결코 좋아하지 않았다. 특히 자신의 몫으로 돌아온 아프가니스탄과 이라크의 두 전쟁에서 나타나고 있는 낭비와 소모를 보면서 더욱 그러했다. 부시가 계속 추진할 것을 종용한 두 가지 비밀 프로그램, 즉 지하디스트에 대한 드론 공격과 이란에 있는 우라늄 농축 공장에 대한 사이버 공작은 오바마가 생각하고 있는 적정선에 딱 들어맞았다. 두 가지 모두 국가 이익에 도움이 되는 동시에 미국인들의 생명을 위험에 빠뜨리지 않기 때문이었다.

한번은 오바마가 백악관에서 이 계획에 대해 몇 가지 우려를 나타냈다. 그는 악성 코드가 나탄즈의 원자로를 감염시키더라도 인근의 발전소, 병원, 그리고 다른 민간 시설의 불이 꺼지는 일은 없을 것이라는 확약을 받고 싶어했다.

계획을 브리핑한 참모진들은 악성 코드가 퍼질 수는 있으나, 특정한 지멘스 소프트웨어만을 식별하도록 설계되었다고 안심시켰다. 설령 멀리 퍼진다고 하더라도 지멘스 사의 해당 소프트웨어를 사용하지 않는 이상 어떤 피해도 발생하지 않을 것이라고 확신시켰다.

오바마 대통령의 요청으로 장관직을 계속 수행하면서 그의 생각에 이미 큰 영향을 미치고 있던 게이츠 장관은 오바마 대통령에게 이 작전을 재개할 것을 건의했다. 오바마도 하지 말아야 할 이유를 찾지 못했다.

오바마가 취임한 지 한 달도 채 지나지 않아 악성 코드를 통한 작전은 첫 성공을 거두었다. 나탄즈에 있는 원심분리기는 빠른 속도로 통제 불능 상태가 되어갔고, 일부는 산산조각이 났다. 오바마는 부시에게 전화를 걸어 자신들이 논의했던 그 비밀 프로그램이 잘 진행되고 있다고 전했다.

3월이 되자, NSA는 작전 수행 방법에 변화를 주었다. 첫 번째 단계는 원심분리기에 주입하는 우라늄 가스의 비율을 조절하는 밸브를 해킹하는 것이었다. 두 번째 단계는 원심분리기의 회전 속도를 제어하는 회전조절기라는 장비를 공격하는 것이었다. 일반적으로 원심분리기는 1초에 800회에서 1,200회의 속도로 회전하지만, 악성 코드는 속도를 조금씩 높여가며 초당 1,410회까지 회전시켰고 이 시점이 되자 원심분리기 중 일부가 떨어져나갔다. 반대로 회전조절기의 속도를 몇 주간에 걸쳐 떨어뜨려 1초당 2회를 회전시키기도 했다. 그 결과 우라늄 가스는 원심분리기를 충분히 빠른 속도로 빠져나오지 못했다. 이와 같은 속도의 불균형은 장비에 진동을 유발했고, 이것은 다른 방면으로 원심분리기를 심각하게 손상시켰다.

이런 기술적인 해킹과는 별개로, 악성 코드는 시스템의 관제체계에도 가짜 데이터를 흘려보내 관제하고 있는 이란 과학자들로 하여금 모든 것이 정상적으로 작동하고 있다는 착각을 하도록 만들었다. 이 때문에 문제가 발생하더라도 이란 과학자들은 무슨 일이 있었는지 파악할 수가 없었다. 이란 과학자들은 핵 프로그램 초기부터 원심분리기의 기술적인 문제들을 경험했기 때문에 이런 문제들이 그동안 경험했던 문제들과 똑같은 것처럼 보였다. 물론 이것은 그렇게 보이도록 NSA가 악성 코드를 만들었기 때문이다. 하지만 피해 정도는 더 심했고, 붕괴는 더 자주 발생했다.

2010년 초까지 이란이 보유하고 있던 원심분리기 8,700여 개 중 약 4분의 1에 해당하는 2,000여 개가 수리할 수 없을 정도의 피해를 입었다. 미국의 정보분석관들은 이란의 핵 농축 프로그램이 2~3년가량 지연되었다고 평가했다.

하지만 그해 여름, 일이 꼬이기 시작했다. 작전의 모든 세부사항과 결과를 보고받아왔던 오바마 대통령은 보좌관으로부터 악성 코드가 외부에 노출되었다는 보고를 받았다. 이유는 명확하지 않지만, 한 컴퓨터에서 다른 컴퓨터로 이동하는 동안 나탄즈 원자로 네트워크의 바깥으로 벗어나 외부에 있는 다른 네트워크로 유출된 것이었다. 이전에 참모진들이 보고했던 것처럼 악성 코드는 특정한 지멘스 제어 프로그램이 아닐 경우에는 작동하지 않도록 설계되어 피해를 발생시키지는 않았지만, 결국 세상의 주목을 받게 되었다. 이란 과학자들도 드디어 무슨 일이 벌어지고 있었는지 알게 되었고, 올림픽 게임 작전은 궁지에 몰리게 되었다.

이와 거의 동시에 미국 캘리포니아의 시만텍Symantec, 벨라루스의 바이러스블록에이다VirusBlokAda, 러시아의 카스퍼스키 연구소Kaspersky Lab 등 세계 최고 수준의 소프트웨어 보안 회사들이 전 세계 여기저기에서 튀어

나오는 이상한 바이러스를 탐지하기 시작했다. 처음에는 이 바이러스의 발원지나 목적을 파악할 수 없었다. 하지만 그 근원을 찾아 코드를 분석하고 규모를 측정하자, 지금까지 발견한 악성 코드 중 가장 정교하고 복잡하게 설계된 것임을 알게 되었다. 마이크로소프트 사는 고객들에게 경고 안내를 발송하는 한편, 악성 코드에서 발견된 처음 몇 글자를 조합하여 이 신종 바이러스를 '스턱스넷Stuxnet'이라고 명명했다.

8월, 시만텍 사는 자사의 성명을 발표하기에 충분한 증거를 발견했으며, 스턱스넷이 단순히 장난스러운 해킹이나 첩보 수집을 위해 만들어진 것이 아니라 공작을 위해 만들어진 악성 코드임을 경고했다. 9월에는 독일의 보안 전문가 랄프 랑그너Ralph Langner가 확인 가능한 사실들을 바탕으로 누군가 이란의 나탄즈 핵 원자로를 통제 불능으로 만들려는 시도를 했으며 이스라엘이 이에 개입되어 있을 수 있다고 추정하는 내용을 발표했다.

그러자 미국의 일부 소프트웨어 전문가들은 경악했다. 극비로 수행 중이던 미국의 정보작전을 노출하는 데 자신들이 일조한 것은 아닌가? 그 당시에는 구체적으로 알 수 없었다. 하지만 자신들의 호기심과 함께 미력하게나마 컴퓨터 바이러스에 대한 정보를 대중에게 알려야 한다는 직업적 의무감이 어느 정도 영향을 미친 것은 사실이었다. 시만텍이 성명을 발표하고 나서, 그리고 랑그너가 스턱스넷의 진짜 목적에 대한 근거 있는 추정을 내놓기 전에 이란의 과학자들은 합리적인 추측에 도달할 수 있었고(나탄즈의 원심분리기가 왜 통제 불능 상태가 되었는지), 나탄즈의 핵 시설과 지멘스 통제 프로그램 사이의 모든 연결점을 끊어버렸다.

백악관에서 열린 회의를 통해 악성 코드의 존재가 드러났다는 사실을 보고받은 오바마 대통령은 곧바로 수석 보좌관들을 통해 NSA가 작전을 중단해야 할지 물어보았다. 이란이 대응책을 마련하기는 했지만 여전히 피해를 받고 있다는 답변을 들은 오바마는 원심분리기가 더욱 망가지도록 완급을 조절하는 등 NSA의 작전활동을 더욱 강화할 것을 지시했다. 탐지에 대한 부담감은 사라졌다. 스턱스넷의 존재가 이미 분명히 드러났기 때문이다.

이후 알려진 바에 따르면, 스턱스넷의 존재가 알려진 '후' 몇 주 동안에도 남아 있는 5,000여 기의 원심분리기 중 1,000여 기가 통제 불능 상태에 빠졌다고 한다.

● ● ●

올림픽 게임 작전이 종료된 후에도 컴퓨터 네트워크 공격CNA의 기술art과 과학science은 계속 발전해나갔다. 실제로 10월 말에 미 사이버사령부가 작전을 위한 만반의 준비를 마쳤을 때, 컴퓨터 네트워크 공격 작전은 NSA가 주도적으로 수행하는 활동으로 부상하게 되었다.

1년 전, 합참의장 피터 페이스Peter Pace 장군은 로버트 게이츠 장관의 사이버사령부 창설 지시를 예상하며 "사이버 작전을 위한 국가 군사 전략 National Military Strategy for Cyber Operations"이라는 비밀문서 하나를 작성했다. 이 문서는 "주도권 확보와 유지를 위해 사이버 공간에서 공세적 능력이 필요함"을 주장했다.

NSA 국장이자 지금은 사이버사령부의 사령관이기도 한 알렉산더 장군은 40개의 '사이버 공세팀'을 구성했다. 그중 27개 팀은 미 전투사령부들(중부사령부, 태평양사령부, 유럽사령부, 그리고 기타 사령부)을 지원하고, 13개 팀은 국내에서 주로 국방부의 네트워크를 방어하는 임무를 수행했다. 이 13개 팀의 임무에는 네트워크 관제도 포함되어 있었다. 공군 정보전센터를 시작으로 점차 다른 군으로 확대된 지난 10년간의 노력 덕분에 군 네트워크는 극히 제한된 수의 인터넷 접점을 갖게 되었다. 이 시기에만 20개 정도였고, 그나마도 이후 몇 년 동안 8개까지 줄어들었다. 따라서 NSA는 이 인터넷 접점을 뚫고 들어오는 공격을 탐지하고 '격퇴할 수' 있었다. 그러나 네트워크를 방어한다는 것은 컴퓨터 네트워크 활용이라는 의도적으로 모호하게 설정된 개념을 통해 공세적으로 나아갈 수 있다는 것을 의미했고, 이는 '적극적 방어'의 한 형태일 뿐만 아니라 동시에 컴퓨터 네트워크 '공격'을 위한 준비가 될 수도 있었다.

국가 안보기관과 깊이 관련된 일부 관료들은 이러한 동향에 대해 우려를 나타냈다. 미국과 군은 새로운 형태의 전쟁에 재빨리 적응하고 있었고, 새로운 종류의 무기를 조립해 '사용'했다. 하지만 이러한 과정들은 미국의 가장 비밀스러운 정보기관을 통해 극도의 보안이 유지된 상태에서 이루어졌고, 어느 누구도 심지어 그 내부의 일을 엿본 사람들조차도 이 새로운 종류의 무기와 전쟁의 새로운 개념이 어떤 영향을 미칠지에 대해서 충분히 생각해보지 않은 것이 분명했다.

스틱스넷을 계획하는 동안에도 부시와 오바마 행정부 내에서는 미국의 컴퓨터 네트워크 공격이 밝혀지는 선례를 남길지도 모른다는 논쟁이 있었다. 10년이 넘도록 수많은 위원들과 위원회는 미국의 핵심기반시설이 사이버 공격에 취약하다고 경고해왔다. 그리고 지금은 '미국'이 '다른' 나라의 핵심기반시설에 대해 첫 공격을 수행하고 있었다. 스틱스넷 계획을 반대하는 사람은 거의 없었다. 이란을 핵무기 개발로부터 떼어놓을 수만 있다면, 위험을 감수할 만한 가치가 있었다. 하지만 일부 관료들은 이것이 위험한 계획이고, 역풍의 위험은 피할 수 없으며 만만치 않을 것이라는 사실을 알고 있었다.

더구나 사이버는 미국의 독무대가 아니었다. 러시아는 10년 전 문라이트 메이즈 사건을 통해 미 국방부의 사이트에 침입한 이후 줄곧 컴퓨터 네트워크를 악용하고 공격하는 능력을 빠르게 키워나가고 있었다. 중국도 2001년부터 이러한 흐름에 가세하여 수십여 개에 달하는 미국의 주요 사령부, 시설, 연구소 등 민감한 네트워크(지금까지 알려진 바에 의하면 기밀이 아닌 네트워크)에 능수능란하게 침입할 수 있게 되었다. 오바마 대통령이 취임한 해인 2009년에는 국민들에게 전기조차 제대로 공급하지 못하는 북한이 7월 4일을 전후로 대규모 디도스 공격을 감행하여 한국의 은행 수십여 곳뿐만 아니라 미국의 국토안보부, 재무부, 교통부, 비밀경호국, 연방통상위원회, 뉴욕증권거래소, 그리고 나스닥 사이트를 마비시켰다. 당시 최소 6만에서 최대 16만 대에 달하는 컴퓨터가 악성 코드에 감염되었다.

스턱스넷은 이란이 사이버전 부대를 창설하는 계기가 되었다. 이란의 사이버전 부대는 스턱스넷 사태 이후 1년 반이 지난 2012년 봄 대규모 예산을 등에 업고 닻을 올렸다. 이 무렵 올림픽 게임 작전에서 파생된 대규모 다목적 악성 코드인 NSA의 플레임 바이러스가 이란의 석유부와 국영 석유회사의 거의 모든 하드디스크를 삭제했다. 이 사건이 벌어지고 4개월 후, 이란은 이에 대한 반격으로 샤문^{Shamoon} 바이러스를 유포하여 미국과 사우디아라비아의 합작 석유회사인 사우디 아람코$^{Saudi\ Aramco}$의 하드디스크 3만여 개(기본적으로 모든 워크스테이션의 모든 하드디스크)에 저장된 데이터를 삭제하고, 모든 컴퓨터 모니터에 불타는 성조기의 이미지가 뜨게 만들었다.

키스 알렉산더 장군은 통신 감청을 통해 이란이 스턱스넷과 플레임에 대한 보복의 일환으로 샤문을 개발하여 유포했다는 것을 확실히 알게 되었다. 알렉산더는 NSA의 영국 측 파트너인 GCHQ^{Government} $^{Communications\ Headquarters}$(정부통신본부)에서 열리는 컨퍼런스에 가는 도중에 보좌관이 작성해둔 발표 내용을 훑어보았다. 여기에는 샤문 바이러스와 당시 서방 국가의 은행을 대상으로 한 몇몇 사이버 공격을 통해 이란이

'다른 정보기관들', 즉 NSA와 이스라엘 8200부대의 "능력과 활동으로부터 무언가를 습득할 수 있는 능력이 분명히 있다는 것을 보여주었다"라고 씌어 있었다.

이는 정보기관의 분석관들과 의사결정권자들이 지난 수십 년간 예상했던 것, 즉 우리가 할 수 있는 것은 그들도 언젠가 할 수 있다는 것을 가장 단적으로 보여주는 최신 사례였다. 그 '언젠가'가 '지금'으로 바뀐 것만 빼면 말이다.

알렉산더 NSA 국장 임기 동안 —알렉산더 자신이 촉진한— 사이버 무기의 발전이 이루어졌고 '물리적' 파괴가 가능한 사이버 공격이 시작되었을 뿐만 아니라 초기 사이버 군비 '경쟁'의 소용돌이가 일기 시작했다. 그렇다면 무엇을 해야 하는가? 이것 또한 매우 기본적인 수준의 물음이었지만, 깊게 고민하는 사람은 아무도 없었다.

로버트 게이츠는 2006년 말 국방장관이 되고 나서, 미군 네트워크에 대한 침입 시도가 '매일' 수십, 때로는 수백 건에 이른다는 브리핑을 듣고 매우 놀라 국방부 법무실로 메모를 보냈다. 그는 사이버 공격이 어떤 경우에 국제법상의 전쟁행위가 되는지 물었다.

게이츠 장관은 거의 2년이 지난 2008년의 마지막날이 되어서야 답장을 받았다. 법무실은 사이버 공격이 군사적 대응을 요구하는 수준의 사태까지 초래할 경우에 그렇다고 했다. 사이버 공격이 특정한 상황에서는 무력을 사용하는 행위로 간주될 수 있기 때문이다. 그러나 그러한 상황이 무엇인지, 범위를 한정해야 한다면 어디까지 한정해야 하는지, 그리고 그 범위를 한정하는 기준은 무엇이 되어야 하는지는 법률가들이 아닌 정책 입안자들이 다룰 문제라고 덧붙였다. 게이츠에게는 이 답장이 답변이 아니라 책임 회피로만 보였다.

더 분명한 대답을 하는 데 —그리고 더 명료한 사고를 하는 데— 한 가지 장애물은 사이버전에 대한 모든 것이 베일에 싸여 있다는 것이었다. 존재 자체가 극비이고 정부의 어떤 기관보다 작전이 철저하게 통제되는 NSA에서 사이버전이 뿌리를 내리고 그 열매가 무르익어가고 있었기 때문이다.

이와 같이 철저히 비밀에 싸여 있는 문화는 과거 신호정보가 철저하게 통제되던 정보 수단이었던 때의 논리를 배경으로 하고 있었다. NSA가 일부 적성 국가들의 암호를 해독하고 있다는 것은 엄청난 기밀사항이었다. 만약 그 사실이 노출된다면, 상대 국가는 암호를 완전히 바꿀 것이고, 그러면 NSA는 새로운 암호를 해독할 때까지 모든 것을 처음부터 다시 시작해야만 했다. 그러면 국가안보에 문제가 생길 수도 있었다. 만일 전시라면 전투에서 패배할 수도 있는 일이었다.

그러나 이제 NSA 국장 역시 4성 장군이고, 신호정보가 원격제어 폭탄과 같은 파괴용 무기로 굳어져가고 있었기 때문에, 사이버전 활동을 극비로 부치는 것에 대한 의문이 제기되었고, 도덕적인 문제뿐만 아니라 이 새로운 무기의 전략적 효용성, 즉 정확한 효과와 부작용, 그리고 최종 결과에 관한 논의가 이루어졌다.

부시 대통령이 올림픽 게임 작전을 승인할 당시, 전 NSA 국장이었던 마이클 헤이든은 CIA 국장으로 자리를 옮겼다. (오바마 대통령의 취임 이후 자리에서 물러났기 때문에 그가 실제 작전 중에 한 일은 없었다.) 스턱스넷이 갑자기 중단되고 2년이 지난 후 스턱스넷에 대한 세부사항이 주요 언론에 노출되자, 당시 군에서 전역한 헤이든은 자신과 다른 사람들이 백악관 상황실에서 논의했던 똑같은 걱정에 대해 공개적으로 목소리를 내기 시작했다.

헤이든은 한 인터뷰에서 이렇게 말했다.

"이전의 사이버 공격은 일부 컴퓨터에 한해서 효과를 발휘했습니다.

하지만 이번 사건은 사이버 공격이 물리적인 파괴 효과를 달성할 수 있는 중요한 속성을 가지고 있다는 것을 보여준 최초 사례입니다. 여러분이 이번 공격의 효과에 대해 어떻게 생각하든 —저는 이란의 원심분리기를 파괴한 것이 두말할 나위 없이 옳은 일이라고 생각합니다만— 분명한 것은 여러분도 이 사이버 공격이 핵심기반시설에 대한 공격이라고 말할 수밖에 없다는 것입니다."

그는 이어 말을 덧붙였다.

"우리는 루비콘 강을 건넌 겁니다. 그리고 우리의 군대는 지금 강 건너편에 있는 것이지요."

중요한 무엇인가가 전쟁의 본질과 셈법을 바꾸어놓았다. 마치 미국이 제2차 세계대전 종반에 히로시마^{廣島}와 나가사키^{長崎}에 원자폭탄을 투하한 직후 그랬던 것처럼 말이다.

"저는 사이버 공격이 원자폭탄과 똑같은 효과가 있는 것처럼 말하고 싶지는 않습니다."

헤이든은 계속 말을 이어갔다.

"다만, 적어도 어떤 면에서는 지금이 1945년 8월과 같다고 봅니다."

원자폭탄을 투하한 후 20년 동안, 미국은 핵무기에 있어서 어마어마한 수적 우위를 누려왔다. 이 기간 동안 그야말로 독점적인 위치에 있었다. 하지만 사이버 전쟁이라는 새로운 시대의 문턱에 서 있는 지금, 많은 국가들이 사이버전 부대를 보유하고 있다는 것은 잘 알려진 사실이었고, 미국은 다른 적성 국가와 지구상에 있는 어떤 나라들보다도 이러한 종류의 전쟁에 훨씬 더 취약한 상황이었다. 미국의 무기체계, 금융 시스템, 기타 핵심적인 사회 기반시설 등이 취약한 컴퓨터 네트워크에 훨씬 더 깊숙이 의존하고 있었기 때문이다.

만일 미국, 즉 미 사이버사령부가 사이버전을 벌이려고 한다면, 유리로 된 사무실 안에서 사이버전을 수행하게 될 것이다. 핵무기와 사이버 무기, 이 두 종류의 새로운 무기 사이에는 이것들이 피해를 줄 수 있는 규모 이외에 또 다른 차이점이 있었다. 사이버 무기와 달리, 핵무기는 공개적으로 노출되어 있었다. 핵무기 제조에 대한 특정 부분과 비축되어 있는 정확한 수량은 비밀이었지만, 누가 핵무기를 보유하고 있는지는 누구나 알고 있었고, 핵무기가 사용되면 어떤 능력을 발휘할 수 있는지도 사진과 영상을 통해 누구나 알고 있었다. 심지어 핵무기가 사용된다면, 누가 그것을 발사했는지도 알 수 있었다.

반면 사이버 무기는 그것의 존재, 사용, 그리고 이를 둘러싼 정책 모두가 비밀에 부쳐져 있었다. 미국과 이스라엘이 나탄즈 원자로를 파괴한 것으로 '보이고', 이란이 사우디아람코의 하드디스크를 완전히 삭제한 것으로 '보이고', 북한이 미국의 웹사이트와 한국의 은행에 대해 디도스 공격을 감행한 것으로 '보일' 뿐이었다. 하지만 이런 공격을 누가 했는지 확실하게 말할 수 있는 사람은 아무도 없었다. 이런 공격을 추적했던 포렌식 분석관들조차도 자신의 평가에 대해 어느 정도 자신이 있었을지는 몰라도, 탄도미사일의 궤적이 그리는 포물선을 추적하는 물리학자처럼 호언장담하지도 않았고, 또 할 수도 없었다.

이처럼 사이버 공격에 대한 것은 대중뿐만 아니라 정부 관료, 심지어 높은 등급의 비밀취급인가를 가진 대부분의 정부 관료들에게까지 극비 사항이었다. 2007년 5월, 조지 W. 부시 대통령에게 이라크 반군에 대한 사이버 공격 수행 방안을 보고한 국가정보국장 마이크 매코널은, 보고 직후 펜타곤, NSA, CIA, 법무부에 있는 고위 관료들을 불러놓고 합의 각서 하나를 받아냈다. 제목은 "컴퓨터 네트워크 공격과 컴퓨터 네트워크 활용 활동에 대한 국방부, 법무부, 그리고 정보계의 3자 합의 각서"였다. 하지만 사이버 공격이 대통령의 재가를 필요로 하는 것과는 별개로, 최고 정책보좌관들이나 정책 입안자들이 사이버 공격의 목표와 위험성, 이익이나 결과 등을 평가할 수 있는 공식적인 절차나 협조 과정은 존재하지 않았다.

이러한 커다란 절차상의 공백을 메우기 위해 오바마 대통령은 "미국 사이버 작전 정책U.S. Cyber Operations Policy"이라는 제목의 새로운 대통령 정책 훈령 PPD-20을 작성할 것을 지시했고, 스턱스넷이 처음으로 주요 언론사를 통해 노출되고 나서 몇 달 후인 2012년 10월에 이 정책에 서명했다.

18페이지에 달하는 PPD-20은 지금까지 발표되었던 역대 대통령 훈령들 가운데 가장 명확하고 자세했다. 어떤 의미에서는 접근 방향이 이전 것들보다 조금 더 조심스러웠다. 예를 들어, PPD-20은 스턱스넷의 노출을 암시하는 듯한 내용을 통해(명시하지는 않았다) 사이버 공격의 효과는 "의도한 목표물이 아닌 다른 지역으로도" 퍼질 수 있으며, 잠재적으로 미국의 국가이익에 영향을 미칠 가능성이 있는 의도하지 않은 결과나 부수적인 결과를 가져올 수도 있다고 언급했다. 더불어 부처 간 사이버작전정책실무단Cyber Operations Policy Working Group을 조직하여 사이버 공격을 수행하기 전에 다른 폭넓은 정책 과제들과 함께 앞에서 언급한 부작용을 평가할 수 있도록 했다.

그러나 PPD-20이 노린 주요 의도와 효과는 사이버 공격을 미국의 외교 활동과 전쟁 수행을 위한 필수적인 도구로 제도화하는 것이었다. 따라서 PPD-20은 정부의 관련 부서와 조직이 "국가적 차원에서 중요한 잠재적인 목표물을 식별해야" 하고, 이에 대해 "사이버 공격은 다른 국력 수단들에 비해 위험보다 효과가 더 큰 유리한 상황을 제공"할 수 있어야 한다고 명시했다. 특히, 대통령의 재가를 받기 위해 국방장관과 국가정보국장, 그리고 CIA 국장은 법무장관, 국무장관, 국토안보부장관, 기타 관련이 있는 정보계의 기관장들과 협력하여 "미국의 (사이버 공세) 능력을 확립하고 유지하기 위해 향후 필요한 시스템과 절차, 그리고 기반 시설을 식별하는 계획"을 준비해야 한다고 명시했다. 또한, (사이버 공세) 능력이 사용될 수 있는 상황과, 미국의 국가안보 상황이 변화할 때마다 이를 구현·검토 및 최신화하는 데 필요한 필수 자원과 절차를 제시하도록 했다.

사이버를 이용하는 방안들은 체계적으로 분석되었고, 사전에 준비되었을 뿐만 아니라, 더욱 큰 규모의 전쟁계획안에 녹아들었다. 이는 마치 냉전 시기에 핵무기 옵션을 다루었던 것과 거의 똑같았다.

또한 PPD-20은 핵무기 옵션과 마찬가지로 "'중대한 결과'를 초래할 가능성이 있다"고 합리적으로 간주되는 모든 사이버 작전을 수행하기 전에 "명확한 대통령의 재가"를 요구했다. 여기에서 말하는 중대한 결과에는 "인명 살상, 미국에 대한 중대한 대응 조치, 중대한 재산상의 피해, 미국의 외교정책에 대한 심각한 반대, 또는 미국에 대한 심각한 경제적 타격" 등이 포함되었다. 단, 예외적으로 긴급한 상황일 경우에는 관련된 정부부서와 기관장이 대통령 승인 없이도 사이버 공격을 수행할 수 있도록 했다.

하지만 핵무기 옵션과는 달리, 사이버 작전 계획은 극단적인 물리적 충돌이 발생할 때 수행하기 위해 만든 것은 아니었다. 이는 사이버 작전이 평소에도 제법 자주 수행될 수 있다는 것을 의미했다. 이와 더불어 PPD-20은 사이버 공격을 수행하는 기관과 부처의 장이 "전년도의 사이버 작전 수행 현황과 효과에 대해 국가안보보좌관을 통해 대통령에게 1년에 한 번씩 보고해야 한다"라고 명시했다.

이러한 계획을 수립하고 준비하는 동안 낭비된 시간은 없었다. PPD-20에 대한 한 정책 수행 결과 보고서에는 국방장관, 국가정보국장, 그리고 CIA 국장이 2013년 4월에 열린 국가안전보장회의 차관급 회의에서 자신들의 계획에 대해 브리핑했다고 기록되어 있었다. 대통령이 새로운 훈령에 서명한 지 6개월이 지난 시점이었다.

PPD-20은 일급기밀이자 외국 공개 불가 문서로 분류되었다. 이는 외국 관리들과 공유할 수 없다는 것을 의미했다. 문서의 존재 자체가 아예 비밀로 분류되었다. 그러나 관련된 모든 기관 및 부서장들과 부통령, 그리고 백악관의 수석보좌관들에게는 배포되었다. 이를 달리 말하면, 이 주제가 고위 엘리트층뿐만 아니라, 스턱스넷의 노출을 통해 외부에서도 논의되기 시작했다는 것이다. 광범위한 개념적 차원이기는 하지만, 일반 관료들도 사이버 공세 작전의 존재와 개념에 대해 아주 천천히 인지하게 되었다.

한때 명목상으로나마 사이버 작전을 통제하던 미 전략사령부의 사령관을 역임하고 최근 합참차장으로 전역한 제임스 카트라이트James Cartwright 장군은, 스턱스넷을 취재하는 한 인터뷰에서 사이버 작전에 대한 지나친 비밀주의가 미국의 국익에 해를 끼쳤다고 주장했다. 그는 다음과 같이 말했다.

"비밀을 통해 억제력을 발휘할 수는 없습니다. 그것이 있다는 것도 모르는데 어떻게 겁을 먹을 수 있을까요?"

일부 관료들은 카트라이트의 주장을 무시했다. 미국이 러시아와 중국에 대해 알고 있는 것만큼 러시아와 중국도 미국에 대해 알고 있었기 때문이다. 그래도 어느 정도는 공개할 때가 된 것 같다는 점에는 많은 사람들이 의견을 같이했다.

PPD-20이 발효된 10월에 NSA는 15년 전에 발행한 내부 기관지인 《크립톨로그Cryptolog》를 비밀에서 해제했다. 이것은 정보전의 역사를 다루고 있었고, 특별판이 1997년 봄에 발행되었다. 발행본 안쪽에는 가장 민감한 등급의 통신 정보를 다루는 문서임을 나타내는 1급 비밀 표시가 날인되어 있었다. 그 당시 조직 내 최고 정보전 전문가였던 윌리엄 블랙^{William Black}은 기고문에 국방장관이 NSA에 '컴퓨터 네트워크 공격 기술 개발 권한'을 위임했다고 썼다. 각주에서 블랙은 이전 해에 발표된 국방부 훈령을 인용하면서 컴퓨터 네트워크 공격^{CNA}을 "컴퓨터와 컴퓨터 네트워크에 존재하는 정보나, 컴퓨터와 컴퓨터 네트워크 그 자체를 교란·거부·무력화하거나 파괴하는 작전"으로 정의했다.

이는 오바마 대통령의 PPD-20에서 '사이버 효과'를 "컴퓨터나 정보체계, 또는 그 안에 있는 정보에 의해 통제되는 컴퓨터, 정보 또는 통신 시스템, 네트워크, 물리적 또는 가상 기반시설을 조작·교란·거부·무력화하거나 파괴하는 것"으로 정의한 것과 유사했다.

이런 의미에서 PPD-20은 1970년대 후반 윌리엄 페리가 대지휘통제전 개념을 수립한 이후로 존재해온 아이디어를 조금 더 구체적으로 풀어서 설명한 것에 지나지 않았다.

컴퓨터 네트워크 공격^{CNA}이라는 용어를 처음으로 제시하고 개념의 정확한 정의를 내린 기관지 《크립톨로그》는 오랜 세월이 지나 이제 비밀이 해제되어 공개 문서로 세상에 드러났다.

사이버 공간에서 항상 가장 활발하게 활동해왔던 공군 내에서는 고위급 장교들이 자신들의 컴퓨터 네트워크 공격 능력을 알리기 위한 정책문서를 작성하기 시작했고, 향후 이 문서를 대중에게 공개할 생각이었다.

하지만 초안을 거의 다 작성했을 무렵 문제가 발생했다. 과거 민주당 의원이자 예산위원장이었던 리언 패네타^{Leon Panetta}가 은퇴하는 로버트 게이츠의 뒤를 이어 오바마 행정부의 국방장관으로 취임하자, 미국의 컴퓨터 네트워크 공격 프로그램에 대해 더 이상 언급하지 말라고 지시했기 때문이다.

그 당시 오바마 대통령은 미국의 컴퓨터 네트워크에 걷잡을 수 없이 많이 침입하고 있는 중국에 정면으로 맞서기로 결정한 상태였다. 따라서 패네타는 중국에게 미국의 대통령이 위선을 떨고 있다는 꼬투리를 잡힐 만한 일말의 여지도 주고 싶지 않았던 것이다.

●

CHAPTER 13

셰이디 랫 그리고
에드워드 스노든의 폭로

NSA는 전쟁에서 승리하기 위해 중국의 네트워크를 해킹해왔고, 중국은 자신들의 경제성장을 위해 미국의 네트워크를 해킹하고 있었다. 그렇다면 어떤 해킹은 좋고, 어떤 해킹은 용납할 수 없다고 구분할 수 있는 기준은 무엇인가?

스노든의 기밀자료 유출 시점이 미중 정상회담 바로 전날이었다는 점은 분명 우연이었을 테지만, 그 파급력은 어마어마했다. 오바마 대통령이 중국의 사이버 절도를 거론하자, 시진핑 주석은 《가디언》 한 부를 꺼내 보였다. 이 순간부터 중국은 "우리는 해킹을 하지 않습니다"에서 "당신들이 우리보다 훨씬 더 많이 하네요"로 기조를 바꾸어 미국의 모든 비난을 맞받아치기 시작했다.

CYBER WAR

● 2013년 3월 11일, 오바마 대통령의 국가안보보좌관인 토머스 도닐런Thomas Donilon은 맨해튼의 어퍼 이스트 사이드Upper East Side에 있는 아시아 소사이어티Asia Society(아시아를 연구하는 미국 비영리단체-옮긴이)에서 연설을 하게 되었다. 연설의 대부분은 이미 잘 알려진 내용이었다. 중동 지역의 오랜 전쟁에서 벗어나 '해외 주둔 미군 재배치의 균형'을 도모하고, 미국의 발전과 번영을 보장하는 하나의 전력으로서 '변화하고 있는' 아시아 태평양 지역으로 진출하겠다는 행정부의 정책을 그대로 반복해서 설명한 것이었다.

연설의 3분의 2쯤 되었을 때 도닐런은 새로운 외교 문제를 꺼내들었다. 그는 미중 관계가 직면하고 있는 몇 가지 문제를 언급하고 나서 "사이버 안보도 이와 같은 문제 중 하나입니다"라고 말하고는 사이버 안보 영역에서 중국의 공격이 "미국의 최우선 의제로 부상했다"고 덧붙였다.

도닐런은 이어서 미국의 기업들이 중국이 시도하는 전례 없는 규모의 사이버 침입으로 인해 사업상의 비밀정보와 특허기술들이 정교하면서도 표적화된 방법으로 탈취되고 있다는 점을 갈수록 우려하고 있다고 말했다.

도닐런은 이 부분을 더욱 강조하며 말했다.

"이 문제는 대통령을 비롯하여 미 정부가 모든 방면에서 고민하고 중국과 논의해야 하는 중요한 핵심 관심사로 떠올랐습니다. 그리고 이는 앞으로도 계속될 것입니다. 미국은 국가의 네트워크와 핵심기반시설, 그리고 공공 영역과 민간 영역 할 것 없이 우리의 소중한 재산을 보호하기 위해 반드시 해야 할 모든 것을 다할 것입니다."

그 다음 도닐런은 오바마 행정부가 중국에 다음 두 가지를 촉구한다고 말했다. 첫 번째는 "이 문제의 심각성과 이것이 영향을 미치는 범위, 그리고 이것이 야기하는 위험성을 인식하는 것"이었다. 이는 "국제 통상과 중국 산업에 대한 평판, 그리고 미국과 중국의 전반적인 관계에 모두 영향을 미칠 수 있는 것"이었다. 두 번째는 "이러한 활동을 조사하고 중단하기 위한 진지한 조치를 취하는 것"이었다.

첫 번째 요구사항은 최후통첩에 가까웠다. 방향을 선회하지 않는다면 미중 관계에 있어 파국의 위험도 불사하겠다는 의미이기 때문이었다. 두 번째는 중국 지도부가 체면을 차릴 수 있는 기회를 주겠다는 의미였다. 해킹의 책임을 불량 조직의 탓으로 돌리면서 사이버 침입 시도를 즉각 중단하기 위한 조치를 취하라는 의미가 담겨 있었다.

사실, 도닐런 국가안보보좌관과 극비사항을 다룰 수 있는 미국 정부의 고위 관료들은 이러한 침입 시도의 장본인이 프리랜서 해커 집단이 아니라 바로 중국 정부, 특히 제61398부대로 불리는 중국 인민해방군 총참모부의 제3국 제2부라는 사실을 알고 있었다. 이곳의 본부는 상하이上海 외곽에 있는 12층짜리 흰색 빌딩에 위치하고 있었다.

취임 이후 오바마는 이 문제를 반복적으로, 그러나 조용히 제기해왔다. 한편으로는 정보의 출처와 수집 과정을 보호하기 위해서였지만, 또 다른 한편으로는 중국과의 관계를 개선하고 싶었기 때문이다. 오바마는 사이버 탈취 행위로 인한 대립이 양국의 관계 개선을 위한 노력에 좋지 않은 영향을 줄 수도 있다는 점도 잘 알고 있었다. 미국 외교부는 2009년 오바마의 임기 첫해부터 열린 미중 전략경제대화의 모든 세션에 이 문제를 추가 의제로 꺼냈다. 미국이 제기한 문제 중 중국 대표단이 인정한 것은 없었다. 중국 대표단은 답변을 일체 회피하면서 국제사회가 이런 노략질을 반드시 멈추어야 한다는 데에만 의견을 같이했다. 미국 외교단이 사이버 해킹에 중국이 관련되어 있다는 사실을 언급하면, 중국 대표단은 그런 혐의를 완강히 부인했다.

그러던 2월 18일, 버지니아주 알렉산드리아Alexandria에 본사를 두고 있는 세계적인 컴퓨터 보안 회사 중 하나인 맨디안트Mandiant는 중국 인민 해방군의 제61398부대가 세계에서 가장 가공할 만한 사이버 해커 조직 중 하나라는 사실을 담은 60페이지 분량의 보고서를 발표했다. 이 보고서에 따르면, 중국의 해커 부대는 지난 7년간 20가지 주요 산업 분야에서 최소 141건의 사이버 공격을 성공한 것으로 알려졌다. 이들의 공격 대상에는 방산업체, 급수시설, 송유관, 기타 핵심기반시설 등이 포함되어 있었다. 중국 해커들은 자신들의 행위가 들통나기 전까지 목표한 네트워크 내부에 평균 1년 동안 머물러 있었고, 심지어는 4년 10개월 동안이나 발각되지 않은 경우도 있었다. 어떤 작전에서는 특별한 방해도 받지 않은 채 한 회사에서 10개월 동안 6.5테라바이트에 달하는 데이터를 탈취하는 데 성공하기도 했다.

맨디안트 사의 설립자이자 CEO인 케빈 맨디아Kevin Mandia는 과거에 공군 사이버 범죄 수사관이었다. 15년 전 그는 미 국방부를 대상으로 하는 외국의 첫 번째 해킹 사건이었던 문라이트 메이즈 사건의 범인으로 러시아를 지목한 인물이기도 했다. 맨디안트 사의 최고 보안책임자인 리처드 베이틀릭Richard Bejtlich은 같은 시기에 공군 정보전센터에서 컴퓨터 네트워크 방어 전문가로 근무했었다. 공군 정보전센터는 군 컴퓨터 시스템에 대한 침투를 탐지하고 추적할 수 있는 최초의 네트워크 보안 관제 체계를 설치한 곳이었다. 맨디아와 베이틀릭이 맨디안트에 구축한 관제 시스템은 바로 공군정보전센터가 사용한 관제 시스템을 기초로 한 것이었다.

맨디아는 제61398부대에 대한 자료를 모아 보고서를 쓰는 한편,《뉴욕 타임스》와 계약을 맺고 뉴스 부서에 대한 해킹 사건을 조사하기 시작했다. 조사가 진행되면서(이 해킹 사건에 관련된 해커는 중국 정부 내부의 다른 조직인 것으로 드러났다) 맨디아와《뉴욕 타임스》는 장기 계약 가능성에 대해 논의했고, 이에 따라 맨디아는《뉴욕 타임스》에 제61398부대에 대한 추가적인 정보가 담긴 보고서를 제공했다.《뉴욕 타임스》는 이를 요약하여 신문 1면에 대서특필했다.

중국 외교부는 근거 없이 이렇게 주장하는 것은 "무책임"하고 "프로답지 못하며" "관련 문제를 해결하는 데 전혀 도움이 되지 않는 행동"이라고 맹비난하면서 자신들이 미국 정부와 마주한 회의에서 반복해 주장했던 상투적인 부인과 함께 "중국은 해킹에 단호히 반대한다"는 말만 덧붙일 뿐이었다.

하지만 실제로 중국은 점점 더 강도를 높이며 10년 넘게 해킹을 자행해왔다. 미국의 한 고위급 정보 관계자는 국가안전보장회의에서 최소한 러시아는 자신들의 활동을 숨기려는 시도라도 하지만, 중국은 누가 뭐라고 해도 개의치 않겠다는 듯이 어디에서든 공개적으로 활동하고 있다고 발언한 적도 있었다.

이미 2001년에 미 정보기관이 타이탄 레인^{Titan Rain}이라고 이름 붙인 어느 작전에서 중국의 해커들이 러시아의 문라이트 메이즈 작전을 연상시키는 듯한 기술들을 동원하여 일부 서방 국가의 군 부대, 정부기관, 방산업체, 그리고 연구기관들의 네트워크를 해킹하기도 했다.

훗날 제61398부대를 창설하게 되는 중국 인민해방군 총참모부의 제3국은 이 시기에 '정보대항^{Information Confrontation}'(정보대항의 목적은 작전체계에서 정보우위를 달성 및 유지하며, 동시에 정보전장에 있는 적의 작전체계를 무력화하거나 저하시키는 방법을 강구하는 것이다. 중국 인민해방군은 정보전장을 전자기 영역, 사이버 영역, 심리전 영역으로 나누었고, 정보대항체계는 정보공격체계와 정보방어체계로 구분했다―옮긴이)이라고 불리는 새로운 정책기조를 채택했다. 이어 50개가 넘는 중국 대학교에 정보보호연구소가 신설되었다. 10년 정도 지나자, 중국 육군은 '철권', '공격임무'라는 명칭의 훈련을 통해 사이버 수단과 기술들을 통합하기 시작했다. 훈련의 한 시나리오에는 중국 인민해방군이 미 해군과 공군의 지휘통제 네트워크를 해킹하여 중국이 대만을 장악하는 동안 미군의 대응을 방해하는 내용도 포함되어 있었다.

요컨대, 중국은 미국의 '정보전' 정책을 그대로 모방하고 있었던 것이다. 이는 사이버 기술이 처음에는 매력적으로 보이다가 나중에는 위험할 수도 있다는 것을 깨닫게 된 사람들이 배운 교훈, 즉 우리가 적에게 할 수 있는 것을 적도 우리에게 할 수 있다는 것을 다시 한 번 보여주는 사례였다.

중국의 사이버 공격에는 한 가지 큰 차이점이 있었다. 중국은 단순히 첩보 수집이나 전장 준비에 그치는 것이 아니라, 통상무역과 관련된 비밀이나 지적재산권, 그리고 현금을 탈취하기도 했다.

이르게는 2006년부터 중국군이 보유한 다양한 사이버 조직이 전 세계의 다양한 기업들을 해킹하기 시작했다. 이들의 작전은 방산업체들에 대한 일련의 습격으로부터 시작되었다. 특히, 록히드 마틴Lockheed Martin 사에 대한 대규모 해킹을 통해 중국은 F-35 JSFJoint Strike Fighter 항공기와 관련된 수천여 건의 문서를 탈취했다. 탈취된 자료에 비밀문서는 없었지만, 조종석 디자인과 유지보수 절차, 스텔스 기술, 그리고 중국이 전투 중에 F-35에 대응하거나 자신들의 짝퉁 F-35를 제작하는 데(결국 성공했다) 도움이 될 수 있는 데이터와 계획이 포함되어 있었다.

공군 정보전센터(이 무렵 공군 정보작전센터Air Force Information Operations Center로 개칭했다)의 예하 부대 지휘관인 그레고리 래트레이Gregory Rattray 대령은 특히 중국이 자행하고 있는 사이버 습격의 규모뿐만 아니라 미국 산업계의 수동적인 모습을 보고 우려를 나타냈다. 래트레이는 이 분야의 베테랑인 군인이었다. 그는 법학 및 외교학 전문 대학원인 플레처 스쿨

Fletcher School에서 정보전에 대한 박사 논문을 썼고, 조지 W. 부시 행정부 초기에 리처드 클라크의 참모로 일하기도 했다. 클라크가 사임한 후에는 백악관 사이버안보국장으로 남아 있었다.

2007년 4월, 래트레이는 미국 최대 방산업체들의 대표들을 모아놓고 미국이 전례 없는 세상에서 살고 있다고 설명했다. 중국을 사이버 공격의 배후로 지목한 정보 판단은 비밀로 분류된 내용이었기 때문에, 래트레이는 어느 한 슬라이드를 브리핑하기 위해 해커들의 활동을 나타내는 용어 하나를 지어냈다. 바로 APT^Advanced Persistent Threat, 즉 지능형 지속 공격이었다. 단어의 뜻은 문자 그대로였다. 해커들이 매우 정교한 기법을 사용해 원하는 특정 정보를 찾아낼 때까지 몇 주든 몇 달이든 시스템 속에 계속 머물러 있는다는 뜻이었다. (이 용어는 널리 쓰이게 되었다. 6년 후, 케빈 맨디아는 자신이 작성한 보고서에 "APT1"이라는 제목을 붙였다.)

전형적인 중국의 해킹 공격은 표적으로 삼은 회사의 직원들에게 스피어피싱^spear-phishing 이메일을 발송하면서 시작한다. 만일 직원 중 한 명이라도 이메일에 첨부된 파일을 클릭하면(이것이 결국 스피어피싱 공격의 전부다), 그 직원의 컴퓨터는 악성 코드로 가득 찬 웹페이지 하나를 다운로드하게 된다. 이 웹페이지에는 흔히 RAT^Remote Access Trojan라고 불리는 원격 접속 트로이목마(외부에서 감염자의 PC를 제어하는 악성 코드)가 포함되어 있다. 이 RAT는 침입자가 네트워크 내부를 돌아다닐 수 있게 하고, 시스템 관리자 권한을 탈취하며, 자신이 원하는 모든 데이터를 훔쳐갈 수 있게 하는 통로를 열어두는 역할을 한다. 중국은 은행, 석유 및 가스 파이프라인, 급수시설, 의료 데이터 관리 등 모든 종류의 경제 기업을 대상으로 이러한 방법을 이용해 해킹 활동을 벌여왔다. 때로는 비밀을 탈취하기 위해, 때로는 돈을 훔치기 위해, 때로는 알 수 없는 이유로 해킹을 해온 것이다.

중국의 해킹 작전을 발견하고 추적한 컴퓨터 백신회사인 맥아피McAfee 사는 이것을 셰이디 랫Shady RAT이라고 명명했다. 맥아피 사는 백악관과 의회에 자신들이 발견한 내용을 보고하면서 셰이디 랫이 2011년까지 5년 동안 14개 국가의 70개가 넘는 정부기관 및 민간 회사에서 데이터를 탈취했다고 발표했다. 여기에는 미국과 캐나다, 일부 유럽 국가들, 이보다 더 많은 아시아 국가들이 포함되어 있었다. 특히 대만의 많은 기관들이 포함되어 있었는데, 분명한 것은 중국에 있는 기관은 하나도 없었다는 것이다.

오바마 대통령은 중국의 사이버 범죄에 대한 맥아피 사의 보고를 받을 필요가 없었다. 이미 정보기관들이 이와 유사한 보고서를 제출하고 있었기 때문이다. 그러나 민간 컴퓨터 바이러스 회사가 중국의 해킹과 관련하여 이토록 많은 정보를 추적하여 구체적인 보고서를 발표한 상황에서 이 문제를 외교 정상회담의 밀실에서만 다루기는 어려웠다. 해킹을 당한 회사들은 조용히 침묵하는 편을 택하고 싶었다. 고객들과 주주들을 자극할 필요가 없었기 때문이다. 하지만 소문이 일파만파 퍼져나가자, 기업들은 입장을 바꿔 백악관이 특정한 조치를 취하도록 압력을 가했다. 가장 큰 이유는 지난 수십 년간 이에 대한 분석과 경고가 있었음에도 불구하고, 기업 대부분은 스스로 무엇을 해야 하는지 여전히 모르고 있었기 때문이다.

오바마 대통령도 더 이상 어쩔 수 없는 상황이 되어버렸다. 다른 아시아 안보 정상회담에서 미 외교부는 다시 한 번 이 문제를 제기했고, 중국은 여전히 자신들의 연관성을 부인했다. 이 정상회담 직후 오바마는 도닐런에게 이 문제를 공개적으로 제기하는 연설을 하도록 지시했다. 3주 먼저 발표된 맨디안트의 보고서가 중국에 대한 압박을 가중시키고 관련 일정을 앞당기기는 했으나, 미중 간 힘겨루기는 이미 진행되고 있었다.

하지만 도닐런의 연설 중 한 대목이 일부 중간 관료들의 우려를 샀다. 특히 펜타곤이 민감하게 반응했다. 공세적인 사이버 습격은 보편적인 원칙을 위반하는 행위이며, 전쟁의 직접적인 원인을 제공할 수도 있는 성격의 것이라고 규정한 도닐런은 "국제 사회는 어떠한 국가라도 이러한 행위를 하는 것을 용납할 수 없다"라고 선언했던 것이다.

펜타곤의 관계자들은 머리를 긁적였다. "'어떠한' 국가라도 '이런' 행위를 해선 안 된다?" 사실 모든 사람들이 알고 있다시피 미국도 이러한 활동에 연루되어 있었다. 다만 목표가 다를 뿐이었다. 미국의 정보기관은 외국 회사들의 통상무역 비밀이나 미래의 청사진을 훔치지는 않았다. 돈은 더더욱 훔치지 않았다. 대부분 그렇게 할 필요가 없기 때문이었다. 외국 회사의 비밀이나 청사진은 미국의 기업들에게 어떠한 이점도 제공하지 못했다. 미국의 기업들은 이미 경쟁우위에 있었기 때문이다.

이 문제와 관련하여 열린 국가안전보장회의에서 백악관 보좌관들은 이러한 뚜렷한 차이점이 매우 중요하다고 주장했다. 국가안보를 위한 첩보활동은 매우 오래전부터 받아들여진 관행이지만, 중국이 국제 경제 사회의 일원으로 진입하고 싶다면 지적재산권을 포함한 소유권을 존중해야만 한다는 뜻이었다. 그러나 여기에 참석한 다른 정부 관료들은 이것이 정말로 차이점이라고 할 수 있는지 의문이었다. NSA는 전쟁에서 승리하기 위해 중국의 네트워크를 해킹해왔고, 중국은 자신들의 경제성장을 위해 미국의 네트워크를 해킹하고 있었다. 그렇다면 어떤 해킹은 좋고, 어떤 해킹은 용납할 수 없다고 구분할 수 있는 기준은 무엇인가?

백악관 보좌관들의 주장이 일리가 있다 하더라도(그리고 펜타곤 관료들이 그것을 마지못해 인정했다 하더라도), 행정부가 이런 비판을 공개적으로 하는 것은 결국 위험을 회피하겠다는 것이 아닌가? 중국이 자신들의 기록을 공개하면서 미국 역시 중국을 해킹하고 있다고 밝히며 미국의 위선을 고발하는 것은 너무나도 쉬운 일이 아닐까? 미국이 하고 있는 사이버 활동 중 일부는 방어를 위한 것이었다. 미국의 네트워크에 침입한 중국을 추적하기 위해 중국의 네트워크에 침입한 것이었다. 그리고 중국이 언제라도 미 국방부(최근에는 다수의 방산업체)의 시스템을 해킹하려고 할 때를 대비하여, NSA는 중국의 네트워크 내부 깊숙이 침입해 중국의 모든 활동을 감시하고 있었다. 즉, NSA는 중국이 자신들의 모니터에서 무엇을 보고 있는지 감시하고 있었던 것이다. 중국이 훔쳐간 제조 비밀이 사실은 전혀 비밀이 아니었던 적도 제법 있었다. 그것들은 NSA가 허니팟과 같은 특정한 사이트에 묻어둔 가짜 계획이었던 것이다. 하지만 이러한 사이버 작전은 본질적으로 어느 정도 '공세적인' 목적도 있었다. 중국이 하고 있는 것처럼, 그리고 모든 주요 국가들이 전쟁의 다양한 영역에서 해왔던 것처럼 미국도 전투를 준비하고 약점을 이용하여 지렛대로 활용하기 위한 목적으로 중국의 네트워크에 침입하고 있었다.

그 무렵 스턱스넷 관련 폭로가 있었다는 점을 고려해볼 때, 해킹 문제로 중국을 회담으로 끌어들이면서 오바마 대통령이 최근에 서명한 사이버 작전에 대한 대통령 훈령 PPD-20에 대해서는 언급조차 하지 않는다는 것은 아주 이상한 일이 아닐 수 없었다. 오바마 행정부의 일부 보좌관들은 이 상황이 다소 아이러니하다는 사실을 인정했다. 이것이 현 행정부가 한동안 계속되다가 중단된 스턱스넷 작전에서 어떤 역할을 했다는 것을 인정하지 않은 이유 중 하나였다.

5월이 되자, 도닐런은 오바마 대통령과 시진핑晉近平 중국 국가주석 간의 정상회담 일정을 조율하기 위해 베이징北京으로 떠났다. 도닐런은 사이버를 주요 의제로 다루기로 확정했고, 오바마 대통령은 필요하다면 시진핑 주석에게 미국 정보기관이 중국의 활동에 대해 얼마나 많이 파악하고 있는지 알려줄 참이었다. 정상회담은 2013년 6월 7일 금요일부터 8일 토요일까지의 일정으로, 언론 재벌이었던 고故 월터 아넨버그Walter Annenberg의 저택이 있는 캘리포니아주 란초 미라지Rancho Mirage에서 열리게 되었다.

6월 6일, 《워싱턴 포스트The Washington Post》와 영국의 《가디언The Guardian》은 1면에 NSA와 영국의 GCHQ가 법원의 비밀명령 하에 프리즘PRISM이라고 알려진 극비 프로그램을 실시하여 인터넷 회사 아홉 군데로부터 오랜 기간 데이터를 수집해왔고, NSA는 프리즘뿐만 아니라 다른 프로그램들을 통해 수백만에 달하는 미국 시민들의 전화통화 내역을 수집하고 있다고 보도했다. 이 보도는 앞으로 《가디언》, 《워싱턴 포스트》, 독일의 《슈피겔Der Spiegel》, 그리고 모든 언론들이 몇 달 동안 보도하게 될 수많은 기사의 시작에 불과했다. 이 기사들은 NSA에서 시스템 관리자로 근무하던 에드워드 스노든이 하와이 오아후에 있는 NSA 기지에서 자신이 사용하고 있던 컴퓨터를 통해 훔쳐낸 방대한 양의 기밀 자료를 근거로 한 것이었다. 에드워드 스노든은 홍콩으로 도피하기 전 세 명의 기자들에게 이 기밀 자료를 건네주었으며, 홍콩에서 이들 중 두 명인 로라 포이트러스Laura Poitras와 글렌 그린월드Glenn Greenwald를 만났다. (또 다른 기자 바턴 겔먼Barton Gellman은 홍콩으로 오지 못했다.)

스노든의 기밀 자료 유출 시점이 미중 정상회담 바로 전날이었다는 점은 분명 우연이었을 테지만(스노든은 수개월 동안 기자들과 접촉하고 있었다), 그 파급력은 어마어마했다. 오바마 대통령이 중국의 사이버 절도를 거론하자, 시진핑 주석은 《가디언》 한 부를 꺼내 보였다. 이 순간부터 중국은 "우리는 해킹을 하지 않습니다"에서 "당신들이 우리보다 훨씬 더 많이 하네요"로 기조를 바꾸어 미국의 모든 비난을 맞받아치기 시작했다.

시진핑 주석만 한껏 부각시켰던 참담한 정상회담이 끝나고 일주일 후, 스노든은 자신의 호텔방에서 포이트러스가 촬영한 영화와도 같은 영상을 통해 자신이 폭로자임을 드러냈고, 홍콩 제일의 일간지인《사우스 차이나 모닝 포스트^{South China Morning Post}》와 진행한 인터뷰에서 NSA가 6만 1,000회가 넘는 사이버 작전을 수행했으며, 여기에는 홍콩과 중국 본토에 있는 수백여 대의 컴퓨터에 대한 공격도 포함되어 있다고 밝혔다.

《사우스 차이나 모닝 포스트》와 진행했던 인터뷰는 스노든의 폭로 동기에 대한 의구심을 불러일으켰다. 단순히 NSA의 국내 감시만을 폭로한 것이 아니라, 외국에 대한 정보작전에 대해서도 폭로했기 때문이다. 얼마 지나지 않아, NSA가 아프가니스탄 동쪽 국경지대에서 활동하는 탈레반 반군의 이메일과 핸드폰 통화를 해킹했다는 뉴스 기사가 나왔다. 이 작전은 사실 CIA가 파키스탄에서 고용한 정보원들의 충성도를 알아보기 위한 것이었다. 이메일 탈취는 이란에서 벌어지고 있는 일들에 대한 정보평가를 보조하기 위한 것이었으며, 전 세계를 대상으로 한 핸드폰 통화 감시 프로그램은 알려져 있는 테러리스트들에 대한 관련 자료 식별과 추적을 위한 목적이었다.

유출된 자료에는 NSA에 소속된 TAO의 엘리트 해커들이 사용하는 도구와 기술 목록이 50페이지 분량으로 정리된 자료도 포함되어 있었다. 미국과 영국의 언론들은 이 문서를 보도하지 않았지만, 독일의《슈피겔》은 지면과 온라인을 통해 이를 보도했다. NSA가 애지중지하던 보물들은 이제 전 세계 길거리에 뿌려졌고, 관심 있는 사람이라면 어디서든지 주워 담을 수 있게 되었다. 아직 누구도 보도하지 않은 자료들과 스노든이 모아둔 수만 건의 극비 문서들도 숙련된 사이버 부대를 보유한 외국의 정보기관들은 이미 알아냈을지도 모른다. 만일 NSA와 이와 유사한 역할을 하는 러시아, 중국, 이란, 프랑스, 이스라엘의 정보기관들이 서로의 컴퓨터를 해킹할 수 있는 수준이라면, 다른 기자들보다 자료를 보호하는 데 소홀한 일부 기자들의 컴퓨터 정도는 확실히 해킹할 수 있을 것이다. 스노든이 오하우에 위치한 NSA 건물 밖으로 자신의 노트북을 가지고 나온 순간부터 노트북 안에 들어 있는 내용은 암호화되어 있든 아니든 간에 누구나 손에 쥘 수 있게 된 것이었다.

그러나 해외에서 벌인 정보작전—아프가니스탄과 파키스탄에서 있었던 이메일 탈취, TAO의 기술 자료 등—에 대한 폭로는 미국의 뉴스 독자들 사이에서 국내 감시에 대한 상세한 기사들에 가려졌다. 이번 폭로로 스노든은 내부고발자로 박수갈채를 받았지만, NSA는 1970년대 처치 청문회 이후 볼 수 없었던 논란과 항의의 폭풍 속에 휩쓸리게 되었다.

스노든이 누출한 기밀 문서들로 인해 외부의 다른 사람들이 상상했던 것보다 훨씬 더 방대한 규모의 데이터 수집 작전이 세상에 드러나게 되었다. 사실 이것은 키스 알렉산더 장군이 육군 정보보안사령부에서 매우 광범위하게 수행했던 메타데이터 실험이었다. 당시 이 실험은 빅데이터에 대한 그의 철학을 구현한 것이었다. 즉, 임박한 공격의 패턴과 징후를 살펴보고 찾아내기 위해 모든 것을 수집하고 저장하겠다는 것이었다. 이 것은 건초 더미에서 바늘을 찾기 위해서는 모든 건초 더미가 필요하다는 것과 같은 논리였다.

스노든이 유출한 문서에 적혀 있는 감시 시스템을 통해 NSA가 외국 테러리스트들과 연락한 누군가를 찾으려 한다면, NSA 분석관들은 과거 5년 동안 수상한 사람이 건 모든 전화번호를 (그리고 그 수상한 사람에게 걸려온 모든 전화번호를) 확인할 수 있었다. 이렇게 관련된 모든 전화번호를 검색하는 것이 바로 첫 번째 단계다. 조사 범위를 더욱 넓혀가면서 분석관들은 그 수상한 사람으로부터 전화를 받은 사람들이 그 다음에 전화를 건 모든 번호를 확인할 수 있게 되고(이것이 두 번째 단계다), 세 번째 단계에서는 이(두 번째 단계에서 전화번호가 확인된) 사람들이 전화를 건 모든 번호를 확인할 수 있게 되는 것이다.

수학적으로 계산하면 놀라울 정도로 많은 사람들을 감시할 수 있게 되는 것이다. 누군가가 한 알카에다 조직원에게 전화를 걸었다고 상상해 보자. 그리고 이 사람이 지난 5년간 100명의 사람에게 전화를 걸었다고 가정해보자. 이는 NSA가 단순히 그 수상한 사람의 전화만 추적하는 것이 아니라, 다른 100명의 전화통화까지 추적할 수 있음을 의미한다. 만일 이 100명의 사람들이 또다시 다른 100명에게 전화를 건다면, NSA는 두 번째 단계를 통해 이 100명의 전화통화도 추적하여 총 1만 명에 달하는 사람들을(100명×100명) NSA의 관제 화면에 표시할 수 있게 된다. 세 번째 단계가 되면, 분석관들은 이 1만 명에 대한 전화 기록을 추적하여 이들이 전화를 건 총 100만 명(10,000명×100명)의 전화 기록도 추적할 수 있게 된다.

다시 말해, 이는 테러리스트로 의심되는 한 사람에 대한 적극적인 감시활동을 위해 대부분 미국인일 것으로 예상되는 100만 명의 사람을 NSA의 감시 하에 둘 수 있다는 것을 의미했다. 이러한 뜻밖의 사실은 이따금씩 벌어지는 사생활 침해에 대해 거의 개의치 않았던 사람들에게까지 큰 충격으로 다가왔다.

이 폭로 이후, 키스 알렉산더 장군은 수차례 해명과 인터뷰를 하게 되었다. 이 자리에서 그는 NSA가 통화 내용이나 전화를 건 사람들의 이름 등은 확인하지 않고(이런 정보들은 시스템적으로 데이터베이스에 저장되지 않는다) 오로지 '메타데이터'만 분석했다고 강조했다. 이 메타데이터에는 어떤 번호가 어떤 번호로 전화했는지를 보여주는 통화 패턴과 통화한 날짜와 시간, 통화 지속 시간이 포함되어 있었다.

하지만 이런 요란한 뉴스 기사들 속에서 NSA 국장의 주장은 별다른 설득력을 발휘하지 못했다. 그는 NSA가 사람들의 통화 내용은 듣지 않는다고 말했지만, 다수의 대중은 자신이 왜 그의 말을 믿어야 하는지 의 아해했다.

이러한 불신은 오바마 행정부의 국가정보국장이던 제임스 클래퍼James Clapper의 거짓말이 탄로 나면서 더욱 심해졌다. 그는 전역한 공군 3성 장군이자, 다양한 첩보기관에서 활동한 베테랑이었다. 사람들이 메타데이터나 프리즘, 에드워드 스노든과 같은 소식을 듣기 3개월 전인 3월 12일, 클래퍼는 상원 정보위원회에서 열린 청문회에 참석하여 증언을 했다. 청문회 중간에 오리건주의 민주당 상원의원인 론 와이든Ron Wyden이 그에게 "NSA가 수천만, 명 혹은 수억 명에 달하는 미국인에 대해 어떠한 형태의 정보라도 수집하고 있습니까?"라고 물었다.

클래퍼는 "아닙니다, 의원님. …… 특정한 목적을 갖고 하는 것은 없습니다"라고 답했다.

특별위원회의 위원으로서 와이든은 NSA의 메타데이터 프로그램에 대한 내용을 읽은 적이 있었다. 그래서 그는 클래퍼가 사실을 말하고 있지 않다는 것을 알았다. 하루 전날, 와이든은 자신이 질문하기 위해 정리한 질의서를 클래퍼의 사무실에 미리 전해주었다. 자신의 질문에 클래퍼가 당황하리라는 것을 알고 있었기 때문이다. 자신의 질문에 대한 정직한 대답은 "그렇다"였지만, 클래퍼가 신문기사 1면에 실리게 될 그런 말을 하기는 어려울 터였다. 그래서 와이든은 이 문제를 너무 많이 공개하지 않으면서 적당히 처리할 수 있도록 클래퍼에게 답변을 정리할 수 있는 기회를 주려고 했던 것이다. 하지만 클래퍼가 이를 단순히 거짓말로 덮어버리려 한다는 것을 알고 나서 적잖이 놀랐다. 청문회가 끝난 후, 와이든은 보좌관을 통해 클래퍼가 회의록에 남게 될 자신의 답변에 수정하거나 추가할 것은 없는지 확인해보게 했다. 하지만 클래퍼는 이마저도 거절했고, 와이든은 다시 한 번 놀랄 수밖에 없었다. 와이든은 극비사항에 대해서는 일체 누설하지 않겠다는 자신의 선서를 깨지 않고서는 이 문제를 더 이상 공론화하여 이야기할 수가 없었다. 그래서 이 문제를 조용히 묻어두었다.

얼마 지나지 않아 스노든의 폭로가 터졌다. 많은 사람들이 그날의 청문회를 다시 검증할 것을 촉구했다. 6월 9일, 스노든의 폭로가 대중에게 알려지고 나서 첫 번째로 맞이한 일요일에 클래퍼는 NBC TV의 앤드리아 미첼Andrea Mitchell과 인터뷰를 가졌다. 미첼은 청문회 당시 와이든이 질문할 때 왜 그렇게 대답했는지 물어보았다.

클래퍼는 놀랍게도 아무런 준비 없이 인터뷰에 참석해서는 앞뒤가 맞지 않는 답변을 늘어놓기 시작했다.

"그 당시를 떠올려보면, 저는 '부부싸움을 …… 언제쯤 멈출 겁니까'와 같은 종류의 질문을 받았던 것으로 기억합니다. 이런 종류의 질문은 …… 단순히 예, 아니오로 답할 수 있는 것이 아니죠."

이어서 그는 자신 스스로를 더 깊은 구렁텅이로 빠지게 만드는 답변을 늘어놓았다.

"그래서 제가 생각하기에 가장 정직한 태도로─적어도 거짓 없이─'아닙니다'라고 대답했습니다."

거듭 실망스러운 말을 한 클래퍼는 와이든이 사용한 '수집'이라는 단어에 대해서도 언급했다. 당시 와이든이 "NSA가 수천만 명 혹은 수억 명에 달하는 미국인에 대해 어떠한 형태의 정보라도 '수집'하고 있습니까?"라고 질문하면서 사용한 단어였다. 모든 미국인들의 방대한 정보를 담은 책들로 가득 찬 어마어마하게 큰 도서관을 생각해보라고 클래퍼는 말했다. 이어서 그는 "저에게는 미국인들의 데이터를 '수집'한다는 것이 책장에서 책을 꺼내 펼쳐 읽는다는 것을 의미합니다"라고 말했다. 따라서 그는 NSA가 최소한 특정한 목적을 갖고 미국인들의 데이터를 '수집'하지 않았다는 자신의 말이 전적으로 거짓말은 아니라고 판단했다.

방송이 나가고 다음날 아침, 클래퍼는 그의 오랜 친구이자 전 NSA 국장이었던 케네스 미너핸에게 전화를 걸어 자신의 인터뷰가 어땠는지 물었다. 미너핸은 당시 전 세계 사이버 보안 기술 회사들에 투자를 하는 팰러딘 캐피털 그룹Paladin Capital Group의 전무이사였다. 그는 정부기관에서 은퇴한 지 벌써 10년이 넘었지만, 정보계 곳곳의 인맥과 접촉하며 여전히 정보계와 직접적인 관계를 맺고 있었다. 그래서 클래퍼의 인터뷰도 안타까운 마음으로 시청했다.

"글쎄." 미너핸은 특유의 소탈한 말투로 허물없이 대답했다. "상황을 더 악화시킨 것 같군."

클래퍼도 분명히 심경이 복잡했을 것이다. 5년 전, FISA 법원은 NSA가 '수집'이라는 단어를 클래퍼가 전국을 대상으로 한 방송에서 이야기했던 것과 정확히 같은 의미—이미 모아서 저장한 데이터를 검색하는 것—로 재정의할 수 있도록 승인해주었다. 승인 당시에 알렉산더 장군은 메타데이터 프로그램의 기초를 다지고 있었고, 미국인들로부터 데이터를 '수집'하는 것은 불법이었다. 그래서 그 프로그램은 이 용어를 재정의하지 않고서는 더 이상 진행할 수가 없었다.

그러나 FISA 법원은 은밀한 조직이었다. 비밀리에 접촉하고, 소송도 비밀리에 제기되며, 판결은 일급비밀로 분류되었다. 클래퍼와 정보계의 다른 베테랑들에게 평범한 영어 단어 하나를 재정의한다는 것은, 이것이 곧 공식적인 용어가 된다는 것을 의미했다. 외부에 있는 사람들에게는 이런 절차가 아무리 좋게 생각하려고 해도 솔직하지 못한 것으로밖에 보이지 않았다. 분명히 '수집'한다는 것은 모으고, 쓸어담고, 종합하는 것을 의미한다. 어느 누구도 "나는 내 책장에서 『위대한 개츠비The Great Gatsby』를 수집해서 읽을 거야"라고 말하지 않을 것이며, 어느 NSA 요원도 "나는 내 아카이브에서 이 전화 내용을 수집해서 내 데이터베이스에

끼워넣을 거야"라고 말할 것 같지는 않았다.

NSA는 탄생 순간부터 아주 오랫동안 철저히 비밀에 싸여 있었다. 직원들은 바깥세상과 소통하지 않으려 했다. 이러한 고립은 모든 정부기관 내에서 가장 민감하면서도 비밀스러운 임무인 국가안보의 이익과 관련된 암호를 만들고 푸는 임무에서 비롯된 것이기도 했다. 하지만 그들을 철저히 에워싼 비밀의 거품에 갑자기 구멍이 나자, NSA는 이러한 고립으로 인해 아무런 방어막 없이 홀로 남겨지게 되었다. NSA는 여론을 다루는 방법을 배운 적도, 경험해본 적도 없었다. 따라서 스노든의 기밀문서에 담긴 비밀들이 매일같이 신문 1면에 헤드라인 기사로 실리고, 케이블 방송의 뉴스 프로그램들이 이것을 매일같이 떠들어대는 동안, 미국에서 가장 거대하면서 눈에 거슬리는 정보기관에 대한 그나마 있던 작은 신뢰마저 무너져지기 시작했다.

NSA를 때리는 것은 여론조사뿐만이 아니었다. 미국 내 기업들의 항의성명과 분노에 찬 전화들이 가하는 채찍질은 더욱더 쓰라리게 느껴졌다. 그중에서도 NSA가 수년간, 어떤 경우에는 수십 년간 무임승차했던 네트워크와 서버를 제공한 통신사와 인터넷 회사들이 특히 더 심했다.

사실 많은 회사들과 가진 이러한 밀월관계는 서로에게 이익을 가져다주었다. 2009년 초, 인터넷 업계의 왕좌에 있던 구글을 대상으로 중국이 대규모 사이버 공격을 감행하여 구글의 소프트웨어 소스 코드^{source code}를 탈취하자, NSA의 정보보증부는 구글의 피해를 복구하는 데 도움을 주었다. 1년 전에는 미 공군이 보안상 결함이 많은 마이크로소프트 사의 윈도우 XP 운영체제 도입을 거절하자, NSA 정보보증부가 마이크로소프트 사의 역사상 가장 성공적인 운영체제 중 하나인 윈도우 XP 서비스 팩 3^{Service Pack 3}를 개발하는 데 도움을 주었다. 이 시스템이 나오자 미 공군의 기술진(그리고 많은 고객들)은 곧장 안전성이 보장되었다고 여기게 되었다.

하지만 이제 이들의 공생관계가 모두에게 드러나자, 이 기업들의 경영진은 뒷걸음을 쳤고, 일부는 영화 〈카사블랑카Casablanca〉에 나오는 비시Vichy 정부(제2차 세계대전 당시 나치에 협력한 프랑스의 괴뢰정부-옮긴이)의 르노Renault 대위처럼 항의의 뜻을 담아 목소리를 높였다. 영화에서 르노 대위는 "충격적이군 충격적이야, 여기에서 도박이 벌어지다니"라고 소리쳤다. 바로 그 순간 도박판 딜러가 밤새 그가 딴 돈이라며 돈다발을 내밀었다. 그 기업들은 세계 시장의 고객들이 자신들이 만든 소트웨어가 NSA가 침입할 수 있는 백도어로 가득한 건 아닐까 의심하여 더 이상 자신들의 소프트웨어를 구매하지 않을까 봐 두려웠다. NSA와 수시로 협력하던 회사 중 하나인 시스코의 부회장 하워드 차니Howard Charney가 한 기자에게 말한 것처럼 스노든의 폭로는 "전 세계적으로 미국 회사들의 명성에 먹칠을 한 것"이었다.

전 세계의 동맹국 정부도 아우성치기는 마찬가지였다. 미국과 함께 '파이브 아이즈five-eyes'(서방 5개국 기밀정보 공유 동맹체-옮긴이)로 불리며 수십 년간 영어권 국가로서 정보를 공유했던 영국, 캐나다, 호주, 뉴질랜드는 여전히 굳건했다. 하지만 여기에 속하지 못한 다른 나라의 정상들은 재빨리 등을 돌리기 시작했다. 오바마 대통령은 미국 기업에 대해 여전히 사이버 공격을 수행하고 있는 중국을 압박하기 위해 유럽 지도자들을 만나는 순방을 계획했지만, NSA가 앙겔라 메르켈Angela Merkel 독일 총리의 휴대전화를 해킹했다는 스노든의 문서 한 장으로 인해 그것은 완전히 무산되어버렸다. 메르켈은 격분했다.

그러나 그녀의 분노에는 르노 대위의 분노 그 이상의 것이 내포되어 있었다. 그 후 보도된 뉴스 기사에 따르면, 독일의 정보조직인 BND는 테러리스트 집단으로 의심되는 조직들을 감시하기 위해 계속해서 NSA

와 협력했다. 그러나 그 당시 미국이 자신들을 지켜주는 보호자이자 친구라고 생각했던 많은 사람들을 포함하여 독일 국민 상당수가 NSA가 오래전에 붕괴된 동독 독재정권의 극비 감시조직이자 비밀경찰인 슈타지Stasi와 다를 바 없다고 생각하기 시작하자, 메르켈 총리는 포퓰리스트populist(일반 대중의 인기에 영합하여 일을 추진하는 사람. 주로 대중의 인기를 등에 업고 권력을 유지하려는 정치인을 이른다-옮긴이)처럼 행동했다. 스노든의 또 다른 기밀문서들을 통해 NSA가 중남미도 해킹했다는 사실이 드러나자, 서반구의 지도자들과 시민들 역시 격분했다.

어떤 조치를 취해야만 했다. 정치적으로나 경제적으로나 외교적으로 불쾌한 이 문제를 가라앉혀야만 했다. 이를 위해 오바마 대통령은 이전의 대통령들이 위기에 봉착했을 때 했던 조치를 취했다. 바로 블루리본 위원회blue-ribbon commission를 구성한 것이었다.

●

CHAPTER 14

NSA의 불법사찰과
파이브 가이즈 보고서

오바마 대통령이 NSA의 불법사찰에 대한 책임을 묻기 위해 외부 전문가들로 구성된 강도 높은 조사단을 만들고 있다고 발표하기 위해 백악관 이스트룸에서 기자회견을 열었다.

"만일 여러분이 정보계 외부에 있는 평범한 사람이고, 미국의 빅브라더가 여러분을 내려다보면서 여러분의 전화 기록을 수집하고 있다는 등의 기사를 읽기 시작했다면, 당연히 걱정할 것입니다. 저도 정부에서 일하는 사람이 아니었다면, 마찬가지였을 것입니다. 제가 대통령으로서 이러한 프로그램들을 신뢰한다는 것만으로는 충분하지 않습니다. 미국 국민 역시 이 프로그램들을 신뢰할 필요가 있습니다."

오바마 대통령은 이것이 외부 전문가로 구성되는 조사단의 임무라고 말하고 있는 것 같았다. 그 임무란 중대한 개혁을 권고하거나 특별히 강도 높은 조사를 수행하는 것이 아니라, 그의 표현대로라면 "정부가 국민들의 '신뢰'를 어떻게 유지할 수 있을지를 숙고하는 것"이었다. 오바마는 이어서 말했다. "문제는 어떻게 미국 국민들을 좀 더 안심하게 만들 수 있겠느냐 하는 것입니다."

CYBER WAR

● 2013년 8월 9일 후덥지근한 금요일, 워싱턴에 있는 언론사들은 가장 따분한 8월을 맞아 가장 한가한 시간을 보내고 있었다. 그런데 오후 3시가 조금 지나자 오바마 대통령이 NSA의 불법사찰에 대한 책임을 묻기 위해 외부 전문가들로 구성된 강도 높은 조사단을 만들고 있다고 발표하기 위해 백악관 이스트룸에서 기자회견을 열었다.

"만일 여러분이 정보계 외부에 있는 평범한 사람이고, 미국의 빅브라더가 여러분을 내려다보면서 여러분의 전화 기록을 수집하고 있다는 등의 기사를 읽기 시작했다면, 당연히 걱정할 것입니다."

오바마가 말했다.

"저도 정부에서 일하는 사람이 아니었다면, 마찬가지였을 것입니다."

하지만 오바마 대통령은 정부 조직 안에, 그것도 최정점에 앉아 있는 사람이었고, NSA가 하는 일의 적절성에 대해 신뢰해왔다. 물론, 오바마는 다음과 같이 인정했다.

"제가 대통령으로서 이러한 프로그램들을 신뢰한다는 것만으로는 충분하지 않습니다. 미국 국민 역시 이 프로그램들을 신뢰할 필요가 있습니다."

오바마 대통령은 이것이 외부 전문가로 구성되는 조사단의 임무라고 말하고 있는 것 같았다. 그 임무란 중대한 개혁을 권고하거나 특별히 강도 높은 조사를 수행하는 것이 아니라, 그의 표현대로라면 "정부가 국민들의 '신뢰'를 어떻게 유지할 수 있을지를 숙고하는 것"이었다. 또한 그는 "FISA 법원이 수행하는 감독에 대한 국민들의 신뢰를 향상"시키기 위해 의회와도 협력하기로 했다. 이 두 가지 방안은 정보기관의 활동이 "미국의 국익 및 가치와 긴밀하게 연관되어 있다"는 것을 "미국 국민들이 신뢰할 수 있도록 만들기 위해" 고안된 것이었다. 조사단이나 의회 정보위원회의 선임위원들이 국가안보와 개인의 프라이버시 사이의 균형을

"다소 조정하는" 방안을 제안한다 해도 괜찮았다. 오바마 대통령은 "정부가 신뢰를 회복하기 위해 추가적으로 할 수 있는 일이 있다면, 그렇게 할 것입니다"라고 말했다. 하지만 그의 말이 어떠한 큰 변화가 반드시 필요하다는 것처럼 들리지는 않았다. "저는 현재 진행 중인 프로그램이 남용되고 있지 않다는 점에 안심하고 있습니다." 오바마는 이어서 말했다. "문제는 어떻게 미국 국민들을 좀 더 안심하게 만들 수 있겠느냐 하는 것입니다."

같은 날, 마치 이 문제를 봉합이라도 하듯 오바마 행정부는 23페이지 분량의 '백서'를 발행했다. 이 백서는 미국인들의 통화 기록을 통해 방대한 분량의 메타데이터 수집이 가능하다는 법적인 근거를 나열하고 있었다. 곧이어 NSA도 7페이지 분량의 담화를 발표하여 이 프로그램의 목적과 제한범위를 설명했다.

오바마 대통령과 그의 비서실장 데니스 맥도너Denis McDonough, 그리고 오바마 대통령의 집권 초기에 유엔 대사를 지낸 인물로 그 무렵 톰 도닐런에 이어 국가안보보좌관에 임명된 수전 라이스Susan Rice는 그 당시에 이미 외부 전문가 조사단 구성을 위한 후보자들을 두고 고심하고 있었다. 기자회견을 하기 며칠 전, 이들은 다섯 명을 선정하여 조사단에 참여해 줄 것을 부탁하는 한편, 당사자들의 동의를 구하자마자 FBI에 이들 개개인에 대한 신원 조사를 지시했다.

사실 조사단은 완전히 외부인으로 구성되지도 않았고, 전적으로 독립된 기구도 아니었다. 다섯 명 모두는 오바마 대통령의 옛 지인이거나 과거 참모진이었다. 그럼에도 불구하고 이 조사단은 대통령의 기자회견에 대해 회의적이었던 많은 사람들이 예상했던 것보다 훨씬 더 이질적이고 흥미로운 사람들로 구성되어 있었다.

33년간 CIA에서 베테랑으로 활동했던 마이클 모렐Michael Morell은 이 조사단에서 제일 핵심적인 역할을 할 사람으로 선발되었다. 그는 CIA 부국장에서 퇴임한 지 두 달여밖에 되지 않았고, 파키스탄에 있는 오사마 빈 라덴의 은거지를 비밀리에 습격하는 작전에서 백악관과 CIA 사이의 핵심적인 채널 역할을 한 사람이었다. 조사단에 모렐이 있다는 것만으로도 정보계를 달래는 데 도움이 될 수 있었다.

다른 두 명은 오바마 대통령이 1990년대 시카고 대학교 로스쿨에서 강의를 하는 동안 같이 지낸 동료들이었다. 이 중 한 명인 캐스 선스타인Cass Sunstein은 오바마의 대통령 선거 캠프에서도 활동했고, 미 규제정보국의 최고책임자로 3년간 활동했으며, 그 무렵 수전 라이스에 이어 유엔 주재 미 대사로 임명된 서맨사 파워Samantha Power의 남편이기도 했다. 서맨사는 오랫동안 그의 대외정책 보좌관을 지낸 바 있었다. 수정헌법 제1조부터 동물의 권리에 이르기까지 다양한 이슈에 대해 파격적인 의견을 피력해온 선스타인은 2008년 발표한 한 학술 논문에서 정부기관이 극단주의 집단의 사회관계망에 침투하여 그들의 음모론의 기반을 약화시킬 수 있는 메시지를 퍼뜨려야 한다고 주장했다. 이 때문에 오바마의 위원회 구성에 비판적인 사람들은 선스타인이 NSA의 국내 감시에 대해 우호적임을 보여주는 근거로 이 논문을 거론하기도 했다.

또 다른 시카고 동료는 제프리 스톤Geoffrey Stone이었다. 그는 오바마가 시카고 대학교에서 강의를 하던 당시에 로스쿨 학장으로 재직 중이었다. 미국시민자유연맹ACLU, American Civil Liberties Union 국가자문위원회 소속의 저명한 위원이자, 전시 수정헌법 제1조와 국가안보기구의 지나친 비밀활동을 지적하여 찬사를 받은 책의 저자이기도 한 스톤은 NSA의 직권 남용에 비판적인 견해를 가진 사람으로 여겨졌다.

조지아 공대 법학교수인 피터 스와이어Peter Swire는 오랫동안 인터넷상의 사생활 보호를 지지해왔던 사람이자, 감시법에 대해 기념비적인 글을 발표한 사람이었다. 빌 클린턴 대통령 재임 중에 개인 사생활 보호에 대한 자문위원으로 활동했던 그는 클리퍼 칩Clipper Chip(미국 연방 정부 산하의 NSA가 제안한 스킵잭Skipjack이라는 암호화 알고리듬을 구현한 집적회로IC 칩. 클린턴 행정부는 1993년에 클리퍼 칩을 공공 목적에 사용할 것을 제창했다. 정부가 제조·관리하는 클리퍼 칩을 사용하면 기업은 암호화된 메시지를 전송할 수 있으나, 동시에 범죄 수사 등의 목적으로 법원의 허가를 받은 정부 기관이 암호 메시지를 복호화하여 해독할 수 있게 된다. 정부는 클리퍼 칩의 사용을 의무화하고, 법원의 허가를 받은 정부 기관에 암호 키를 제공하여 암호화된 메시지를 해독할 수 있게 하는 암호 키 위탁의 도입을 추진했으나, 시민 단체와 산업계의 강력한 반발에 부딪혀 관철되지 못했다—옮긴이)에 대한 논쟁에서 핵심적인 역할을 했고, 상업 목적의 암호화를 단속하려는 NSA의 시도에 대해서도 이것이 분명 무익하다고 보았기 때문에 반대했다. 이후에도 개인정보 보호 분야에서 활동하던 스와이어는 몇 년 후에 핵심기반시설 산업을 별도로 분리된 인터넷으로 연결하여 보안 침입 시도가 발생할 시 FBI가 곧바로 경고할 수 있도록 만들자는 리처드 클라크의 어처구니없는 계획을 맹렬히 비판했다.

이러한 이유 때문에 스와이어는 조사단의 다섯 번째 멤버로 리처드 클라크가 임명될 수도 있다는 것을 알고는 다소 긴장했다. NSA의 활동에 몰두했던 전직 백악관 관료이자, 사이버 보안에 대한 대통령 훈령을 직접 작성하고, 자신의 견해는 적극적으로 홍보하면서 타인의 견해는 가차없이 짓밟는다는 평판을 받고 있는 인물인 클라크는 일반적으로 와일드카드라고 볼 수 있었다.

하지만 탁월한 수완가인 클라크는 부시 행정부 시절 이라크 전쟁 개시 하루 전에 백악관 대테러 담당 보좌관직을 사임하면서 주목을 받았다. 이라크전 발발 1년 후, 그는 전국적으로 방송된 9·11 위원회 청문회에서 증언을 하기에 앞서 사과의 말을 함으로써 미국인들의 영웅으로서 보기 드문 명성을 얻게 되었다.

"9·11 테러 희생자들의 소중한 유족들과 이 회의실에 참석한 여러분, 그리고 지금 텔레비전을 시청하고 계신 분들께 사과드립니다."

이 말을 시작으로 클라크는 증언을 이어나갔다.

"여러분의 정부는 여러분을 실망시켰습니다. 여러분을 보호할 책임이 있는 정부는 여러분을 실망시켰습니다. 그리고 저 역시 여러분을 실망시켰습니다. 우리는 최선을 다했습니다. 하지만 우리가 실패했기 때문에 그건 중요하지 않습니다. 그리고 이 실패에 대해 모든 것이 밝혀지면, 저는 여러분의 양해와 용서를 구하고 싶습니다."

이는 진정으로 용서를 구하는 모습처럼 보였다. 부시 정부를 거쳐갔던 사람들이나 지금 남아 있는 사람들 중 어느 누구도 한 마디의 사과도 하지 않았다는 사실이 이를 더욱 돋보이게 만들었다. 청문회장은 곧 박수로 휩싸였다. 그의 증언 이후, 9·11 테러 희생자들의 유족들은 줄을 지어 그에게 감사하다는 말을 전하며 악수를 하고 그를 포옹했다.

클라크를 비판하는 수많은 사람들은 그가 대중의 관심을 끌어모으기 위해 애쓴다며 조롱했다. 그전 금요일까지만 해도 좀처럼 팔리지 않던 그의 새로운 저서 『모든 적들에 맞서: 미국의 테러와의 전쟁Against All Enemies: Inside America's War on Terror』은 청문회가 있던 그 주 일요일 밤에 방송된 CBS TV의 〈60분60 Minutes〉이라는 프로그램의 한 코너를 통해 대대적으로 소개되었다. 이 책이 베스트셀러 1위로 뛰어오르자, 비평가들은 9·11 테러 몇 달 전부터 주변의 최고 관료들이 알카에다의 공격이 임박했다고 전하는 경고와 자신의 조언을 부시 대통령이 무시했고, 쌍둥이 빌딩이 무너진 다음날에도 부시가 직접 나서 다가올 이라크와의 전쟁을 정당화하기 위해 사담 후세인에게 이 사태를 덮어씌울 증거를 찾아내라며 자신을 압박했다는 클라크의 주장에 이의를 제기했다. 그러나 클라크는 공격적인 관료계 투사였음에도 불구하고 이러한 비난에 아무런 대꾸도 하지 않았다. 그는 문서들이 자신을 뒷받침해줄 것임을 알고 있었고, 실제로 그 문서들이 하나하나 밝혀지면서 그를 도와주었다.

그러는 와중에도 클라크는 내내 사이버 관련 이슈에 열정을 쏟아부었고, 6년 후에는 『사이버전: 국가안보에 대한 차세대 위협과 우리의 대응 Cyber War: The Next Threat to National Security and What to Do About It 』이라는 제목의 책을 출간했다. 2010년 4월에 출판된 이 책은 많은 사람들로부터 과장되었다는 조롱을 받았다. 이러한 조롱은 일부 맞는 면도 있었지만(그는 분명하게 원인 불명의 사고나 정비상의 문제로 확인된 주요 정전사태에 대해서도 사이버 공격이 원인일 수 있다고 생각했다), 큰 틀에서 보면 편파적이었다. 일부 평론가들, 특히 이 책의 저자가 클라크라는 것을 아는 사람들은 이 책을 그야말로 작가가 자기 자랑을 하기 위해 쓴 책 정도로 보았다. 그 당시 클라크가 굿 하버Good Harbor라는 사이버 위험 관리 회사의 경영자였기 때문에 사람들은 그 책을 사업을 홍보하는 선전용 책자로 보았던 것이다.

하지만 이런 냉담한 반응의 주요 원인은 이 책의 내용이나 경고의 메시지가 도저히 믿어지지 않고 너무 SF처럼 보였기 때문이다. 일반적으로 리뷰하는 책에 대해 호의적이라고 알려진《워싱턴 포스트》의 리뷰 첫 문장은 이러한 회의론을 희화화해 묘사했다.

"사이버전, 사이버 이것, 사이버 저것: 사람들을 짜증나게 만드는 이 단어는 도대체 무엇이란 말인가? 전쟁이 눈앞에 벌어지지도 않는데 이런 전쟁이 얼마나 실감이 날까?"

컴퓨터 네트워크의 취약점을 지적한 윌리스 웨어의 논문이 발표된 지 40년이 지났고, 로널드 레이건 대통령이 NSDD-145에 서명한 지 거의 30년이, 그리고 엘리저블 리시버 훈련과 마시 보고서, 솔라 선라이즈와 문라이트 메이즈 사건이 있은 지 이제 10년이 지났다. 사이버 공간에 몰두하는 사람들에게는 시금석 같은 사건들이었지만, 거의 모든 다른 사람들에게는 혹시 들어보았다 할지라도 전부 잊혀진 일들이었다. 심지어 불과 6년 전에 있었던 오로라 발전기 테스트와 훨씬 더 최근에 시리아, 에스토니아, 남오세티아, 그리고 이라크 등에서 이루어진 사이버 공격 작전도 대중들은 거의 기억하지 못하고 있었다.

클라크의 책이 나온 지 몇 년이 지나서야 스턱스넷에 대한 폭로, 중국 제61398부대를 다룬 맨디언트의 보고서, 그리고 마침내 에드워드 스노든의 대규모 NSA 문서 유출로 인해 사이버 첩보활동과 사이버 전쟁은 뉴스의 헤드라인을 장식하며 일상적인 대화거리가 되었다. 사이버라는 것이 어느 순간 떠올라 우리 앞에 등장했고, 오바마가 대통령 특별위원회까지 꾸려가며 이 소동에 대응하기 시작한 지금, 공포의 사이버 화신인 클라크가 조사단 위원 중 한 명으로 지목된 것은 너무나도 자연스러운 일이었다.

● ● ●

8월 27일, 대통령 직속 정보통신기술검토위원회President's Review Group on Intelligence and Communications Technologies에 들어가게 된 다섯 명의 위원들은 이날 백악관 상황실에서 대통령과 수전 라이스, 그리고 각 정보기관의 수장들과 만났다. 회의는 금방 끝났다. 오바마 대통령은 위원들에게 12월 15일까지 보고하라고 지시하고, 그들이 필요로 하는 모든 정보를 이용해도 좋다고 했다. 위원들 중 세 명이 법률인이었기 때문에 오바마 대통령은 법적인 분석은 원하지 않는다고 명확하게 선을 그었다. 그리고 이렇게 말했다. "법적인 근거 하에 이러한 감시활동을 '할 수' 있다고 상정하세요. 여러분의 역할은 더 나은 해답을 찾기 위해 우리가 그것을 정책적 차원에서 계속 해야 할지 말아야 할지 저에게 말해주는 것입니다."

더불어 오바마 대통령은 한 가지 단서와 함께 위원회가 제시하는 어떠한 제안이라도 수용할 용의가 있다고 덧붙였다. 그것은 테러리스트의 공격을 막기 위한 대통령의 능력을 제한하는 것은 그 어떠한 제안도 받아들이지 않겠다는 것이었다.

이후 4개월 동안 위원회는 일주일에 최소 두 차례, 많을 때는 네 차례 회의를 했고, 보통 하루 12시간 혹은 그 이상의 시간을 쏟으며 관료들을 만나 인터뷰하고, 브리핑에 참석하거나, 문서들을 검토하고, 영향성에 대한 평가를 논의했다.

오바마 대통령과의 회의 직전에 위원회는 자신들을 위한 전용 임대 사무실에서 첫 만남을 가졌다. 이들 중에는 서로 초면인 사람들도 있었다. 원래는 버지니아주 타이슨스 코너Tysons Corner에 위치한 국가정보국 본부에서 일할 계획이었다. 그곳은 워싱턴 도심에서 약 16km 정도 떨어진 곳으로 순환도로를 빠져나오면 바로 닿을 수 있는 곳이었다. 하지만 클라크는 좀 더 가까운 특수정보시설SCIF, Sensitive Compartmented Information Facility을 이용하는 것이 어떻겠느냐고 제안했다. 이곳은 전문 경비요원이 감시하고 구조적으로 보호가 잘 되어 있어서 문서를 훔치거나 대화 내용을 도청하려고 하는 외부의 침입자나 전자적 수단 등을 차단할 수 있었다. 클라크는 케이 스트리트K Street 인근에 있는 SCIF 하나를 지목했다. 그는 이곳이 백악관에서 몇 블록 떨어지지 않은 곳에 위치해 있어서 위원들이 활동하는 데 적합할 뿐만 아니라 물리적으로나 다른 측면에서 정보계로부터 자신들의 독립성을 지켜줄 수 있을 것이라고 했다. 하지만 클라크가 이 SCIF를 지목한 진짜 이유는 이 SCIF가 자신이 근무하는 컨설팅 회사 사무실 맞은편에 위치했기 때문이었다. 그는 매일 러시아워의 복잡한 차량 행렬을 뚫고 교외로 운전하고 싶지 않았던 것이다. 클라크의 동료들은 이 사실을 나중에야 알게 되었다.

SCIF에서의 첫날, 위원회는 다양한 기관에서 파견 나온 아홉 명의 정보계 관련자들을 맞이했다. 이들은 위원회의 보좌관으로 활동할 사람들이었다. 이들 중 한 명은 여기 모인 보좌관들이 앞으로 행정업무를 보고, 위원회의 일정을 관리하며, 회의록을 정리하고, 최종적으로는 위원회의 추진 방향에 따라 보고서를 작성하게 될 것이라고 설명했다.

위원들은 서로를 바라보며 미소를 지었고 몇 명은 웃음을 터뜨렸다. 네 명의 위원−클라크, 스톤, 선스타인, 스와이어−이 쓴 책을 모두 합치면 거의 60권에 달했고, 이번에도 이들 모두는 직접 보고서를 쓸 생각이었다. 이 위원회가 평범한 대통령 자문위원회가 될 것 같지는 않았다.

다음날 아침, 이들은 NSA로 향했다. 이들 중 클라크와 모렐만이 과거에 이곳을 방문한 적이 있었다. NSA를 바라보는 클라크의 시선은 일부 사람들이 생각하는 것보다 훨씬 더 회의적이었다. 그는 『사이버전』에서 대장 한 명이 NSA와 사이버사령부를 모두 지휘하는 것을 비판했다. 클라크는 이러한 조치가 한 사람에게 너무 많은 권한을 부여하고, 사이버 공격 작전에 지나치게 중점을 두느라 핵심기반시설에 대한 사이버 보안을 소홀히 할 수 있다고 우려했다.

인터넷 프라이버시Internet privacy를 연구해온 학자인 스와이어는 과거 클리퍼 칩이 논란이 된 시기에 NSA 관계자들을 만난 적이 있었다. 그의 기억에 그들은 똑똑하고 전문가다웠지만, 벌써 15년이나 지났으니 지금은 어떤지 알 수 없었다. 그는 FISA 법원에 대해 연구하면서 FISA 법원이 판결을 통해 NSA가 해외 정보와 관련된 것에 한해서만 국내 통화를 감청할 수 있는 권한을 부여했다는 것을 알고 있었다. 그런데 에드워드 스노든의 문서가 NSA가 통화 내역 '전부'를 수집하는 데 자신들의 권한을 사용하고 있다고 폭로하면서 스와이어는 깜짝 놀라지 않을 수 없었다.

만일 그것이 사실이라면, 이는 선을 넘은 것이었다. 그는 NSA의 답변을 듣고 싶었다.

스톤은 헌법학자이고 위원들 중에서 정보계와 단 한 번도 접촉해본 적이 없는 유일한 사람으로서 NSA가 법을 어겼다는 것을 밝혀낼 수 있기를 기대했다. 그는 스노든을 옹호하는 사람은 아니었다. 물론 공공의 이익을 위해 비밀 정보를 선별적으로 유출한 특정 내부고발자들은 높이 평가했다. 하지만 스노든이 그토록 많은 문서들을, 그것도 매우 민감한 극비 사항과 관련된 문서들을 통째로 훔쳤다는 사실은 스노든 스스로를 보호할 수 없도록 만들었다. 어쩌면 스노든이 옳고, 미 정부가 잘못했을 지도 모른다. 그로서는 알 수 없었지만, 일부 직급이 낮은 직원들이 어떤 비밀을 보호하고 어떤 비밀을 퍼뜨려야 할지를 결정한다면 어떠한 국가 안보기구도 정상적인 기능을 할 수 없을 것이라고 생각했다. 그럼에도 불구하고 지금까지 폭로된 비밀들을 통해 드러난 광범위한 국내 감시가 이루어졌다는 사실은 그를 오싹하게 만들었다. 스톤은 미국의 역사를 볼 때 미국 정부가 국가안보 위협에 직면한 경우 과민하게 반응하는 경향—매카시 시대의 선동죄에 대한 법부터 베트남전 참전을 반대하는 반전주의자들에 대한 감시까지—이 있다는 것을 주제로 책을 써서 상을 받기도 했다. 그리고 스노든이 폭로한 문서 중 일부는 9·11에 대한 미국의 반응이 이러한 경향을 보여주는 또 다른 사례임을 암시하고 있었다. 스톤은 이미 이전부터 견제와 균형을 강화할 수 있는 방법들을 고심하고 있었던 것이다.

NSA에 도착하자마자 위원들은 회의실로 안내받았고, 알렉산더 국장과 존 C. 크리스 잉글리스John C. "Chris" Inglis 부국장을 비롯한 NSA 고위직 관리 여섯 명과 인사를 나누었다. 컴퓨터 과학을 전공한 전직 공군 파일럿인 잉글리스는 남은 여생을 NSA에서 보내면서 방어작전과 신호정보

작전을 담당했고, 냉전 후 NSA 개혁의 일환으로 케네스 미너핸과 마이크 헤이든이 예정보다 앞서 승진시켰던 수십여 명의 젊은 인재 중 한 명이었다.

알렉산더 장군은 모두 발언을 마친 뒤 나가더니 하루 종일 수시로 들락날락거려서 잉글리스가 전반적인 회의 진행을 맡았다. 이후 잉글리스와 다른 고위직 관리들은 돌아가며 5시간이 넘도록 현재 논란이 되고 있는 감시 프로그램에 대해 보고하면서 세부사항에 대해 더 깊이 파고들었다.

가장 논란이 된 프로그램은 애국법 215조에 의해 승인받은 대규모 통화 기록 수집이었다. 스노든이 공개한 문서에 따르면, 이 조항은 NSA가 미국 내에 있는 '모든' 통화 기록을 수집하고 저장할 수 있도록 허용했다. 여기에는 통화 내용은 제외되었지만, 통화한 날짜와 시간, 통화 지속 시간뿐만 아니라 송수신한 전화번호까지 모두 포함되어 있었다. 이것만으로도 꽤 많은 정보들을 알아낼 수 있었다. 잉글리스는 위원들에게 사실 이 프로그램의 실제 운용 방식은 이게 아니라고 말했다. 애국법 215조에 대한 FISA 법원의 판결에 따라, NSA는 '오직' 알카에다를 포함한 해외 테러리스트 단체 3개의 연관성을 파악하기 위한 목적으로만 이 메타데이터를 뒤질 수 있었고, 이를 통해서 수많은 전화번호들 간의 연관성을 찾아낼 수 있었다고 했다.

클라크는 잉글리스의 말을 끊으며 말했다.

"이 프로그램을 준비하면서 NSA가 그토록 고생했는데, 고작 '3개 단체'의 연관성만 찾고 있었다고요?"

"그것이 우리가 갖고 있는 권한으로 할 수 있는 전부입니다."

잉글리스가 대답했다. 더구나 어떤 메타데이터를 통해 미국에 있는 누군가가 테러리스트에게 전화를 걸었다거나 또는 받았다는 것을 알게 되더라도, 전체 NSA 직원 중 22명—회선을 감시하는 실무자 20명과 감독관 두 명—만이 그 전화번호에 대한 구체적인 데이터를 요구하고 조사할 수 있었다. 그리고 그 데이터를 조사하기 전에 회선 감시 실무자 20명 중 두 명과 최소 한 명 이상의 감독관이 추가적인 탐색이 필요하다는 것에 각각 따로 동의해야만 했다. 최종적으로 180일이 지나면, 그 전화번호를 탐색할 수 있는 권한은 만료되었다.

만일 이 전화번호들 중 하나에서 무언가 수상한 것이 발견되면, NSA 분석관들은 두 번째 단계로 넘어갈 수 있었다. 즉, NSA 분석관들은 '이' 전화번호가 송수신한 모든 통화 기록을 추려낼 수 있었다. 하지만 분석관들이 탐색 범위를 넓히기 위해 세 번째 단계로 넘어가서 두 번째 단계에서 송수신 전화번호들을 검토하고자 한다면, 이와 같은 과정을 전부 다시 수행해야 하고, 감독관 한 명과 NSA 자문회의 승인을 얻어야만 했다. (분석관들은 대개 두 번째 단계까지만 수행하고 세 번째 단계까지 나아가지 않았다.)

테이블에 둘러앉은 다섯 명의 위원들은 서로를 보면서 애국법 215조에 따라 NSA의 프로그램이 공정하게 이루어지고 있다는 것(브리핑에서 이 부분은 NSA가 제출한 파일에 대한 조사를 통해서도 확인되었다)에 만족해하는 듯한 표정을 지어 보였다. NSA의 활동은 의회와 FISA 법원의 승인을 받았고, 범위가 제한되었으며, 위원들이 생각한 것 이상으로 훨씬 까다롭게 감시받고 있었다. 그러나 오바마 대통령은 NSA의 프로그램에 대한 '법적인' 의견을 바라지 않는다고 위원회에 주문했다. 그는 이 프로그램이 정말 필요한 것인지에 대한 대국적인 판단이 필요했던 것이다.

위원들은 이 감시 프로그램의 결과에 대해 물어보았다. NSA가 얼마나 많이 데이터베이스를 검색했는지, 그리고 결과적으로 얼마나 많은 테러리스트들의 음모를 차단했는지를 확인하고자 한 것이었다.

NSA의 고위급 관리 중 한 명이 정확한 수치를 알고 있었다. 2012년 한 해 동안 NSA는 데이터베이스에서 288개의 미국 전화번호를 검색했다. 그 결과, 총 12개의 단서를 FBI에 제공했다. 만일 FBI가 이 단서들에서 뭔가 아주 흥미로운 것을 발견했다면, 필요시 NSA의 기술을 이용하여 그 전화번호로 송수신되는 통화를 도청할 수 있도록 법원의 명령을 요청했을 것이다.

그래서 위원들 중 한 명이 물어보았다.

"테러리스트의 시도를 차단하거나 그들을 잡아내는 데 그 12개 단서 중 몇 개나 도움이 되었나요?"

답변은 0이었다. 단서들 중 어떠한 것도 그 이상의 결과를 이끌어내지 못했다. 용의점 중 어떠한 것도 사실로 확인되지 않았던 것이다.

제프리 스톤은 어안이 벙벙해졌다. 그리고 생각했다. '뭐라고? 우리가 지금 여기서 뭘 하고 있는 거지?' 호언장담하던 메타데이터 프로그램은 (1) 철저하게 통제되는 것처럼 보였고, (2) 미국의 모든 전화통화를 추적하지 '않았으며', (3) 단 한 명의 테러리스트도 찾아내지 못한 것으로 드러났다.

클라크는 무언의 질문을 던졌다. '아직까지 어떤 결과도 내놓지 못하면서 이 프로그램을 왜 여태껏 운영해온 거지?'

잉글리스는 이 프로그램을 통해 FBI가 최소 한 명의 테러리스트를 잡는 데 걸리는 시간을 단축시켰다고 답변했다. 그리고 이에 덧붙여 앞으로 언젠가 있을 테러의 음모를 찾아낼 수도 있을 것이라고 했다. 결국, 메타데이터는 존재한다. 그리고 통신 회사들은 메타데이터를 '사업상 기록'으로서 주기적으로 수집하고 있고, NSA나 애국법 215조와는 관계없이 앞으로도 계속 수집할 것이다. 그렇다면 메타데이터는 계속 유지될 텐데, 활용해야 하지 않을까? 만일 미국에 있는 누군가가 테러리스트로 알려진 자와 전화를 주고받는다면, 테러의 음모가 진행 중일 '가능성'이 있다는 뜻이 아닐까? 미국인들의 사생활을 보호할 수 있는 적절한 안전 장치가 마련되기만 한다면, 그것들을 들여다보지 못할 이유가 없지 않은가?

회의감에 빠진 위원들은 여전히 납득이 가지 않아 망설이고 있었다. 더 깊게 조사할 것이 남아 있다는 의미였다.

잉글리스는 스노든이 폭로한 것들 중에서 자신과 주변 동료들이 훨씬 더 중요하고 치명적이라고 생각하는 주제로 화제를 돌렸다. 그것은 바로 프리즘이라고 불리는 프로그램에 관한 것이었다. NSA와 FBI는 프리즘을 통해 미국의 상위 9개 인터넷 기업—마이크로소프트, 야후, 구글, 페이스북Facebook, AOL, 스카이프Skype, 유튜브YouTube, 애플Apple, 그리고 팰톡Paltalk—의 중앙 서버에서 정보를 수집하고 있었다. 두 기관은 여기에서 이메일, 문서, 사진, 음성 파일, 동영상 파일, 그리고 접속 로그를 수집해 왔다. 프리즘에 관한 뉴스 기사들은 이 정보 수집의 목적이 오로지 해외 대상만을 추적하기 위한 것임을 인정했지만, 이 과정에서 일반 미국인들의 이메일과 휴대전화 통화도 수집되었음을 주목했다.

NSA는 첫 뉴스가 보도된 직후 성명서를 발표하여 프리즘이 "미국과 전 세계를 대상으로 하는 테러리스트들의 위협을 탐지·식별·차단할 수 있는 NSA의 무기 중 가장 중요한 수단"이라고 설명했다. 당시 알렉산더 장군은 프리즘을 통해 수집된 데이터로 54건의 테러리스트 공격을 식별하고 차단할 수 있었다고 공개적으로 주장했다. 잉글리스는 당시 알렉산더가 했던 주장을 반복하면서 프리즘에 관련된 모든 파일을 위원회와 공유하는 방안을 제시했다.

설사 전화 메타데이터 프로그램의 효과가 애매모호했더라도, 프리즘은 분명 사람들의 목숨을 구한 것이라고 잉글리스는 말했다.

미국인들의 전화 기록과 이메일이 속속들이 수집되어왔는가? 그렇다. 그러나 이는 피치 못할 기술의 부작용이었다. NSA 관계자들은 지난 2007년에 마이크 매코널이 여러 사람들에게 설명했던 것을 그대로 위원회에도 설명했다. 디지털 통신은 패킷 단위로 이동하고, 가장 효율적인 경로를 따라간다. 그리고 세계의 대역폭 대부분은 미국에 집중되어 있기 때문에, 전 세계 거의 모든 이메일과 휴대전화 통화 내용의 일부는 어느 지점에선가 미국이 소유하고 있는 광섬유 라인을 지나갈 수밖에 없었다.

유선전화와 마이크로웨이브 전송으로 통신을 하던 시절에는 파키스탄에 있는 테러리스트가 예멘에 있는 테러리스트에게 전화를 걸면 NSA가 이 두 테러리스트의 전화 내용을 도청하는 데 아무런 문제가 없었다. 그러나 지금은 똑같은 상황이라면 NSA 분석관들이 미국을 통과하여 지나가고 있는 전화 내용 패킷을 열어보기 위해 FISA 법원으로부터 영장을 먼저 발부받아야만 했다. 말이 되지 않는 상황이었다.

바로 이러한 문제 때문에 매코널은 법안 수정을 추진하여 2007년 미국보호법이 제정되게 했고, 702조의 내용으로 대표되는 2008년 해외정보감시법 수정법안을 이끌어냈다. 미 정부는 이를 근거로 "통신 서비스 사업자의 도움을 받아" 미국 내 전자적인 감시 활동을 수행할 수 있었다. 물론 통신을 주고받는 사람들이 미국 바깥에 있다고 "합리적으로 여겨진다"는 전제하에서였다.

뉴스에서 거론된 9개의 인터넷 기업들은 자신들의 서버를 들여다보겠다는 NSA의 요청을 받아들였거나, NSA가 볼 수 있게 해주라는 FISA 법원의 명령을 받았다. 어느 쪽이든 9개의 회사들은 무슨 일이 이뤄지고 있는지 오랫동안 알고 있었다.

위원회는 이러한 내용의 대부분을 이해했으나, 잉글리스와 다른 사람들이 설명한 일부 절차들에 대해서는 이해하는 데 어려움이 있었다. 통화하는 사람들이 외국에 있다는 것이 "합리적으로 여겨진다"는 것은 무슨 뜻인가? NSA 분석관들은 어떻게 그런 평가를 내린 것인가?

회의에 참석한 NSA 관계자들은 해외에 있을 가능성을 나타내는 선택 항목들—키워드 검색과 기타 단서들—을 조사했다. 선택항목이 많이 체크될수록 가능성이 높았다. 만일 통화하거나 이메일을 주고받는 두 사람이 모두 해외에 있다고 판단되는 확률이 52퍼센트에 달하면, 감청을 합법적으로 수행할 수 있었다.

위원회의 일부 위원들은 이런 계산법이 뭔가 애매하며, 어쨌든 52퍼센트라는 수치는 너무 낮다는 의견을 제시했다. NSA도 이러한 점을 인정했다. NSA 관계자들은 감청 중에 미국 '내에' 있는 사람들 사이에서 통신이 이루어지고 있다는 것을 발견하게 되면, 해당 작전은 즉시 중단하고 그때까지 수집한 모든 데이터는 일체 파기한다고 설명했다.

NSA 관계자들은 또한 이러한 해외정보감시법 702조에 해당하지 않아 법원의 명령이 불필요한 경우라 하더라도 NSA가 아무 일에나 감청을 할 수는 없다고 밝혔다. 매년 NSA 국장과 미 법무장관은 FISA 법원이 승인한 목록에 있는 정보 대상이 해외정보감시법 702조에 따라 감청할 수 있는 정보 대상 '범주'에 드는지 입증해야만 했다. 그런 다음 새로운 감청 활동이 시작된 후 15일마다 법무부의 특별위원이 이 작전의 진행 상황을 검토하고, FISA 법원이 승인한 목록을 준수하는지 확인했다. 마지막으로 법무장관은 6개월마다 새로 감청에 들어간 모든 사안을 검토하여, 국회 정보위원회에 해당 자료를 제출했다.

하지만 이런 모든 조치에도 한 가지 문제가 있었다. 감시 대상을 파악하기 위해서는 NSA 요원들이 관련 통신 내용을 전달하는 '패킷' 전체를 수집할 수밖에 없었다. 이 패킷은 다른 통신 내용을 담고 있는 다른 패킷들과 뒤섞여 있고, 이것들 대다수는 의심의 여지 없이 미국인과 관련된 것들이었다. 그렇다면 다른 통신 내용을 담고 있는 이 패킷들은 어떻게 했는가? NSA는 어떻게 분석관들이 이메일의 내용을 읽지 않았다고, 또 휴대전화 통화 내용을 듣지 않았다고 장담할 수 있는가?

NSA는 자신들이 안고 있는 이러한 문제들을 제기할 수밖에 없었다. 지난 2011년 10월 FISA 법원의 존 베이츠John Bates 판사가 작성한 판결문을 오바마 대통령이 불과 1주 전에 비밀에서 해제했기 때문이었다. 이 판결문에는 해외정보감시법 702조를 근거로 NSA를 전반적으로 비판하는 내용이 담겨 있었다. 당시 베이츠는 판결문에 NSA가 말하는 소위 '업스트림 콜렉션upstream collection'(주요 인터넷 회선을 통해 NSA가 정보를 수집하는 활동-옮긴이)을 통해 국내 통신 내용을 수집한다는 사실은 우연이라고 할 수 없다고 적시했다. 이는 NSA가 운용하는 프로그램에 내재된 문제, 즉 패킷 교환packet-switching(데이터 통신에서 디지털 신호를 패킷 단위로 작게 나눠 가장 적합한 경로로 전송하는 방식-옮긴이) 기술이 안고 있는 본질적인 문제였다. 그렇다면 NSA는 매년 "수많은 국내 통신 내용 일체"를 어쩔 수 없이 수집할 수밖에 없었다는 것이고, 엄밀한 의미에서 이는 수정헌법 제4조를 노골적으로 위반하는 것이 되었다.

베이츠는 "미 정부가 해외 정보 수집의 필요성과 미국인에 대한 정보가 보호되어야 한다는 요건 사이에서 적절한 균형을 잡고 있다는 사실을 입증하는 데 실패했다"라고 결론지었다. 결국 베이츠는 NSA가 이러한 균형을 잡을 수 있는 수정안을 제시할 때까지 해외정보감시법 702조에 의해 이루어지고 있는 모든 프로그램을 중지할 것과, '업스트림 콜렉션'을 통해 수집된 모든 파일들을 삭제할 것을 명령했다.

NSA 관계자들은 이러한 사실이 법적으로 심각하게 문제가 있다는 점을 인정하면서도 다른 한편으로는 NSA가 그 문제에 대해 법원이 관심을 갖게 만들었다는 점을 강조했다. 즉, 잘못한 일을 덮으려고 하지 않았다는 것이다. 베이츠의 판결 이후, NSA는 향후 법적인 문제를 최소화하는 방향으로 수집 시스템의 구조를 개선했다. 그리고 새로운 시스템은 위원회가 구성되기 한 달 전에 시행되었다. 물론 베이츠도 이 새로운 시스템이 문제를 해결해서 만족스럽다고 밝혔다.

전반적으로 위원회의 첫날은 생산적이었다. 회의에 참석한 NSA 관계자들도 모든 질문에 성실히 답변했고, 진정으로 허심탄회하게 보이는 자세로 모든 요구들을 받아들였으며, 이러한 문제들을 논의하는 데 관심을 가졌다. NSA는 지금까지 이러한 문제들을 가지고 외부인들과 의견을 나눈 적이 거의 없었다. 물론 그때까지 이런 논의를 할 수 있는 외부인도 없다시피 했다. 그런데 지금은 도리어 이러한 기회를 즐기는 것처럼 보이기도 했다. 특히 제프리 스톤이 이 점에 깊은 인상을 받았다. 가장 철저하게 가려져 있는 미국 정보기관 안에서 이루어지는 브리핑이라기보다는 전반적인 분위기가 대학 세미나에 더 가까워 보였기 때문이다.

NSA 관계자들이 진실을 말하고 있는지는 위원회가 곧 조사하겠지만, 스노든의 폭로가 어떤 면에서는 분명히 과장된 것처럼 보이기도 했다. NSA가 무법천지의 기관으로 변질되고 있다고 지금까지 생각해왔던 스톤의 선입견은 틀린 것 같았다. 스노든이 폭로했던 프로그램들은(다시 한 번 강조하지만, NSA의 브리핑이 정확했다는 가정하에) 그것을 사용할 수 있는 권한을 부여받고 사용 승인을 받아야 하며 아주 면밀하게 감시받고 있었다. 견제와 균형을 위해 스톤이 제안하려고 생각했던 대부분의 것들이 이미 현장에서 이루어지고 있는 것으로 확인되었다.

하지만 스톤과 스와이어, 그리고 클라크 등 일부 위원들에게는 이번 브리핑이 스노든의 폭로에서 제기된 더 큰 우려들을 완전히 종식시키지는 못했다. 하루 종일 위원회에 브리핑한 NSA 관계자들은 매우 반듯한 사람들처럼 보였다. 주변의 보안요원들과 내부 통제 기준도 매우 인상적이었으며, 1960년대의 NSA나 다른 어떤 나라의 정보기관과는 분명히 달랐다. 하지만 미국이 다시 한 번 테러리스트의 공격을 경험하게 된다면 어떻게 될까? 아니면 성향이 다른 대통령이나 야심으로 가득 찬 NSA 국장이 권력을 잡게 된다면 어떻게 될까? 이러한 통제 기준은 내부로부터 확립된 것이지만, 또한 내부로부터 무너질 수도 있는 것이었다. NSA의 기술적 역량은 두말할 나위 없이 뛰어났다. 이곳의 분석관들은 자신들이 원하는 모든 네트워크, 서버, 휴대전화, 그리고 이메일 등을 뚫고 들어갈 수 있다. 법이 이들로 하여금 통신 내용을 들여다보거나 엿듣지 못하도록 저지할 수도 있지만, 만일 법이 바뀌거나 무시된다면, 이들을 막을 수 있는 물리적인 장애물은 없을 것이다. 물리적인 장애물이 없는 상황에서 만일 이들의 소프트웨어가 테러리스트가 아닌 반정부 인사들을 추적하도록 재설계된다면, 이러한 대상자들에 대한 방대한 데이터베이스를 구축하는 것은 아무 문제가 없을 것이다.

요컨대, 여기에는 엄청난 권한 남용의 가능성이 내재되어 있었다. 미국 역사에 있었던 반정부 인사들에 대한 억압을 다룬 책을 집필한 스톤은, 리처드 닉슨Richard Nixon 전 대통령이나 J. 에드거 후버J. Edgar Hoover 전 FBI 국장[리처드 닉슨 전 대통령이나 J. 에드가 후버 전 국장은 정적을 견제하거나 제거하기 위해 자신의 권력이나 수단(도청 등)을 이용했던 사람들로 알려져 있다]이 이러한 기술을 자신들의 손안에 가지고 있었더라면 무슨 일을 저질렀을지 생각만 해도 온몸에 소름이 돋았다. 특히나 지금과 같은 테러의 시대에 닉슨이나 후버와 같은 최고권력자들을 미국인들이 또다시 만나지 않을 것이라고 누가 장담할 수 있겠는가?

●●●

스톤은 예상치 않게 바뀌어버린 자신의 이러한 생각을 마이크 모렐에게 얘기했다. 모렐은 최근에 은퇴한 전직 정보계 인사로서 위원회에 영입된 인물이었다. 두 사람은 케이 스트리트에 있는 SCIF에서 같은 사무실을 사용했다. 카리스마가 넘치는 연구자였던 스톤은 최근에 실제로 있었던 권한 남용의 사례뿐만 아니라 앞으로도 있을 법한 다양한 권한 남용의 예를 제시했다. 하지만 CIA에서 30년을 근무했는데도 모렐은 과거의 권한 남용 사례에 대해서는 알고 있는 것이 거의 없다고 했다. (처치 청문회가 있었던 시기에 모렐은 고등학교에 다니고 있었고, 국제 문제에는 확실히 관심이 없었다. 게다가 대학을 졸업하고 곧바로 들어간 CIA에서는 책상에다 고개를 파묻고 일하는 영락없는 회사 직원처럼 일했다.)

이후 4개월 동안 위원회는 NSA를 몇 차례 더 방문했고, NSA 대표단도 위원회의 사무실에 수차례 방문했다. 더 많은 파일들을 검토하면 할수록 위원회는 자신들이 NSA의 첫 브리핑에서 받은 인상이 더욱더 확고해지는 것을 느꼈다.

모렐은 NSA의 파일들을 매우 꼼꼼히 검토한 사람이었다. 그가 검토한 파일에는 NSA 측이 애국법 215조에 의해 수행한 대규모 전화 메타데이터 수집을 통해 밝혀냈다고 뒤늦게 주장한 몇 개의 추가적인 테러 계획뿐만 아니라, 알렉산더와 잉글리스가 해외정보감시법 702조에 의해 수행한 프리즘 프로그램을 통해 좌절시켰다고 주장하는 54건의 테러 계획 모두가 담긴 초기 데이터도 포함되어 있었다. 모렐과 이 파일을 검토했던 그의 보좌관은 프리즘이 54건의 테러 계획 중 53건을 막아내는 역할을 했다고 결론지었다. 이것은 NSA 중심의 대테러 프로그램이 상당한 효과가 있다는 의미였다. 하지만 이 53개 테러 계획에서 통화 메타데이터가 중요한 역할을 수행했다는 증거는 발견하지 '못했다'. 알렉산더 장군이 위원회로 추가 자료를 보냈지만 이들을 설득하는 데에는 역부족이었다. 물론, 그가 보낸 추가 자료에는 테러리스트의 전화번호가 메타데이터 안에 포함되어 있었다. 하지만 그 번호는 다른 감청 활동에서도 나타난 전화번호였다. 군이 애국법 215조가 없었더라도, 군이 메타데이터가 대량으로 수집되지 않았더라도, NSA나 FBI가 이러한 계획을 밝혀낼 수 있었다는 뜻이었다.

이러한 결론에 위원들은 놀라지 않을 수 없었다. 모렐은 고도의 장점을 갖춘 정보 프로그램을 통해 결과를 이끌어낼 수 있다는 생각을 갖고 있었다. 그런데 이와 상반되는 그의 조사 결과들로 인해 클라크와 스톤, 스와이어는 메타데이터 프로그램을 완전히 폐기해야 한다는 의견을 제시한 것이다. 모렐은 그렇게까지 할 마음은 없었다. 선스타인도 마찬가지였다. 두 사람은 메타데이터 프로그램이 아직까지 어떠한 테러 계획을 막은 것은 아니지만, 향후에는 막을 수 있을지도 모른다는 논리를 폈다. 모렐은 여기에서 한 발짝 더 나아가 결과가 나오지 않았다는 것은 곧 이 프로그램을 더욱 강화해야 한다는 의미라고 주장했다. 한동안 위원들은 이 문제에 대해 서로 다른 권고안을 발표해야 할 수도 있겠다고 생각했다.

그러다가 알렉산더 장군은 NSA에서 열린 한 회의에서 통신 회사들이 메타데이터를 소유하고 NSA가 FISA 법원의 명령을 통해서만 통신 회사에 있는 메타데이터의 일부에 접근할 수 있도록 하는 협약을 자신이 수용할 수도 있다고 위원회에 제안했다. 이렇게 하면 데이터를 획득하는 데 시간이 좀 더 걸릴 수도 있겠지만, 기껏해야 몇 시간 정도에 그칠 것으로 보였다. 그리고 알렉산더가 제안한 새로운 방법에는 비상사태에 대비하여 법원의 명령을 사후에 받을 수 있게 하는 예외 조항도 담겨 있었다.

또한 알렉산더는 NSA가 과거에 인터넷 데이터를 수집하는 메타데이터 프로그램을 수행한 적도 있었지만, 비용이 너무 많이 들고 이렇다 할 결과도 얻지 못해 결국 2011년에 폐기했다고 밝혔다.

알렉산더의 이런 발언은 애국법 215조와 메타데이터 프로그램의 효용성 전반에 대해 의문을 갖고 있는 위원회 내부의 일부 회의론자들에게 더욱 깊은 의구심을 갖게 만들었다. NSA는 수십억 달러의 예산으로 운영되는 기관이었다. 따라서 인터넷 메타데이터 프로그램이 '어떠한' 가능성을 보여주었다면, 알렉산더는 이 프로그램의 운용 범위를 확장하기 위해 더 많은 예산을 투입했을 것이다. 그러나 그렇게 하지 않았다는 사실과, 프로그램의 예산을 줄이는 것이 아니라 아예 폐기했다는 사실은 메타데이터 수집이라는 개념이 갖고 있는 가치에 의심을 갖게 만들었다.

심지어 모렐과 선스타인조차도 자신의 입장을 누그러뜨리는 듯 보였다. 만일 알렉산더가 NSA 외부에 메타데이터를 저장하는 것이 괜찮다고 한다면, 이것은 위원회가 한 발짝 물러설 수 있는 타협안이 될 수 있는 것이었다. 모렐은 이 안을 적극적으로 받아들였다. 메타데이터는 여전히 존재할 것이다. 그러나 NSA 본부에서 메타데이터를 삭제하는 것은 언젠가 나타날 수도 있는 초법적인 NSA 국장이 자신 마음대로 이 메타데이터를 활용하는 것을 막을 것이다. 즉, 스톤이 모렐에게 설파했던 심각한 문제 중 하나인 잠재적인 권한 남용을 최소화할 것이다.

메타데이터 프로그램을 중단할 것인지 확대할 것인지를 놓고 짧은 논쟁을 한 뒤 위원들 사이에 약간 적대적인 기류가 흐른 적도 있었다. 이 일로 위원들은 또 한 번 놀랐었다. 위원들의 서로 다른 배경과 신념을 감안할 때, 매일 서로 다투면서 지내게 될 것이라고 생각했기 때문이었다. 하지만 처음부터 분위기는 화기애애했다.

이들의 동지애는 활동 둘째 날 더욱 공고해졌다. 이 날은 다섯 명의 위원이 워싱턴 도심에 위치한 FBI 본부인 J. 에드거 후버 빌딩J. Edgar Hoover

Building을 방문한 날이었다. 위원회의 보좌관들은 FBI와 NSA의 관계, 그리고 '국가안보서신National Security Letters'(국가안보상의 목적으로 정보를 수집하기 위해 미국 정부가 발부하는 행정소환장의 일종으로 일반적으로 법원이 검토하기 이전에 발부됨-옮긴이)이라고 불리는 FBI만의 메타데이터 수집물에 대해 구체적인 브리핑을 해줄 것을 요청했다. FBI는 애국법 505조에 따라 국가안보서신을 이용하여 테러 활동이나 비밀리에 수행하는 정보활동에 대한 수사와 '관련이 있을 것'이라고 판단되는 미국인들의 전화 기록과 기타 처리 기록들에 접근할 수 있었다. NSA의 메타데이터 프로그램과는 달리, FBI의 메타데이터 수집물은 어떠한 제재도 받지 않았다. 국가안보서신은 법원의 명령을 필요로 하지도 않았고, 현장 수사관이라면 누구나 FBI 국장의 승인을 받아 발부할 수 있었다. 국가안보서신을 받은 사람이나 기관은 자신들이 그것을 받았다는 사실을 '영원히' 밝혀서는 안 되었다. (2006년에 개정되기 전까지는 자신들의 변호인에게도 알릴 수 없었다.) 이것은 단순한 권한 남용의 소지를 넘어, 실제로 남용하는 사례들이 있어 보였다.

다섯 명의 위원들이 FBI 본부에 도착했을 때 이들을 맞이한 사람은 국장도, 부국장도 아닌 FBI 내 서열 3위의 관료였다. 그는 위원들을 회의실로 안내한 후 떠났다. 회의실에는 20명의 FBI 관계자들이 테이블에 둘러앉아 위원회에 할당된 시간 동안 자신들의 일을 소개하는 판에 박힌 프리젠테이션을 위한 준비로 웅얼거리고 있었다.

상투적인 프리젠테이션이 10분 정도 진행되자, 클라크는 자신들이 사전에 요청한 브리핑에 대해 물어보았다. 그중에서도 특히 FBI가 매년 국가안보서신을 얼마나 발부했고, 그 효과를 어떻게 판단하고 있는지 알고 싶었다. FBI 관계자 중 한 명이 국가안보서신 발부 수는 해당 지역국만이 알고 있어서 전국적으로 그 수가 얼마나 되지는 알 수 없다고 답변했다. 따라서 효과에 대한 평가도 하지 않는다고도 했다.

준비된 브리핑이 다시 이어졌다. 하지만 몇 분이 지나지 않아 클라크가 자리를 박차고 일어나며 소리쳤다.

"순 엉터리군요. 우리는 여기서 나가겠소."

그러고는 곧장 회의장 밖으로 걸어 나갔다. 참석했던 FBI 관계자들이 충격에 휩싸여 멍하게 앉아 있는 동안, 나머지 위원 네 명도 조용히 따라나갔다. 다른 위원들도 처음에는 다소 당황했었다. 클라크의 돌발적인 행동에 대해 익히 들어 알고 있었지만, 오늘 같은 일이 앞으로도 계속될지 궁금하기도 했다.

그러나 다음날이 되자, 위원들은 클라크의 행동이 다분히 의도된 것임을 알게 되었다. '엉터리 브리핑'에 대한 소문은 빠르게 퍼져나갔고, 그 순간부터 어떠한 정부기관도 거들먹거리는 브리핑으로 감히 위원회를 모욕할 생각은 하지 못했다. 이 소문은 일부 기관에 아주 유용하게 작용해서 그들은 모두 최소한 가치 있는 브리핑을 하려고 노력했고, 심지어 FBI는 두 번째 기회를 달라고 간곡하게 요청해왔다.

다른 위원들은 클라크의 행동을 통해 자신들의 질문에 답변을 얻기 위해서는 더욱 강력하게 밀어붙여야 한다는 용기를 얻게 되었다. 위원회의 임무가 갖고 있는 특수성은 이러한 유대감을 더욱 강화시켜주었다. 이들은 외부 인사로는 처음으로 대통령의 지시 하에 이 문제를 조사하게 된 조직이었고, 이런 특별함 때문에 돈독한 유대감을 가질 수 있었다. 무엇보다도 이들은 자신들이 거의 모든 일에 대해 같은 의견을 갖고 있다는 것을 알게 되었다. 대부분의 사실들이 너무나 분명해 보였기 때문이다. 클라크와의 사이에 15년 동안 지속되어왔던 긴장관계에 또다시 불이 붙을까 걱정했던 피터 스와이어도 이전의 라이벌과 어느새 사이좋게 지내고 있는 자신을 발견하게 되었고, 자신의 판단에 더욱 자신감을 갖게 되었다. 그리고 위원들은 클라크의 판단에 더 동조하게 되었다.

위원회의 분위기가 진심어린 우정과 유쾌함으로 밝아지자, 이들은 지역에 있던 햄버거 가게 이름을 따서 스스로를 "파이브 가이즈five guys"라고 부르기 시작했고, 자신들이 곧 쓰게 될 두꺼운 보고서를 "파이브 가이즈 보고서The Five Guys Report"라고 부르게 되었다.

이들의 유대감은 자신들이 이 분야에서 중요하면서도 유일한 감시자라는 것을 알게 되면서 더욱 공고해졌다. 의회에서 선임 정보위원들을 만나보았지만, 이들은 무언가 꼼꼼하게 살피기에는 시간이나 자원이 부족한 사람들이라는 결론밖에 내릴 수 없었다. 이전에 FISA 법원에 있었던 일부 판사들과도 대화를 나누었지만, 이들은 기본적으로 너무 유화적인 사람들이라는 것을 알게 되었다.

위원회는 NSA가 규정 준수를 확실히 하기 위해 조직 내에 자체적인 대규모 법률단을 운영하고 있는 것은 다행이라고 결론 내렸다. 만일 그렇게 하지 않는다면, 외부에 있는 어느 누구도 NSA가 무법천지의 소굴인지 아닌지 알 수 없기 때문이다. 따라서 위원들은 자신들의 임무가 무엇보다도 외부로부터의 통제를 강화하는 방안을 마련하는 것이라는 데 동의했다.

위원회는 보고서를 작성하기 위해 분량을 할당했다. 각 위원은 1개 내지 2개 장의 초안을 작성했고, 자신들이 진단했던 문제를 개선할 수 있는 방법에 대한 아이디어를 추가했다. 자르고 붙이고 편집된 각 장은 총 303페이지 분량의 보고서가 되었고, 여기에는 개혁을 위한 46가지의 권고안이 포함되었다.

핵심적인 권고안 중 하나는 위원회가 알렉산더 장군과 함께 나눈 대화에서 도출되었다. 모든 메타데이터는 NSA에서 삭제되어야 하고, 민간 통신사업자나 다른 제3자만이 보유할 수 있으며, NSA는 FISA 법원의 명령을 통해서만 접근할 수 있다는 내용이었다. 위원회는 특히 이 점을 강조했다. 마이크 모렐도 이 권고안이 이번 보고서의 핵심이라고 생각했다. 그는 만일 대통령이 이를 거부한다면, 모든 활동이 무의미해질 것이라고 생각했다.

또 다른 권고안은 FBI가 FISA 법원의 명령 없이 국가안보서신을 발부하는 것을 제한하는 것과 판사가 특별한 국가안보상의 이유로 비밀 유지 기간을 연장하지 않는 한 국가안보서신은 수령 후 180일이 지나면 받은 사람이 그 사실을 공개하도록 하는 것이었다. 위원회의 보고서에 따르면, 이 두 가지 권고안의 핵심은 "실제적이고 예상 가능한 정부 권한의 남용에 대한 위험을 줄인다"는 것이었다.

위원회는 또한 FISA 법원에 공익변호사를 포함시켜야만 하고, NSA 국장은 상원의 최종 승인을 받아야 하며, NSA 국장이 사이버사령관으로서 추가적인 임무를 수행하지 말아야 하고(사이버사령부와 NSA 양 기관의 수장을 한 사람이 맡는 것은 그에게 너무 많은 권력을 부여하는 것이기 때문에), NSA의 사이버 보안 조직인 정보보증부는 NSA로부터 분리시켜 국방부의 별도 조직으로 전환해야 한다고 적시했다.

또 다른 권고안은 "일반적으로 사용되는 상업용 소프트웨어"에 대해 정부가 이를 "망가뜨리거나, 무력화하거나, 약화시키거나, 취약하게 만드는" 모든 활동을 제한하는 것이었다. 특히 NSA 분석관들이 아직 아무도 발견하지 못한 취약점인 제로데이 취약점을 발견하게 되면, "높은 우선순위의 정보 수집"을 위해 정부가 일시적으로 제로데이 취약점을 사용하도록 승인하는 "극히 예외적인 사항"을 제외하고는, 즉시 해당 취약점을 조치할 수 있도록 요청해야 한다고 권고했다. 설령 제로데이 취약점을 활용해야 할 때라도 모든 관계 부처가 참여한 부처 간 고위급 검토위원회의 승인을 얻은 후에나 할 수 있도록 권고했다.

이것은 이해하기 어려우면서도 너무 지나친 권고안 중 하나였다. 제로 데이 취약점은 현대 신호정보의 금과옥조와 같은 것이었다. NSA는 이 것을 발견하고 활용하기 위해 최고의 요원을 훈련시켰고, 때로는 사설 해커를 고용했을 정도로 귀중한 것이었다. 이러한 권고안은 부분적으로 는 미국 소프트웨어 회사 경영진을 달래기 위한 것이기도 했다. 이들은 미래 고객들이 자사 제품에 NSA가 만들어놓은 백도어가 있다고 생각하 게 되면, 해외 시장이 얼어붙을까 봐 우려했다. 그러나 이러한 권고안은 컴퓨터 네트워크를 덜 취약하게 만들기 위한 것이기도 했다. 이는 사이 버 공격 작전의 필요성보다 사이버 보안의 필요성이 우선시되어야 한다 는 것을 선언한 것이었다.

마지막으로, 누구든 이 보고서를 에드워드 스노든 사태에 대한 변명 이라고 해석하지 않도록 보고서 내에 그의 이름을 어디에도 거론하지 않 았다. 그러나 46개의 권고안 중 10개는 정보계 내부적으로 극비 정보의 보안을 강화하는 방안을 다루었고, 시스템 관리자(오아후에 있는 NSA 시설에서 스노든의 직책이었다)가 자신의 업무와 관련 없는 문서에 접 근할 수 있는 권한을 차단하는 절차를 포함시켰다.

권고안은 굉장히 넓은 범위를 다루고 있었다. 그렇다면 어떻게 해야 할까? 다섯 명의 위원들은 처음 만났던 지난 8월 말, 자신들이 예상한 다양한 의견 충돌을 어떻게 다루어야 할지 논의했었다. 보고서 안에 서 로 다른 의견에 대해 각주를 달까, 다수 의견과 소수 의견을 별도로 담을 까, 아니면 어떻게 할까? 위원들은 여기에 대한 결론을 내리지 못했었다. 그리고 결국 12월 중순의 마감일이 다가오고 있었다.

보좌관 중 한 명이 46개의 권고안을 엑셀 표에 담아 각 권고안 옆에 Yes의 Y와 No의 N을 표시해보자는 제안을 했다. 각 위원에게 표를 나 누어주고 각 권고안에 대해 동의하는지 동의하지 않는지를 표시하게 한 다음, 보좌관이 그 결과를 표로 작성하자는 것이었다.

집계가 끝나자, 보좌관은 결과를 쳐다보며 말했다.

"위원님들이 믿지 않을 것 같은데요."

다섯 명의 위원들은 만장일치로 46개 전 항목에 동의했던 것이다.

• • •

보고 마감을 이틀 앞둔 12월 13일, 위원들은 "변화하는 세상의 자유와 안보Liberty and Security in a Changing World"라는 제목의 보고서를 공개했다. 이들은 자신들의 보고서에 담은 것처럼 "공공의 신뢰를 증진함과 동시에 정보계가 핵심적인 위협에 대응할 수 있도록 반드시 수행해야 할 임무는 하도록 만드는" 자신들의 임무를 충실히 이행했으며, 자신들에게 주어진 부족한 권한도 극복했고, 정보수집체계를 진정 실질적으로 개혁할 수 있는 큰 틀을 만들었다고 생각했다.

이들의 언어는 스노든의 기밀문서 폭로 이후 6개월 동안 격렬해지기만 하던 논란의 모든 부분을 자극할 정도로 솔직했다. 보고서는 다음과 같이 언급했다. "최근의 폭로와 비판으로 인해 어떤 면에서는 NSA의 감시활동이 전 세계적으로 무차별적이며 광범위하게 이루어졌다는 인상을 주었지만 이는 사실이 아니다." 그러나 조사를 하면서 위원회는 "정보계가 그들의 권한을 수행하면서 심각하면서도 지속적으로 법을 준수하지 않은 사례들"을 발견했다. "비록 그것이 의도적인 것이 아니라고 할지라도", 위원회는 정보계가 자신들의 권한을 "효과적이고 합법적인 방법으로 관리하는 능력"이 있는지에 대해 "심각한 우려"를 제기했다.

그것을 달리 표현하면(이 점은 보고서 전반에 걸쳐 수차례 등장한다), 위원회가 "국내 정치활동을 대상으로 한 불법적인 활동이나 기타 권한 남용의 증거는 찾지 못했으나", "권한 남용의 위험"은 항상 어디에나 도사리고 있다는 뜻이었다. 보고서는 제프리 스톤의 책에서 그대로 인용했을 법한 문장을 언급했다. "우리는 역사의 교훈에 비추어볼 때, 미래의 어느 시점에 정부 고위 관리들이 이토록 엄청나게 민감한 개인정보를 담은 방대한 데이터베이스를 탈취의 목적을 위해 사용해도 좋다고 판단할 수 있다는 위험을 무시해서는 안 된다."

12월 18일 11시 정각, 오바마 대통령은 상황실에서 위원회와 다시 만났다. 그는 보고서의 개요를 읽어보았고, 하와이에 있는 별장에서 크리스마스 휴가를 보내며 숙독하기로 했다.

한 달이 지난 2014년 1월 17일, 법무부에서 한 연설에서 오바마 대통령은 위원회의 보고서를 통해 구상한 새로운 정책을 발표했다. 연설의 전반부는 미국 역사를 통틀어 정보의 중요함을 역설하는 데 할애했다. 영국군이 몰려오고 있다고 경고한 폴 리비어Paul Revere의 사례, 남북전쟁 시절 남부군의 규모를 파악하기 위해 북부군이 띄웠던 정찰풍선, 나치 독일과 일제를 패망시키는 데 결정적인 역할을 한 암호 해독 등을 언급했다. 오늘날이 이와 비슷하다며 오바마가 말했다. "디지털 통신에 침투할 능력 없이는 테러리스트의 공격이나 사이버 위협을 막을 수 없습니다."

이 메시지는 국가안보기관 전반에 걸쳐 스며들었고, 오바마 대통령도 사이버 세계에서는 공격과 방어가 같은 도구와 기술에서 비롯된다는 것을 받아들였다. (몇 달 후 IT 웹진과 진행한 한 인터뷰에서 농구광으로 유명한 오바마 대통령은 "공격과 방어 사이에 명확한 경계 없이 항상 두 영역의 일들이 오락가락한다는" 점에서 사이버상의 충돌을 농구에 비유했다.) 따라서 NSA를 사이버사령부로부터 분리한다거나 NSA의 정보보증부를 별도의 기관으로 전환해야 한다는 위원회의 권고안은 받아들이지 않았다.

하지만 오바마는 위원회가 전반적으로 지적한 "정부의 과도한 활동에 대한 위험"과 "잠재적인 권한 남용의 가능성"에 대해서는 동의했다. 따라서 보고서가 제안한 다른 권고안은 대부분 받아들였다. FBI가 국가안보 서신을 발부할 때 FISA 법원의 명령을 받아야 한다는 조항은 거부했다. 그러나 국가안보서신이 비밀로 유지될 수 있는 기간은 제한했다. (오바마는 결국 국가안보서신이 비밀로 유지될 수 있는 기간을 180일까지 제한하기로 결정했고, 법원의 명령에 의해 한 차례 연장할 수 있게 했다.) 불가피한 사유 없이(앙겔라 메르켈 총리의 휴대전화 감청을 지칭한 것이지만, 오바마 대통령은 예외 사항도 고려하여 보다 넓은 표현을 사용했다) "가까운 우방국이나 동맹국"을 감시하는 일도 더 이상 없어졌다. 또한 대통령의 국가안보 조직이 매년 감시 프로그램에 대한 검토를 수행하면서 대동맹국 정책과 프라이버시, 시민의 자유 및 미국 기업들의 상업적 이익에 대한 안보상의 요구를 따져보도록 했다.

이 마지막 아이디어는 3개월 후 제로데이 취약점 사용을 금지하는 새로운 백악관 정책으로 이어졌다. 만약 제로데이 취약점을 사용해야 한다면, NSA가 그것을 사용해 얻을 수 있는 이점이 단점을 압도한다는 것을 설득력 있게 제시해야만 했다. 또한 최종 결정도 NSA 국장이 내리는 것이 아니라 NSC 위원들이, 궁극적으로는 대통령이 내리도록 했다. 이는 잠재적으로 매우 큰 사안이었다. 이것이 정말로 정치적인 견제로서 실제 활동을 제한하는지, 아니면 상투적인 정치적 언술에 해당하는지는 또 다른 문제였다.*

---

* 제로데이 취약점을 활용할지 고려할 때 질문해보아야 할 것들은 다음과 같다. 핵심기반시설에서 사용되고 있는 취약한 시스템이란 어디까지를 의미하는 것인가? 달리 말하면, 조치되지 않은 상태로 남아 있는 취약점이 있는 경우, 이 취약점이 우리 사회에 심각한 위험을 미칠 가능성을 내포하고 있는가? 만일 적대세력이나 범죄조직이 이 취약점을 알게 된다면, 얼마나 큰 피해를 입힐 수 있는가? 만약 다른 사람이 이를 악용한다면, 우리가 알 수 있는 가능성은 얼마나 되는가? 그 취약점을 이용함으로써 우리가 얻을 수 있을 것이라고 생각하는 정보가 과연 우리에게 얼마나 필요한 것인가? 그 정보를 얻을 수 있는 다른 방법이 있는가? 해당 취약점이 드러나서 조치되기 전까지 그 짧은 시간 동안에도 우리는 그 취약점을 이용할 수 있는가?

마지막으로 오바마는 가장 논란이 많았던 프로그램인 애국법 215조에 의한 대량 통화 메타데이터 수집에 대해서도 언급했다. 우선, 즉시 시행할 조치로서 세 단계로 나누어져 있던 NSA의 데이터 검색을 한 단계 낮추어 2단계까지 제한하도록 명령했다.(잠재적으로 중요한 활동이기는 하지만 실질적인 효과가 거의 없었고, NSA도 지금까지 세 번째 단계를 수행한 일은 거의 없었기 때문이었다.) 둘째로, 더 중요한 것은 권고안과 같이 메타데이터를 민간 사업자가 '저장'하고, NSA는 FISA 법원의 명령을 받은 후에만 그것에 접근할 수 있도록 하는 안을 승인했다는 것이다.

그러나 오바마 대통령이 이것을 승인했다고 해서 전망이 밝아 보이지는 않았다. 메타데이터의 저장 주체나 FISA 법원의 구성요소를 바꾸려면 의회의 투표를 거쳐야 했다. 일반적인 상황에서라면 의회, 특히 그 무렵처럼 공화당이 장악한 의회라면 이에 대한 투표 일정을 잡지 않을 것이 뻔했다. 공화당 지도부는 정보기관의 운영방식을 바꿀 마음이 없었고, 오바마 대통령이 자신들에게 바라는 어떠한 것도 해줄 용의가 없었기 때문이다.

하지만 지금은 일반적인 상황이 아니었다. 미국의 애국법은 9·11 테러 직후 엄청난 압력을 받으며 의회를 통과했었다. 법안은 인쇄기에서 바로 꺼내져 열기가 가시지 않은 채로 올라왔고, 거의 대부분의 사람들이 제대로 읽을 시간도 없었다. 민주당 핵심 의원들은 법안을 서둘러 통과시키는 대가로 부시 행정부의 강력한 반대에도 불구하고 이 법에 대한 일몰조항(법률이나 각종 규제가 일정 기간이 지나면 저절로 효력이 없어지도록 하는 제도-옮긴이), 즉 유효일자를 법령의 어느 부분에라도(NSA가 메타데이터를 수집하고 저장할 수 있도록 한 215조를 포함하여) 적시해서 의회가 좀 더 심사숙고해서 유효일자를 연장하거나 소멸할 수 있도록 해야 한다고 주장했다.

해당 법안들의 유효일자 만료를 앞둔 2011년, 의회는 이를 2015년 6월까지 연장하는 안을 두고 투표했다. 그 중간 4년 동안에 세 가지 사건이 벌어졌다. 첫 번째는 중요한 전환점이 된 사건으로, 에드워드 스노든이 NSA의 국내 감시 범위에 대해 폭로한 것이었고, 두 번째는 파이브 가이즈 보고서가 NSA의 메타데이터가 단 한 명의 테러리스트도 잡아내지 못했다고 결론 내리면서 잠재적인 권한 남용을 줄이기 위한 몇 가지 개혁안을 권고한 것이었다.

세 번째는 애국법의 다음 만료일을 불과 몇 주 앞둔 2015년 5월 7일에 미국의 제2순회항소법원이 애국법 215조가 사실상 NSA에게 대규모 메타데이터 수집 프로그램을 전방위적으로 사용할 수 있는 권한을 부여하지 않았다고 판결한 것이었다. 즉, 메타데이터 수집 프로그램이 불법이라고 결론이 난 것이었다. 애국법 215조는 정부가 테러리스트의 계획이나 단체를 '조사'하는 데 '관련성'이 있는 데이터를 저장하고 감청하는 것을 허가한 것이었다. NSA는 테러 음모의 연결고리를 추적하면서 무엇이 관련이 있고, 누가 행위자인지 사전에 파악하는 것은 불가능하기 때문에 이전의 기록을 되짚어볼 수 있는 통화기록 보관소를 만드는 것이 가장 좋은 방법이었다고 항변했다. 이 논리에 따르면, 어떠한 것이라도 관련될 소지가 있으니 '모든 것'을 수집하는 것은 당연한 것이었다. 건초더미에서 바늘 하나를 찾기 위해, 건초 더미 전체에 접근해야 한다는 의미였다. FISA 법원은 이미 오래전에 NSA의 논리를 받아들였다. 하지만 제2순회항소법원은 "전례가 없고 적절하지 않다"는 견해를 들어 이 논리를 받아들이지 않았다. 이러한 판결로 마무리된 이번 법원 심판에서 NSA의 입장을 대변했던 법무부는 메타데이터 수집 프로그램을 대배심원의 광범위한 소환권에 비유했다. 그러나 제2순회항소법원은 이 비유를 일축했다. 제2순회항소법원은 다음과 같이 언급했다. 대배심원의 소환권은 "특정 수사에 관련된 사실"과 "한정된 시간제한"에 구속을 받는 반면, NSA의 메타데이터 프로그램은 "전화 회사에 '매일 지속적으로'- 예정된 종료 시점과 특정한 일련의 사실과의 관련성, 그리고 실질적인 대상이나 개인을 한정할 수 있는 특정한 조건도 없이- 통화기록을 넘기라고" 요구했다.

　판사들은 메타데이터 프로그램의 합헌성에 대한 판결은 반려했다. 다만 법원은 의회가 명시적으로 메타데이터 프로그램을 승인하기를 원한다면, 승인할 수도 있도록 했다. 따라서 그것은 이제부터 의회에 달려 있었고, 의원들은 진실의 순간을 피할 방법이 없었다. 애국법의 일몰조항으로 인해, 상하원 의원들은 어느 쪽이든지 215조에 대한 투표를 진행할 수밖에 없었다. 투표하지 않는다면, 메타데이터 프로그램은 자동으로 만료될 예정이었다.

이러한 변화의 분위기 속에서 공화당 지도부는 현상 유지에 필요한 다수의 지지를 확보할 수가 없었다. 의회의 중도파 의원들은 미국 자유법USA Freedom Act이라는 법안을 입안했다. 이 법안은 메타데이터를 통신사에 저장하도록 하고, NSA가 FISA 법원의 명령을 받아낸 경우에만 매우 제한적으로 특정 정보에 한정하여 접근할 수 있도록 하는 것이었다. 이에 더하여 새로운 법안은 필요시 NSA의 요청에 대한 반대의견을 말할 수 있도록 FISA 법원이 시민의 자유를 대변할 수 있는 변호인을 임명하도록 요구했다. 그리고 FISA 법원 판결의 최소한의 부분에 대해 주기적으로 비밀 해제를 검토하도록 요구했다. 하원은 대다수의 찬성으로 이 개혁안을 통과시켰다. 상원도 공화당 지도부의 거센 저항이 있었지만, 결국 통과시킬 수밖에 없었다.

　모든 역경에도 불구하고 지난 2001년 극심한 공포로 인해 국가비상사태가 선포된 상황에서 통과된 법률 속에 미래를 내다본 경고가 조금이나마 담겨 있었기 때문에, 의회는 NSA 운영에 대한 주요 개혁안을 승인했다. 오바마 대통령의 직속 위원회와 대통령 본인이 제안한 대로 이루어진 것이었다.

이러한 조치들이 NSA의 해외 협력기관들은 물론이고 NSA의 사이버 정찰활동이나 사이버전, 장기적인 활동에 큰 변화를 준 것은 아니었다. 정치적 폭풍이 한차례 휘몰아쳤음에도 불구하고 대량의 국내 메타데이터 수집 활동은 NSA의 활동 영역에서 극히 일부만을 차지하게 되었다. 그러나 이번 개혁은 잠재적인 권한 남용으로 이어질 수 있는 유혹의 경로를 차단했고, 매일의 일상을 들여다볼 수 있는 NSA의 권한—그리고 NSA의 기술이 지향하는 방향—을 미약하게나마 통제할 수 있는 제어장치를 추가로 마련했다.

● ● ●

법무부에서 NSA의 개혁을 외친 오바마의 연설이 있은 지 두 달 반이 지난 2014년 3월 31일, 제프리 스톤은 NSA에서 연설할 기회를 갖게 되었다. NSA 직원들은 위원회에서 그가 수행한 일들을 말해줄 것을 요청하면서 그가 생각해낸 아이디어와 배운 교훈이 무엇인지 물었다.

스톤은 시민적 자유주의자로서 NSA에 대해 대단히 회의적인 시각으로 접근했었지만, NSA가 지닌 "높은 수준의 도덕성"과 "법을 준수하는 데 깊이 헌신하는" 모습을 보고 크게 감명받았다고 언급하며 이야기를 시작했다. 물론 NSA도 실수가 있었지만, 이는 말 그대로 단순한 실수였지, 의도를 가진 위법행위는 아니었다. NSA는 초법적인 기관도 아니었다. 이곳은 정치지도자들이 필요로 하는 일을 하고, 법원에서 승인한 일들을 하는 곳이었다. 개혁의 필요성이 있기는 했지만, 조직의 활동은 전반적으로 합법적이었다.

그는 NSA와 소속 직원들을 위한 칭찬의 말을 좀 더 이어가다가 갑자기 화제를 돌렸다. "확실히 말씀드리자면," 그는 강조하며 말했다. "저는 지금 시민들이 NSA를 '신뢰'해야 한다고 말하는 것이 아닙니다." NSA는 "지속적이면서도 엄격한" 심사대에 오를 필요가 있었다. NSA의 임무는 분명 "국가의 안전을 위해 매우 중요"하다. 그러나 본질적으로 미국의 가치에 도전할 수 있는 "중대한 위험"도 내포하고 있었다.

"저는 놀랍게도 NSA가 미국인들로부터 존경과 찬사를 받을 만한 자격이 있다는 것을 알게 되었습니다."

스톤은 연설을 다음과 같이 마무리했다.

"하지만 NSA를 절대로 믿어서는 안 됩니다."

CHAPTER 15

"우리는 통제되지 않은 구역을 헤매고 있다"

'통제되지 않은 구역Dark Territory'이라는 말은 그가 캔자스에서 어린 시절을 보내며 할아버지에게 배운 말이었다. 그의 할아버지는 샌타페이 철도의 역장으로 50년 가까이 근무했다. 이 말은 신호를 이용해서는 통제할 수 없는 철길의 연장선을 일컫는 철도산업 용어로, 그에게는 사이버 공간을 표현하는 말로 안성맞춤이었다. 이 새로운 '통제되지 않은 구역'이 훨씬 더 광활하고, 훨씬 더 위험하다는 사실을 제외하고 말이다. 기관사가 누구인지도 모르고, 열차는 보이지도 않으며, 한 번의 충돌만으로도 막대한 피해를 입힐 수 있기 때문이다.

CYBER WAR

● 오바마 대통령이 법무부에서 NSA의 개혁에 대한 연설을 한 지 4주가 지난 2014년 2월 10일 월요일 이른 아침, 해커들이 라스베이거스 샌즈 사Las Vegas Sands Corporation에 대규모 사이버 공격을 퍼부었다. 라스베이거스 샌즈 사는 베이거스 스트립Vegas Strip에 있는 베니션-팔라조 호텔 카지노Venetian-Palazzo hotel-casinos와 펜실베이니아주 베슬리헴Bethlehem에 있는 자매 리조트인 샌즈Sands의 소유주였다.

이 공격으로 고객들의 신용카드 결제정보와 회사 직원들의 이름, 사회보장번호가 탈취되었고, 이후 수천여 대의 서버와 PC, 노트북에 있는 하드디스크가 파괴되었다.

사이버 전문가들은 이 공격을 추적하여 이란의 소행임을 밝혀냈다. 2013년 10월, 열렬한 친이스라엘파이자 라스베이거스 샌즈 사 주식의 52퍼센트를 소유한 우파 억만장자인 셸던 애덜슨Sheldon Adelson이 뉴욕 예시바 대학교Yeshiva University에서 열린 토론에 참석했다. 그는 당시 그 자리에서 오바마 행정부가 추진하고 있던 이란과의 핵 협상에 대해 질문을 받았다.

그는 이렇게 답변했다. "전 이렇게 말했을 겁니다. '자, 저기 사막이 보이지? 내가 저곳에서 무언가를 보여주겠어.'" 이어서 그는 자신이 핵폭탄 하나를 사막 한가운데 떨어뜨릴 거라고 했다. 그리고 그 정도의 핵폭발로는 "단 한 사람도 다치지 않는다"고 했다. 그는 말을 이어나갔다. "방울뱀이나 전갈 몇 마리 정도나 죽을까." 그러고는 곧 경고의 메시지를 퍼부었다. "너희들 전멸당하고 싶은 거지?" 그가 이란의 종교 지도자에게 전하고 싶은 말이라고 했다. "그렇다면 계속해봐. 회담에서도 강하게 나와보라고!"

애덜슨의 이 말은 유튜브를 타고 삽시간에 퍼져나갔다. 2주 후에는 이란 최고지도자인 아야톨라 알리 하메네이Ayatollah Ali Khamenei가 미국이 "이런 멍청한 사람들을 후려치고", "그들의 입을 닫게 만들어야 한다"며 분노를 터뜨렸다.

그러고 나서 얼마 지나지 않아 해커들이 애덜슨의 회사 서버에 침입했다. 1월 8일에는 베슬리헴에 있는 샌즈 리조트의 서버에 침입을 시도해서 취약한 지점들을 파악했다. 21일과 26일에는 패스워드 공격 프로그램을 통해 문자와 숫자가 조합된 수백만 개의 패스워드를 순식간에 입력하여 회사의 가상 사설 통신망VPN, Virtual Private Network(인터넷과 같이 공개된 네트워크에 프로그램 등을 이용하여 가상의 전용회선을 구축하는 통신망의 일종-옮긴이)을 해킹하려고 했다. 이 가상 사설 통신망은 회사 직원들이 집이나 이동하면서 일할 때 이용했다.

해커들은 결국 2월 1일, 카지노 웹사이트의 신규 페이지를 테스트하던 베슬리헴 소재의 한 회사 서버에서 취약점을 발견해냈다. 해커들은 서버의 최근 기록을 모두 탈취하는 미미카츠Mimikatz라는 프로그램을 이용하여 베슬리헴에 출장 중인 샌즈 사 소속 시스템 엔지니어의 로그인 아이디와 패스워드를 확보했다. 해커들은 그의 계정을 이용하여 라스베이거스에 위치한 서버들의 내부를 유유히 휘젓고 다녔고, 이들이 어디로 연결되어 있는지 파악했다. 그리고 불과 150줄밖에 되지 않는 악성 코드를 삽입하여 모든 컴퓨터와 서버에 저장된 데이터를 깨끗이 지워버렸으며, 데이터를 거의 복구할 수 없도록 0과 1을 마구잡이로 기록하면서 디스크의 모든 공간을 덮어씌워버렸다.

그러고 나서는 매우 민감한 정보들을 다운로드하기 시작했다. 그것은 바로 IT 부서에서 사용하는 패스워드와 암호키였는데, 해커들은 이것을 이용하여 메인 컴퓨터 내부로 접속할 수 있었고, 심지어는 카지노 오너들이 "고래"라고 부르는 고위층 고객들에 대한 파일에도 접근할 수 있었다. 다행히 적절한 시점에 샌즈의 직원들이 인터넷에 연결되는 회사의 통신 회선을 차단했다.

하지만 다음날 해커들은 우회 경로를 발견했고, 회사의 홈페이지를 변조하여 다음과 같은 메시지를 남겨놓았다. "'어떠한 경우라도' 대량살상무기를 사용하도록 부추기는 것은 범죄행위라는 사실을 명심하라." 그러고 나서 해커들은 지난번에 공격하지 못한 나머지 컴퓨터 수백여 대마저 못 쓰게 만들어버렸다.

폭풍이 한차례 휘몰아치고 나서, 카지노의 사이버 보안 부서는 이란 해커들이 약 2만여 대의 컴퓨터를 파괴한 것으로 추산했다. 이를 교체하는 데에는 최소 4,000만 달러가 들 것으로 보였다.

이것은 다소 복잡하기는 하지만, 2010년대의 전형적인 사이버 공격을 보여주는 사례였다. 그러나 이번 해커들에게는 이상한 점이 하나 있었다. 라스베이거스에 있는 리조트 호텔 카지노 서버를 뚫고 들어온 사람들이라면 누구나 현금 한 다발 정도는 움켜쥐고 도망갈 수도 있었다. 하지만 이번 해커들은 단 한 푼도 가져가지 않았다. 이들의 목표는 오로지 이란에 핵을 떨어뜨려야 한다는 불경스러운 말을 입에 담은 셸던 애덜슨을 응징하는 것이었다. 이들은 돈이나 국가의 비밀을 훔치기 위해서가 아니라, 권력을 가진 자의 정치적인 발언에 영향을 주기 위해서 사이버 공격을 수행한 것이었다.

이것은 사이버전의 새로운 면모를 보여준 것이자, 새로운 시대의 서막을 알리는 것이었다.

샌즈 사의 경영진이 나중에 깨닫게 된 주목할 만한 사실이 한 가지 더 있었다. 이란 해커들이 엄청난 준비를 마치고 나서 예고 없이 이처럼 치명적인 공격을 수행할 수 있었던 것은 샌즈 사의 사이버 보안 부서 인원이 고작 다섯 명밖에 되지 않았기 때문이다.

라스베이거스 샌즈—4만여 명의 직원을 두고 총 자산이 200억 달러가 넘는 세계에서 가장 큰 종합 리조트 회사 중 하나—는 새로운 시대의 사이버전은커녕 그보다 훨씬 뒤처진 구식 사이버전조차 감당할 준비가 되어 있지 않았던 것이다.

고객들을 놀라게 하지 않으려고 경영진은 이번 해킹으로 자신들이 입은 피해를 은폐하기에 급급했고, 보도자료를 통해 회사 홈페이지만 변조되었다고 발표했다. 해커들은 바로 응수했다. 패스워드와 카지노 거래 기록 등을 포함하여 샌즈 사의 것으로 보이는 수천 개의 파일과 폴더를 컴퓨터 모니터에 띄워놓고는 이 영상을 유튜브에 게시했다. 그리고 밑줄 친 다음 자막을 띄웠다. "정말로 당신네 회사의 메일서버만 다운된 것이라고 생각해?!! 웃기는군!!"

몇 시간 후 FBI가 해당 영상을 내렸다. 그리고 샌즈는 더 이상의 노출을 간신히 잠재웠다. 그런데 그해 말 《블룸버그 비즈니스위크^{Bloomberg} ^{Businessweek}》가 이 사이버 공격의 전체 범위와 그 피해를 상세히 다룬 장문의 기사를 보도했다. 하지만 이 기사는 거의 주목을 받지 못했다. 바로 2주 전에 이와 유사하지만 훨씬 더 강력한 사이버 공격이 세간의 이목이 집중된 할리우드, 정확히 말하면 주요 영화사인 소니 픽처스 엔터테인먼트^{Sony Pictures Entertainment}를 강타했기 때문이다.

2014년 11월 24일 월요일 오전, 자신들을 "평화의 수호자들^{Guardians of} ^{Peace}"이라고 일컫는 해커 일당이 소니 픽처스의 네트워크를 해킹하여 3,000여 대의 컴퓨터와 800여 대의 서버를 파괴하고, 100테라바이트가 넘는 데이터를 탈취했다. 이 데이터의 대부분은 곧바로 타블로이드 신문사로, 그 다음에는 주류 신문사로, 언론사로 보내졌고, 신문사와 언론사는 이것을 신나게 보도했다. 탈취된 데이터에는 경영진의 연봉과 이메일, 미개봉된 신작 영화의 디지털본과 4만 7,000여 명에 달하는 배우들, 계약자들, 직원들의 사회보장번호가 포함되어 있었다.

소니는 2011년 한 해에만 무려 두 차례나 해킹을 당한 적이 있었다. 첫 번째 사이버 공격은 플레이스테이션PlayStation 네트워크 이용자 7,700만여 명의 계정으로부터 개인정보를 탈취한 후, 네트워크를 23일 동안이나 마비시켰다. 두 번째 사이버 공격은 소니 온라인 엔터테인먼트Sony Online Entertainment 이용자의 신용카드번호 1만 2,000여 개를 포함해 2,500만여 명의 개인정보를 탈취했다. 이 두 사이버 공격으로 입은 사업상의 손실과 피해 복구 비용을 합치면 약 1억 7,000만 달러에 달했다.

하지만 대부분의 대기업들이 그러하듯 소니도 다양한 계열사를 개별적으로 운영하고 있어서 플레이스테이션의 경영진은 소니 온라인 엔터테인먼트 경영진과 교류하지 않았고, 소니 온라인 엔터테인먼트의 경영진도 똑같이 소니 픽처스 경영진과 교류하지 않았다. 그래서 한 계열사가 사이버 공격으로부터 얻은 교훈을 다른 계열사와 공유할 수 없었던 것이다.

그제야 소니 계열사 경영진들은 이 문제를 심각하게 받아들여야 한다는 사실을 깨닫게 되었다. 해커를 추적하고 피해를 복구하기 위해서 소니 픽처스는 FBI에 수사를 의뢰하는 한편, 최근 맨디언트Mandiant를 인수한 파이어아이FireEye와 계약을 맺었다. 맨디언트는 과거 미 공군 사이버 범죄 수사관이었던 케빈 맨디아가 이끌었던 보안회사로 중국군의 제61398부대가 수행한 대규모 사이버 공격을 밝혀낸 것으로 유명했다. 얼마 지나지 않아 파이어아이, 그리고 NSA와 공조한 FBI는 그 공격자들이 "다크서울DarkSeoul"(2013년 3월 20일, 대한민국의 주요 서버 및 네트워크를 공격한 조직으로 추정)이라고 불리는 집단임을 확인했다. 다크서울은 북한 정권을 위해 아시아 전역에 흩어져 있는 거점을 기반으로 사이버 활동을 벌이는 집단이었다.

소니 픽처스는 코미디 영화 〈디 인터뷰The Interview〉를 크리스마스에 맞추어 개봉할 계획이었다. 제임스 프랭코James Franco와 세스 로건Seth Rogen이 주연을 맡은 이 영화는 시시한 TV 토크쇼의 진행자와 프로듀서가 북한의 통치자 김정은을 암살하려는 CIA의 음모에 휘말린다는 내용을 담고 있었다. 영화 개봉을 앞두고 2014년 6월 개봉 일정이 발표되자, 북한은 성명을 발표하여 "그가 누구이든 털끝만큼이라도 우리의 최고수뇌부를 모독중상하거나 어찌해보려고 달려든다면 가차없이 짓뭉개버리는 것이 우리 군대와 인민의 확고한 결심이며 기질"이라고 경고했다. 이 해킹은 이런 위협의 연장선상에서 벌어진 것으로 보였다.

개별적으로 활동하는 일부 사이버 전문가들은 북한이 이번 사이버 공격의 배후에 있다는 사실에 의문을 가졌지만, 미 정보계 내부에서 활동하는 인사들은 평소와는 다른 자신감을 보였다. 당국자들은 공식적으로는 이번 해커들이 2년 전 한국 내의 컴퓨터 4만여 대를 파괴하는 등 과거 다크서울이 수행했던 공격과 동일한 흔적을 많이 남겼다고 발표했다. 악성 코드의 길이, 암호화 알고리즘, 데이터 삭제 기법, 아이피 주소 등이 그 근거였다. 그러나 미국 정부가 확신하게 된 진짜 이유는 NSA가 오래전부터 북한의 네트워크에 침입해서 북한의 해커들이 한 짓은 무엇이든 추적할 수 있었기 때문이다. 북한 해커들이 자신들이 하고 있는 일을 모니터를 통해 보고 있을 때, NSA는 북한 해커들의 모니터로부터 신호를 가로챌 수 있었다. 실시간은 아니었지만(북한의 해커들을 실시간으로 감시해야 할 이유가 없는 한), NSA의 분석관들은 역으로 파일을 검색하고, 이미지를 확인하여, 증거를 모을 수 있었다.

이것은 돈이나 기업 기밀을 탈취하기 위한 전통적인 의미의 첩보활동이 아니라 사기업의 활동에 영향을 미치기 위해 수행된 사이버 공격의 또 다른 사례였다.

이번 경우에는 공갈협박이 통했다. 영화개봉 1주일 전, 소니는 영화를 상영하는 극장은 가만두지 않겠다고 협박하는 이메일 한 통을 받았다. 소니는 개봉을 취소했다. 그러자 줄지어 오던 협박성 이메일과 타블로이드 언론사 및 블로그 공간에 유포되던 정보들이 거짓말처럼 사라졌다.

소니의 백기는 문제를 더욱 악화시켰다. 오바마 대통령은 휴가차 하와이에 있는 그의 집으로 가는 비행기에 오르기 전에 매년 해오던 연말 기자회견을 하면서, 소니가 영화 개봉을 취소한 것은 "실수를 저지른 것"이라고 단언했다. 이어서 그는 다음과 같이 말했다. "저에게 먼저 말해주었더라면 저는 그들에게 이렇게 말했을 겁니다. '이런 종류의 범죄행위에 겁을 먹는 본보기를 보여서는 안 됩니다.'" 이에 덧붙여 그는 미국 정부가 원하는 시간과 장소에 원하는 방법으로 북한의 공격에 "비례하는 대응"을 할 것이라고 선언했다.

사이버계의 일부 사람들은 당황했다. 수백여 개의 미국 은행과 유통사, 수도전기업체, 방산업체, 심지어 국방부의 네트워크도 일상적으로 해킹당하고 있었고, 어떤 때는 막대한 손해가 발생했지만, 미국 정부 차원의 보복 대응은 없었다. 최소한 공개적으로는 없었다. 그런데 할리우드 영화사가 고작 '영화' 한 편으로 피해를 본 것을 가지고 미국 대통령이 텔레비전에 방송되는 기자회견에서 보복을 약속한 것이다.

오바마가 이렇게 한 데에는 나름대로 일리가 있었다. 같은 날, 제 존슨 Jeh Johnson 미 국토안보부 장관은 소니 픽처스에 대한 사이버 공격을 "한 회사와 그 직원들에 대한 공격"일 뿐만 아니라 "표현의 자유와 삶의 방식에 대한 공격"이라고 규정했다. 세스 로건의 코미디 영화가 미국의 헌법 제1조와 미국의 가치를 상징적으로 드러내는 것은 아닐 수도 있지만, 미국 역사 전반에 걸쳐 비난을 받은 다른 많은 작품들이 그랬던 것처럼 그것은 보호할 가치가 있다. 작품이 아무리 비열하다고 할지라도 앞으로 해커들이 영화 상영이나 책 출판, 전시회, 또는 앨범 출시를 취소하지 않으면 영화사나 출판사, 박물관, 음반사의 파일을 공격하겠다고 협박하지 않도록 하기 위해서 기본적인 가치에 대한 공격은 반드시 응징해야 한다.

이러한 대응은 백악관 내부에서 논쟁을 불러일으켰다. 이전 정부에서도 이와 비슷한 논쟁이 있었지만 한 번도 결론을 내리지 못했었다. 적의 사이버 공격에 "비례하는" 대응이란 무엇인가? 이러한 대응은 꼭 사이버 공간에서만 수행되어야 하는가? 마지막으로, 민간인이나 기업에 대한 사이버 공격에 대응하기 위해 정부는 어떤 역할을 '해야' 하는가? 어떤 은행 하나가 해킹당했다면 그것은 그 은행의 문제다. 하지만 2개, 3개, 10개가 넘는 은행이, 그것도 대형 은행이 해킹당했다면 어떻게 해야 하는가? 이러한 공격들은 어느 시점에 국가안보를 위협하는 문제가 되는가?

이것은 8년 전 로버트 게이츠 당시 국방장관이 펜타곤의 법률자문위원회에 물었던 "사이버 공격은 어느 시점에 전쟁행위로 간주되는가?"라는 질문을 더 확장시킨 것이었다. 당시 게이츠는 이에 대한 명확한 답을 듣지 못했고, 그 이후에도 모호함은 계속되었다.

오바마 대통령이 기자회견에서 소니 픽처스 해킹 사건에 대해 입장을 밝힌 지 3일이 지난 12월 22일, 누군가가 북한의 인터넷을 끊어놓았다. 김정은의 대변인은 미국이 이 공격을 자행했다며 비난하기 시작했다. 이는 합리적인 추정이었다. 오바마가 소니 픽처스에 대한 사이버 공격에 비례하는 대응을 하겠다고 공언했기 때문이었다. 북한의 인터넷을 10시간 동안 차단한 것은 이에 부합되는 조치로 보였으며, 북한 전체가 고작 1,024개의 IP 주소를 사용하고 있고(이는 뉴욕시에 있는 '블록' 수보다도 적다), 그나마도 전부 중국에 있는 한 인터넷 회사를 통해 연결되어 있다는 점을 고려한다면, 그다지 부담스러운 일은 아니었을 것이다.

그러나 사실 미국 정부는 이번 북한의 인터넷 마비 사건에 대해서는 아무런 관련이 없었다. 백악관에서는 이러한 사실을 공개적으로 공표하느냐 마느냐를 두고 논의가 이루어졌다. 일부는 비례적 대응 조치는 '없었다'는 점을 명확히 하는 것이 좋을 수도 있다고 주장했다. 나머지 사람들은 어떠한 방식으로든 성명을 발표하게 된다면 부적절한 선례를 남기는 것이라고 주장했다. 만일 미국 정부가 지금 부인하는 성명을 발표하게 된다면, 다른 대립관계에서 디지털 분쟁이 발생할 경우 또다시 부인하는 성명을 발표해야 하기 때문이었다. 성명을 발표하지 않는다면 사실 여부를 떠나 모두가 미국이 '이 공격'을 수행했다고 생각할 것이고, 피해를 본 상대방은 미국을 향해 앙갚음하려 할 수도 있을 것이었다.[*]

이번 경우에는 북한이 더 이상 대립의 수위를 높이지 않았다. 그렇게 '할 수 없었다'는 점이 이유 중 하나였다. 하지만 훨씬 탄탄한 인터넷 기반을 갖고 있는 다른 나라였다면, 그 수위를 더욱 높였을 수도 있었을 것이다.

게이츠의 질문은 그 어느 때보다도 적절했지만, 어떤 의미에서는 요점을 비껴간 것이기도 했다. 빛의 속도로 움직이고 원점을 초기에 식별할 수 없다는 사이버의 특징 때문에, 사이버 공격은 반격을 하도록 자극할 수 있으며, 이것은 당사자들의 의지와 관계없이 사이버 공간과 실제 공간에서 전쟁으로 확대될 수도 있었다.

부시 대통령의 임기 말과 오바마 대통령의 임기 초에 게이츠는 펜타곤과 백악관에서 보좌관 및 동료들과 함께 일상적인 대화를 나누면서

---

[*] 오바마가 2015년 1월 2일 새로운 대북 제재를 가하는 행정명령을 발표했을 때, 백악관 대변인 조시 어니스트(Josh Earnest)는 이번 행정명령이 소니 해킹에 대한 미국의 첫 대응이라는 점을 분명히 밝혔다. 이것을 들은 사람이라면 '첫 대응'이라는 단어를 통해 11일 이전에 있었던 북한의 인터넷 마비 사태는 미국이 한 일이 아니라는 것을 추측할 수 있었을 것이다. 그러나 어떤 관리도 최소한 공식적으로 이러한 사실을 명쾌하게 설명하지 않았다.

사이버 첩보활동과 사이버전에 대한 더 큰 질문들을 곰곰이 생각했다.

그는 이럴 때 이렇게 말하곤 했다.

"우리는 통제되지 않은 구역을 헤매고 있는 중이야."

이 말은 그가 캔자스에서 어린 시절을 보내며 배운 말이었다. 그의 할아버지는 샌타페이 철도Santa Fe Railroad의 역장으로 50년 가까이 근무했다. '통제되지 않은 구역Dark Territory'이라는 말은 신호를 이용해서는 통제할 수 없는 철길의 연장선을 일컫는 철도산업 용어로, 게이츠에게 이 말은 사이버 공간을 표현하는 말로 안성맞춤이었다. 단지 이 새로운 '통제되지 않은 구역'이 훨씬 더 광활하고, 훨씬 더 위험하다는 사실을 제외하고 말이다. 기관사가 누구인지도 모르고, 열차는 보이지도 않으며, 한 번의 충돌만으로도 막대한 피해를 입힐 수 있기 때문이었다.

게이츠는 주변 동료들에게 냉전의 가장 암울했던 시기에도 미국과 소련은 서로 지켜야 할 기본적인 규칙들을 정하고 잘 따랐다고 말했다. 예를 들면, 서로 상대방의 첩보원을 죽이지 않기로 합의한 사항 같은 것들이 그것이다. 하지만 오늘날 사이버 공간에서는 이러한 규칙이 존재하지 않고, 어떠한 규칙도 존재하지 않는다. 게이츠는 주요 사이버 강대국인 러시아, 중국, 영국, 이스라엘, 프랑스와 함께 비밀회담을 열어 상호 취약점을 완화시킬 수도 있는 원칙과 '큰 틀에서의 규칙'을 고민해보자고 제안했다. 즉, 댐, 급수시설, 전력망, 그리고 항공교통통제 등 핵심 민간 기반시설을 통제하는 컴퓨터 네트워크에 대해서는 사이버 공격을 하지 않는다는 협약을 맺자는 것이었다. 어쩌면 전시에는 지키기 힘들겠지만, 가능하면 그런 때조차도 지켜보자고 제안했다.

게이츠의 열정적인 주장을 들은 사람들은 눈썹에 힘을 주어가며 진지하게 고개를 끄덕이곤 했지만, 아무도 따라오지 않았다. 결국 그 생각은 물거품이 되었다.

그 후로 몇 년이 지나고 이 통제되지 않은 구역은 점점 넓어졌으며, 이동하는 트래픽의 양은 넘쳐나고 있었다.

2014년 미국에서는 거의 8만여 개의 보안 결함이 발견되었고, 이 중 2,000개가 넘는 결함을 통해 데이터가 유출되었다. 전년도와 비교해볼 때 결함은 25%, 데이터 유출은 55%가 증가한 수치였다. 해커들은 탐지될 때까지 자신들이 침투한 네트워크에서 평균 205일, 거의 7달을 머물러 있었다.

이 수치는 사물인터넷의 증가와 함께 급증할 것으로 예상되었다. 나토 워게임에서 사이버 공격을 수행했던 컴퓨터 과학자 매트 디보스트Matt Devost는 1996년 "정보 테러: 당신은 당신의 토스터기를 믿을 수 있는가?Information Terrorism: Can You Trust Your Toaster?"라는 논문을 공동 집필했다. 논문의 제목은 다소 가벼워 보였지만, 20년이 지난 지금 일상생활에서 가장 기본적인 용품들—토스터기, 냉장고, 자동온도조절장치, 자동차—이 네트워크 연결을 위한 포털과 모뎀을 폭발적으로 증가시키고 있는 것(그리고 이로 인해 해커들이 이를 악용하는 것)을 고려하면, 선견지명이 있었던 것 같다.*

---

* 2013년, NSA의 엘리트 해킹부대인 TAO 출신의 찰리 밀러(Charlie Miller)를 포함한 두 명의 보안 연구자들은 도요타 프리우스(Toyota Prius)와 포드 이스케이프(Ford Esacpe)의 컴퓨터 시스템을 해킹하여 차가 주차장 주변을 주행하는 동안 브레이크를 통제불능상태로 만들고, 핸들도 마음대로 조작했다. 이들은 당시 테스트에서 자신들의 노트북을 차량의 진단 포트에 연결했는데, 이것은 서비스센터가 온라인으로 접속할 때 사용하는 것이었다. 2년 후, 이 두 사람은 지프 체로키(Jeep Cherokee)의 내부에 장착된 컴퓨터에서 수많은 취약점들을 발견하고는—이들은 무선 인터넷과 휴대전화 채널, 그리고 인공위성의 데이터 링크를 통해 무선으로 지프 체로키 내부에 장착된 컴퓨터를 해킹했다—《와이어드(Wired)》잡지 기자가 고속도로에서 지프 체로키 차량을 몰고 가는 동안 무선으로 차량을 통제했다. 지프를 만든 피아트 크라이슬러(Fiat Chrysler)는 140만 대의 차량에 대해 리콜을 실시했지만, 밀러는 대부분의 차량이, 아마도 현대의 모든 차량들이 이와 비슷하게 취약할 것이라고 단언했다(그리고 이 중 어떤 차량도 리콜되지는 않았다). 일상생활에 쓰이는 거의 대부분의 장비들은 가장 기초적인 기능들이 컴퓨터에 의해 작동되었고, 이 컴퓨터들은 네트워크에 연결되어 있었다. 편의를 위한 것들이지만, 제조사들은 자신들이 열어놓은 위험을 인지하지 못하는 것 같았다. 첩보활동, 사회적 혼란, 테러, 심지어 드론 공격보다도 은밀하게 수행되는 암살계획을 포함한 사이버 군비 경쟁의 새로운 차원의 징조는 불길하지만 거의 불가피해 보였다.

오바마 대통령은 이런 폭주를 막고자 했다. 2015년 2월 12일, 그는 "핵심기반시설에 대한 사이버 보안 강화 방안Improving Critical Infrastructure Cyber-security"이라는 행정명령에 서명했고, 민간 기업들이 자신들이 갖고 있는 해커에 대한 정보를 다른 민간 기업이나 정부기관과 공유할 수 있는 포럼들을 구성했다. 그리고 이에 상응하여 정부기관들, 특히 FBI와 공조하는 NSA가 미래에 있을 사이버 공격으로부터 네트워크를 보호할 수 있는 최고 수준의 수단과 기술을 제공하도록 했다.

이러한 포럼들은 리처드 클라크가 클린턴 행정부 시절에 설립한 '정보 공유 및 분석 센터'를 보강한 것이어서 과거 '정보 공유 및 분석 센터'와 같은 문제를 안고 있었다. 그 문제이란 둘 다 자발성을 기초로 하고 있어서 기업 경영진이 원하지 않으면 정보를 공유할 필요가 없다는 것이었다. 오바마 대통령은 행정명령에 다음과 같이 분명하게 적시했다. "이 행정명령의 어떠한 내용도 핵심기반시설에 대한 보안을 규제하는 권한을 정부기관에 제공한다고 해석되어서는 안 된다."

규제—이것은 여전히 민간 산업에 사이버 범죄자나 스파이의 손에 수백만 달러를 잃는 공포보다 더 두려운 가장 큰 공포로 작용했다. 화이트햇white-hat 해커(공익적인 목적으로 IT 인프라 체계의 취약점 파악과 진단을 위해 모의 해킹을 진행하는 화이트 해커를 보안업계에서 '화이트햇'이라 부름—옮긴이)인 피터 "머지" 잣코Peiter "Mudge" Zatko가 15년 전 딕 클라크에게 설명했던 것처럼, 회사 경영진은 사이버 공격 후에 수습하는 것이 초기 단계에서 예방하는 것보다 비용이 덜 든다고 계산했다—와 예방적 조치는 효과가 없을 수도 있었다.

그사이에 일부 산업, 특히 금융산업은 이미 자신들의 셈법을 바꾸었다. 금융 사업은 돈을 모으고 신뢰를 쌓으면서 이루어지는 것이었다. 그런데 해커들이 이 두 가지 모두에 막대한 타격을 입히고 있었고, 정보 공유는 이러한 위험을 획기적으로 감소시켰다. 그러나 대형 은행들은 예외적인 모습을 보였다.

오바마의 사이버 정책 보좌관들도 처음에는 초안에 보안의무조항을 넣는 듯했지만, 이내 한 발 물러설 수밖에 없었다. 기업들의 저항이 너무 심했기 때문이었다. 재무장관과 상무장관은 과도한 규제가 경제 회복을 더디게 만들 것이라고 주장했다. 경제 회복은 70년 만의 최악의 경제 침체로부터 나라를 구하기 위한 대통령의 최우선 관심 과제였다. 게다가 기업 경영진들은 엄격한 보안 기준을 '채택해온' 기업들도 여전히 해킹을 당하고 있다는 사실을 지적했다. 정부는 기술과 수단, 그리고 '최선의 운영 방법'을 제공해주었지만, '최선'이 곧 완벽을 의미하는 것은 아니었다. 해커가 적응하고 나면 그때까지의 최선은 그다지 효과적이지 않을 수 있기 때문이었다. 그리고 어떤 경우에도 수단은 그저 수단일 뿐, 해결책이 되지는 않았다.

2년 전인 2013년 1월, 국방과학위원회 TF^Defense Science Board Task Force는 138페이지 분량의 "진보한 사이버 위협"에 대한 보고서 한 편을 발표했다. 50개가 넘는 정부기관, 군 사령부, 민간 기업의 보고자료를 기초로 18개월간 연구 끝에 발표한 이 보고서는 막대한 자원과 전문성으로 무장한 사이버 공격자를 상대할 수 있는 신뢰할 만한 방어수단은 없다는 결론을 내렸다.

TF 위원들이 검토한 최근의 훈련들과 워게임들을 살펴보면, 레드팀(공격팀)은 어느 정도 수준 있는 해커가 인터넷에서 다운로드하여 사용할 법한 해킹 도구를 통해 국방부의 네트워크까지도 '예외 없이' 뚫고 들어와 블루팀(방어팀)을 '교란하거나 철저하게 패배'시켰다.

그 결과는 1997년 NSA 레드팀의 공격으로 미군의 처절한 취약점을 처음으로 드러낸 엘리저블 리시버 훈련을 그대로 연상시켰다.

일부 TF 위원들은 이러한 사이버 위협의 초기 역사를 면밀히 살펴보았다. 이들 중에는 전 세계가 아날로그에서 디지털로 전환되는 과정에서 NSA의 라디오 전파수신기와 안테나가 "귀머거리가 되어간다"고 처음으로 경고하며 1980년대 후반부터 1990년대 전반까지 NSA를 이끌었던 빌 스튜드먼, 그의 보좌관이자 펜타곤 JTF-CND의 초대 정보참모로 러시아의 문라이트 메이즈 해킹을 추적한 로버트 걸리Bob Gourley, 그리고 과거 NSA의 정보보증부 부장이자 미군의 '비밀' 네트워크에 대한 침투를 처음으로 발견하며 사슴사냥 작전을 수행한 리처드 쉐퍼가 포함되어 있었다.

브리핑에 함께 참석하고 결론을 종합하며 보고서를 쓰는 동안, 과거 실제 사건과 모의실험에서 활약했던 이 세 명의 사이버전 베테랑들은 마치 타임머신을 탄 것처럼 느껴졌다. 제기된 문제들과 위험성, 그리고 가장 놀라운 것은 취약점들마저도 이들이 오래전에 경험했던 것과 모두 똑같았기 때문이다. 정부는 사이버 공격을 탐지하고 저지하기 위해 새로운 시스템과 소프트웨어를 개발하고 새로운 정부기관과 부서를 창설했지만, 다른 군비 경쟁과 마찬가지로 국내외 사이버 공격자 역시 새로운 수단과 기술을 고안해냈고, 이 사이버 군비 경쟁에서는 공격자가 더 유리한 위치에 있었다.

보고서는 다음과 같이 평가했다.

"지난 20년간 미국에 경제적으로나 군사적으로 막대한 이익을 가져다준 네트워크 연결은, 미국을 그 어느 때보다도 사이버 공격에 취약하게 만들었다."

이는 과거 수많은 위원회가 지적했던 것과 똑같은 역설이었다.

이 문제는 기본적이면서 피할 수 없는 성격의 것이었다. 위원들이 작성한 바에 따르면, 컴퓨터 네트워크는 "태생적으로 안전하지 못한 구조 위에서 설계된 것"이었다. 여기에서 핵심 단어는 '태생적'이라는 단어였다.

이것은 윌리스 웨어$^{Willis Ware}$가 거의 50년 전 알파넷이 막 운용되기 직전인 1967년에 제기한 문제로, 수많은 사용자들이 안전이 보장되지 않은 장소에서 원격으로 온라인 상의 파일과 데이터에 접근할 수 있게 해주는 컴퓨터 네트워크라는 존재 자체가 태생적인 취약점을 만들어냈다는 것이다.

2013년의 TF가 확인한 것처럼, 위험이란 누군가가 미군의 장비나 핵심기반시설을 대상으로 느닷없는 사이버 공격을 수행하는 것이 아니었다. 오히려 사이버 공격이 미래의 분쟁에서 기본 요소가 될 것이라는 점, 그 자체가 곧 위험이었다. 미사일에 장착된 GPS 유도 시스템부터 지휘소 간 통신체계, 전력을 생산하는 발전소, 부대에 탄약과 연료, 식량과 물을 재보급하기 위한 일정 관리 분야 등 모든 것에 있어서 컴퓨터에 의존하는 미군을 생각해본다면, 미국이 사이버 전쟁에서 승리하리라는 보장은 없었다. 보고서는 다음과 같이 언급했다.

"현재의 능력과 기술을 고려할 때, 가장 정교하게 기획된 사이버 공격을 대상으로 자신 있게 방어하는 것은 불가능하다."

만리장성과 같은 방어선은 뛰어넘거나 우회하여 갈 수 있었다. 따라서 이 보고서는 민군 합동 사이버 보안팀이 공격을 조기에 발견하고 피해를 신속하게 복구하는 등 '탐지'와 '피해 복구'에 초점을 맞추어 시스템을 설계해야 한다고 결론지었다.

그러나 더 유용한 방법은 어떠한 상황에서도 적이 공격하지 '못하도록' 만드는 방법을 찾아내는 것일 터였다.

이것은 핵무기 시대 초창기에도 거론되었던 가장 풀기 어려운 문제였다. 그 당시 전략가들은 원자폭탄과 뒤이어 나온 수소폭탄이 어떤 전쟁의 목표도 그것의 사용을 정당화할 수 없을 정도로 치명적이라는 것을 인식하고 있었다. 최초의 핵전략가인 버나드 브로디Bernard Brodie는 히로시마와 나가사키에 원자폭탄이 투하되고 몇 달 후에 출간한 『절대무기The Absolute Weapon』라는 책에 다음과 썼다.

"지금까지 우리 군이 존재하는 주된 목적은 전쟁에서 승리하는 것이었지만, 지금부터는 그 주된 목적이 전쟁을 피하는 것이 되어야만 한다".

이를 위해 브로디가 생각해낸 방법은 소련이 선제 핵공격을 하는 경우에 미국이 "동일한 방법으로 보복할 수 있는" 충분한 양의 핵무기를 보유하도록 핵시설을 보호하는 것이었다.

하지만 현대 사이버 공간에서 이것이 무슨 의미가 있을까? 사이버 전쟁에서 적이라고 간주할 수 있을 만한 나라들—러시아, 중국, 북한, 이란—은 미국만큼 인터넷에 연결되어 있지 않았다. 이런 상황에서 동일한 방법으로 보복하면 미국이 그들의 선제공격으로 입은 피해보다 훨씬 적은 피해를 그들에게 입히게 될 게 분명했다. 그러므로 보복 가능성이 적의 사이버 공격을 억제하지 못할 수도 있었다. 그렇다면 사이버 억제를 위한 방법은 무엇인가? 사이버 공격에 대응하기 위해 전면전을 선포하겠다고 위협하는 것인가? 미사일이나 스마트 폭탄을 발사하고, 핵보복으로 확대시키는 것인가? 그 다음은 무엇인가?

분명한 사실은 권력자나 큰 영향력을 가진 사람들 중에서 이 문제에 대해 깊이 생각해본 사람이 없다는 것이었다.

마이크 매코널은 부시와 오바마 대통령의 인수인계 기간 동안에 이 문제에 대해 고민했고 그 결과 종합사이버보안계획CNCI, Comprehensive National Cybersecurity Initiative을 수립했다. CNCI는 수년 안에 달성해야 할 12가지 과제를 선정했다. 그중에는 모든 연방정부 네트워크에 대한 공동침입탐지시스템 설치, 비밀 네트워크의 보안성 향상, 핵심기반시설을 보호하기 위한 미 정부의 역할 정립이라는 중요한 과제들과 함께 "지속적인 억제

전략과 프로그램 수립 및 발전"이라는 과제(과제 목록 10번)도 포함되어 있었다.

이 12개의 과제를 수행하기 위해 보좌관들과 분석관들로 구성된 팀들이 조직되었다. 그중 10번 과제를 수행하는 팀은 역량이 기대에 미치지 못했다. 보고서가 작성되기는 했지만, 그 아이디어가 '전략'이라고 말하기에는 너무나 모호하고 추상적이었고, '프로그램'이라고 하기에는 더더욱이나 부족했다.

매코널은 10번 과제가 너무 어렵다는 것을 알게 되었다. 다른 과제들도 마찬가지로 어려웠지만, 대부분은 과제를 완수할 수 있는 '방법'이 제법 명확한 것들이었다. 그 방법이란 핵심적인 당사자들인 정부기관과 의회, 그리고 민간 기업들이 그 과제를 수행하게 하는 것이었다. 그러나 사이버 억제 전략을 생각해내는 것은 개념적인 문제였다. 억제해야 할 해커가 누구인지, 그들이 활동하는 것을 억제하기 위해 무엇을 할 것인지, 그들이 공격을 감행한다면 어떠한 응징을 가할 것이라고 위협해야 하는지, 어떻게 하면 우리의 대응에 대해 그들이 더 강력하게 보복하지 못하도록 만들 것인지에 대한 문제였다. 이것은 정책입안자나 정치철학자들이 생각해야 할 문제이지, TF에 있는 중간급 보좌관들이 고민할 문제가 아니었다.

2013년 국방과학위원회의 보고서는 사이버 억제 문제를 간략하게 다루면서 그것이 제2차 세계대전 종반에 등장한 원자폭탄의 출현과 유사하다고 언급했다. 이 보고서는 "소련과 함께 안정을 이루기 위한 전략적 이해를 진전시키는 데 수십 년이 걸렸다"는 점을 지적했다. 이러한 전략적 이해의 대부분은 랜드 연구소의 분석과 워게임을 통해 도출되었다. 랜드 연구소는 미 공군의 지원을 받는 싱크탱크 조직으로서 민간 경제학자와 물리학자, 그리고 버나드 브로디를 포함한 정치과학자들이 새로운 아이디어를 구상하고 테스트하는 곳이었다. TF 보고서의 저자들은 다음과 같이 썼다.

"하지만 안타깝게도, 대규모 사이버전에 대한 이해를 높이는 일을 누가 어디에서 하고 있는지에 대한 정보는 찾을 수 없었다."

이 질문의 답을 찾기 위한 최초의 공식적인 노력은 이로부터 2년 후인 2015년 2월 10일 사이버억제전략 TF^Task Force on Cyber Deterrence라는 이름의 또 다른 국방과학위원회가 만들어지면서 시작되었다. 사이버억제전략 TF는 연말까지 매달 이틀 동안 펜타곤 안에 있는, 보안이 아주 철저한 격실에서 회의를 계속했다. 이 위원회의 기초가 된 비공식 문서에 따르면, 이 TF의 목표는 "미국과 동맹국 및 우방국에 대한 사이버 공격을 효과적으로 억제할 수 있는 필요조건을 구상하는 것"이었다.

위원들은 잘 알려진 사이버 베테랑들로 구성되었다. 여기에는 키스 알렉산더 장군 아래에서 NSA 부국장을 역임하고 그 무렵에는 메릴랜드주 애나폴리스^Annapolis에 있는 미 해군사관학교에서 사이버학과 교수로 있던 크리스 잉글리스, 1990년대 후반 정보전이라는 개념이 형성되던 시기에 미국의 정보전 정책을 이끈 과거 펜타곤 관료이자 10년 전부터 그때까지 NSA 자문위원장을 맡고 있던 아트 머니, CNCI를 시행하기 위해 마이크 매코널이 부시 행정부로 데리고 온 인물로 과거 부즈 앨런 사의 프로젝트 매니저이자, 그 당시에는 자신의 컨설팅 회사를 운영하고 있던 멜리사 해서웨이, 전 공군정보전센터 출신 장교로서 슬로보단 밀로셰비치 세르비아 대통령과 그의 측근들을 대상으로 실시한 작전에서 최초의 현대적 정보전을 수행하는 데 기여한 로버트 버틀러^Robert Butler가 포함되어 있었다. 그리고 이 TF의 위원장은 펜타곤에서 15년 넘게 사이버 문제를 다루어온 국방부 정책담당 차관 제임스 밀러^James Miller였다.

이들 모두는 사이버 분야의 핵심 인물로서 오랫동안 활동해온 전문가들이었다. 펜타곤의 오래된 관료들은 이들의 영향력을 보고 이들이 이러한 사이버 업무를 계속해주기를 바랐다.

한편, 전투력과 자원은 NSA와 미 사이버사령부가 있는 포트 미드로 집중되었다. 포드 미드에서 미 사이버사령부는 예하 부대의 능력을 보강하고 전투계획을 수립하고 있었다. 그럼에도 불구하고 정책과 지침에 대한 광범위한 문제는 해결되기는커녕 제대로 제기되지도 않은 상태였다.

2011년, 로버트 게이츠 당시 국방장관은 국토안보부가 사이버 공격으로부터 국가의 핵심기반시설을 결코 보호할 수 없다는 것을 알게 되자(그리고 국토안보부와 NSA 사이에 파트너십을 맺자는 그의 계획이 공중분해된 후), 국가 핵심기반시설 보호 임무를 사이버사령부에도 부여했다.

사이버사령부의 최초 핵심 임무 두 가지는 매우 간단했다. 첫 번째는 미 전투부대 지휘관을 지원하는 것으로, 부대의 전투계획을 함께 검토하고, 어떠한 목표물에 대해 미사일이나 총탄, 포탄 대신 사이버 수단을 이용하여 파괴할 수 있을지를 판단하는 것이었다. 두 번째는 국방부의 컴퓨터 네트워크를 보호하는 것으로, 네트워크의 길목을 지키는 것이었다. 국방부의 네트워크는 인터넷에 접속할 수 있는 접점을 8개만 갖고 있었다. 사이버사령부는 이 접점들을 모두 확인한 후 침입자를 감시하기만 하면 되었다. 물론, 사이버사령부는 관련된 네트워크를 관제하고 내부를 살펴보기 위한 정책적·법적 권한은 모두 갖고 있었다.

하지만 새로운 세 번째 임무인 민간 핵심기반시설을 보호하는 것은 다른 문제였다. 국가의 경제기구, 전력망, 교통시스템, 급수시설, 그리고 이외의 핵심기반시설에는 인터넷에 접속할 수 있는 접점이 수천 개나 있었다. 그것이 얼마나 있는지 정확히 아는 사람이 없을 정도였다. 설령 NSA가 수천 개나 되는 접점들을 확인할 수 있다고 하더라도, 그렇게 할 수 있는 법적 권한이 없었다. 이런 이유 때문에 민간 산업계가 자발적으로 정보를 공유하도록 유도하는 오바마 대통령의 행정명령은 별로 그럴 가망이 없어 보였지만 그나마 그것을 뒷받침해줄 수 있는 유일한 수단이 었다.

이것은 참 아이러니한 일이 아닐 수 없었다. 사이버 보안, 사이버 첩보 활동, 사이버전, 이 모든 영역의 성장은 30년 전에 제기된 핵심기반시설의 취약점에 대한 우려에서 촉발되었다. 그런데도 이후에 만들어진 각종 위원회, 분석 결과, 훈령에도 불구하고 이 문제는 해결하기 매우 어려워 보였다.

하지만 키스 알렉산더 장군은 이 새로운 임무를 받아들였을 뿐만 아니라 강하게 밀어붙였다. 그는 게이츠 국방장관이 이 행정명령의 초안을 작성할 때 사이버사령부에 이 임무를 부여하도록 도왔다. 알렉산더는 국토안보부가 국가를 보호하는 데 자원이 부족할 뿐만 아니라 잘못된 개념을 갖고 있다고 생각했다. 국토안보부는 침입탐지시스템을 모든 네트워크에 설치하려 했지만, 그러기에는 네트워크가 너무 많았다. 관제가 불가능하고, 그것을 시도하는 데 너무나도 많은 비용이 들 것이 분명했다. 게다가 국토안보부가 관제하면서 심각한 공격을 탐지했다고 한들, 그 조직의 관료들이 무엇을 할 수 있겠는가?

알렉산더는 자신이 최선이라고 알고 있는 것을 추진하는 것이 더 낫겠다고 생각했다. 그것은 바로 적의 공세적 활동—적이 공격을 준비하는지—을 살펴보기 위해 적의 네트워크에 침투한 다음 이를 저지하는 것이었다. 이것이 바로 오래전부터 '능동적 방어'로 일컬어진 개념이자, CNE, 즉 컴퓨터 네트워크 활용의 개념이었다. 과거 케네스 미너핸과 마이크 헤이든 전 NSA 국장도 이미 잘 알고 있었던 것처럼, 이것은 컴퓨터 네트워크 공격과 크게 다른 것이 아니었다.

그러나 알렉산더는 필수적인 보완책이 하나 더 있어야 한다고 주장했다. 그것은 은행과 다른 기업들이 자신들이 갖고 있는 해커에 대한 정보를 정부와 공유하도록 '강제'하거나, 그들을 다루기 위해 매력적인 보상책을 제시하는 것이었다. 여기에서 정부란 FBI, NSA, 그리고 사이버사령부를 의미했다. 그는 분명 국토안보부를 의미하지는 않았다. 다만 국토안보부를 핵심기반시설 보호를 위한 주무 부서로 지정한 백악관의 의견을 존중하여, 국토안보부가 보다 능력 있는 다른 기관에게 경고를 보내는 '소통 창구'의 역할을 수행해야 할 것이라고 말했다.

알렉산더는 이 점에 대해서는 완고했다. 대부분의 기업들은 정보 공유를 거부했다. 이들에게 주어지는 보상책이 부족했을 뿐만 아니라, 법정 소송을 두려워했기 때문이다. 공유되는 정보 중 일부는 직원과 고객의 개인정보를 포함하고 있었다. 이에 대해 오바마 대통령은 의회에 기업들이 자료를 공유해주면 그 책임을 면제해주는 법안을 통과시켜줄 것을 촉구했다. 그러나 알렉산더는 이 법안에 반대했다. 오바마 대통령의 법안은 기업들이 국토안보부와 정보를 공유하도록 명시했기 때문이었다. 알렉산더는 백악관에는 이야기하지 않은 채, 의회에 있는 자신의 협력자들에게 대통령의 법안을 수정하거나 폐기하도록 로비 활동을 벌였다.)

알렉산더는 평소 대인관계에 노련한 사람이었지만, 이것은 현명하지 못한 행동이었다. 왜냐하면 첫째, 백악관의 참모들이 곧바로 그의 로비 활동 소식을 듣게 되었고, 이 일로 인해 대통령은 그를 더 이상 총애하지 않게 되었기 때문이다. 특히, 스노든의 폭로에 이어 이러한 일이 벌어진지라 그나마 갖고 있던 NSA에 대한 호의마저 사라지게 되었다. 둘째로, 이러한 행동은 실질적인 면에서 자멸과도 같은 것이었다. 책임 면제 조항에도 불구하고, 기업들은 정부에 개인정보를 제공하는 것을 꺼렸다. 만일 '정부'라는 것이 공개적으로 NSA를 지칭하게 된다면, 이는 더욱 심해질 것이었다.

이후 정보 공유 법안은 시민의 자유를 옹호하는 사람들과 NSA 지지자들과의 예상 밖의 연대로 난관에 봉착했다. 시민의 자유를 옹호하는 사람들은 정부와의 정보 공유를 원칙적으로 반대했고, NSA 지지자들은 NSA와 사이버사령부를 제외한 다른 정부기관과의 정보 공유를 반대하는 입장이었다.

이제 유일하게 남은 방어는 '능동적 방어active defense', 즉 공세적 사이버전뿐이었다.

2014년 4월, 알렉산더 장군의 뒤를 이은 마이클 로저스Michael Rogers 해군 제독이 지금까지의 상황을 이어받았다. 경험이 풍부한 암호학자인 로저스는 NSA와 미 사이버사령부의 지휘권을 인수받기 전, 같은 기지 안에 있던 미 해군 사이버사령부를 지휘했었다. 그는 암호해독 전문가로 진급하여 3성 장군이 된 최초의 해군 장교였다(그리고 이제는 4성 장군이 되었다). 지휘봉을 잡고 얼마 지나지 않아, 로저스는 펜타곤의 내부 뉴스와의 인터뷰에서 사이버사령부의 세 번째 임무, 즉 사이버 공격으로부터 핵심기반시설을 어떻게 보호할지에 대한 질문을 받았다. 그는 "최대 주안점"은 "적의 사이버 공격이 우리에게 영향을 미치기 전에 그것을 저지하는 것"이라고 답했다. 이는 즉, 적이 사이버 공격을 준비하고 있는지 감시하기 위해 적의 네트워크에 침입한 뒤 적의 사이버 공격을 미리 감지하면 사전에 저지하거나 선제적으로 대응하겠다는 의미였다.

로저스는 이어서 "만일 이것이 실패한다면, 더욱 강력한 방어능력을 사용할 수 있는 핵심기반시설의 네트워크들과 협조하여 직접 임무를 수행할 수도 있다"라고 말했다. 하지만 그는 이것이 매우 엉성한 대비책이라는 것을 알고 있었다. NSA와 펜타곤 모두 민간 영역의 방어능력을 자체적으로 향상시키기 위해 할 수 있는 일이 많지 않다는 것을 알고 있었기 때문이다.

2015년 4월, 오바마 행정부는 이러한 논리를 공개적으로 지지했다. 하버드 대학교 물리학자였으며 펜타곤에서 관료로서 오랜 기간 근무한 후 오바마 행정부의 네 번째 국방장관이 된 애슈턴 카터Ashton Carter는 "국방부 사이버 전략The Department of Defense Cyber Strategy"이라는 제목의 33페이지짜리 보고서에 서명했다. 이 보고서에는 앞에서 언급한 세 가지 임무, 즉 미 전투사령부 지원, 국방부 네트워크 보호, 핵심기반시설 보호에 대한 내용이 구체적으로 나열되어 있었다. 이 보고서는 미 국방부가 이 마지막 임무를 수행하기 위해, "다른 정부기관(일반적으로 NSA를 완곡하게 부르는 표현이다)과 함께 심각한 결과를 초래할 수 있는 사이버 공격이 효과를 발휘하기 '이전에' 교란할 수 있는 다양한 수단과 방법"을 발전시켜 왔다고 언급했다. 그리고 컴퓨터 네트워크 공격이라는 옵션에 대한 일반적이고 간접적인 표현보다 더 구체적인 구절을 덧붙였다. "만일 사이버 공격의 효과가 직접적일 경우, 국방부는 적의 지휘통제망, 군 관련 핵심기반시설, 그리고 무기체계 능력을 교란하기 위해 사이버 작전을 사용할 수 있어야 한다."

이보다 한 달 전인 3월 19일, 상원 군사위원회 전에 열린 청문회에서 로저스 제독은 이 점을 더욱 직접적으로 언급하면서 사이버 공격 억제는 "우리의 사이버 공격 능력을 어떻게 향상시킬 것인가?"라는 질문에 대한 답을 요구한다고 말했다.

상원 군사위원회 위원장인 공화당 존 매케인 의원은 "현재의 억제 수준으로는 사이버 공격을 억제하지 못한다"는 것이 사실인지 물어보았다.

로저스는 "사실"이라고 대답했다. 더 강력한 사이버 억제력이란 더 많은 공세적 사이버 수단과 이것들을 사용할 수 있는 더 많은 훈련된 장교들을 의미했다. 그리고 이것은 곧 사이버사령부에 더 많은 예산과 힘이 필요하다는 것을 의미했다.

그런데 이것이 '사실'이었을까? 이전에 있었던 한 청문회에서 로저스는 중국과 더불어 1개 내지 2개의 국가가 미국의 전력망, 급수시설, 그리고 다른 핵심 자원을 통제하는 네트워크에 분명히 침투해 있다고 증언하여 화제가 된 적이 있었다. 그가 밝히지는 않았지만, 미국도 이렇게 국가 자원을 통제하는 다른 나라의 네트워크에 침투해 있었다. 다른 나라의 네트워크에 더욱 깊이 파고드는 것이 사이버 공격을 억제하는 것인가? 아니면 이것이 오히려 위기 상황에서 상대국이 자국의 네트워크를 먼저 공격하기 전에 상대국의 네트워크를 선제공격하도록 양쪽 국가 모두를 부추기기만 하는 것은 아닌가? 일단 양쪽이 사이버 공격을 주고받게 되면, 더 큰 피해를 주는 사이버 공격이나 전면전으로 확대되는 것을 어떻게 막을 수 있는가?

이러한 질문들은 냉전 시대의 핵논쟁과 수 싸움 속에서 사람들이 답을 찾고자 시도했던 질문이었지만, 누구도 정답을 찾지는 못했다. 물론 핵무기가 비교할 수 없을 정도로 훨씬 더 파괴적이지만, 이 새로운 사이버 군비 경쟁은 핵무기 경쟁과 달리 통제 불능으로 치달을 수 있는 네 가지 차이점을 갖고 있다. 첫째, 둘 이상의 행위자가 개입되어 있다. 몇몇 행위자는 예측할 수도 없고, 일부는 국가 차원의 행위자도 아니다. 둘째, 사이버 공격은 눈에 보이지 않고 처음에는 추적하기 어렵기 때문에 선제공격을 당하는 나라는 실수하거나 오판할 가능성이 높다. 셋째, 핵무기의 경우는 분명하면서도 굵은 경계선이 그것의 사용과 비사용을 명확하게 분리시킨다. 따라서 핵무기를 보유한 국가들은 이것을 사용하는 데 제약을 받게 된다. 이 경계선이 한번 무너지면, 파괴의 후폭풍이 얼마나 빠르고 매섭게 몰아칠지 모르기 때문이다. 반면에, 이런저런 사이버 공격은 매우 흔하게 이루어진다. 하루에도 200번이 넘는 사이버 공격이 일어나고 있지만, 단순한 골칫거리와 중대한 위협을 구분하는 경계선을 어디에 그어야 하는지 아는 사람은 없다. 이것은 누구도 정할 수 없고, 누구도 예측할 수 없다. 따라서 누군가가 자신도 모르게 무심코 이 경계선을 넘을 확률이 더 높다.

마지막으로 사이버전에 관한 모든 것은 극비다. 핵무기에 관한 일부 내용—설계에 대한 구체적인 내용, 발사 코드, 목표물 선정 절차, 총 핵물질 비축량—도 기밀이다. 그러나 핵무기의 역사, 작동 원리, 수량, 파괴력 등 기본적인 것들은 일급비밀취급인가가 없는 사람들마저도 이에 대해 지적인 대화를 나눌 수 있을 정도로 충분히 잘 알려져 있다. 하지만 사이버에서는 이것이 불가능하다. 로저스 제독이 "우리의 공세적 능력을 향상시키고 싶다"라고 진술했을 때, 상원의원들 중에 그가 무엇에 대해 이야기하고 있는지 조금이라도 이해한 사람은 일부 있었다 해도 아주 극소수였다.

스노든의 폭로에 대한 후속 조치로 오바마 대통령이 2013년에 구성한 특별위원회가 발표한 NSA 개혁안을 담은 파이브 가이즈 보고서에서 위원들은 특정한 원천 기술과 방법, 그리고 작전 활동은 높은 수준의 비밀로 유지할 필요가 있다고 인정하면서 심지어 강조하기도 했다. 또한 그들은 거의 40년 전에 또 다른 불법 정보 스캔들에 대한 후속 조치로 프랭크 처치 상원의원이 작성한 보고서의 한 구절을 직접 인용했다.

"미국 국민은 정책과 도덕성에 대한 근본적인 문제들을 합리적으로 생각하기 위해서 국가의 정보활동에 대해 충분히 알고 있어야 한다."

처치 의원이 "통제의 비결"이라고 불렀던 이러한 지식은 사이버전의 정책과 전략, 도덕성에 대한 논의에서 사라져가고 있었다. 우리 모두는 통제되지 않는 구역을 헤매고 있으며, 최근에야 비로소 그 사실을 아주 희미하게나마 인식하고 있다.

● 2016년 사이버전은 또 다른 국면으로 접어들었다. 2년 전, 이란과 북한의 지도자는 돈이나 국가 기밀 또는 군사적 이익이 아니라 미국인들의 정치적 발언에 대한 보복을 위해 라스베이거스 샌즈 사와 소니 픽처스 사를 해킹했었다. 지금은 러시아의 블라디미르 푸틴 대통령이 미국 정치 행로를 흔들기 위해 일련의 사이버 공격을 감행했다.

첫 사이버 공격은 대통령선거가 있던 2016년 초반에 이루어졌다. 당시 사이버 공격으로 탈취한 민주당 전국위원회Democratic National Committee의 이메일은 위키리크스WikiLeaks를 통해 미국 언론에 제공되었다. 이 이메일을 통해 민주당 대선예비후보경선에서 버니 샌더스Bernie Sanders 의원의 거센 역공을 약화시키기 위해 민주당 전국위원회가 힐러리 클린턴Hillary Clinton의 선거 캠프와 공모해왔다는 사실이 드러났다. 이 뉴스는 다수의 샌더스 지지자들이 민주당 대선예비후보경선에서 승리한 힐러리 클린턴으로부터 멀어지게 만들었고, 이들 중 일부는 완전히 등을 돌리기도 했다. 또한 이 뉴스는 당시 공화당 대선후보였던 도널드 트럼프Donald Trump의 "선거가 조작되었다"는 주장을 뒷받침해주는 듯 보였다. 이후 대통령선거 기간 동안 힐러리 클린턴 선거 캠프 내부에서 엄청난 양의 이메일 사본이 유출되었고, 이는 위키리크스를 통해 언론으로 흘러들어 한 달 동안 각종 헤드라인을 장식했다. 그중 몇몇 이메일은 힐러리 클린턴의 일부 보좌관들이 그녀의 원칙과 판단에 의문을 가졌다는 것을 보여주기도 했다.

10월 초, 미국의 정보기관들은 이번 해킹이 미국 대선에 개입하기 위해 러시아 정부 최고위층이 지시한 것이라고 이구동성으로 결론을 내렸다. 대선 직후에 알려진 정보를 미 의회 지도자들을 대상으로 비밀리에 브리핑하는 자리에서 CIA와 FBI는 러시아의 해킹 목적이 대선 과정을 방해하기 위한 것이 아니라 트럼프의 당선을 돕기 위한 것이었음을 분명히 밝혔다.

줄줄이 이어진 많은 증거들 속에서 의문이었던 것은 러시아 정부가 트럼프 선거 캠프의 이메일도 해킹했다는 사실이다. 당시 미국을 혼란에 빠뜨린 뉴스들을 근거로 판단할 때, 만약 이 이메일들이 위키리크스나 언론에 제공되었다면 곤란한 상황과 스캔들을 불러일으켰을지도 모른다.

11월 8일에 치러진 대통령선거에서 트럼프가 승리한 이유는 다양하다. 트럼프는 약삭빠르게 이용한 반면 힐러리 클린턴은 전반적으로 무시한 미국 러스트 벨트^{Rust belt}(디트로이트 등 미국 북부 지방의 쇠락한 공업지대를 일반적으로 묶어서 이르는 말-옮긴이) 내부의 사회경제적 소외감, 트럼프가 즐겨 이용했던 테러와 이민 문제에 대한 광범위한 공포감, 사회 전반에 만연한 강한 외국인 혐오와 여성 혐오, 인종차별주의, 그리고 힐러리 클린턴 후보가 과거 국무장관 시절 사설 이메일 서버를 이용하여 비밀정보를 부주의하게 취급한 것에 대해 문제를 제기하기 위해(거의 근거 없는 것으로 드러났다) 대선 막바지에 당시 FBI 국장이었던 제임스 코미

James Comey가 의회에 보낸 편지가 바로 그 이유였다.

그럼에도 불구하고 두 대선후보는 백중세였다. 힐러리 클린턴은 트럼프보다 280만 표를 더 얻었다. 만일 그녀가 미시간에서 1만 표, 위스콘신에서 2만 2,000표, 그리고 펜실베니아에서 4만 4,000표 등 이 세 주에서 7만 6,000표만 더 얻었더라면, 선거인단 투표에서 승리할 수도 있었을 것이다. 이는 전체 투표수의 1%에도 미치지 못한 수치였다. 개표가 막바지에 다다를수록 각각의 패배 이유는 결정적으로 작용했을 것이다. 그리고 그 이유들 중 하나는 이번 선거를 트럼프 쪽으로 기울게 만든 러시아의 사이버전 활동cyber-war campaign이었다.

푸틴은 오랫동안 힐러리 클린턴을 불신해왔다. 오바마 대통령의 첫 번째 임기에 국무장관을 지낸 그녀는 러시아의 영향으로부터 벗어나 유럽연합의 일원으로 나라를 이끌고자 하는 우크라이나 내부의 민주화 운동가들을 목소리 높여 지원했고, 푸틴은 그녀가 물질적인 지원도 제공했을 것이라고 의심했다. 그녀의 남편인 빌 클린턴이 20년 전 대통령이었을 때 발트 해 국가들을 나토에 가입시켜 나토 세력을 러시아 국경까지 확장했다는 사실은 푸틴의 이러한 생각에 영향을 미쳤다. 과거 러시아 제국에 대한 깊은 향수에 젖은 전직 KGB 요원 푸틴은 소련의 붕괴를 20세기 최악의 지정학적 참사라고 여겼다. 힐러리 클린턴이 승리하면, 이와 같은 지정학적 참사를 도와 더 악화시키려 했던 클린턴 집안이 다시권력을 쥐게 될 것이다. 반면, 도널드 트럼프는 여러 인터뷰를 통해 푸틴에 대한 개인적인 찬사를 표현하면서 나토를 구시대적 유물로 깎아내렸다. 심지어 어깨를 으쓱거리는 그 특유의 제스처와 함께 나토 회원국이 자신이 생각하는 정당한 비용을 부담하지 않는다면 그들을 외부의 공격으로부터 지켜주지 않을 수도 있다고 말했다.

푸틴의 오랜 목표는 유럽연합, 특히 미국과 인접한 대서양 연안 국가들을 분열시키는 것과, 과거의 소련 영토에 대한 러시아의 영향력을 최대한 복원시키는 것이었다. 이러한 관점에서 볼 때 자신의 목표로 나아갈 수 있는 출발점이 될 수도 있는 트럼프의 2016년 대선 승리 여부는 푸틴—러시아—에게 중요한 관심사였을 것이다.

선거운동이 시작되었을 당시 러시아는 동맹도, 이데올로기적인 매력도 없는 나라였다. 러시아의 군사력은 소련 붕괴 직후의 무기력함에서 벗어나 급속도로 회복되었지만, 그것이 미치는 범위는 우크라이나 동쪽의 금싸라기 같은 지역과 시리아에 하나 남은 전초기지 정도뿐이었다. 러시아의 경제는 각종 제재와 유가 하락의 여파로 곤두박질치고 있었다. 간단히 말해, 푸틴에게 실력을 행사할 수 있는 도구가 거의 없었다는 것이다. 그러나 유도 유단자인 그는 글로벌 무대에서 약점을 강점으로 전환시키는 데 탁월한 수완을 가진 사람이었다. 러시아가 문라이트 메이즈 사건부터 사슴사냥 작전까지 그리고 그 이후 20년간 칼날을 갈았던 사이버전이라는 도구는 비대칭적 수단으로서 아주 적합했고, 이 도구를 푸틴은 효율적으로 이용했다.

냉전 시기에 미국과 소련은 자금이나 정치적 선전 또는 (상황이 여의치 않은 경우에는) 폭력을 동원해 자신들의 입맛에 맞는 후보자들을 지원해주는 방식으로 작은 나라들의 선거에 영향력을 행사하려 했다. 사이버 시대에 접어들면서 미국, 러시아, 중국과 더불어 의심의 여지 없이 다른 국가들도 정치후보자들에 대해 더 많이 알기 위해 그들의 파일들을 해킹해왔다. 이것이 드러나면 사람들은 놀라겠지만, 일반적으로 용인되는 첩보활동의 범주 내에서 이러한 행위는 당연한 것이다.

2016년 미국 대통령선거에서 벌어진 러시아의 해킹은 두 가지 측면에서 돌이킬 수 없는 사건이 되었다. 첫 번째는 푸틴이 '미국'의 대통령선거 결과에 영향을 미쳤다는 것이고, 두 번째는 푸틴이 가장 치명적인 문서들만 선별한 후 그것을 중립을 가장한 위키크스와 특종에 목말라 하는 무책임한 미디어(미국이 상황을 자신들에게 유리하게 가져갔더라면 이러한 소식을 보도하지 않았을 러시아 국영 언론과는 차이가 있는)에 제공해 미국 대중에게 폭로하게 만듦으로써 정보를 무기화했다는 것이다.

2016년 말, 트럼프의 대선 승리와 다가오고 있는 프랑스와 독일의 선거에도 이와 유사한 선거 개입 신호가 포착되면서 영국의 정보기관 MI-6의 수장인 알렉스 영거^{Alex Younger}는 이례적인 공개 연설을 통해 러시아의 '하이브리드전^{hybrid-warfare}'(하이브리드전이란 전통적인 전쟁 방식과 사이버전, 정보전 등의 비정규전 방식을 동시에 운용하는 군사전략-옮긴이) 활동이 서방의 민주주의 국가들에게 근본적인 위협을 가하고 있다고 경고했다.

영거의 연설은 마이클 매코널 해군 제독이 지난 1992년 NSA 국장에 취임하고 얼마 지나지 않아 시청했던 헐리웃의 코미디 스릴러 영화 〈스니커즈^{Sneakers}〉에 나오는 마지막 부분의 독백을 떠올리게 했다.

"친구여, 그곳에는 전쟁이 한창이네. 세계대전이지. 누가 더 많이 총탄을 가지고 있는지는 중요하지 않아. 누가 정보를 통제하느냐가 중요하지. 우리가 보고 듣는 것, 우리가 움직이는 방법, 우리가 생각하는 것, 이 모든 것이 정보야."

이 영화에서 천재 악당 해커로 분한 벤 킹슬리^{Ben Kingsley}의 대사다.

매코널은 이 장면을 보면서 자세를 고쳐 앉았다. 그는 포스트 냉전 시대에 NSA의 새로운 임무를 찾기 위해 노력했고, 이 이상한 영화가 그것을 이해하고 있는 듯 보였다. 포트 미드에 있는 자신의 사무실로 돌아온 매코널은 정보전 국장이라는 자리를 새로 만들었고, 각 군의 다양한 첩보 조직들도 그것을 따라했다. 그 나머지는 굳이 말할 필요 없이 다들 이미 알고 있는 그대로다.

• • •

또 2016년에는 디지털 생활에 악영향을 미친 새로운 형태의 사이버 공격이 있었다. 10월 21일 오전, 누군가가 Dyn DNS(Dyn DNS는 숫자로 이루어진 서버의 주소를 사람들이 이용하기 쉬운 문자로 바꾸어주는 DNS 서비스의 일종으로 트위터, 아마존 등 다양한 사이트에서 사용되었다-옮긴이)—뉴햄프셔에 소재한 인터넷 주소를 변환해주는 회사—에 과부화를 유발하는 대량의 온라인 메시지를 발생시켜 Dyn DNS를 다운시켰고, 이 여파로 트위터Twitter, 스포티파이Spotify, 넷플릭스Netflix 및 수십여 개의 다른 사이트가 함께 다운되었다. 하지만 이것은 일반적인 도스DoS 공격(서비스 거부 공격)이 아니었다. 이것은 주인도 모르는 사이에 인터넷을 통해 명령을 전송받은 수십만 대의 가정용 기기들—냉장고, 영유아용 모니터, 웹카메라, 온도조절장치, 그리고 다른 장난감들이나 기타 가정용품들—이 작동하면서 벌어진 일이었다. 이것은 빠르게 확산되고 있는 사물인터넷 기기들의 또 다른 위험한 측면을 부각시켰다.

공격자는 이 사물인터넷 기기들을 해킹하여 악성 코드에 감염시켰고, 그 뒤 이 사물인터넷 기기들은 공격자가 원하는 시점에 공격 목표로 지정된 네트워크—이번 경우에는 Dyn DNS—로 일제히 메시지를 보내 서비스를 다운시켰다. 국토안보부가 배포한 주의사항에 따르면, 미라이Mirai라고 불리게 된 이 악성 코드는 취약한 기기들을 찾아내기 위해 프로그램에 기본적으로 내장되어 제공되는 62개의 사용자명과 패스워드를 사용했다고 한다.

실생활에서 편리하게 사용되는 사물인터넷 기기들은 이제 취약한 기기 중 하나가 되었다. 이러한 사물인터넷 기기들은 본질적으로 컴퓨터나 다름없었고, 이것들 대부분은 강력한 데이터 프로세서(CPU, APU 따위의 장치)를 내장하고 있었다. 모든 컴퓨터와 마찬가지로 사물인터넷 기기들 안에도 사용자명과 패스워드가 프로그램에 미리 저장되어 있었는데 대부분이 미라이의 스캔 리스트에 있는 62개의 사용자명과 패스워드로 대충 보호되는 정도였고, 기본적인 사용자 인터페이스조차 없었기 때문에 암호를 바꿀 수 없었다.

이 공격을 목도한 몇몇 사람들은 오래전부터 사물인터넷-일반적으로 인터넷과 같이-이 해커의 공격에 취약하며, 해커들이 '스마트 홈smart home'을 정신병원으로 만들거나 '스마트 카smart car'를 자신의 것으로 만들어 절벽 아래로 추락시킬 수도 있다고 경고해왔다. 그러나 Dyn DNS 공격이 발생하기 전까지도 한 명의 해커가 수십만 개에 달하는 사물인터넷 기기를 모아서 이것들을 가정이나 자동차뿐만 아니라 광범위한 네트워크나 사회에 전체에 대규모 공격을 퍼붓는 봇bot(공격자가 공격을 수행하기 위해 사전에 악성 코드에 감염시킨 좀비PC-옮긴이)으로 사용하리라고 생각한 사람은 거의 없었다.

이로 인해 과거 1990년 후반 마시 위원회로 거슬러 올라가는 악몽과 같은 시나리오-누군가 전력망이나 수송망, 자금의 유통, 또는 국가의 핵심기반시설을 구성하는 기타 다른 요소들의 운영을 제어하는 컴퓨터를 해킹함으로써 이것들을 셧다운시키는 것-는 새로운 변화를 맞이하게 되었다. 이러한 사이버 공격을 위해 축적된 무기들이(사이버상의 군대나 초대형 폭탄과도 같은) 우리 주변에 있는 모든 전자들 사이를 아무런 거슬림 없이 눈에 보이지 않게 휘젓고 다니고 있다는 것이다.

이러한 측면에서 볼 때, 별로 중요하지 않은 목표물을 대상으로 이루어진 10월 21일의 공격은 훨씬 더 파괴적인 무언가를 하기 위한 예행연습-개념 증명 시험(어떠한 일을 본격적으로 수행하기 전에 그 일을 뒷받침하는 핵심적인 개념이 적절하고 타당하게 이루어지는지 증명하는 절차-옮긴이)-처럼 보였다.

그동안 이 무기의 잠재력은 점점 더 커지고 있다. 전 세계에는 지금 100억 개에 달하는 사물인터넷 기기가 퍼져 있다. 혹자는 이것이 2020년까지 500억 개에 달할 것으로 추산하기도 한다(2021년 1월 22일 statista.com이 발표한 자료에 따르면 2018년 연말을 기준으로 220억 개의 사물인터넷 기기가 보급되었고, 2030년경에 500억 개에 다를 것으로 추산하고 있다-옮긴이). 사이버전을 수행하기 위한 군노enslave, 軍奴로 삼을 수 있는 봇이 그만큼 많다는 의미다.

• • •

2016년의 게임 체인저가 된 사이버 공격은 결코 기술적으로 정교한 것이 아니었다. 러시아는 단순한 스피어피싱spear-phishing 기법(목표 대상이 관심을 가질 만한 내용으로 구성된 이메일을 악성 코드와 함께 발송하여 대상이 해당 이메일을 읽을 경우 악성 코드를 설치함으로써 공격자가 목표대상의 PC를 장악하는 해킹 수법-옮긴이)을 이용하여 클린턴 선거 캠프의 파일들을 해킹했다. 그들은 악성 코드로 가득한 붙임 문서가 첨부된 이메일을 선거 캠프의 고위 참모에게 발송했고, 그 참모는 이 미끼에 걸려들어 첨부파일을 클릭했다. Dyn DNS를 공격하기 위해 봇을 잔뜩 모은 미라이 악성 코드는 그저 단순한 스캔 프로그램일 뿐이었다.

인터넷 태동기에 윌리스 웨어Willis Ware가 경고의 일침을 놓은 지 50여 년, 마시 보고서가 등장한 지 20여 년, 컴퓨터 네트워크의 취약점이 뉴스 기사로 쏟아지면서 평범한 일상이 된 지 십수 년이 되어가는 지금, 이것은 노련한 정치꾼도 이런 바보 같은 실수를 할 수 있다는 것을 말해주고 있다.

이와 더불어 기업들이 국가 핵심기반시설을 효율성과 편의성 때문에 손쉬운 파괴의 위험이 도사리는 인터넷에 연결한 지 25년이 지난 지금,

그들—그리고 사용자로서 우리가—이 집에서 매일 사용하는 장비로 똑같은 실수를 반복하고 있다는 사실도 주목할 만한 일이다. 사이버 보안 전문가이자 과거 NSA 레드팀의 워게이머로서, 1996년에 사물인터넷의 위험을 처음으로 예측한 맷 디보스트(그가 발표한 논문 제목은 "정보 테러: 당신은 당신의 토스터기를 믿을 수 있는가?"였다)는 정부가 최소한 사용자가 맨 처음에 디폴트 패스워드를 바꾸지 않으면 사물인터넷 기기를 사용하지 못하도록 모든 사물인터넷 기기에 자물쇠를 달 것을 요구하는 법안을 통과시켜야 한다고 주장했다. 이 한 단계만으로도 해커들이 미라이와 같은 단순한 패스워드 스캐너를 이용해 스마트 TV나 토스터기를 봇으로 만드는 것을 잠시나마 저지할 수 있을지도 모른다. 아니면 이러한 사물인터넷 기기들이 이미 널리 퍼져 있고, 사물인터넷 기기 시장이 너무 과포화되어 있으며, 사물인터넷 기기의 매력이 너무 강해서 그것을 통제하기 어려운 것은 아닐까?

이 통제되지 않은 구역을 헤매고 있는 우리는 그 윤곽을 어렴풋이나마 파악하기 시작했지만, 이 구역은 점점 더 어두워지고 있다.

| 감사의 말 |

● 세상이 에드워드 스노든의 폭로를 접하고, 일상 대화에서 메타데이 터, 프리즘, 암호라는 단어를 농담처럼 말하고, 중국과 러시아, 북한, 이 란, 조직화된 범죄집단, 그리고 미국 정부가 수행하는 사이버 공격이 매 일같이 보는 뉴스의 헤드라인을 장식하기 전부터 이 책에 대한 아이디어 를 떠올리고는 출판 계약, 조사 착수, 출처에 대한 첫 인터뷰를 수행했다. 원래 계획은 우리가 일반적으로 '사이버전$^{cyber\ war}$'이라고 부르는 것의 역 사를 쓰는 것이었다. 그러던 중 스노든에 대한 이야기와 그가 폭로한 수 천 건의 비밀문서들이 드러나면서 이 주제에 대한 나의 관심이 더욱 깊 어졌다. 왜냐하면 그 문서들을 자세히 연구한 사람들 중에서도 사이버전 에 역사가 있다는 것을 아는 사람이 거의 없었을뿐더러(추측컨대, 스노든 을 포함하여 그 문서를 만든 사람들조차도 잘 모를 것이다), 설사 아는 사람이 있다고 하더라도 이것이 불과 몇 년 만에 이루어진 것 아니라 인터넷의 시작과 더불어 50년에 걸쳐 이루어졌다는 것을 모르기 때문이었다.

이 책은 내가 현대전에 담겨 있는 정치, 사상, 인물 간의 상호작용을 주제로 집필한 책들 중에서 세 번째 책이다. 첫 번째 책은 『아마겟돈의 마법사『The Wizards of Armageddon』(1983년)라는 책으로, 이 책에서 나는 핵전략을 창시하고 이를 정부 정책으로 엮어낸 싱크탱크의 지식인들을 다루었다. 두 번째 책은 『반란The Insurgents』(2013년)이라는 책으로, 이 책에서 나는 대반란전 교리를 되살리고 이를 이라크전과 아프가니스탄전에 적용하려고 했던 미 육군 장교들에 대한 이야기를 다루었다. 그리고 세 번째 책인 이 책에서 나는 위협적으로 다가오고 있는 사이버전과 관련된 인물들과 사상, 그리고 기술을 추적해 다루었다.

이 세 권의 책을 집필하면서 나는 '사이먼 앤 슈스터Simon & Schuster'의 전설과도 같은 편집자인 앨리스 메이휴Alice Mayhew와 함께 일할 수 있는 엄청난 행운을 누렸다. 나의 책들이 출간될 수 있었던 것은 그녀 덕분이다. 이번 책은 2012년 12월과 2013년 1월(『반란』이 출판되기 전후) 앨리스의 사무실에서 나눈 대화가 시발점이 되었다. 당시 그녀는 또 다른 책을 써보라며 나를 부추기면서 군사 문제 중에서 무엇이 다음에 큰 화제가 될 것 같냐고 물어보았다. 나는 막연하게 '사이버'가 큰 화제가 될 것 같다고 대답했다. 앨리스는 나에게 몇 가지 질문을 더 던졌고, 나는 최대한 성실하게 대답해주었다(그 당시 나는 사이버라는 주제에 대해 말 그대로 문외한이었다). 미팅을 마치고 나서 나는 우선 사이버전과 관련이 있는 인물과 사건이 있는지 살펴보기 위해서 사이버전 관련 책 한 권을 독파하는 데 몰입했다. 그 책에는 내가 찾는 내용들이 있었다.

내가 사이버전이라는 주제로 글을 쓰게 하고 그 과정에서 매 단계 날카로운 질문을 던져준 앨리스에게 감사의 말을 전한다. 더불어 이 책의 출간에 도움을 준 스튜어트 로버츠Stuart Roberts, 잭키 서우Jackie Seow, 조나단 에반스Jonathan Evans, 스티븐 베드포드Stephen Bedford, 래리 휴스Larry Hughes, 엘렌 사사하라Ellen Sasahara, 데븐 노먼Devan Norman, 그리고 특히 발행인 조나단 카프Jonathan Karp를 비롯해 '사이먼 앤 슈스터' 여러분에게 고맙다는 말을 전하고 싶다. 또한 꼼꼼하게 원고를 교정해준 프레드 체이스Fred Chase와 심혈을 다해 사실을 검증해준(물론 어떠한 실수에 대해서도 내가 전적으로 책임질 테지만) 알렉스 카프Alex Carp, 줄리 테이트Julie Tate에게도 감사의 뜻을 전한다.

이외에도 외교관계위원회Council on Foreign Relations로부터 추가적인 지지도 받았다. 내가 이 책을 위한 연구를 하던 시기에 에드워드 R. 머로우Edward R. Murrow 상을 수상했던 것이다. 특히 수상위원회를 이끈 제닌 힐Janine Hill 과 빅토리아 알렉킨Victoria Alekhine, 그리고 이 책을 만드는 동안 나에게 힘이 되어준 조력자인 알리아 메데트페코바Aliya Medetbekova에게도 진심으로 감사하다. 더불어 외교관계위원회의 전문위원들과 나와 흔쾌히 대화를 나누어준 초빙연사들에게도 큰 감사의 뜻을 전한다(나에게 훌륭한 사무실과 어느 정도의 수당, 그리고 행정적인 지원을 제공한 것 외에 외교관계위원회와 그 직원들이 이 책에 대해 어떠한 관여도 하지 않았다는 것을 분명히 밝힌다).

나는 사이버전이라는 주제를 연구하면서 100명이 넘는 관련 인물들을 인터뷰했다. 이들 중 상당수와는 이메일과 전화통화를 통해 몇 차례 인터뷰를 진행했다. 이들은 정부관료, 육·해·공군 장성(NSA 국장 6명 포함)부터 국가안보기관(NSA뿐만 아니라)의 음지에서 일하는 기술전문가, 각계각층에서 일하는 장교, 공무원, 보좌관, 그리고 분석관까지 다양한 분야에 걸쳐 있었다. 모든 인터뷰는 비밀리에 진행되었다. 자료를 제공해준 대부분의 사람들은 이 조건을 지킨다는 전제 하에서만 나와 이야기를 나누었다. 그래도 이 책에 실린 거의 모든 사실들은(그리고 역사적으로 새로운 내용을 포함한 모든 사실들) 이것을 알 만한 자리에 있었던 최소 두 명 이상의 사람들과 인터뷰한 결과를 반영한 것이다. 인터뷰에 응해준 모든 분들께 감사드린다. 그분들이 없었다면 이 책은 나오지 못했을 것이다.

미 사이버사령부의 부대사를 담당하고 있는 마이클 워너Michael Warner와 사이버분쟁연구회Cyber Conflict Studies Association의 제이슨 힐리Jason Healey, 칼 그 린들Karl Grinda1에게도 감사의 뜻을 전한다. 이들이 참여해 만든 심포지엄 과 해제된 비밀을 모아둔 자료집은 이 책을 처음 기획할 당시 내가 이 책을 통해 전해야 하는 사이버전의 역사와 이야기가 있다는 사명감을 갖도록 하는 데 중요한 역할을 했다.

이 책은 33년 동안 내가 집필한 모든 책들 중에서 다섯 번째 책이다. 내 책들은 모두 나의 에이전트인 레이프 세거린Rafe Sagalyn을 통해 빛을 보 게 되었다. 그는 나의 업무 담당자이자, 상담자, 그리고 친구로서 내 옆 에 항상 든든히 서 있었다. 다시 한 번 그와, 그의 흔들리지 않는 조력자 들인 브랜든 코워드Brandon Coward, 제이크 드삐Jake DeBache에게 감사드린다.

마지막으로 나를 여러 면에서 격려해준 친구들과 가족에게 감사하다 는 말을 남긴다. 특히 다양한 지원을 해주신 어머니 루스 카플란 폴록Ruth Kaplan Pollck 여사와, 10대 후반에 만나 나의 가장 친한 친구이자 일생의 사랑, 그리고 도덕적 나침반이 되어준 나의 아내 브룩 글래드스톤Brooke Gladstone, 그리고 진실함과 열정으로 나에게 늘 놀라움을 선사해주는 나의 딸들 소피Sophie와 맥신Maxine에게 감사하다는 말을 남긴다.

● 나는 실제로 사이버 공격을 경험해본 적이 있다. 지금으로부터 10여 년 전 내가 주로 사용하고 있는 은행이 북한으로 추정되는 세력으로부터 공격을 받았고, 나는 한동안 정상적인 경제활동을 하는 데 간접적으로나마 어려움을 겪었다. 체크카드를 사용할 수 없게 되자 현금을 찾으려고 통장을 들고 가장 가까운 은행 지점을 찾아갔지만, 대낮인데도 은행문은 굳게 닫혀 있었다. 그때까지만 해도 사이버 공격이라는 것이 생소했기 때문에 나는 영문도 모른 채 가만히 기다리고 있어야만 했다.

얼마 후 뉴스를 통해 그 은행의 소식을 들을 수 있었다. 1분 남짓한 그 짧막한 뉴스는 그 은행의 전산망에 문제가 생겼다는 그저그런 사실만 알려주고는 이내 다른 뉴스로 넘어가버렸다. 그 후 한참이 지나서야 그 사건이 어떻게 발생했고 어떠한 피해가 났는지 알게 되었고, 갑자기 서늘함을 느끼게 되었다. 그 은행을 다시 이용할 수 있게 되자, 내가 가장 먼저 한 것은 내 통장의 잔고를 확인하는 것이었다. 다행스럽게도 모두 온전했다. 하지만 그 이후로 한동안 이따금씩 은행 잔고를 확인하는 습관이 생겼고, 한참이 지나서야 이 습관은 사라지게 되었다. 나의 첫 번째 사이버 피해는 이렇게 마무리되었다. 이 사건을 나만 경험한 것도 아니었고, 이 사이버 공격으로 인해 '정말로' 큰 피해와 고통을 입은 사람들도 있었겠지만, 특히 이 사건이 나에게 잊혀지지 않는 일로 남아 있는 이유는 내가 사이버 공격으로 인해 '실질적인' 피해를 입을 수도 있다는 것을 이 사건을 통해 처음으로 느꼈기 때문이다. 그리고 이 사건은 이후 나의 진로 선택에 큰 영향을 미쳤다.

가상의 세계를 모델로 한 윌리엄 깁슨의 SF소설 『뉴로맨서』에서 출발한 '사이버'라는 말은 아무리 상상하려고 노력해보아도 현실로는 끄집어낼 수 없는 여전히 '가상'의 말인 것만 같다. 그래서 우리는 사이버를 현실로 여기는 것을 어려워하고, 그것이 우리가 살아가는 하나의 터전과도 같다는 것을 애써 외면하려는 것 같다. 사이버는 제법 오래전부터 우리가 살아가는 하나의 영역이 되었다. 땅 위에서 농사를 짓고, 바다에서 고기를 잡고, 하늘에 비행기를 띄우는 것처럼, 이제 우리 주변에도 사이버 세상을 이용하여 돈을 벌고 있는 사람들이 이미 많지 않은가? 비단 경제 활동만이 아니더라도 사이버가 이미 우리의 삶을 지지하는 하나의 축이 되었다. 그것이 눈에 보이는 것이냐, 아니냐는 이제 더 이상 사이버를 인정하는 기준이 될 수 없다는 의미다. 이것을 일찌감치 예견했던 많은 선배님들께서 사이버를 우리 세상의 일부로 끌어들이고 이를 제도화하여 사람들이 안심하고 살아갈 수 있는 사이버 세상을 만들기 위해 끊임없이 노력해오셨다.

사이버가 우리의 영역이 된 지는 그리 오래지 않았기 때문에 아직은 우리가 경험해보지 못한 일들이 경험해본 일들보다 훨씬 더 많고 무궁무진하다. 특히나 사이버는 기술의 발전에 매우 빠르게 반응하는 곳이기 때문에 하루가 다르게 새롭고 다채로운 경험을 제공한다. 반면, 사이버는 매우 심각한 위험이 도사리고 있는 곳이기도 하다. 이 책을 사람들에게 소개하고 싶다고 마음먹게 된 것도 바로 이 때문이다.

　퓰리처상 수상 저널리스트인 프레드 캐플런Fred Kaplan이 쓴 이 책은 사이버전의 역사를 추적하면서 미국이 사이버전에 대비하기 위해 NSA를 어떻게 발전시켜왔고, 사이버 방어와 사이버 공격을 어떻게 수행해왔으며, 그 과정에서 발생하는 정보 공유 문제와 프라이버시 문제 등을 어떻게 풀어가려고 노력했는지를 보여줄 뿐만 아니라 어떻게 그 문제들을 해결할 수 있을지 고민해보게 만드는 역작이다. 특히 주목할 만한 점은 지금 우리가 경험하고 있는 다양한 사이버 위협들을 미국은 이미 겪고 그것을 해결하기 위해 정치적·사회적·경제적·법률적 측면을 모두 고려하여 끊임없이 고민하고 토론하면서 제도적인 합의를 이루어냈다는 것이다. 이 책은 우리가 비슷한 처지에 놓였을 때 참고할 수 있는 좋은 교재이자, 우리의 앞날을 조심스럽게 예측해볼 수 있는 기초자료라고 생각한다. 우리보다 앞선 경험을 통해 도출한 결과와 그것의 함의, 그리고 그것들을 이끌어내기 위해 치열하게 논쟁했던 과정은 지금 다양한 사이버 위협에 노출되어 있는 우리에게 분명히 유의미한 메시지를 전해줄 것이다.

　이렇게 훌륭한 책을 번역할 수 있는 기회를 얻게 된 것은 나에게 영광스러운 일이다. 지면을 통해 저자에게 크나큰 감사의 인사를 전한다. 부족한 점이 많지만, 저자의 고뇌가 담긴 귀중한 메시지를 제대로 전달하기 위해 나름대로 최선을 다했다. 저자는 이 책을 쓰기 위해 수년에 걸쳐 관련 자료들을 연구·조사하고 관련 인물들을 인터뷰했다. 이러한 그의 노력과 나의 고됨을 어찌 비교할 수 있을까. 그의 작품을 더욱 빛나게 하지 못해 송구할 따름이다. 번역에 대한 독자들의 지적은 나에게 큰 가르침과 성장을 주는 동시에 이 책이 그만큼 가치가 크다는 것을 보여주는 증거라고 생각한다. 관심을 갖고 소소한 것이라도 번역에 잘못된 부분이 있다면 알려주길 부탁드린다.

이 책을 번역할 수 있는 기회를 주신 도서출판 플래닛미디어 김세영 사장님과 이보라 편집장님께 진심으로 감사드린다. 이 책의 가치와 의미를 높이 평가해주시고, 번역의 완성도를 높일 수 있도록 기다려주셨으며, 번역에 대한 의견을 교환하면서 항상 나의 의견을 경청해주셨다.

그리고 이 책을 번역하는 동안 뒤에서 든든한 힘이 되어준 아내 구은경에게 고마움을 전한다. 나의 친구이자 멘토이며 코치인 그녀는 내가 미국 유학을 주저하던 순간에 나에게 그것에 도전할 수 있는 용기를 주었고, 그 힘겨운 유학생활 동안 내가 더 큰 도전을 하여 성취감을 맛볼 수 있게 해주었다. 그녀는 내가 안일한 길로 가고자 할 때 항상 험난한 길을 택하게 했고, 결국 그것은 옳았다. 이것이 내가 그녀를 존경할 수밖에 없는 이유다. 그녀는 직장에서는 업무와 싸우고, 집에서는 하나밖에 없는 딸과 놀아줘야 하는 대한민국의 전형적인 슈퍼맘이다. 지금의 나를 있게 해준 그녀에게 사랑하고 존경한다는 말을 전하고 싶다.

마지막으로 지금 이 순간에도 사이버의 최전선에서 고군분투하고 계신 모든 분들께 진심으로 감사드린다. 매순간 촌각을 다투는 결심을 강요하는 사이버 위협이 얼마나 큰 부담을 주는지 잘 알고 있기 때문이다. 그분들이 계시기에 오늘 우리의 사이버 공간은 조금 더 안전하다고 생각한다. 지면을 빌려 그분들에게 존경과 감사의 마음을 전한다.

2021년 2월 미국 몬터레이에서

한국국방안보포럼(KODEF)은 21세기 국방정론을 발전시키고 국가안보에 대한 미래 전략적 대안을 제시하기 위해 뜻있는 군·정치·언론·법조·경제·문화 마니아 집단이 만든 사단법인입니다. 온·오프라인을 통해 국방정책을 논의하고, 국방정책에 관한 조사·연구·자문·지원 활동을 하고 있으며, 국방 관련 단체 및 기관과 공조하여 국방 교육 자료를 개발하고 안보의식을 고양하는 사업을 하고 있습니다. http://www.kodef.net

| KODEF 안보총서 106 |

사이버전의
은밀한 역사

― 총성 없는 전쟁 사이버전의 과거, 현재, 미래 ―

초판 1쇄 인쇄 | 2021년 3월 5일
초판 1쇄 발행 | 2021년 3월 12일

지은이 | 프레드 캐플런
옮긴이 | 김상문
펴낸이 | 김세영

펴낸곳 | 도서출판 플래닛미디어
주소 | 04029 서울시 마포구 잔다리로 71 아내뜨빌딩 502호
전화 | 02-3143-3366
팩스 | 02-3143-3360
블로그 | http://blog.naver.com/planetmedia7
이메일 | webmaster@planetmedia.co.kr
출판등록 | 2005년 9월 12일 제313-2005-000197호

ISBN | 979-11-87822-56-1 03390